Norbert Schulz-Bruhdoel
Katja Fürstenau

Die PR- und Pressefibel

Norbert Schulz-Bruhdoel
Katja Fürstenau

Die PR-
und Pressefibel

Zielgerichtete Medienarbeit

Das Praxisbuch für Ein- und Aufsteiger

Frankfurter Allgemeine Buch

Bibliografische Information der Deutschen Nationalbibliothek
Die Deutsche Nationalbibliothek verzeichnet diese Publikation in
der Deutschen Nationalbibliografie; detaillierte bibliografische
Daten sind im Internet über http://dnb.d-nb.de abrufbar.

Norbert Schulz-Bruhdoel
Katja Fürstenau

Die PR- und Pressefibel

Zielgerichtete Medienarbeit
Das Praxisbuch für Ein- und Aufsteiger

F.A.Z.-Institut für Management-,
Markt- und Medieninformationen,
5., aktualisierte Auflage,
Frankfurt am Main 2010

ISBN 978-3-89981-170-4

𝔉rankfurter 𝔄llgemeine **Buch**

Copyright   F.A.Z.-Institut für Management-, Markt-
und Medieninformationen GmbH
Mainzer Landstraße 199
60326 Frankfurt am Main

Umschlaggestaltung   F.A.Z.-Marketing/Grafik
Titelbild   Randy Faris/CORBIS
DTP-Layout   Ernst Bernsmann, Nicole Bergmann
Druck   CPI Moravia Books, Pohorelice

INHALT

ZWEITER TEIL
INSTRUMENTE, MASSNAHMEN UND
HANDWERKSZEUG

DRITTER TEIL
KRISEN UND KONTROLLE

VORWORT ZUR 5. AUFLAGE

Eine Rezensentin, die das Buch in seiner vorherigen Auflage erst knapp ein Jahr nach seinem Erscheinen zur Hand nahm, hat scheinbar eine Schwachstelle erkannt: *„Leider wird das Thema Social Software eher spärlich behandelt, die Autoren erwähnen zwar Weblogs und Online-Communities, doch taucht z.B. das soziale Netzwerk Twitter überhaupt nicht auf."* Ertappt?

Die Teile des Buches, die sich mit den Online-Entwicklungen und -Trends befassen, haben tatsächlich eine sehr kurze Halbwertszeit. Es war noch kaum abzusehen, ob Twitter und andere Folgen von Social-Software-Entwicklungen eine Bedeutung für die Medienarbeit bekommen werden, als im Frühjahr 2008 das Manuskript für die 4. Auflage der „PR- und Pressefibel entstand. Der Wert von Twitter ist immer noch nicht ganz klar, aber inzwischen redet alle Welt darüber. Angeblich schickt rund ein Fünftel der Abgeordneten des Deutschen Bundes-tags seine Kurzmitteilungen in die Welt, gleich mehrere Mitglieder der Zählkommission verrieten sogar das Ergebnis der Wahl des Bundespräsidenten vorzeitig auf diesem Wege.

So etwas macht Schlagzeilen, und was dicke Überschriften zur Folge hat, muss ein Vorgang sein, der zumindest wichtig scheint. Richtig. Ebenso wahr ist aber auch, dass durch die neuen Kommunikationsröhren im wesentlichen der gleiche Informationsfluss strömt, der sich auch in die breiten Täler von Presse, Radio und Fernsehen ergießt. Was die große Masse der Blogger und der Nutzer von Social Networks wie Twitter, YouTube, StudiVZ oder Facebook für mitteilenswert hält, interessiert – zu Recht – kaum jemand.

Dennoch wird ein Kulturbruch von epochalen Ausmaßen sichtbar, den der Siegeszug des Internets für die Medien bedeutet. Die Möglichkeiten des Web 2.0 haben eine Parallelwelt entstehen lassen, in der Nachrichten und Meinungen sich ohne das Zutun der professionellen Medienmacher verbreiten. Bislang ist der Austausch zwischen den beiden Welten aber noch ausgesprochen einseitig: Den Stoff, von dem die neuen Medien leben, liefern vor allem die alten. Darum behält die klassische Medienarbeit mit ihren bewährten Instrumenten unbedingt weiter ihren Rang als zentrales Arbeitsfeld des Kommunikationsmanagements.

Die neuen technischen Möglichkeiten stellen die PR-Stäbe in Unternehmen, Verbänden und Institutionen vor wichtige Aufgaben: Mehr Tempo, mehr Bewegtbilder, mehr O-Ton, mehr Dialog, mehr Eigenproduktion. Unterm Strich heißt das, mehr Professionalität und mehr Mut zur Transparenz. Und wenn es etwas nützt, gerne auch mehr Twitter.

Remagen, im Januar 2010 Norbert Schulz-Bruhdoel

ERSTER TEIL
DIE MEDIEN, DER MARKT
UND DIE MACHER*)

> „Die Pressefreiheit ist das Kernstück
> der demokratischen Gesellschaft."
>
> ABRAHAM LINCOLN

---

*) Natürlich sind damit auch „Macherinnen" gemeint. Wir verzichten in diesem Buch auf
konsistentes „gendering" von Begriffen, um den Text leicht lesbar zu halten.

I WARUM MEDIENARBEIT NICHT LEICHT IST UND WARUM SICH JOURNALISTEN SO VIEL ERLAUBEN DÜRFEN

Überblick

- Medienarbeit ist ein zentraler Teil von PR. Weil der Medienmarkt unübersichtlich und kompliziert ist, sollte man Rat bei Spezialisten suchen.

- Das Image einer Organisation ist stark abhängig von dem Bild, das die Medien zeichnen. Geschickte Medienarbeit ist also offensive Imagepflege.

- Information ist ein lukratives Geschäft, und die Mechanismen der Marktwirtschaft kennzeichnen auch die Medien. Darum muss den Medienmarkt kennen, wer erfolgreich Medienarbeit machen will.

- Public Relations sind ein politisches Handeln – es geht um die Behauptung eigener Interessen und um Einflussnahme in einer pluralistischen Gesellschaft. Medienarbeit ist ein eigenständiges Instrument dazu und beileibe kein Anhängsel von Marketing und Werbung.

- Journalisten sind Medienmacher – und sie sind die wichtigsten Partner für jeden, der Medienarbeit macht. Gute Beziehungen sind darum mehr als die halbe Miete.

Ein Wirtschaftszweig genießt ungewohnt große Aufmerksamkeit durch die professionellen Chronisten des Zeitgeschehens. Mit den eigenen Arbeitgebern, den Zeitungs- und Zeitschriftenverlagen, Sendeanstalten und Agenturen, hatten sich Journalisten lange Zeit nur ungern beschäftigt. Heute berichten die Medien regelmäßig über die eigene Zunft, viele Blätter führen die „Medien" inzwischen als gesonderte Rubrik. Manchmal beherrschen Vorgänge in der Medienwelt sogar die Titelseiten. Denn die Medienhäuser haben große Sorgen. Breite Bevölkerungskreise haben erfahren, dass die Medien ganz gewöhnliche Unternehmungen sind, in denen eine schwache Konjunktur und Missmanagement ebenso wie in anderen Bereichen zu existenziellen Problemen führen. Durch massenhafte Entlassungen von Mitarbeitern und das Aus für anspruchsvolle Projekte senkt die Medienzunft ihre Produktions- und Investitionskosten auf sehr ähnliche Weise wie andere Branchen. Dafür entstehen an anderer Stelle ganz neue Unternehmungen und Produkte für einen sich erkennbar wandelnden Markt – die Medienwirtschaft ist sogar besonders dynamisch.

Wie die wirtschaftliche Not bisweilen auf die Qualität der Berichterstattung durchschlägt, zeigt ein Beispiel:

Eine große Boulevardzeitung hatte internes Material zugespielt bekommen, das erhebliches Fehlverhalten im Management eines Großunternehmens belegte. Die Redaktion bekam jedoch von der Verlagsleitung kein grünes Licht für eine Veröffentlichung, solange noch ein prestigeträchtiges, gemeinsames Werbeprojekt lief. Zwar konnte die Zeitung ein paar Käufer hinzu gewinnen, doch die Enthüllungsstory wurde kurze Zeit darauf von einem anderen Blatt gebracht – sehr zum Nachteil des Prestiges.

Medienarbeit ist schwieriger geworden, weil über lange Zeit gängige Spielregeln ihre Gültigkeit verloren haben. Nicht nur die wirtschaftliche Lage, auch gesellschaftliche Entwicklungen und Tendenzen spiegeln sich in der Medienwelt wider.

Medienarbeit – das ist der Versuch, unter Einschaltung von Presse, Hörfunk, Fernsehen und den computergestützten Medien Public Relations zu betreiben. Wer damit Erfolg haben will, muss die Medien, ihre Arbeit und ihre Mitarbeiter ebenso kennen wie die Entwicklungen und Trends, denen die Medien unterliegen.

Das Gewerbe der Medienmacher wird durch Internet und Web 2.0, durch private TV-Anbieter sowie durch neue Marktstrategien von Verlagen und Produktionsfirmen rasant und tief greifend umgestaltet. Die Methoden und Instrumente der Medienarbeit müssen vor allem mit dem Tempo der technischen Innovationen schritthalten. Aber auch von anderer Seite kommen Herausforderungen auf diesen Teil der Öffentlichkeitsarbeit zu – weniger technischer als gedanklicher Art. Information als rasch verderbliche Ware mit begrenzter Haltbarkeit zu behandeln, das haben die Journalisten schon seit längerem verinnerlicht. Die Medien als Markenprodukte, die Redaktionen als ihre Verkäufer anzusehen – diese Positionsbestimmung fällt den Redakteuren noch schwer. Daraus resultieren Unsicherheiten und Auswüchse, die auch das Verhältnis von Öffentlichkeitsarbeit und Journalismus verändern.

Die Aufmerksamkeit der Menschen, die von Partnern und Kollegen, Kindern, Nachbarn, Freunden und Vorgesetzten beansprucht wird, gilt es auf Informationen zu lenken, die wir anbieten: Dieser gemeinsame Anspruch von Medienmachern und Öffentlichkeitsarbeitern bleibt.

Medienarbeit – zunehmend auch mit dem Begriff „Media Relations" belegt – will die unterschiedlichen Informationsziele einzelner Unternehmen, Verbände, Institutionen oder Einzelpersonen mit Hilfe der Medien erreichen. Die Aufforderung an die Medienmacher lautet immer ähnlich: druckt, sendet, verarbeitet, was ich euch mitteile.

Dieses Buch zeigt den richtigen Weg, um mit dieser Aufgabe auch unter sich rasch verändernden Bedingungen erfolgreich zu sein. Die Kapitel dieses Fachbuchs folgen den Schritten einer methodischen *Konzeptionsentwicklung.*

Was die Medien nicht zeigen, ist wie nie geschehen

Das Bild, das sich die Öffentlichkeit von einer Institution macht, wird entscheidend durch Medienberichte und -kommentare beeinflusst. Imagevorteile sind immens wichtig geworden, weil sich Produkte und Leistungen der verschiedenen Anbieter immer ähnlicher werden, weil Ideen, Programme und Werte austauschbar geworden sind. Wer in der Öffentlichkeit steht – und jedes noch so kleine Unternehmen hat mindestens eine lokale öffentliche Bedeutung –, muss über die Zusammenarbeit mit den Medien seine Imageziele verfolgen. Deshalb sorgen PR-Fachleute für einen unablässigen Informationsfluss, aus dem sich die Medien bedienen können.

Und diese Dienstleistung wird von den Journalisten zunehmend akzeptiert, auch wenn sie es nicht gerne zugeben.[1] Mitte der achtziger Jahre zeigten erste Untersuchungen in Deutschland, dass etwa zwei Drittel der politischen Berichterstattung in den Massenmedien durch die Angebote der Pressestellen von Regierungen, Parlamenten, Behörden und Parteien angestoßen wurden.[2] In jüngerer Zeit zeigten Erhebungen über den Erfolg der PR-Arbeit von Unternehmen ein ähnliches Bild.[3]

Aber es ist deutlich schwerer geworden, effiziente Medienarbeit zu machen, weil sich die Medien seit der „Erfindung" des Berufs Public Relations in schier unvorstellbarer Weise entwickelt haben. Weit über die Mitte des 20. Jahrhunderts hinaus sprach man von „Pressearbeit", weil Zeitungen und Zeitschriften völlig zu Recht das Ziel aller Informationsbemühungen waren. Mit der Privatisierung von Radio und Fernsehen verschoben sich

rasch die Gewichte. Und heute jagen Informationen auf den Datenauto-
bahnen ohne Unterlass rund um den Globus, so dass die Zusammenarbeit
mit den Medien rund um die Uhr organisiert werden muss – und zwar für
die gedruckte Presse, für die Sender und für die Neuen Medien.

Der Medienmarkt ist in ständiger Bewegung und verlangt von seinen Zulieferern in den Pressestellen und PR-Stäben hohe Flexibilität. Zum Beispiel wurde in den neunziger Jahren das Themenfeld Wirtschaft und Soziales für alle Medien immer wichtiger – weil in der Öffentlichkeit die
Themen Strukturwandel, Globalisierung, Arbeitsplatz- und Ruhe-
standssicherung immer mehr interessierten. Die rasche Verbreitung
der Computertechnik hatte eine Lawine von neuen Zeitschriften,
Büchern und Ratgebersendungen zur Folge. Die Medien reagieren rasch
auf die Wünsche ihres Publikums. Es gibt kaum ein Interesse, und sei es
noch so exotisch, für das nicht mindestens eine Zeitschrift, ein Sendeplatz oder eine Internet-Rubrik Neuigkeiten und Hintergründe anbietet.

Die Medienvielfalt braucht Spezialisten

Für größere Unternehmen und Institutionen ist es unmöglich geworden, die vielfältigen Medien aus einer Hand mit Informationen zu beliefern. Wirtschaftsredaktionen in Tageszeitungen verlangen anderes
Material als ein TV-Magazin, die Fachpresse hat ebenso ihre eigenen Gesetze wie der Boulevardjournalismus. Die Medien werden immer schneller, bildreicher und farbiger – die Angebote aus den Pressestellen müssen den sich wandelnden Ansprüchen genügen. Mit dem Internet und
seinen Weiterentwicklungen wie Online-Redaktionen, Weblogs, Podcasts oder IPTV schließlich sind in den letzten Jahren auch technisch
neue Medien gewachsen, die eigene Redaktionsteams brauchen und
viel zusätzliches Wissen über Software- und Hardwarekomponenten
fordern. Wenn Medienarbeit immer schon eine Hauptbeschäftigung für
PR-Fachleute war, ist heute das eigenständige Berufsbild „Media-Relati-
ons-Berater" entstanden – sogar der „New-Media-Berater" hat seine Exis-
tenzberechtigung gefunden. Die berufspraktische Tätigkeit vieler Mitarbeiter in PR-Stäben größerer Unternehmen und Organisationen ist bereits ein vollgültiges Abbild dieser Entwicklung.

Medienarbeit begleitet und unterstützt nahezu alle Aktivitäten in der
Öffentlichkeitsarbeit – vom Jahresbericht der Geschäftsführung bis zum

Börsengang, beim Sport-Sponsoring ebenso wie beim Tag der offenen Tür. PR-Praktiker nennen bis nahe hundert Prozent aller Anwendungsfälle von Öffentlichkeitsarbeit, in denen sie auch oder sogar schwerpunktmäßig Medienarbeit machen, um ihre Ziele zu erreichen[4]. Klassische Mittel der Presse- und Medienarbeit werden von österreichischen Unternehmungen, Institutionen und Verbänden in 78 Prozent aller Fälle eingesetzt, um ihre Ziele zu erreichen. Dies zeigt eine im November 2003 bekannt gewordene Studie mit 800 Teilnehmern. In sogar 91 Prozent der Fälle stand die Präsentation im Internet im Vordergrund.[5] Die Arbeit vieler Verbände wäre weitgehend wirkungslos ohne die Möglichkeiten professioneller Zusammenarbeit mit Presse, Funk, Fernsehen und Internet – das Beispiel Greenpeace mag genügen, diese Behauptung zu belegen.

Kritische Beobachter fragen angesichts dieser Entwicklungen „... *ob sich nicht ein strukturelles Ungleichgewicht zwischen der Definitionsmacht der PR-Leute und der Recherchekapazität der Redaktionen einstellt.*[6]" In den USA, wo Public Relations als Beruf entstanden sind, kommen auf einen Journalisten inzwischen 2,4 PR-Leute; in Deutschland gibt es bereits fast so viele Öffentlichkeitsarbeiter wie Journalisten. „Die Einfallstore für Öffentlichkeitsarbeit werden immer weiter geöffnet, die Redaktionen verwandeln immer öfter ungeprüft Pressemitteilungen von Ministerien, Firmen und sonstigen Interessengruppen mit einem einzigen Mausklick in Journalismus", beklagt Stephan Ruß-Mohl, der langjährige Doyen der deutschen Journalistenausbildung.[7] Tatsächlich meinen 54 Prozent der Befragten in einer aktuellen Studie, dass Journalisten „nicht wahrheitsgemäß" berichten, mehr als jeder Zweite vermutet Beeinflussbarkeit durch Wirtschaft und Politik[8]. Im Qualitätsjournalismus ist die Gefahr jedoch vermutlich gering, dass eine PR-Übermacht den Journalisten die Feder führen könnte, dazu ist der Wettbewerb der Medien untereinander zu heftig.

Für die unkritische Abbildung von heiler Welt halten die Medien eigene Plätze offen: ihre Unterhaltungs- und Comedy-Kanäle und natürlich die Anzeigenseiten und Werbestrecken. Und dafür verlangen sie viel Geld. Man kann Druckseiten und Sendeminuten kaufen und deren Inhalt dann frei bestimmen. Cleveres Marketing denkt auch rechtzeitig daran, in Film und Fernsehen als Sponsor, Ausstatter oder Co-Produzent präsent zu sein – mit deutlichem Einfluss auf Texte und Bilder.

Umworbene Redakteure

Medienarbeit hingegen soll die Medienmacher überzeugen, eine Information zu übernehmen, weil sie interessant und wichtig für Leser, Hörer oder Zuschauer ist. Das kostet wenig und ist für Non-Profit-Organisationen häufig das einzig bezahlbare PR-Instrument. Notwendigerweise bedeutet das aber, mit Journalisten und Redaktionsteams eine professionelle Partnerschaft anzustreben. Das gelingt nur dem, der die Medien kennt und die Arbeitsweisen der Journalisten überblickt – und sie sich für die eigene Berufspraxis aneignet.

Wer sich mit den Medien, ihren Strukturen, Arbeitsbedingungen, Menschen und Machern beschäftigt, wird rasch eines erkennen: Die oft beschworene „Macht der Medien" ist in weiten Teilen ein Mythos und wie alle Mythen auf verbreiteter Unwissenheit errichtet. Zwar ist die Arbeit in den Medien gegenüber den meisten anderen deutlich privilegiert – die vom Grundgesetz garantierte Presse- und Meinungsfreiheit hebt das Selbstbewusstsein schon des jüngsten Volontärs gegenüber „großen Tieren" nicht unerheblich. Wer genauer hinschaut, wird allerdings bemerken, dass die Medien zunächst einmal markt- und gewinnorientierte Unternehmen sind, die ähnlichen Wettbewerbsbedingungen unterliegen wie andere Firmen auch. Auch der kritischste Journalist ist zunächst einmal angestellter Gehalts- oder freier Honorarempfänger, von dem ein Verleger, Produzent oder Intendant erwarten darf, dass seine Arbeit den Umsatz und Ertrag des Unternehmens sichert.

Die zeitgenössischen Bedingungen auf dem Medienmarkt sind alles andere als bequem:

• Das Internet vervielfacht die Informationsangebote, macht sie individuell verfügbar und entzieht damit den traditionellen Medien ihre Kontrollfunktion über den Informationsfluss.

• Sechzig Jahre TV prägen seit zwei Generationen Bildstereotype, die für bestimmte Informationsgehalte stehen. Dagegen sinkt die Bereitschaft, sich Information durch Lesen anzueignen.

• Die zunehmende Differenzierung der Gesellschaft spiegelt sich in einer immer bunteren Palette medialer Angebote: Jeder Lebensstil, jede Gruppe, jedes Interesse hat seine spezifischen Medien.

- Der wachsende Wettbewerbsdruck auf dem Medienmarkt fördert eine Anpassung der Inhalte an das Gefällige: Zerstreuung, Unterhaltung, leicht verdauliche Information und Sensationalismus. Damit sinkt jedoch zugleich das Vertrauen in die Seriosität der Medien.

- Internationale Medienkonzerne steuern globale Nachrichtenströme und sorgen für deren möglichst breite Vermarktung: Film, TV, Radio, Buch, Magazin, Zeitung und Internetseiten verarbeiten „crossmedia" ein Thema mit erheblichen Synergie-Effekten. – Im kleineren Maßstab arbeiten nationale Medienunternehmen genauso.

- Die Medienkunden wehren sich gegen die ständige Reiz- und Informationsüberflutung und haben Mechanismen dafür gefunden: Im besten Fall Selektion, im schlimmsten Fall Verweigerung.

- All das zusammen fördert eine Tendenz in den Medien, das Informationsangebot und seine Darbietung verstärkt unter rein kommerziellen Gesichtspunkten zu sehen. Kritiker sprechen von „Marketing-Journalismus"

Für die Medienmacher heißt das: Sie müssen aus der unüberschaubaren Vielfalt an Informationen die „markttauglichen" herausfiltern. Wenn nötig müssen sie ihre Ware auch erst verkäuflich machen – aus nüchternen Fakten werden spannende Geschichten, aus Gerüchten werden Wahrheiten konstruiert. Die angestammte Chronistenpflicht tritt dagegen in den Hintergrund.

Medien im Wandel

Die Medienwirtschaft durchlebt seit einem Allzeit-Hoch im Jahr 2000 eine rasche Abfolge von Krisen. War es zunächst die allgemeine wirtschaftliche Krise nach dem Zusammenbruch des „Neuen Marktes" und nach den Ereignissen des 11. September 2001, zeigen sich heute die Folgen des veränderten Medienkonsums: Das Internet liefert kostenlose Information in Fülle und zieht darum immer mehr Menschen in den Bann. Das Nachsehen haben die Zeitungs- und Zeitschriftenverlage, deren Erlöse kontinuierlich sinken. Gegenwärtig entsprechen die Einnahmen aus Werbung und Verkauf denen aus dem Jahr 1998.

Das hat Folgen: Durch zweistellige Umsatzeinbußen sind in der deutschen Medienwirtschaft seit 2002 rund 85.000 Arbeitsplätze verlorengegangen, davon betroffen waren auf dem Tiefpunkt der Entwicklung rund 10.000 Journalisten[9]. Innerhalb weniger Jahre ging der Anteil der festangestellten Journalisten auf rund 60 Prozent zurück[10]. Das hat sowohl zu einer völlig neuen Arbeitsmarktdynamik in den Medienberufen geführt (sinkende Einkünfte, zunehmende Ethikkonflikte – „die Kunst geht nach Brot") als auch zu gewaltigen Einsparbemühungen bei den Medienunternehmen.

Die Innovationsfreude in der Computertechnik hat auf die Medien besonders starke Auswirkungen. Wie fast überall, hat der Siegeszug von PC, Notebook und Netzwerken das Arbeiten selbst verändert und auch bei den Medienleuten viel Umdenken gefordert. Die neue Technik hat Arbeitsplätze gekostet, andererseits ganz neue Berufe auch innerhalb der Medienbranche geschaffen – Online-Redakteure, Content-Manager oder Webdesigner gibt es erst seit wenigen Jahren. Entscheidend für die künftige Bedeutung der herkömmlichen Medien ist das rasante Wachstum des Internets. Sich neu formierende Parallelangebote schaffen innerhalb kurzer Zeit einen zusätzlichen Informationsmarkt, der anderen Gesetzen gehorcht.

• Der Online-Nutzer entscheidet selbst, wann er eine konkrete Information abruft.

• Er bestimmt Umfang und zeitlichen Aufwand.

• Er kann nach Belieben tiefer in die Informationsangebote eindringen und muss dazu nicht das Medium wechseln.

• Die neuen Medien sind dialogfähig und erlauben, mit einem Minimum an technischem Verständnis interaktiv in die Veröffentlichungen einzugreifen.

• Einfach zu bedienende „Social Software" macht es vielen Menschen möglich, Sachverhalte und Meinungen zu publizieren. Durch Weblogs, Wikis, Communities etc. verlieren die traditionellen Medien ihre alleinige Deutungshoheit.

• Immer mehr Informationsangebote finanzieren sich komplett über Werbung und sind darum für den Nutzer kostenlos verfügbar.

Unter jungen Menschen zwischen 11 und 29 Jahren in Deutschland hat das Internet das Fernsehen längst überholt, wenn es darum geht, den alltäglichen Informationsbedarf zu decken. Der langsame Rückzug der Jugend von den Printmedien wird sich fortsetzen, lautet eine Prognose der Trend-forschungsagentur *tfactory:* Anstelle der Printmediennutzung trete die ver-stärkte Nutzung des Internets. Zeitungen, Zeitschriften und Magazine wür-den von jungen Lesern mehr und mehr in ihrer Online-Variante wahrge-nommen. Printmedien mit einer adäquaten Internetpräsenz hätten also auch in Zukunft eine Chance, Jugendliche an sich zu binden.[11]

Im Durchschnitt wird das Internet von der Gruppe der 14- bis 49-Jährigen am Tag 59 Minuten genutzt und liegt damit vor Tageszeitungen (21 Minu-ten) und Zeitschriften (15 Minuten).[12] Diese Werte sagen vermutlich indi-rekt auch etwas aus über eine Änderung der Informationsansprüche, mög-licherweise auch über andere Inhalte, die nachgefragt werden.

Damit stehen insbesondere die Tageszeitungen vor einer problematischen Zukunft. Zum einen nimmt die Bevölkerung in den Jahrgängen der 20- bis 40-Jährigen, aus denen drei Viertel der Neu-Abonnenten kommen, rasch ab. Zum anderen erreichen die Zeitungen junge Leute immer schlechter.

Diese Entwicklung ist international und wohl nicht umkehrbar. In den Ver-einigten Staaten kämpfen renommierte Metropolzeitungen wie der *Boston Globe,* der *San Francisco Chronicle,* die *Chicago Tribune* und sogar die *New York Times* ums Überleben. Amerikanische Zeitungen müssen mit härteren Be-dingungen leben als die deutschen, weil sie zu 75 bis 80 Prozent von ihren Werbeeinnahmen getragen werden und der Verkauf nur wenig einbringt; in Deutschland ist das Verhältnis 60 zu 40. Dennoch stimmt eine Aussage auch hierzulande: „Mehr und mehr kristallisiert sich als größtes Problem traditioneller Medien nicht mehr die Frage heraus, wo sich die Leute ihre Informationen holen, sondern wie dafür bezahlt werden soll. Die Werbe-wirtschaft macht den Zug der Info-Konsumenten ins Internet nicht mit, Nachrichtenangebot und Werbung entkoppeln sich fundamental."[13] Im März 2008 ergab eine im Auftrag des Internationalen Forums der Chef-redakteure und der Nachrichtenagentur Reuters durchgeführte Umfrage[14] unter 700 leitenden Journalisten, dass kaum noch einer an die gedruckte Zeitung glaubt: 86 Prozent der Befragten meinten, dass die integrierte Print- und Online-Redaktion die Norm sein wird; 83 Prozent glaubten, dass die Journalisten parallel für alle Medien arbeiten werden. Etwa ein Drittel der befragten Chefredakteure will entsprechenden Schulungen Priorität einräumen, etwa ebenso viele denken auch an Neueinstellungen.

Gute Überlebenschancen haben demgegenüber die Zeitschriften, glaubt Daniel Franklin vom britischen Wirtschaftsblatt *Economist:* „Magazine werden sich wegen ihrer Anmutung, ihrer Ästhetik und ihrer Fotos lange halten können, aber Zeitungen müssen nach neuen Wegen suchen."[15] Ihr Angebot wird sich auf die neuen Entwicklungen einstellen müssen. Und so zählen zu den Modernisierungsversuchen der Printtitel neue Formate (z. B. „Welt kompakt", aber auch die Pocket-Ausgaben vieler Frauenzeitschriften). Vor allem Zeitungen mit handlichem Umfang scheinen sich durchzusetzen, wobei die Meinung der Leser hierzu durchaus geteilt ist: Lediglich ein Fünftel gibt an, kleinere Formate zu bevorzugen, was wohl auch damit zu tun hat, dass 93 Prozent der Befragten zu Hause Zeitung lesen; dort stört ein großes Format nicht. Zwei Fünftel der Leser äußern Bedenken hinsichtlich der Lesbarkeit kleinformatiger Titel.[16] Von den beim *European Newspaper Award* 2005 ausgezeichneten Zeitungen allerdings erscheinen bis auf eine Ausnahme alle im Tabloidformat. Neueste Umstellungen: *Frankfurter Rundschau* und *Handelsblatt;* die *Bild-Zeitung* experimentiert in München mit dem kleinen Format.

Das Zeitalter des „one size fits all" geht nach Einschätzung von Chris Anderson dem Ende zu. Der Autor des Bestsellers „The Long Tail" sieht an seine Stelle etwas Neues treten, einen Markt der Vielfalt[17]. Die Digitalisierung erlaubt die Speicherung und den Vertrieb selbst der uninteressantesten Medieninhalte auf sehr billige Weise. Das macht es möglich, sehr viele, differenzierte Angebote zu machen und damit mehr Umsatz zu generieren als mit einigen wenigen Marktrennern. „Prinzipiell gilt: Alles, was digitalisierbar ist, lässt sich nach dem Prinzip des Long Tail auch erfolgreich bewirtschaften", ist sich der Berliner Medienwissenschaftler Norbert Bolz sicher.

Das Internet hat nach Analysen von Marketingexperten so etwas wie eine Basisdemokratie in den Medien geschaffen, da es erstmals eine Plattform für eine aktive Einbindung des Konsumenten bietet. „Für die Medienlandschaft ist allerdings ein Punkt viel beachtenswerter: Das ist die mangelnde Fähigkeit, differenziert über die Ansprüche von vielfältigen Zielgruppen nachzudenken und dann entsprechende Angebote zu entwickeln", kritisiert Michael Sander, Geschäftsführer der Lindauer Unternehmensberatung Terra Consulting Partners.[18]

Die Entwicklung von Print- und Online-Medien klafft immer weiter auseinander. Zum Beispiel ist die Reichweite der Tageszeitung *Die Welt* seit 2006 fast konstant geblieben und liegt heute bei 681.000 Lesern. Dagegen hat sich die Zahl der Nutzer von *Welt Online* im gleichen Zeitraum um den Faktor 2,7 auf heute rund drei Millionen erhöht. Die Zahlen treffen in ähnlicher Weise auf das Gros der Medien zu. Sie belegen, dass der Digitalisierung der Medienlandschaft eine ganz neue Art der Mediennutzung folgt: An die Stelle der täglichen Zeitungslektüre tritt die Nutzung „on demand" – zum Teil mehrfach pro Tag und quer durch das ganze Angebot. Die breite Fülle der Ereignisse, die sich in den Artikeln einer Zeitung spiegelt, verliert an Interesse. Im Internet abgerufen wird nur, was individuell interessiert und nutzt.

Die Controller haben das Sagen

Die deutschen Medien geben jährlich rund neun Milliarden Euro für die Beschaffung von Informationen aus. Noch einmal die gleiche Summe fließt in Gehälter, Honorare und Sachkosten für Technik und Vertrieb. Die Rechnung steht noch aus, ob diese Investitionen weiterhin durch Werbeeinnahmen und Verkaufserlöse gedeckt werden können – denn die Werbewirtschaft entzieht den traditionellen Medien immer mehr Anzeigenseiten und Werbeminuten, und die verkauften Auflagen sinken. In den Medienhäusern rauchen die Köpfe, wie manche Info-Angebote im Internet kostenpflichtig gemacht werden könnten.

Andere setzen auf zusätzliche Anreize, um Leser, Hörer und Zuschauer weiter an sich zu binden. Auch Hörversionen von gedruckten Artikeln – die Zeitungen und Zeitschriften verweisen auf sogenannte Podcasts im Internet – sind inzwischen weit verbreitet. Als eine der ersten Tageszeitungen bot das *Handelsblatt* schon 2004 eine Hörversion der gedruckten Ausgabe an: Die aktuelle Zeitung des nächsten Tages konnte bereits ab Mitternacht als Audiofile gehört werden. Einen erstaunlichen Effekt konnte die Redaktion des Magazins *Geo* verzeichnen: Seit Reportagen und Artikel über den Anbieter *iTunes* als Hörversion verbreitet werden, steigt die Zahl der Printabonnenten.[19]

Schwindende Anzeigeneinnahmen und Abonnentenzahlen zwingen immer mehr Verlage dazu, sich neue Geschäftsfelder zu suchen, um eine stärkere Leserbindung anzustreben. Erfolge mit neuen Erlösquellen konnte beispielsweise die *Süddeutsche Zeitung* mit einer DVD-Filmreihe verzeichnen, Die *Zeit* konnte mit dem Direktverkauf von zwei Lexikonreihen an ihre Abonnenten die Umsatzzahlen steigern; die *Frankfurter Allgemeine Zeitung* verkaufte eine Comic-Reihe und *Bild* eine „Bestseller-Bibliothek".

Mit eigenen Audiobeiträgen von Hörern experimentiert derzeit das *Deutschlandradio* und schlägt hierbei einen Bogen vom klassischen Radioprogramm zum Internetradio und wieder zurück: Jeder Hörer kann zum Radiomacher werden und eigene Beiträge über die Website „blogspiel.de" hochladen; andere Nutzer der Site geben ihre Urteile ab. Die Audioblogs mit den besten Bewertungen werden dann wöchentlich im regulären Programm von „Deutschlandradio Kultur" vorgestellt – ein multimedialer und interaktiver Ansatz der Hörerbindung.

Die Mehrheit der Verlage und Sendehäuser geht aber den „klassischen" Weg der Kostenreduktion. Um die multimediale Verzahnung verschiedener Medien möglichst ökonomisch zu gestalten, gehen derzeit etliche Verlage dazu über, ihre Redaktionen in „Newsdesks" zu verwandeln, so wie beispielsweise bei den Medien der „blauen Gruppe" des Axel-Springer-Verlags: *Welt, Welt kompakt, Welt am Sonntag* und *Berliner Morgenpost* bekamen eine gemeinsame redaktionelle Führung. Die überregionale Tageszeitung, die regionale Zeitung, die Sonntagszeitung, die Kompaktausgabe, die Online-Version und Angebote wie Podcasts, Newsletter oder SMS-Dienste – alles wird in einer Zentralredaktion produziert: *Crossmedia* heißt das dafür gefundene Schlagwort. Nachrichten seien mit dem neuen System bereits kurz nach Eingang online, so Springer-Vorstand Mathias Döpfner, der mit der Umstellung den „größten integrierten Newsroom Deutschlands und den wohl modernsten Workflow Online to Print" geschaffen haben will.[20]

Einen Ausweg aus dem Zwang zum Erfolg sehen viele Verlage in der Verbreiterung ihrer Basis. Viele deutsche Verleger wollen aus Kostengründen erfolgreiche Objekte übernehmen, wo immer dies ohne eine Gefährdung des eigenen Markencharakters möglich ist. Die Verlagsimperien Holtzbrinck, Burda oder Gruner+Jahr kaufen, was immer sich anbietet. Der Kölner Verlag DuMont-Schauberg *(Kölner Stadt-Anzeiger, Express, Mitteldeutsche Zeitung)* erwarb 2007 und 2008 die *Frankfurter Rundschau* als überregional bedeutendes Standbein, die *Berliner Zeitung* als größtes Hauptstadtblatt, das Boulevardblatt *Hamburger Morgenpost,* eine von nur zwei Zeitungen in der Elbmetropole, und die *Net-Zeitung* als angesehenes Online-Medium. Mit der Anteilsmehrheit am Süddeutschen Verlag *(Süddeutsche Zeitung, Frankenpost, Freies Wort)* Anfang 2008 stieg die Südwestdeutsche Medien Holding GmbH *(Stuttgarter Nachrichten, Stuttgarter Zeitung, Schwarzwälder Bote, Sonntag aktuell)* zum zweitgrößten Zeitungskonzern in Deutschland auf – ein Umstand, der die Kartellbehörden aufhorchen ließ.

Der Konzentrationsprozess in der Verlagswirtschaft folgt überdies dem Trend zur Globalisierung. Internationale Medienkonzerne und Investmentfirmen kaufen sich in die deutsche Medienlandschaft ein – nicht immer mit Erfolg: Der Brite David Montgomery musste in Folge der internationalen Finanzkrise 2008 seine deutschen Beteiligungen wieder verkaufen. Die privaten Sendeanstalten sind längst im Besitz internationaler Eigner: Die Mehrheit an der Senderfamilie RTL befindet sich im Besitz der internationalen Investmentbank Bruxelles Lambert, die Sendergruppe ProSiebenSat1 Media gehört den Finanzinvestoren KKR und Permira.

Das Niveau kippt

Alle diese sich jagenden Veränderungen und Neuerungen haben allerdings auch zu einer verbreiteten Unsicherheit bei den Medienmachern und Informationsvermarktern geführt. In welche Richtung müssen sich die klassischen Medien entwickeln, um den veränderten Informationsansprüchen der Internetgeneration zu genügen? Wie müssen die einzelnen Medien agieren, damit sie im Dickicht des Angebots ausreichend auffallen? Welche Werte und Normen gelten für journalistische Qualität in den Zeiten des Informationsmarketings? Ein vernichtendes Urteil über die gegenwärtige Medienrealität fällte Hans-Jürgen Schild in einem Beitrag für das Branchenmagazin *journalist*:

> „Um Auflage bzw. Quote und damit auch die Werbeeinnahmen zu steigern, setzen Verlagshäuser und Sender auf nivellierte Bedürfnisse eines Massenpublikums. Man verabschiedet sich vom ‚klassischen‘ Journalismus und übernimmt Stilelemente aus dem Repertoire des Boulevards. Damit einher geht der Kostenabbau im harten Wettbewerb auf dem Medienmarkt. Bislang anerkannte Qualitätsstandards weichen dem, was man euphemistisch eine lebendige und rezipientenfreundliche Berichterstattung nennt [...] Nicht mehr der Inhalt bestimmt die Form, sondern die Form den Inhalt, und der verliert an Bedeutung. [...] Geht dem Publikum einmal auf, dass Journalisten ihm insgeheim intellektuelle Fähigkeiten absprechen, wird es andere Wege der Informationsbeschaffung suchen, um ein adäquates Bild der Wirklichkeit zu gewinnen. Etwa im Internet. Insofern könnte sich die am kurzfristigen Erfolg orientierte Strategie von Medienunternehmen als ausgesprochen kurzsichtig erweisen."[21]

Deutlicher kann man kaum sagen, wie sehr sich der Journalismus unserer Tage selbst in Frage stellt. In der offenbar schwer zu zügelnden Sehnsucht, von ihrem Publikum geliebt zu werden, bringen manche Medien ihre Kunden sogar in die Nähe strafbaren Handelns. Unter dem Deckmäntelchen der Bürgernähe – Stichwort „Leser-Reporter" – fordern sie ihre Leser und Nutzer auf, sich wie Blockwarte, Denunzianten und

Spanner zu verhalten. 500 Euro verspricht *Bild* jedem Leser, der ein zum Abdruck taugliches Foto von einem Prominenten in Alltagssituationen liefern kann: die durchnässte Bundeskanzlerin im Urlaub nach der Bergwanderung, der schlafende Finanzminister („Er schnarcht!") in der VIP-Lounge, der verheiratete Spitzensportler mit der schönen Unbekannten beim Flirt. Abgesehen von der journalistischen Bedeutungslosigkeit solcher Schnappschüsse, wird das Recht der „Opfer" auf informationelle Selbstbestimmung verletzt. Und das ist strafbar.

Dabei wäre ein ernst zu nehmender „Bürger-Journalismus" vielleicht ein Weg, die Stimmung in der Medienbranche etwas zu heben. Seit mehreren Jahren existieren Modelle in den Vereinigten Staaten unter dem Begriff „Crowd Sourcing", wie engagierte Menschen zu Mitarbeitern von Zeitungen und Lokalsendern werden können[22]. Dabei geht es um mehr als das, was hierzulande als „Freier Mitarbeiter" bekannt ist: Blogger kommentieren Artikel, die von der Redaktion verfasst wurden; ein Exklusivbeitrag vom Geschehen hinter der Bühne eines Konzerts wird von der Redaktion nur geglättet; ein Interview mit einem Wunschpartner verläuft möglicherweise härter und informativer als durch ein Redaktionsmitglied. Das erfüllt vielleicht nicht unbedingt die Kriterien für Qualitätsjournalismus, aber wie viele Blätter dürften ihre Leistungen dazu zählen?

Medienarbeit verlangt Weitblick und Planung

Für die Medienarbeit von Pressestellen, PR-Stäben, Agenturen und Geschäftsstellen hat das unangenehme Folgen:

* Die redaktionellen Hürden für PR-Angebote werden höher.[23]

* Das Bedienen spezieller Informationsbedürfnisse wird wichtiger.

* Die Medien und ihre Entscheidungen sind schwerer einzuschätzen.

Dennoch lohnt die Mehrarbeit, denn die Präsenz in den Medien ist nach wie vor die sicherste Garantie für alle, die in unserer Gesellschaft wahrgenommen werden wollen. Erst dann ist es möglich, am Dialog teilzunehmen, seine Positionen darzustellen und sich zu behaupten.

Sinnvolle Medienarbeit ist immer eingebunden in eine komplexe Konzeption für alle kommunikativen Handlungen einer Einrichtung. Nicht erst, seit das Schlagwort „Integrierte Kommunikation" die Runde macht, hat eine in die Gesamtheit aller kommunikativen Anstrengungen eingepasste Medienarbeit die besten Erfolgsaussichten. Wenn zum Beispiel die Qualität und Exklusivität eines Produkts als Verkaufsargument zur Geltung gebracht werden sollen (Marketingentscheidung), dann muss die Werbung Slogans und Bilder finden, die den hohen Wert signalisieren und bei der anvisierten Kundenschicht die Nachfrage wecken (Werbeauftritt), während die Öffentlichkeitsarbeit sachlich darüber informiert, wodurch die Qualität zustande kommt.

In einer Pressestelle oder einem Arbeitsstab Medienarbeit liegt der Fokus auf der Detailplanung und kompetenten Umsetzung konkreter Maßnahmen, um mit Hilfe der Medien die Ziele der Kommunikationspolitik zu erreichen:

• Auswahl wichtiger und geeigneter Medien,

• Aufbau und Pflege guter Kontakte zu den Medien,

• Bereitstellung von Informationen in Wort und Bild,

• Organisation und Durchführung von Presseveranstaltungen,

• Themenfindung und möglicherweise -besetzung in den Medien,

• mediale Beratung und Schulung von Mitarbeitern für den Medienkontakt und ggf. für die Medienpräsenz,

• Beratung anderer Kommunikationsbereiche hinsichtlich der Medien,

• Sprecherfunktion gegenüber den Medien,

• Beobachtung, quantitative und qualitative Auswertung der Medien,

• Beobachtung und Wertung von medienrelevanten Entwicklungen,

• Entwicklung und Betreuung eigener Medien.

Parallel dazu hat die junge Disziplin der Public-Relations-Berufe eine Fülle weiterer Instrumente, Mittel und Maßnahmen entwickelt, um den Kontakt und den Dialog mit der Öffentlichkeit zu optimieren – von der Veranstaltungsplanung über Sponsoring-Aktivitäten bis zum Business-TV. Die Reichweite der PR-Methoden spannt vom elitären Ball für internationale Gäste aus Wirtschaft, Politik und Kultur bis zur kreativen Erschließung neuer Geldquellen für eine Wohlfahrtseinrichtung, von der Mitgestaltung eines Filmdrehbuchs bis zum Entwurf eines Computerspiels, das bei jungen Menschen um deren gesellschaftliches und politisches Engagement wirbt.

Medienarbeit ist keine Hilfsdisziplin von Marketing oder Werbung

Das hier beschriebene Instrumentarium ähnelt in vielerlei Hinsicht den Werkzeugen von Marketing und Werbung: Veranstaltungen und Events jeglicher Art, Foundraising, Product-Placement und Ideenwerbung sind notwendige Hilfsmittel, um jedweden Kommunikationsprozess in Gang zu bringen, am Laufen zu halten oder zu steuern.

In vielen großen Unternehmen hat man jedoch erkannt, dass es insbesondere für die Medienarbeit schädlich wäre, ihre Ziele den Vorstellungen des Marketing oder der Werbung unterzuordnen.

Denn es gibt einen entscheidenden Unterschied: Die Medienarbeit bedient sich der Hilfe einer völlig anderen Berufsgruppe mit einer eigenen beruflichen Identität, eigenständigen Regeln und Gesetzen, unterschiedlichen Ausbildungswegen, berufsständischen Vertretungen und politischen Fürsprechern: Medienarbeit braucht die Unterstützung der Journalisten und Publizisten in Presse, Funk, Fernsehen und Online-Redaktionen.

Zwar nutzt auch die Werbung die Medien. Die Werber kaufen schlicht und einfach den Platz, den sie in den Zeitungen und Magazinen brauchen, um ihre Annoncen zu zeigen; oder die Zeit für einen Werbespot in Radio, Fernsehen oder Kinosaal. Dafür haben sie – in den Grenzen des rechtlich Möglichen – völlige Gestaltungsfreiheit für ihre bunten Anzeigenseiten oder Werbeminuten.

Medienarbeit hingegen muss häufig kritische Journalisten davon überzeugen, dass eine Information für ihre Leser, Hörer oder Zuschauer interessant genug wäre, um sie zu verbreiten. Wer das erreichen will, darf nicht wie ein Werber oder Verkaufsförderer denken und handeln, sondern muss die Sicht- und Arbeitsweise der Journalisten verinnerlichen.

In der Fläche ist diese Einsicht noch nicht weit verbreitet. Der vernünftige Ansatz, Kommunikation aus einem Guss zu planen, heißt in der Praxis oft, dass Marketing- und Werbeleute darüber entscheiden, was die Medien bekommen. Im günstigsten Fall braucht es dann quälende Abstimmungsprozesse, bis ein Pressetext zustande kommt, den die Zeitungen verwerten können. Leider setzen sich oft die Ideen der Verkaufsförderer durch. Die Chef-Anordnung an die Pressestelle: „Lassen Sie mal einen hübschen Artikel über unser tolles Produkt schalten!" ist häufig zu hören und belegt ein tragisches Missverständnis. Denn „schalten" kann man nur teuer erkauften Werberaum für Anzeigen und Spots.

Die Medienleute staunen anschließend über das Selbstbewusstsein, mit dem der Autor einer Pressemitteilung die Superlative aneinander reiht und sich über alle Regeln des Journalismus hinwegsetzt. Ein Beispiel:

F1 Multilevel von Fortschritt – das Multitalent erobert den Markt

Die Insider haben einmal mehr recht behalten: das neue Komplett-Programm von Fortschritt, F1 Multilevel, erobert den Markt. Schwungvoll und elegant, funktionell und mit einem hervorragenden Preis-Leistungs-Verhältnis erweist sich das Multitalent für immer mehr Kunden als die Ideallösung für ihre individuellen Bedürfnisse ...

Auch Veranstaltungen, die Journalisten dazu missbrauchen wollen, die Werbetrommel zu rühren, können jede ernst gemeinte Partnerschaft mit den Medienleuten langfristig ruinieren.

So kam der Hersteller eines Bodenreinigers mit Absatzproblemen auf die tolle Idee, Journalisten einzuladen und ihnen den Reiniger samt Schrubber und Wassereimer in die Hand zu drücken, damit sie sich selbst von den tadellosen Säuberungseigenschaften der Substanz überzeugen konnten.

Media Relations entwickelt sich gegenwärtig zu einer Sonderdisziplin, die nicht einmal mehr von allen PR-Leuten beherrscht wird; dazu ist die Bandbreite der geforderten Fähigkeiten und Fertigkeiten in dieser jungen Disziplin schon zu umfangreich geworden. Ein riesiger, kaum wieder gut zu machender Fehler ist es, Medienarbeit als Nebensache zu betrachten, die von irgendeinem Kommunikationsprofi zusätzlich geleistet werden kann. Das Gegenteil ist richtig.

Das Beziehungsgefüge zwischen Medien und Public Relations ist kompliziert

Bevor sich Public Relations als eigenständiges Berufsbild auszuprägen begann, gab es schon seit gut 250 Jahren Zeitungen – und die konnten lange ohne die Zuarbeit der Pressesprecher und PR-Agenten ihre Seiten füllen. Daraus speist sich bei den Journalisten ein verbreitetes Misstrauen gegenüber der PR-Branche. Siegfried Weischenberg hat in einer Repräsentativbefragung von 1.500 Journalisten in unterschiedlichen Medien herausgefunden, dass sich vier Einstellungen von Journalisten unterscheiden lassen[24]:

- 26 Prozent der Befragten lehnen die PR-Angebote nicht nur ab, sondern sehen darin eine Gefahr für die unabhängige und kritische Chronistentätigkeit. Die Studie spricht hier von den *„PR-Kritikern"*.

- 22 Prozent halten die Angebote der Pressestellen und Agenturen für schlecht und überwiegend nicht brauchbar für die eigene Arbeit. Sie sehen darin zwar keine Gefahr, halten PR aber für weitgehend überflüssig: *„PR-Skeptiker"*.

- 27 Prozent der Journalisten finden die angebotenen PR-Materialien nicht schlecht und halten das Gewerbe für ungefährlich; sie behaupten aber, die Angebote selbst nur selten zu nutzen. Das sind die *„PR-Antikritiker"*.

- 25 Prozent, die *„PR-Pragmatiker"* genannt, sehen in den Presseaussendungen und anderen Angeboten hilfreiche Informationen, die sie gerne für die eigene Arbeit gebrauchen.

Wenn wir uns erinnern, dass zwei Drittel – andere Studien sprechen von bis zu 90 Prozent[25] – der Medienartikel und Sendeinhalte auf PR-Aktivitäten beruhen, ist diese Selbsteinschätzung der Journalisten weit ab von jeder Realität. Wobei zu betonen ist, dass die prinzipiell aufgeschlossenen Gruppen der „PR-Antikritiker" und der „PR-Pragmatiker" gut die Hälfte der Befragten ausmachen – ein Wert, der vor fünfundzwanzig Jahren noch viel geringer war.

Eine Umfrage aus dem Mai 2006 bestätigt, dass nach wie vor die meisten Journalisten mit den Leistungen der PR-Zunft wenig zufrieden sind. Die Bonner Agentur „ofischer communication" hatte rund 800 zufällig ausgesuchte Journalisten aus ganz Deutschland befragt. 70 Prozent gaben den Presseinformationen bestenfalls die Note 3. Wichtige Informationen wie die Kontaktdaten der Ansprechpartner für Rückfragen vermisste rund ein Viertel der Befragten. Fast ein Drittel der Journalisten erwartete vergeblich hochwertiges, druckfähiges Bildmaterial. Über 60 Prozent der Befragten bewerten die versandten PR-Fotos als „werblich" – und nicht etwa als Fotos, die journalistischen Maßstäben genügen. Das Fazit: Sitzengeblieben.[26]

Die Vorbehalte der Journalisten gegenüber den PR-Leuten kommen nicht von ungefähr. Öffentlichkeitsarbeiter handeln mit ihren Informationsangeboten im Interesse ihrer Auftraggeber. Sie sind nicht unabhängig-überparteilich; das ist in einer pluralistisch verfassten Gesellschaft auch völlig legitim. Andererseits ist für Journalisten die Freiheit und Ungebundenheit der Berichterstattung ein unverrückbares Credo und sogar verfassungsrechtlich geschützt. Das deutsche Bundesverfassungsgericht hat in seiner Rechtsprechung ausdrücklich betont, dass die Pressefreiheit nicht nur gegenüber staatlichen Eingriffen geschützt ist:

„Meinungs- und Pressefreiheit wollen die freie geistige Betätigung und den Prozess der Meinungsbildung in der freiheitlichen Demokratie schützen, sie dienen nicht der Garantie wirtschaftlicher Interessen. Zum Schutz der freien Presse muss aber die Unabhängigkeit von Presseorganen gegenüber Eingriffen wirtschaftlicher Machtgruppen mit unangemessenen Mitteln auf Gestaltung und Verbreitung von Presseerzeugnissen gesichert werden ... Die Ausübung wirtschaftlichen Drucks, der für die Betroffenen schwere Nachteile bewirkt und das Ziel verfolgt, die verfassungsrechtlich gewährleistete Verbreitung von Meinungen und Nachrichten zu verhindern, verletzt die Gleichheit der Chancen beim Prozess der Meinungsbildung."[27]

Journalisten haben ihren Stolz – oder auch nicht

Franz M. Bogner, langjähriger Präsident des Public-Relations-Verbandes Austria, nennt aus österreichischer Perspektive Gründe für das Misstrauen: „Bis zum heutigen Tag wird unter dem Deckmantel von PR oder Öffentlichkeitsarbeit Irreführung von Konsumenten, Täuschung von Zeitungslesern, Markenwerbung im Fernsehen und Korrumpierung von Journalisten betrieben ... Das beginnt beim Angebot von Verlagen, gegen Entgelt sogenannte „PR-Seiten" und „PR-Artikel" zu gestalten, geht über die subtile Form des „Druckkostenbeitrages" in Printmedien oder des „Produktionskostenbeitrages" in elektronischen Medien und endet bei dem Versuch, Journalisten zu korrumpieren ... Solange charmante Damen in der Verkaufsförderung als „PR-Ladies" und alerte Herren aus der Werbeabteilung in den Medien als „PR-Profis" tituliert werden, müssen die PR-Fachleute um ihre Selbstfindung kämpfen."[28] Das Problem ist international, wie unsägliche Vorgänge rund um den Globus tagtäglich belegen.

Einer der wenigen in weiten Teilen der Öffentlichkeit bekannten Pressesprecher und PR-Berater ist dank zahlreicher Interviews, Artikel und Talkshowauftritte Dr. Klaus Kocks. Bevor er sich als Politikberater in Berlin niederließ, war er unter anderem Sprecher für Kernkraftbetreiber, die Aral AG, den Viag-Konzern und zuletzt für den Autoriesen VW. Er beschreibt als zentrale Aufgabe der Öffentlichkeitsarbeit die Kunst, Lügen und „erwünschte Wahrheiten" so kunstvoll zu verweben, dass niemand es merkt. In seinen zahlreichen Veröffentlichungen empfiehlt er die souveräne Inszenierung von „fiktionaler Glaubwürdigkeit", palavert weltmännisch über „The Art of Lying" und bezeichnet sich selbst als „käuflichen Intellektuellen."[29]

Wenn Journalisten den PR-Leuten nicht trauen, sind es solche Einzelfälle, die in ihrer Summe ein verheerendes Bild von der Branche zeichnen. Das bleibt dann auch in der Öffentlichkeit nicht ohne Folgen. Begriffe wie „PR-Verführer", „PR-Gag" oder Wertungen wie „Nur PR, keine

Substanz" deuten an, was Günter Bentele 2003 erstmals wissenschaftlich belegen konnte. Eine Befragung von 1.100 repräsentativ ausgewählten Bundesbürgern und 105 Journalisten ergab, dass nur Werbefachleuten und Politikern noch weniger Vertrauen entgegengebracht wird als den PR-Experten. Dabei zeigte sich, dass die Menschen sowohl Begriffe aus der PR-Arbeit erstaunlich gut kennen, als auch, dass sie die Bedeutung der PR-Branche richtig sehen – im Unterschied zu den Journalisten, die den Einfluss von PR auf ihre Arbeit zu 80 Prozent unterschätzt haben.[30]

Jeder Journalist hört bereits während seiner Ausbildung von Einschüchterungs-, Erpressungs- und Bestechungsversuchen. Die Täter in solchen Erzählungen sind häufig große Unternehmen oder Organisationen, meist in der Person des Pressesprechers oder des Justitiars. Solche Geschichten sind nicht selten, sondern kommen immer wieder vor.

Mit einer Razzia reagierte die Staatsanwaltschaft Potsdam im September 2005 auf einen Artikel in dem Politikmagazin „Cicero", der sich mit einem führenden Al-Quaida-Mitglied beschäftigt hatte. Dabei hatte der Autor Passagen aus einem als „Verschlusssache" gekennzeichneten Bericht des Bundeskriminalamts (BKA) zitiert. Die Staatsanwälte werteten dies als Beihilfe zum Verrat von Dienstgeheimnissen und ließen in den Redaktionsräumen und auf den Festplatten der dortigen PC nach Hinweisen auf die undichte Stelle im BKA suchen. Der Chefredakteur Wolfram Weimer reichte Klage ein – und bekam Recht. Im Februar 2007 urteilte das Bundesverfassungsgericht, die Journalisten hätten ein Recht, ihre Informanten zu verschweigen.

Als in einem Chemie-Unternehmen im Rheinland immer wieder Unfälle geschahen und die regionale Presse kritisch nachfragte, ob bei dem Unternehmen die Sicherheitsvorschriften zu lax gehandhabt würden, reagierte der Unternehmenssprecher pampig. Er sann laut darüber nach, ob die Medien die Verantwortung dafür übernehmen wollten, wenn der Standort geschlossen und die Arbeitsplätze nach Osteuropa verlagert würden.

Gegenüber mutigen Journalisten, machtvollen Fernsehsendern und großen Zeitungen bewirken solche Versuche nichts oder das Gegenteil des Gewünschten. Allerdings fordert es von einem Redaktionsmitarbeiter bei einem kleinen Medium schon mehr Schneid, sich gegen geballte Wirtschaftsmacht zu behaupten. Es hat auch Fälle gegeben, in denen ein Unternehmen einer kleinen Regionalzeitung mit dem Entzug der Anzeigen drohte, wenn die Recherchen rund ums eigene Haus kein Ende nähmen. In solchen Fällen geht es dann womöglich um die Existenz.

Beeinflussungsversuche gegenüber Journalisten werden in der Regel subtil und mit viel Kreativität umgesetzt. Wo hört der freundliche und umfassende Service auf, wo beginnt die Bestechung?

Wenn – wie geschehen – ein Automobilhersteller ausgewählte Fachjournalisten zu einer Testfahrt des neuen Sportcabrios in das sonnige Hinterland der Cote d'Azur einlädt, kann das etwas mit der Wettersicherheit in dieser Region zu tun haben. Es ist durchaus vernünftig, ein Cabriolet unter Bedingungen zu testen, wie sie der Käufer eines solchen Wagens vorfinden will. Wenn die dreitägige Rallye aber ihre Zielpunkte regelmäßig in Luxushotels findet, jedem der Test-Journalisten eine charmante Hostess als Beifahrerin mitgegeben wird, und wenn zum Abschluss die Autoschlüssel gegen einen geschenkten Laptop eingetauscht werden – dann ist wohl die Grenzlinie deutlich überschritten.

Aber zu einem solchen Geben und Nehmen gehören immer zwei. Wenn Unternehmen ihren Neuigkeiten so wenig trauen mögen, dass sie den Medienleuten ihr Wohlwollen glauben abkaufen zu müssen, braucht es auf der anderen Seite jemanden, der sich bezahlen lässt – in geldwerten Vorteilen oder anderen Naturalien.

Zwei Seiten desselben Schreibtischs

Fast jeder PR-Treibende kommt früh im Laufe seines Berufslebens mit überheblichen, ihre Medienmacht ausspielenden Journalisten in Kontakt. Die gibt es natürlich auch, ebenso wie die frechen Kollegen, die von den Pressestellen Testexemplare von Autos, Computern, Musikanlagen etc. erbitten, die sie dann nie mehr zurückgeben. Oder die Korrupten, die mehr oder minder laut über das Schicksal des Freiberuflers, die Kosten, die Steuern und die schlechte Zahlungsmoral klagen, bis jemand einen bezahlten Artikel in Auftrag gibt.

Eine weit verbreitete Spielart der „bewirtschafteten Medienarbeit" (so eine Formulierung von Klaus Kocks) ist das „Kopplungsgeschäft", das zunehmend von den Journalisten eingefädelt wird: Die Veröffentlichung eines PR-Beitrags erfolgt nur gegen einen Anzeigenauftrag, womöglich sogar in einem anderen Blatt des gleichen Verlagsunternehmens. Der Deutsche PR-Rat (DRPR) hat im März 2006 erstmals Beschwerden über drei besonders drastische Fälle dieser Art an den Deutschen Presserat gerichtet. Der DRPR-Vorsitzende Horst Avenarius weiß, dass dies nur die Spitze des Eisbergs sein kann. Der Medienauswerter Observer Argus Media hat berichtet, dass innerhalb von zwei Wochen 563 „Anzeigenartikel" in deutschen Tageszeitungen zu registrieren waren.[31]

Die Vorurteile gegenüber Journalisten sind ausgeprägt, jeder scheinbare Beleg für die Charakterlosigkeit dieses Berufsstandes wird gerne weitererzählt. Journalisten haben einen in unserer Gesellschaft wenig angesehenen Beruf, das Schicksal teilen sie mit Politikern, Immobilienmaklern, Versicherungsvertretern – und PR-Leuten: *„Wer nichts kann und wer nichts ist, nennt sich einfach Journalist."*

Dieser böse Vers drückt das geballte Misstrauen aus, mit dem man einem Berufsstand begegnet, der keine Ausbildungsordnung und keinen Titelschutz besitzt – und dennoch viel Macht ausüben kann. Und dieser

Sachverhalt verbindet PR-Leute und Journalisten am nachhaltigsten. Beide Berufe zählen mehr oder minder zum „fahrenden Volk" der Kreativen – konsequent steht Freiberuflern beider Branchen die „Künstlersozialkasse" für ihre Altersvorsorge offen. Die Berufsverbände beider Sparten sind offen für Angehörige der jeweils anderen.

Tatsächlich sind sich Journalisten und Öffentlichkeitsarbeiter in ihrer Arbeit – und Arbeitsethik – viel näher, als die meisten glauben. Journalisten werden an ihren Produkten gemessen: Sie müssen interessante Zeitungen und Magazine machen, gute TV-Sendungen produzieren und spannende Reportagen liefern, sonst können ihre Medien am Markt nicht bestehen. Das Informationsangebot muss eine gelungene Mischung aus Neuigkeiten, Hintergrund, Unterhaltung, Bildung und anderem mehr bieten. Wer unter dem andauernden Produktionsdruck auf die vorgefertigten, professionell gemachten Angebote aus den PR-Büros und Agenturen verzichtet, macht sich das Leben unnötig schwer.

Auf der anderen Seite ist nur der Media-Berater erfolgreich, dessen Vorarbeiten und Informationspakete von den Medien angenommen werden. Wie Presse, Radio oder Fernsehen die Angebote der PR-Leute übernehmen und weiterverarbeiten, lässt sich durch Augenschein kontrollieren. In keinem anderen Sektor der PR-Arbeit ist der Erfolg so einfach messbar – der Misserfolg ebenso. Nur qualitätvolle Arbeit schlägt sich positiv in den Gazetten und Sendungen nieder. Gute Medienarbeit muss deshalb sehr viel journalistisches Know-how beweisen, setzt eine präzise Kenntnis der Arbeit in den Redaktionen voraus und bedient die spezifischen Bedürfnisse der verschiedenen Medien. Nicht ohne Grund haben viele Pressesprecher zunächst als Journalisten gearbeitet und so wichtige Erfahrungen gesammelt.

Der unterschwellige Antagonismus zwischen Public Relations und Journalismus entspricht einer ganz gut funktionierenden Zweckgemeinschaft[32]. Dafür braucht es keine Liebe, aber gegenseitiges Verständnis, Toleranz und ein gewisses Maß an Vertrauen. Der überkritische, an Skandalen interessierte Journalismus ist genauso wenig typisch für die Branche wie der PR-Manager als Verhinderer von Öffentlichkeit. Wenn die Medien scheinbar gehässig und einträchtig über ein „Opfer" herfallen, hat die Zweckgemeinschaft in aller Regel schon lange vorher tiefe Risse gezeigt.

Über dem ehemaligen Post-Chef Klaus Zumwinkel drohten schon lange dunkle Wolken. Kritischen Berichten, die zahlreichen Zukäufe im Ausland verschlängen die Unternehmensgewinne und mit einer Aufsplittung des Konzerns ließe sich der Wert der Postaktien vervielfachen, taten Unternehmenssprecher und ihr Chef als Nonsens ab. Als Zumwinkel kurz vor Verabschiedung des für sein Unternehmen günstigen Mindestlohns privat ein dickes Aktienbündel verkaufte und dafür fünf Millionen Euro kassierte, reagierte er auf das Wetterleuchten in den Medien mit einer schlappen Erklärung. Als er wenige Wochen später in die Fänge der Steuerfahndung geriet, stießen ihn die donnernden Schlagzeilen endgültig vom Sockel des fleißigen Spitzenmanagers.

Solche Verwerfungen zu erkennen und rechtzeitig wieder einzuebnen, das ist die Hohe Schule der Medienarbeit. Ein kluger Kopf hat über das Verhältnis von Journalismus und PR als *„ähnliche Arbeit an den beiden Seiten desselben Schreibtischs"* gesprochen. Wer sich daran immer wieder erinnert, kann nicht viel falsch machen.

1 Weischenberg, Siegfried: Selbstbezug und Grenzverkehr. Zum Beziehungsgefüge zwischen Journalismus und Public Relations, in: Public Relations Forum 1/97.

2 Baerns, Barbara: Öffentlichkeitsarbeit oder Journalismus? Zum Einfluss im Mediensystem. Köln 1985/1991.

3 Rolke, Lothar: Journalisten und PR-Manager. Unentbehrliche Partner wider Willen, in: Public Relations Forum 2/98.

4 Quelle: IPR&O Beratungsgesellschaft für Kommunikation GmbH, Hamburg.

5 Quelle: Institut für Grundlagenforschung im Auftrag von Public Relations-Verband Austria (PRVA) und Fachverband für Werbung und Marktkommunikation.

6 Ruß-Mohl, Stephan: Gefährdete Autonomie?, in: Avenarius, Horst / Armbrecht, Wolfgang (Hrsg.): Ist Public Relations eine Wissenschaft? Eine Einführung. Opladen 1992

7 „Im Bermudadreieck: Wie der Journalismus verschwindet", in: Kommunikationsmanager Juni 2009

8 „Journalismus 2009", Macromedia Hochschule für Medien und Kommunikation, München März 2009

9 Bundesagentur für Arbeit, Statistische Mitteilungen 03/2004

10 Deutscher Journalisten-Verband 04/2008, www.djv.de/Perspektiven

11 Timescout Deutschland, 10. Welle 2006, publiziert von tfactory Trendagentur, Wien/Hamburg 2008

12 Time Budget 12, SevenOne Media in Zusammenarbeit mit Forsa 2005

13 Report des „Projekt for Excellence in Journalism", State of the News Media 2008

14 Umfrage des Meinungsforschungs-Instituts Zogby, zitiert nach „horizont austria" vom 6. Mai 2008

15 Interview in der Süddeutschen Zeitung, 13. August 2007

16 TNS Emnid Medienforschung, April 2006

17 Chris Anderson: The Long Tail – Der lange Schwanz. Nischenprodukte statt Massenmarkt, Hanser, Darmstadt 2007

18 Beide zitiert nach: Märkte der Vielfalt und die Blindheit der Massenmedien von Gunnar Sohn, in: pressetext.de, 9. Mai 2007

19 Quelle: Süddeutsche Zeitung vom 13. August 2007

20 zitiert nach: Günter Herkel, "Zentrale der Monokultur", in: journalist, 10/2006. Bonn

21 Hans-Jürgen Schild: Reduzierte Vernunft, in: journalist, 07/2006. Bonn

22 http://www.readers-edition.de/2007/05/12/die-zukunft-des-lokaljournalismus

23 Aktualität, Originmalität, Emotionsgehalt und Sensationscharakter sind noch wichtiger geworden.
24 Weischenberg, Siegfried: Selbstbezug und Grenzverkehr, a.a.O.
25 GPRA-Broschüre „Medienresonanz-Analysen", Frankfurt 1994.
26 ofischer communication, Bonn 12. Mai 2006
27 BVG 1969, Auszug aus dem so genannten „Blinkfüer-Urteil", zitiert nach Meyn, Hermann: Massenmedien in Deutschland, Konstanz 1999.
28 Franz M. Bogner: „Das neue PR-Denken", Wien 1999.
29 Klaus Kocks' Selbstauskünfte auf der Homepage seiner Firma, www.cato-sozietaet.de/seiten/kocks_text.html
30 Prof. Dr. Günter Bentele, „Das Image der Image-Macher" in: F.A.Z. vom 26. Mai 2003.
31 Pressemitteilung des Deutschen Rats für Public Relations vom 30. März 2006
32 Rolke, Lothar: Journalisten und PR-Manager, a.a.O.

II WARUM MEDIENARBEIT IM EIGENEN HAUS BEGINNEN MUSS

> „Ich glaube, dass die meisten Menschen besser gekannt
> werden, als sie sich selber kennen."

GEORG CHRISTOPH LICHTENBERG (1741 – 1799)

Überblick

- Die Notwendigkeit, zunächst das eigene Haus auszukundschaften.
- Mittel und Methoden der Recherche kennenlernen, die für das Zusammentragen von Informationen jeder Art nützlich sind.
- Zahllose Sachverhalte und Themen entdecken, für die sich die Medien interessieren sollen.
- Empfehlung: Medienarbeit strategisch planen, klare Ziele formulieren, Zielgruppen deutlich werden lassen und die professionellen Mittler auf dem Weg zu ihnen besser kennenlernen: die Journalisten.

1   Recherche ist das A und O

Blinder Aktionismus ist selten empfehlenswert – in der Medienarbeit überhaupt nicht. Vor dem ersten Telefonat mit einer Redaktion und vor der ersten Presseaussendung sollte eine detaillierte Recherche stehen. Ihr Gegenstand ist die eigene Institution, der Arbeitgeber, über den die Medien berichten sollen.

Für Mitarbeiter in PR-Agenturen ergibt sich diese Rechercheaufgabe naturgemäß bei jedem neuen Kunden. Auch für Neulinge in einer Pressestelle ist es unerlässlich, das eigene Unternehmen (die Institution) detailliert kennenzulernen. Hilfreich ist es in jedem Fall, zunächst alle zur Verfügung stehenden Dokumente, Publikationen, Organigramme, Prospekte und Broschüren aufmerksam zu lesen, um sich einen Überblick zu verschaffen. Darüber hinaus ist es ratsam, auch die strukturelle und hierarchische Einbindung des eigenen Arbeitsplatzes „Pressestelle" genau zu definieren.

Informationen sind für PR Leute, was Juristen eine Holschuld nennen: Es bleibt eine zentrale Aufgabe für PR-Leute, sich kontinuierlich Informationen selbst zu besorgen, die möglicherweise tauglich für die Medien wären. Das Material wird eine Fülle von Ansatzpunkten für die künftige Medienarbeit bieten. Die Informationen über das Unternehmen, seine Mitarbeiter, die wirtschaftlichen Daten, Produkte und Leistungen, das Umfeld, den Markt etc. führen fast automatisch zu Themen für Informationsangebote an die Medien.

Voraussetzung ist allerdings, dass diese fast „kriminalistische" Arbeit beharrlich, ehrlich und selbstkritisch erfolgt. Diesen Rat bekommen auch Journalisten in der Ausbildung, wenn sie eine Recherche angehen sollten. So erleben angehende PR-Mitarbeiter selbst, was neugierige und erfahrene Journalisten stutzig machen würde. Manche Information kommt nur zäh und lückenhaft daher, manches Faktum entpuppt sich als Phantasie. Sind die erhaltenen Informationen widersprüchlich oder bleiben sie nebelhaft, lohnen sich kritische Fragen:

Die Pressesprecherin eines Konzerns im Umbruch stand vor unerwarteten Aufgaben: Die vom Vorstand verabschiedete neue Struktur verknüpfte Unternehmensteile, Standorte und Mitarbeiter in völlig neuer Weise. Das neue Organigramm konnte allenfalls eine Ahnung vermitteln, wer zu den zahlreichen Neuerungen kompetent Informationen liefern konnte. Erst nach und nach wurden die Themen und Sachverhalte bekannt, von denen die Öffentlichkeit erfahren sollte. Und ebenso unklar blieb zunächst, dass der Konzernumbau an einem Ort vermutlich für öffentlichen Ärger – und damit für ungewolltes Medieninteresse – sorgen würde: Der neuen Struktur sollten zahlreiche Arbeitsplätze zum Opfer fallen, und das in einer ohnehin strukturschwachen Region. Rechtzeitig erkannt, konnte die Sprecherin dem Vorstand den drohenden Imageverlust signalisieren und geeignete Argumente für die zu erwartende öffentliche Diskussion entwickeln.

Recherchieren wie ein Journalist

Die Informationsgesellschaft führt zu einem rasanten Datenumschlag rund um den Globus. Es ist eine paradoxe Situation eingetreten: Niemals war eine solche Fülle an Informationen für den Einzelnen verfügbar – und nie zuvor konnte man sich weniger sicher sein, über die richtigen zu verfügen. Das Wissen, das seinem Besitzer Vorteile verschaffen kann, ist unter einem gewaltigen Berg von Datenschrott und Informationsmüll verborgen.

Die Recherche – das Sammeln und Überprüfen von Informationen – ist das A und O journalistischer Arbeit. Schon weil sie Gegenstand einer journalistischen Recherche werden können, sollten auch Öffentlichkeitsarbeiter etwas von diesem Handwerk verstehen. Dabei geht es weniger um Tricks und Kniffe am Rande des Erlaubten, als vielmehr um die richtige Einschätzung der Situation. Journalisten „ermitteln" nicht, sie stellen legitime Fragen im Auftrag einer interessierten Öffentlichkeit. Andererseits hat jeder Mensch, jedes Unternehmen und jede Organisation das Recht, zu große Neugier mit dem Hinweis auf rechtliche oder moralische Grenzen zu stoppen.

Recherche ist heute weitgehend die Aufgabe, die Spreu vom Weizen zu trennen. Der verdeckt recherchierende Journalist aus Kolportageromanen älteren Datums, der unter Lebensgefahr das große Komplott aufdeckt, ist eine hoffnungslos altmodische Vorstellung. Der zeitgenössische Rechercheur arbeitet in einem Dienstleistungsberuf und schafft seine Arbeit mit Internetanschluss, Satellitenantenne, Telefon und guten Kontakten zu vielen Menschen. In PR- und Werbeagenturen, von professionellen Trendbeobachtern, durch Mitarbeiter von Verbänden und Komitees wird heute mehr Rechercheaufwand betrieben als von Journalisten.

Grundsätzliches und Tipps für eine gründliche Recherche

Der Vorwurf, einen Sachverhalt nicht ausreichend recherchiert zu haben, kann den Job kosten. Recherchieren im PR-Auftrag heißt, die *Faktenplattform* für eine Analyse zu errichten, auf der wiederum alle Lösungsansätze beruhen. Wer unzureichend oder gar falsch informiert ist, kann nicht die richtigen Schlüsse ziehen. Das kann teuer werden.

Eine gründliche Recherche beginnt mit *der Eingrenzung des Themas*. Das hilft, um sich nicht in einem Dickicht von Informationen zu verlaufen. Dennoch kann – insbesondere wenn das Thema ganz fremd erscheint – eine ungerichtete Vorrecherche sinnvoll sein, um sich einen Überblick über die Komplexität des Themas zu verschaffen. Ziel sollte dabei sein, einen neuen und originellen Ansatz zu finden, um von dort aus zum eigentlichen Thema vorzustoßen. Die Vorrecherche hilft abzuschätzen, wie kompliziert die eigentliche Wissenssammlung werden wird.

Ein *Rechercheplan* kann helfen, die Arbeit sinnvoll zu organisieren: Wer weiß mehr, wo findet man, wie erreicht man kompetente Auskunftgeber, wer kann ersatzweise etwas sagen, wer kann die Informationen bestätigen, wer könnte womöglich widersprechen? Die meisten Recherchen entstehen unter Zeitdruck, also muss der Rechercheplan den Zeitaufwand für einzelne Schritte enthalten und gegebenenfalls erkennen lassen, was man streichen muss. Wenn Vor-Ort-Recherchen notwendig werden (zum Beispiel in einem Zweigwerk), sind Reisezeiten zu kalkulieren und logistische Fragen zu klären wie Unterkunft oder Fahr- und Flugpläne zu studieren. An welcher Stelle man zu fragen beginnt und wie man sich von A zu B zu C durchfragt, ist eine strategische Entscheidung. Schließlich sollte der Rechercheplan erkennen lassen, wie teuer die Erkundung wird – dann muss man den Aufwand möglicherweise verringern.

Grundsätzlich steht die Reihenfolge einzelner Rechercheschritte allerdings fest:

- *Vorrecherche* – eigenen Wissensstand überprüfen
- *Basisrecherche* – Internet-, Literatur-, Archiv- und Datenbankrecherchen, Auswertung von Statistiken und Umfragen
- *Überprüfungsrecherche/Expertenrecherche* – Fragen an Sachverständige
- *Zusatzrecherche* – Fragen an Ämter, Pressestellen, Entscheider
- *Gegenrecherche* – Fragen an Betroffene
- *Konfrontation* – Rückfragen bei Ämtern, Pressestellen, Entscheidern; Gegenüberstellung mit Ergebnissen der Gegenrecherche

So wird der Rechercheur von Stufe zu Stufe informierter und wird aus den verschiedenen Befragungsrunden tragfähige Schlüsse ziehen können. Wohlgemerkt: So arbeiten Journalisten, wenn sie ihre professionellen Recherchen machen. Jedem Öffentlichkeitsarbeiter sei geraten, seinen eigenen Arbeitgeber auf die gleiche Weise zu erkunden.

Wichtigstes Recherche-Instrument ist das Telefon

Der Vorteil der Basisrecherche in Archiven, Bibliotheken und Datenbanken besteht darin, dass man Gesprächspartnern bereits brauchbar informiert gegenübertritt und gezielt die richtigen Fragen stellen kann. Das spart nicht nur Zeit – es erlaubt auch ein Urteil darüber, ob jemand glaubwürdige Aussagen macht. Wenn man beim Telefongespräch mit einer Unternehmensabteilung die entscheidenden Fragen nicht stellen kann, weil das notwenige Vorwissen fehlt, bekommt man im Zweifel nur so viel zu wissen, wie die Mitarbeiter dort preisgeben möchten – das muss nicht die ganze Wahrheit sein. Es ist in vielen Unternehmen, Verbänden wie Institutionen noch keineswegs üblich, dass die PR-Abteilung immer alles erfährt.

Widersprüchliche Aussagen kann man nach der Ping-Pong-Methode zu klären versuchen: Man konfrontiert Gesprächspartner A mit der Aussage von B; den ruft man dann erneut an und erbittet eine Stellungnahme zu der Aussage von A. Widersprüche, die sich auf diese Weise nicht auflösen lassen, müssen unbedingt auf andere Weise geklärt werden.

In einem Anlagenbau-Unternehmen wollte man es nicht mehr wahrhaben, in den achtziger Jahren gute Geschäfte mit Libyen gemacht zu haben. Der neue Pressesprecher erfuhr davon nur durch einen Zufall. Auf Nachfrage erklärte ihm der geschäftsführende Gesellschafter, es habe sich um eine Anlage zur Entsalzung von Meerwasser gehandelt. Als wenig später in der Presse behauptet wurde, die gelieferte Anlage sei nach Geheimdiensterkenntnissen tatsächlich eine Giftgasfabrik gewesen, trat er diesem Vorwurf mit ungespielter Empörung entgegen. Leider hatten die Journalisten richtig recherchiert, die Glaubwürdigkeit des Sprechers und der gesamten Firma waren dahin.

Vor dem Griff zum Telefon

Die Empfehlung, „von außen nach innen" vorzudringen, heißt zunächst, die schon bekannten Fakten zusammenzustellen. Dazu dient alles, was schon veröffentlicht wurde, was in Nachschlagewerken, Tabellenwerken, Firmenbroschüren etc. zu finden ist. Die nächsten Schritte führen ins hauseigene Archiv bzw. in andere zugängliche Sammel- und Informationsstellen. Dort wird der fleißige Rechercheur alles finden, was schon in der Zeitung gestanden hat oder was andere Medien berichteten.

Bei diesen ersten Schritten wird der Online-Zugang zu Datenbanken und das Internet immer wichtiger. In Großunternehmen und weitgreifenden Organisationen ist für Neulinge kaum etwas anderes sinnvoll, um sich über das eigene Haus zu unterrichten (Die Internetpräsenz der *Siemens AG* umfasst mehrere tausend Textseiten). Aktualität, eine unvorstellbar große Auswahl an Informationen und der rasche Zugriff darauf machen Online-Recherchen attraktiv. Dennoch ist damit selten mehr als eine Basisrecherche zu leisten – denn was durchs Datennetz jagt, hat irgendjemand hineingetan. Es häufen sich Fälle von witzigen bis gefährlichen Falschmeldungen, die in seriöse Informationskanäle eingeschleust werden – das ist in einem virtuellen Archiv leichter als in einem herkömmlichen.

Was wichtig für die eigene Recherche ist, sollte unbedingt schriftlich vorliegen. Also: was die Datenbanken liefern, vom PC-Arbeitsplatz aus drucken lassen, was in Büchern oder Zettelkästen zu finden war, kopieren. Und unverwechselbar kennzeichnen, welche Information aus welcher Quelle stammt – das ist wichtig.

Der notwendige Blick über den Tellerrand

Die Recherche im eigenen Haus genügt meistens nicht. Die gesamte Branche, die Wettbewerber, die Marktsituation, die Zulieferer, die Ressourcen, die Handelswege, die gesellschaftlichen und politischen Rahmenbedingungen, die Umweltsituation usw. – alles das gehört zum Basismaterial, um kreativ und sachgerecht die Medien bedienen zu können. Wer in einem umweltsensiblen Unternehmensbereich tätig ist, sollte über die Umweltgesetzgebung, technische, chemische und physikalische Produktionsvorgänge, rechtliche Rahmenbedingungen gut Bescheid wissen. Aber er sollte auch über genügend Informationen verfügen, um die Aktivitäten von Greenpeace, WWF und anderen Organisationen richtig einschätzen zu können.

Wenn immer möglich, sollten Aussagen von Telefon-Gesprächspartnern schriftlich abgesichert werden: Eine Gesprächsnotiz mit dem Wortlaut von Frage und Antwort ist schnell formuliert und als E-Mail oder Fax mit der Bitte um ein „Okay" verschickt. Das gilt besonders für alle relevanten Zahlen, Daten und Namen. Es kann entscheidend werden, wenn brisante Aussagen nachgewiesen werden müssen.

Jeder Rechercheschritt wird in einem Rechercheprotokoll festgehalten: Gesprächspartner mit korrektem Namen und Vornamen, Funktion etc., Telefon-Durchwahlnummer, Zeitpunkt und Dauer des Telefonats.

Recherchemittel Interview

Wer sich ganz klug machen will, geht vor Ort und informiert sich im direkten Gespräch und per Augenschein, natürlich nur nach vorheriger Terminabsprache. Das Recherche-Arbeitsmittel ist hier das Interview. Es hat sich bewährt, den Gesprächspartner darüber aufzuklären, welchem Zweck die Recherche dient – das macht die Aufgabe leichter. Im Zweifel will man ja gar nicht das Haar in der Suppe finden, sondern braucht

Aussagematerial von kompetenter Seite. Wenn ein Abteilungsleiter als „Angeklagter" befragt werden soll, z.b. wegen einer Häufung von Arbeitsunfällen in seinem Bereich, wird er verschlossen reagieren. Wer ihn fragt, was seine Abteilung alles schon getan hat, um die Arbeitssicherheit zu erhöhen, wird er gerne und ausführlich darüber reden.

Checkliste 1: Qualifiziertes Unternehmensportrait

Das Unternehmen (die Institution, die Behörde, der Verband etc.)

- Wie heißt die Institution genau (Organisationsform, Rechtsform etc.)?
- Besitzverhältnisse (Eigentümer, Mehrheitseigner etc.)
- Management (Geschäftsführung, Vorstand, Präsidium, Aufsichtsrat etc.)
- Produkte? Leistungen?
- Kunden (Zielgruppen, Mitglieder, Angehörige)?
- Vertriebswege?
- Wie ist es gegliedert (Abteilungen, Ressorts etc.)?
- Wie viele Mitarbeiter (Innendienst/Außendienst; Produktion/Verwaltung etc.)?
- Wie viele Standorte (Niederlassungen, Zweigstellen, Büros)?
- Seit wann besteht das Unternehmen? Wichtige historische Daten?
- Geschäftsentwicklung (letzte fünf Jahre)?
- Investitionsvolumen/Einsparungen?
- Gewinn und Verlust?
- Gibt es eine Unternehmensphilosophie? Wie lauten ihre Grundsätze?
- Stellenwert innerhalb der Branche?
- Marktposition? Wettbewerber?

Das gesellschaftliche Umfeld

- Gibt es Probleme mit der Belegschaft (Entlohnung, Lehrstellen, Teilzeitangebote etc.)?
- Gibt es Standortprobleme (Geruchs-, Lärmbelästigung etc.)
- Gibt es Probleme mit Behörden, Kirchen etc.?
- Gibt es Probleme mit Bürgerinitiativen etc.?
- Gibt es in Produktion/Programm/Leistung sensible Themenfelder?
- Gibt es ökologische Probleme/Probleme mit der „political correctness"?

Die Kommunikationskultur

- Gibt es Medienberichte?
- Wie sind die zu bewerten – eher positiv, eher negativ?
- Welche Medien haben berichtet (letzte fünf Jahre)?
- Gab es schon Pressekonferenzen?
- Hintergrundgespräche mit exklusiv geladenen Journalisten?
- Regelmäßige Presseaussendungen? Wie häufig?
- Gibt es eine regelmäßige Medienbeobachtung?
- Welche Struktur hat der Presseverteiler – wenn es den gibt?
- Messe-Auftritte? Kongresse und Symposien?
- Unterstützt das Unternehmen Sport-, Kultur-, Sozialeinrichtungen oder Einrichtungen von Wissenschaft und Forschung?
- Gibt es prominente Sportler/Künstler/Wissenschaftler im Sponsoring-Rahmen?
- Gibt es aktuelle Forschungs- und Entwicklungsprojekte?
- Gibt es gefragte Experten im Haus?
- Gibt es eine Mitarbeiter-/Verbands-/Kunden-/Hauszeitschrift?
- Gibt es Besucherführungen, Tage der offenen Tür etc.?
- Gibt es Mitarbeiter/Mitglieder mit speziellen Sprecherfunktionen?
- Gibt es aktuelle oder fortlaufende Image-Analysen?
- Gibt es ein Corporate-Identity-Konzept?
- Gibt es besondere Beziehungen zu einzelnen Medien?
- Wie wirbt das Unternehmen/die Institution?

Die Infrastruktur

- Wem ist die Pressestelle zugeordnet/untergeordnet?
- Ist die Geschäftsführung/der Vorstand jederzeit für den Pressestellenleiter zu sprechen?
- Wie viele PR-Mitarbeiter? Wie ist die Hierarchie?
- Wie ist die Aufgabenverteilung?
- Wie hoch ist der Jahresetat für PR und wie teilt er sich auf?
- Zusammenarbeit mit externen Dienstleistern? Welchen?
- Wie ist die technische Ausstattung (PC-Arbeitsplätze, Netzwerk etc.)?
- Gibt es ein Medienarchiv?
- Welche Zeitungen/Zeitschriften/Nachrichtendienste sind abonniert?
- Werden Internet und/oder Videotext genutzt und gepflegt?

2　Strategie ist ein Muss

Mit dem Herbeischaffen einer Menge von Informationen verfügen wir zunächst über nicht mehr als einen Fundus an Kenntnissen über eine Einrichtung und ihr Umfeld. Ob dieses Wissen für eine offensive Medienarbeit genutzt werden kann, ist Teil einer strategischen Entscheidung, was z.b. ein Unternehmen der Öffentlichkeit sagen will:

Ein Waschmittelhersteller hat einen Weg gefunden, billiger zu produzieren. Das Waschmittel ist dadurch allerdings deutlich grobkörniger geworden, sonst ist die Qualität jedoch unverändert gut. Soll das Unternehmen den treuen Kunden nun durch üppig instrumentierte Medienarbeit erklären, warum das bewährte Waschmittel plötzlich ganz anders aussieht?

Die Henkel AG entschied sich anders – und setzte Werbung und Medienarbeit ein für die Verbreitung des Markennamens „Persil Megaperls". Das gut gewählte Wort machte alle Erklärungen überflüssig, warum nicht mehr das feine Pulver in der Verpackung war. Statt schwierig zu vermittelnder chemotechnischer Prozesse hatte das Unternehmen viel simplere Neuigkeiten anzubieten. Das neue Produkt kam bei den Kunden gut an, die Verkaufszahlen stimmen, die Gewinne auch.

Medienarbeit ist mehr als andere PR-Instrumente von der Unternehmensstrategie abhängig. Die spezifische Rolle der Medien als Multiplikatoren von Informationen und Meinungen, aber auch ihre „Wächterfunktion" gegenüber individuellen und gesellschaftlichen Fehlentwicklungen macht eine ausgefeilte Planung für den Umgang mit sensiblen Themen unumgänglich:

Als im Frühjahr 2004 mehrere ehemalige Vorstände der Mannesmann AG in Düsseldorf vor Gericht standen, hatte sich in der Öffentlichkeit schon lange das Bild von den nimmersatten Managern verfestigt, die sich den Ausverkauf des Traditionsunternehmens an den Konkurrenten Vodafone üppig hatten vergolden lassen. Und dann grinste der mitangeklagte Aufsichtsratschef Josef Ackermann, zugleich Vorstandssprecher der Deutschen Bank AG, auch noch selbstbewusst in die Kameras und streckte zwei Finger zum Victory-Zeichen. Die deutsche Medienwelt war sich einig: So arrogant darf niemand sein. Mit Wucht schlugen diese Bilder eine weitere Kerbe in das ohnehin brüchige Image des Bankhauses – die Öffentlichkeitsarbeiter rauften sich die Haare.

Gute Medienarbeit verlangt eine Konzeption, die eine Frage beantworten kann:

1. *Welche Informationen* sollen über
2. *welche Medien*
3. *welche Zielgruppen* erreichen, um damit
4. *welches Ziel* zu erreichen?

Diese „Four whats" funktionieren nur, wenn sie eingebunden sind in eine umfassendere Strategie, die unternehmerische oder Organisationsziele ebenso im Auge behält wie den Sachverhalt, dass Medienarbeit nur ein Instrument im Werkzeugkasten der PR-Leute ist, wenn auch ein sehr wichtiges. Die Einbindung der Presse- und Medienarbeit in ein gesamtkommunikatives Konzept ist nicht nur logisch, sondern erleichtert auch die Arbeit. Abstimmungsprozesse verlaufen leichter, Missverständnisse sind seltener, die Außenwirkung ist in sich stimmig. Wenn Widersprüche offensichtlich werden, ist die öffentliche Wirkung sehr schnell verheerend.

Medienarbeit braucht klare Ziele

Wer seinen Namen in der Zeitung lesen will, kann es sich leicht machen: Man muss nur heftig gegen die Regeln verstoßen – zum Beispiel jemanden umbringen. Nach dieser Maxime ist wohl ein Spruch entstanden, der dem zeitweise skandalumwitterten Schauspieler Curd Jürgens (man beachte die Schreibweise des Vornamens) zugeschrieben wird: „Was die in der Zeitung drucken, ist doch egal. Hauptsache, der Name steht richtig drin!"

Es kann ein Ziel der Öffentlichkeitsarbeit sein, dass die Medien möglichst häufig Notiz nehmen, selbstverständlich ohne negative oder auch nur zweifelnde Attitüde. Die wichtigeren Ziele der Medienarbeit liegen aber eine Ebene darüber. Möglichst zahlreiche Veröffentlichungen sind dann nur ein hilfreiches Sekundärziel. Es geht vorrangig um:

• Information
• Aufklärung/Richtigstellung
• Steigerung des Bekanntheitsgrades
• Erreichen von Verständnis
• Darlegen der eigenen Argumente
• Widerlegen gegnerischer Argumente
• Überzeugung Andersdenkender
• Anregung von Kaufentscheidungen
• Handlungs- oder Unterlassungsanreiz

Hinter diesen konkreten Absichten können weit abstraktere Ziele stehen, die zudem meist langfristig angelegt sind:

• Imagegewinn
• Vertrauenszuwachs
• Stärkung der eigenen Position
• Schwächung von Gegnern

- Besetzen eines Themas
- Werben um Verbündete
- Unterstützung anderer Kommunikationsziele

Es lohnt sich, über Zielvorstellungen lange zu diskutieren und sich auch dem dialektischen Charakter mancher Vorgaben zu stellen. Die Partner im Geschäft der Medienarbeit, in der Regel gut ausgebildete Journalisten mit einem häufig betont kritischen Berufsverständnis, lassen sich nur ungern instrumentalisieren.

Wenn z.b. die Unternehmen und Verbände der deutschen Energiewirtschaft in ihren Pressetexten und Erklärungen niemals das Wort „Atom" oder Wortzusammensetzungen mit diesem Bestandteil benutzen, steckt mehr dahinter als reine Informationsabsicht. Kernenergie, Kerntechnologie, Nuklearbrennstoff und Strahlung sind Wörter, die neutral und technisch wirken; sie sollen das Vertrauen in die Sicherheit der Sache steigern. In diesem Fall machen die Medien das schlaue Spiel mit Worten sogar mit.

Checkliste 2: Themen für die Medienarbeit

Presse- und Medienarbeit kann ihre Wirkung nur entfalten, wenn die Medien geduldig und kontinuierlich mit Informationen beliefert werden. Vielfach „verschlafen" Unternehmen ihre Möglichkeiten, in den Medien Gehör zu finden, weil Unsicherheit darüber besteht, was für die Redaktionen interessant sein könnte. Im Prinzip kann jedoch jeder Sachverhalt, jedes Geschehnis, so aufbereitet werden, dass Presse, Funk und Fernsehen daran interessiert sind. Ansatzpunkte für interessante Berichte im Wirtschaftsressort oder der Fachpresse wären zum Beispiel Informationen über:

Geschäftsentwicklung

- Umsatz-/Gewinnstatistik (quartalsweise, halbjährlich)
- Bilanzen, Rechenschaftsberichte
- Umsatz nach Produkt-/Leistungsbereichen
- Produktivitätsrate
- Zuwachsraten, Einbußen
- Zielvorstellungen, Prognosen
- Erweiterung der Produktionspalette
- Umstrukturierungen, Verlagerungen mit Umsatzwirkungen
- Vertriebszahlen
- Inlands-/Auslandswerte,Vergleiche
- etc.

Produktion und Ressourcenbewirtschaftung

- Chancen und Potentiale
- Produktionszahlen, Zuwächse, Minderungen
- Rohstoffgewinnung und -verwertung, Rohstoffmarkt
- Recyclinganteile, Ressourcenschonende Verfahren
- Neue Technologien
- Ökobilanzen, Öko-Auditing
- Qualitätssicherung
- etc.

Forschung und Entwicklung

- Finanzieller Aufwand
- Patente, Lizenzen, Registrierungen
- Erfolge, Auszeichnungen, Ehrungen
- Problemlösungen, praktische Auswirkungen
- Strategische Optionen, neue Wege
- etc.

Markt und Mitbewerber

- Marktanteile (Inland, Ausland)
- Konkurrenzen
- Kooperationen, Joint Ventures, Aufkäufe, Übernahmen
- Messe-Aktivitäten
- Vorzüge/Nachteile am Markt
- Perspektiven, Statistiken, Ziele
- etc.

Personalentwicklung, Soziales

- Tarife, Personalkosten, Sonderleistungen
- Belegschaftsschlüssel (demographisch, soziokulturell etc.)
- Stellenentwicklung, Mitarbeiterzahlen
- Ausbildung, Mitarbeiterschulung
- Gesundheits- und Sicherheitsvorbeugung, Ergonomie
- betriebliche Sozialeinrichtungen
- etc.

Investitionen

- Investitionspläne, Volumen und Bereiche
- Sonderinvestionen (Zwecke, Ziele)
- Finanzierung, Kapitalveränderungen
- Börsengang
- etc.

Das Unternehmen und seine Philosophie

- Unternehmensgeschichte, Traditionsdaten
- Strukturen, Strukturveränderungen
- Beteiligungen, Tochter- und Zweigfirmen
- Juristische Fragen, Auseinandersetzungen
- Personalien (Gesellschafter, Vorstände, Mitarbeiter)
- Unternehmensziele (von global bis subregional)
- Positionierung (unternehmerisch/gesellschaftlich)
- Gesellschaftliches Engagement, Sponsoringprojekte
- Ethik im Unternehmen
- etc.

Produkte, Leistungen und ihre Kunden

- Neue Produkte/Leistungen, „erneuerte" Produkte
- Kundenwünsche und -reaktionen
- Kundenservice
- Verbraucherbefragungen, Marktforschungsdaten
- Testergebnisse, Auszeichnungen
- Umweltverträglichkeit, Entsorgungsmanagement
- Vertriebssystem, Logistik
- etc.

Neben solche *Standardthemen*, die man lange im Voraus planen kann, treten andere, die sich aus längerfristigen Trends ergeben. Dazu zählt der Themenkomplex *Ökologie*, der sich über zwei Jahrzehnte entwickelte, bis er zum Standardrepertoire gehörte – heute steht der Begriff „Nachhaltigkeit" dafür ein. Stichworte wie *Globalisierung, Wertewandel, Dienstleistungsgesellschaft, Europäische Union, Qualitätsstandards* kennzeichnen demgegenüber Entwicklungen, die noch mehr Bedeutung bekommen werden.

• *Im lokalen Raum* rund um den Unternehmensstandort sind weitere Themen geeignet, die in erster Linie „vor Ort" interessieren dürften:
  – neue Betriebseinrichtungen, Erweiterungen
  – Neubau, Umzug
  – Lehrstellenangebot
  – Stellenabbau, Betriebsverkleinerung
  – Einblicke in Produktion und Technik
  – Ankündigung von Veranstaltungen
  – Unterstützung/Sponsoring örtlicher Ereignisse in Sport, Kultur usw.
  – Prominenter Besuch im Werk/in der Chefetage
  – Ehrungen, runde Geburtstage von Firmen-Pensionären
  – etc.

• *Von außen gesteuerte Themen*, z.B. weil ein Unternehmen von einem geplanten Gesetz betroffen sein könnte, sollten nicht nur eine Stellungnahme herausfordern. Solch ein Anlass kann dazu genutzt werden, aktuell eine Menge eigentlich bekannter Sachverhalte neu zu beleuchten.

• Es muss nicht *immer ernsthaft zugehen – aber seriös*. Schon der Jahreslauf bietet Fixpunkte, über einen geeigneten Aufhänger für eine Presseinformation nachzudenken. Zudem gibt es „klassische" Zeiten für bestimmte Themen:

Die deutsche Wasserwirtschaft konzentriert ihre Medienarbeit auf die Monate Juni bis September, weil Redaktionen und Mediennutzer dann besonders empfänglich für Informationen rund ums Wasser sind. In diesen warmen Monaten spielt Wasser nicht nur eine wichtigere Rolle als sonst, es ist in dieser Zeit auch mit positiven Assoziationen verknüpft: Erfrischung, kühles Nass, Badespaß, Durstlöscher usw. Da ist es nur logisch, dass Reifenfabriken und die Hersteller von Medikamenten gegen Erkältung die nasskalte Zeit abwarten.

• Der *originelle, passende Einfall ist wichtig*. Feste und Feiertage, der Beginn der Urlaubszeit, die Biergartensaison, das historische Datum – es gilt, auf intelligente und geschmackvolle Weise solche Anlässe mit interessanten Informationen zu verknüpfen. Wer von sich glaubt, ihm falle nichts ein, kann sich durch ein Kreativitätstraining eines Besseren belehren lassen. Sehr bewährt haben sich daneben:

– Mitarbeiterbefragungen,
– Kundengespräche,
– Medienbeobachtung,
– Branchen-Informationsdienste.

• *Umfragen und Erhebungen* können sehr gut Themen schaffen, die für die Medien interessant sind. Aber Vorsicht: Sie müssen seriös gemacht sein und Mitteilungswert haben. Es ist nicht empfehlenswert, ohne die Mithilfe von Markt- und Meinungsforschern vorzugehen.

• *Im Krisenfall,* wenn irgendetwas schief gegangen ist, kommen die Medien aus eigenem Antrieb. Der Informationsbedarf wird dann besonders groß – Unfälle, Vorwürfe, Streit, Finanz- und Glaubwürdigkeitskrisen oder ähnliches werden von den Medien sofort aufgegriffen. Nicht aus Sensationsgier und Bosheit, sondern weil etwas Regelwidriges geschehen ist, und darüber will die Öffentlichkeit mehr wissen. In solchen Fällen sind vorbereitete Szenarien in der Schublade eine große Hilfe. Sie können von der nur reagierenden zur agierenden Rolle hinführen. Gerade in kritischer Lage ist es wichtig, möglichst schnell wieder Einfluss auf die Medienberichte zu bekommen – mit offensiver Themengestaltung. Im dritten Teil dieses Buches kehren wir zu dem Thema *„Medienarbeit in der Krise"* zurück.

Zielgruppen und Multiplikatoren

Oberflächlich besehen ist die Zielgruppe für jegliche Medienarbeit relativ klein: Es sind die redaktionellen Mitarbeiter von Zeitungen, Zeitschriften, Radio und Fernsehen, neuerdings auch eine Schar der Mitgestalter am Angebot des World Wide Web ...

Welch ein Irrtum! Die Gemeinschaft der Medienmacher ist sehr heterogen und würde jeden Versuch bestrafen, über einen Kamm geschoren zu werden. Zudem ist Medienarbeit ja der Versuch, die eigentlichen Adressaten für eine Information über die Medien zu erreichen – die Medien sind im wahrsten Wortsinn Mittel zum Zweck.

- Direkte Zielgruppe der Medienarbeit:
  Redaktionen, Journalisten, Freie Publizisten
  Funktion: Multiplikatoren und Verstärker

- Indirekte Zielgruppen:
  verschiedene Teilöffentlichkeiten

Medien sind die *Vermittler* zu den eigentlichen Empfängern der Informationen. Medienarbeit bedeutet, die gedruckten, gesendeten und online verbreiteten Infopakete mit den eigenen Inhalten zu füllen, um damit bei den Mediennutzern anzukommen. Die Medienredaktionen sind die direkte Zielgruppe, die wir ansprechen, aber sie wirken als Multiplikatoren unseres Informationsangebotes in die Öffentlichkeit hinein und erreichen die Medienkunden, unsere indirekten Zielgruppen.

Diese Ware kommt unverlangt, machen wir uns nichts vor: Wer eine Zeitung oder eine Zeitschrift kauft oder ein TV-Programm einschaltet, kann dafür viele Gründe haben – bestimmt tut er es nicht, um unsere spezifische Pressemitteilung zu lesen, die von der Redaktion weiterverarbeitet wurde. Wer erreichen will, dass seine Informationen da veröffentlicht werden, wo sie die größte Chance haben, von der eigentlichen Zielgruppe seiner Medienarbeit wahrgenommen zu werden, muss die Informations-, Bildungs- und Unterhaltungsbedürfnisse einer pluralistisch-komplexen Gesellschaft erkunden.

Darüber werden regelmäßig Studien durchgeführt und die Medienredaktionen ebenso wie die PR-Leute profitieren davon. Die Medienproduzenten und -verlage haben selbst das größte Interesse, möglichst viel über die Bedürfnisse und Gewohnheiten ihrer Kunden zu erfahren. Deshalb fließt viel Geld in die Erforschung des Medienmarktes. Marktforschungsunternehmen, öffentlich-rechtliche Institute und Wirtschaftsverbände liefern die Daten, nach denen man sich richten kann. Die Auskünfte der meisten Erhebungsstellen sind kostenlos oder gegen geringe Gebühr zu haben. Ein wichtiger Hinweis: Es gibt unterschiedliche Angaben über das eine oder andere Medium, weil wissenschaftliche Methodik oder Befragungsart voneinander abweichen.

Wer etwas über die regionale Verbreitung oder die individuelle Nutzung einzelner Medien durch gesellschaftliche Gruppen wissen möchte, wer eine Unterteilung der Mediennutzer nach Lebensalter, Geschlecht, Bildungsstand, Einkommen, Konsumgewohnheiten, Wohnlage usw. wissen möchte, kann sich aus vielen Quellen bedienen:

- Media-Daten: Medienverlage und Sender veröffentlichen Datenwerke zu ihren Zeitungen, Magazinen und Sendeformaten.
- IVW: Informationsgemeinschaft zur Feststellung der Verbreitung von Werbeträgern e.v. Vierteljährlich aktualisierte Auflagenziffern und Nutzerzahlen von Print-, Sende- und Online-Medien, kostenlose Online-Registrierung (www.ivw.de).
- AG.MA: Arbeitsgemeinschaft Media-Analyse e.V. Vollständige Analysedaten nur für Mitglieder, aber häufige Mitteilungen (www.ag-ma.de).
- AWA: Allensbacher Werbeträger-Analyse, jährliche Angaben über Reichweiten bzw. Nutzerdaten der wichtigsten deutschen Medien, komplette Daten sind kostenpflichtig (www.awa-online.de).
- LAE: Leseranalyse Entscheidungsträger in Wirtschaft und Verwaltung e.v. Jährliche Studien über die einflussreichsten Zeitungen, Zeitschriften, Sendeformate (www.lae.de).
- BDZV: Bundesverband Deutscher Zeitungsverleger e.V. Viele aktuelle Mitteilungen über die deutschen Zeitungen (www.bdzv.de).
- BVDA: Bundesverband Deutscher Anzeigenblätter e.V. (www.bvda.de).
- VDZ: Verband Deutscher Zeitschriftenverleger e.V. Aktuelle Mitteilungen und kostenloser Online-Newsletter (www.vdz.de).
- Deutsche Fachpresse: Mediadaten von über 3.300 Fachzeitschriften, kostenlose Online-Registrierung (www.fachpresse.de).

In Österreich

- ÖAK: Österreichische Auflagenkontrolle, wie IVW in Deutschland (www.oeak.at).
- ÖWA: Österreichische Webanalyse, Daten zur Nutzung von Online-Medien (www.oewa.at).
- Media-Analyse Österreich: Halbjährliche Analyse der Reichweiten von Zeitungen, Zeitschriften, TV, Radio und Online-Medien; kostenloser Online-Zugriff (www.media-analyse.at).
- VÖZ: Verband Österreichischer Zeitungen, aktuelle Informationen zur Medienwirtschaft. Jährlich das „Pressehandbuch", die wich-

tigste Datenquelle für rund 3.500 Printmedien in Österreich (www.voez.at).

- ÖZV: Österreichischer Zeitschriften- und Fachmedienverband, Informationen und Marktanalysen insbesondere über Fachmedien (www.oezv.or.at).
- VRM: Verband der Regionalmedien Österreichs, Gratiszeitungen und Anzeigenblätter (www.vrm.at).

Die „Öffentlichkeit" gibt es nicht

Grundsätzlich müssen wir für die Presse- und Medienaktivitäten zunächst entscheiden, wen unsere Botschaften erreichen sollen:

- die *bundesweite* Öffentlichkeit,
- die *regionale/örtliche* Öffentlichkeit,
- genau definierte *Teilöffentlichkeiten*.

Damit legen wir fest, welche Verbreitung ein Medium haben muss – um z.B. eine bundesweite Öffentlichkeit zu erreichen. Dafür kämen infrage: nur wenige, überregionale Tageszeitungen, eine Handvoll Wochen- und Sonntagszeitungen, einige bundesweit empfangbare Radio- und Fernsehsender mit Informations-Sendeblöcken, aber auch eine stattliche Zahl von Zeitschriften und Magazinen.

Allerdings sind die Streuverluste gewaltig, wenn prinzipiell eine ganze Staatsbevölkerung das Ziel unserer Ansprache ist. Die überregional verbreiteten Medien müssen extrem unterschiedliche Interessen bedienen und haben deshalb ein sehr breites Themenspektrum. Darin als Einzelfarbe sichtbar zu bleiben, ist nicht einfach.

Die amorphe „Öffentlichkeit" zerfällt bei genauem Hinsehen in kleine Gruppen, die ein gemeinsames Interesse, Verhalten oder Denken teilen. Eine Segmentierung kann in verschiedener Weise erfolgen:

- konkrete, sachlogische Kriterien:
  Berufsgruppen, gemeinsame Hobbys, Sportarten, Urlaubsziele etc.

- geographische Kriterien:
  Bestimmte Städte, Regionen, Volkstumsgebiete etc.

- demographische Kriterien:
  Geschlecht, Alter, Familienstand, Religion, Staatsangehörigkeit etc.

- sozio-ökonomische Kriterien:
  Bildungsstand, Einkommen, sozialer Status, Wohngebiet, Wertekanon etc.

- motivationspsychologische Kriterien:
  Einstellungen, Wünsche, Verhalten, Erwartungen etc.

- Kriterien des Medien-Nutzungsverhaltens:
  Informationsverhalten, Freizeitverhalten, Interessensbreite etc.

Für Werbung und Öffentlichkeitsarbeit haben sich die *Sinus Sociovision GmbH, Heidelberg* (www.sociovision.com), und die *Sigma Gesellschaft für internationale Marktforschung und Beratung mbH, Mannheim* (www.sigma-online.de), mit ihren Studien zu den sozialen Milieus in Deutschland und anderen Ländern einen guten Namen gemacht.

Es geht darum, die geeigneten Medien zu finden, die von den eigentlichen Adressaten – bestimmten Teilöffentlichkeiten – beachtet werden. Eigene Erfahrungen und Vorlieben dürfen bei der Auswahl kein Kriterium sein. Die von Publizistik und Marktforschung zur Verfügung gestellten Studien und viele Auflagenziffern oder Quotenzahlen erlauben es, die Medien-Nutzer nach objektivierten Kriterien zu beurteilen. Menschen sind oftmals mehrdimensional in ihrem Verhalten, so dass sich ganz unerwartete Zusammenstellungen als ideale Teilöffentlichkeiten ergeben können:

Das Fernsehen ganz allgemein spielt in den Bildungseliten nur eine geringe Rolle – die TV-Kanäle Arte, 3sat und Phoenix aber haben ihr Publikum nahezu ausschließlich in diesem Kreis.

Die seichten „Daily Soaps" verschiedener Sender (z.B. „Verbotene Liebe", „Gute Zeiten – schlechte Zeiten") fesseln nicht nur passive „couch potatoes" an den Bildschirm, sondern sind besonders beliebt bei kontaktstarken, agilen und intelligenten jungen Frauen.[33]

Die Boulevardzeitungen sind keineswegs Medien für die „einfachen Leute". Die regelmäßigen Käufer der Bild-Zeitung sind in allen Schichten breit vertreten. Auch das österreichische Massenblatt „Kronen-Zeitung" findet seine Leser in den einkommensstärksten Schichten (42,2 Prozent) und bei Jugendlichen (40 Prozent) in fast gleicher Verteilung wie im Bevölkerungsdurchschnitt (44,8 Prozent)[34]

Die Nachrichtenmagazine „Spiegel" und „Focus" machen sich heftige Konkurrenz am Anzeigenmarkt, aber ihre jeweilige Leserschaft ist sehr verschieden. „Focus" verfolgt zwar einen politisch konservativen Kurs, spricht aber vor allem jüngere, sich selbst als fortschrittlich sehende Menschen an; die Leser des „Spiegel" sind demgegenüber älter und wertkonservativer.[35]

Wer Medienarbeit macht, muss die Medien kennenlernen, ihren Markt sehen, ihre Nutzer und das System begreifen, in dem sie ihre Funktion haben. – Zunächst aber heißt es, die Macher der Medien genauer zu betrachten: Die Journalisten.

3 Die Journalisten – ohne sie geht es nicht

Die Journalisten sind die entscheidenden Träger des Mediensystems. Zwar sitzen in den Führungszirkeln der Medienunternehmen überwiegend Kaufleute, aber ehemalige Journalisten oder amtierende Chefredakteure sind auch dort immer wieder anzutreffen, und viele verfügen über eine Doppelqualifikation. Noch entscheidender ist, dass die alltäglichen Gesprächspartner der PR-Leute die Mitarbeiter in den Redaktionen sind; oder Freie Journalisten, die aus eigenem Antrieb oder im Auftrag der Redaktionen arbeiten. Mit Verlegern, TV-Direktoren, Herausgebern und Chefredakteuren treffen sich PR-Leute in der Regel nur zu besonderen Anlässen.

Der Beruf des Journalisten wird sehr differenziert gesehen.[36] Einerseits sagen nur 11 Prozent der Bevölkerung, dass sie den Beruf des Journalisten besonders schätzen – schlechter schneiden nur Offiziere, Manager und Politiker ab. Nach einer neuen Studie glauben zwar 61 Prozent, dass Journalisten einen angesehenen Beruf haben, misstrauen aber ihrer Unabhängigkeit: 59 Prozent vermuten, die Arbeit der Journalisten werde durch die Interessen von Wirtschaft und Politik beeinflusst. So verwundert es wenig, dass der Studie zufolge nur 46 Prozent an die Wahrheit der Berichterstattung glauben.

Unbehagen und Bewunderung haben wohl dieselbe Ursache: Journalisten verfügen mit dem veröffentlichten Wort über erhebliche Macht – es ist eine recht anonyme Macht. Wer nicht beim Fernsehen in vorderster Front arbeitet, ist der Öffentlichkeit namentlich meist nicht bekannt. Kaum ein Leser könnte sagen, wer für die Lokalseiten seiner Zeitung, wer für ihren lokalen Radiosender verantwortlich zeichnet.

Ein ungeschützter Beruf

Die Journalisten arbeiten in einem Beruf, den sich jeder auf die Visitenkarte schreiben darf – erstaunlich genug, wenn man bedenkt, dass ihre Tätigkeit den Verfassungsgebern einen Artikel wert war, aus dem sich meterdicke Gesetzessammlungen ableiten. Die Medien verfügen über viel Macht, sie steuern Informationsströme und beeinflussen die Meinungen. Aber es gibt keine verbindliche Vorschrift, wie die eigentlichen Macher, die Journalisten, auszubilden sind. Jeder Installateur muss die Meisterprüfung ablegen und sich gegen hohes Entgelt in die Handwerksrolle eintragen lassen, bevor er auf eigene Rechnung ein WC an-schließen darf. Aber ein Journalist, der mit seinen Recherchen und Ar-tikeln ein Unternehmen in große Schwierigkeiten bringen kann, hat möglicherweise keinerlei geregelte, berufsspezifische Ausbildung, ge-schweige denn einen normierten Abschluss.

Die Journalisten zählen zum fahrenden Volk der Künstler und Gaukler, für sie gibt es keine staatlichen oder öffentlichen Ausbildungsvor-schriften. Aber wie in anderen freien Berufen auch, sind die Hürden recht hoch, die von der Branche selbst aufgerichtet wurden. Heute ist der Zugang zu diesem Beruf schwierig, die Ausbildungsmöglichkeiten sind schwer zu überblicken.

Das Volontariat

Der häufigste Zugang zum Journalistenberuf ist das Volontariat, vier Fünftel der Journalisten kommen über diesen Weg in den Beruf. Heute sind diese Ausbildungen tarifvertraglich zwischen den Berufsverbänden und den Verlagen sowie Sendeanstalten geregelt und vergütet. Es ist nicht mehr das unbezahlte und beliebige *„learning by doing"* früherer Jah-re. Das Volontieren ist bei Zeitungen, Zeitschriften und Sendern mög-lich, erstreckt sich in der Regel über zwei Jahre, kann aber verkürzt wer-den. Dieser Ausbildungsweg ähnelt einer gewerblichen Lehre. Aller-dings beschränkt sich die „Berufsschule" auf einige Wochen, in denen es um theoretische Ergänzungen geht, zum Beispiel zum Presserecht.

Voraussetzung ist heute fast immer ein abgeschlossenes Studium. Prin-zipiell ist die Fachrichtung ohne Bedeutung, doch kommen Sozial- und Wirtschaftswissenschaftler, Politologen und Historiker leichter zum Zu-ge als andere. Für die jährlich rund 2.000 freien Ausbildungsplätze gibt es – trotz schlechter Aussichten auf einen festen Redakteursvertrag – ei-nen gewaltigen Bewerberüberhang. Realistische Chancen hat nur, wer schon als freier Mitarbeiter oder auf andere Weise dafür gesorgt hat, dass man ihn in der ausbildenden Redaktion kennt. Einen Abschluss – eine Art Gesellenbrief o.ä. – gibt es nicht. Es folgt die Übernahme als Re-dakteur oder ein beliebig gestalteter Nachweis des Volontariats.

Ganz anders in Österreich. Dort wird das System der „Volontariate" – tatsächlich meist „Schnupperlehren" in den Sommermonaten – von den Redaktionen unterschiedlich gehandhabt. Wie, das ist jeweils nur über die Zeitungen und Magazine selbst zu erfragen. Der Verband österreichischer Zeitung führt eine Liste, welche Zeitungen solche Hospitanzen anbieten. Ein halbwegs objektiviertes Auswahlverfahren existiert praktisch nicht. Um ein geordnetes Assessment-Verfahren bei der Nachwuchsrekrutierung bemüht sich immerhin der ORF in seiner Abteilung für Personalentwicklung. Und ein anderes Modell zeigt, dass die praktische Ausbildung in der Redaktion nicht dem Zufall überlassen bleiben muss: Im Vorarlberger Medienhaus werden seit 2002 Redaktions-Trainees aufgenommen, die in einem zwölfmonatigen Programm ausgebildet werden.

Die Journalistenschulen

Die deutschen Journalistenschulen nehmen pro Jahr etwa 350 Bewerber auf, die eine schwierige, mehrstufige Aufnahmeprüfung bestehen müssen. Getragen werden die Institute meist durch Initiativen der Berufsverbände und unter staatlicher Mithilfe. Die Studenten der *Kölner Journalistenschule*, die von einem Verein engagierter Medienprofis getragen wird, müssen parallel zur Journalistenausbildung ein Studium der Wirtschafts- oder Sozialwissenschaften an der Universität zu Köln absolvieren. Die *Holtzbrinck-Schule* war das erste Beispiel, wie ein Medienunternehmen seine Nachwuchsprobleme lösen kann. Auch die anderen Verlagsgründungen liefern vor allem neue Mitarbeiter an die Redaktionen der jeweiligen Medienhäuser *Burda, Gruner + Jahr, Axel Springer* oder der Essener *WAZ*-Gruppe. Die Ausbildungsgänge schließen oft ein Volontariat bei einer Medienredaktion ein. Die *Deutsche Journalistenschule* in München kooperiert mit dem Institut für Kommunikationswissenschaft der Universität München und kann darum einen Masterstudiengang anbieten.

* *Deutsche Journalistenschule e.V.*, München
* *Berliner Journalistenschule*
* *Evangelische Journalistenschule*, Berlin (evang. Kirchen)
* *Institut zur Förderung des publizistischen Nachwuchses e.V.*, München (kath. Kirche)
* *Kölner Journalistenschule für Wirtschaft und Politik e.V.*, Köln
* *Burda Journalistenschule*, München
* *Georg von Holtzbrinck-Schule für Wirtschaftsjournalisten*, Düsseldorf
* *Henri-Nannen-Schule*, Hamburg
* *Axel-Springer-Akademie*, Berlin
* *Journalistenschule Ruhr*, Essen

- *Electronic Media School*, Potsdam
- *RTL-Journalistenschule für TV und Multimedia*, Köln
- *Bayerische Akademie für Fernsehen*, München
- *Hochschule für Fernsehen und Film*, München und Potsdam

Die letztgenannten Institute bieten neben journalistischem Know-how Ausbildungen für die speziellen Anforderungen der Fernsehsender – vom Drehbuchschreiben über Kameraführung bis zur TV-Regie. Das seit 2007 privat geführte *Journalistenzentrum* Haus Busch in Hagen bietet in Kooperation mit dem *Internationalen Journalismus Zentrum der Donau-Universität* im österreichischen Krems einen berufsbegleitenden Masterstudiengang „Qualitätsjournalismus" an; ein zweites Kooperationsprodukt ist ein Lehrgang „Fernsehjournalismus".

Berufsbegleitende Fort- und Weiterbildung für Journalisten ist zum Teil an den genannten Einrichtungen möglich. Darüber hinaus gibt es eine Fülle weiterer Anbieter von Seminaren und Kurzlehrgängen zu spezifischen journalistischen Aufgabenfeldern. Zu den seriösen Instituten zählen die *Akademie für Publizistik in Hamburg e.V.* und die *Akademie der Bayerischen Presse e.V.* in München. Beide leisten ihre Arbeit mit Unterstützungsgeldern aus den Landeshaushalten. Von den Landeskirchen getragen wird die *Evangelische Medienakademie* in Frankfurt/Main.

Zu den Journalistenschulen in Deutschland gibt es in Österreich kein Pendant. Dort ist der wesentliche Träger von journalistischer Aus- und Fortbildung das *Kuratorium für Journalistenausbildung* (KfJ) in Salzburg. Sozialpartnerschaftlich strukturiert – dahinter stehen der Verband Österreichischer Zeitungen (VÖZ) und die Sektion Journalismus in der Gewerkschaft Druck, Journalismus, Papier (DJP) – und aus Mitteln der Presseförderung finanziert, bietet es eine Reihe von Seminarveranstaltungen und einen „Grundkurs", der Berufseinsteigern in viermal drei Wochen das wichtigste Werkzeug zum Überleben im redaktionellen Alltag liefern soll. Die *Oberösterreichische Journalistenakademie*, die von der Oberösterreichischen Rundschau und dem Bildungshaus Schloss Puchberg getragen wird, bietet einen sehr knappen, dreiwöchigen Grundkurs ausschließlich für aus Oberösterreich stammende Berufseinsteiger und Jungjournalisten.

Aus Mitteln der Presseförderung werden auch parteinahe Einrichtungen gefördert, wie das *Austerlitz-Institut* der Sozialdemokratischen Partei Österreichs SPÖ, das *Funder-Institut der* konservativen Österreichischen Volkspartei ÖVP und die *Grüne Bildungswerkstatt*. Die För-dermittel werden teils in Seminare investiert, meist aber simpel als Stipendien für Volontariatsmonate in „befreundeten" Medien weiter-gegeben. Von der Presseförderung unterstützt wird auch die *Katholi-sche Medienakademie* in Wien; sie offeriert einen dreisemestrigen Kurs mit insgesamt circa 60 Seminartagen für „Studentinnen und Stu-denten mit christlicher Grundhaltung".

Publizistische Studiengänge[37]

Im Zuge der Neuorganisation der europäischen Hochschullandschaft, der unter dem Stichwort „Bologna-Prozess" alle Fachbereiche erfasst, sind zahlreiche neue Bachelor- oder Masterstudiengänge entstanden, die die Bestandteile „Medien ..." oder „Kommunikation ..." im Titel führen. Vieles davon hat mehr mit Betriebswirtschaft zu tun: Me-dienmanagement, Medienmarketing; anderes mit Technik: Medienpro-duktion, Kommunikationsdesign. Daneben gibt es eine ständig zuneh-mende Zahl von Studien an Fachhochschulen und privaten Instituten, die für spezielle thematische Sparten ausbilden, z.B. *Wissenschaftsjour-nalismus* an der Hochschule Bremen oder der FH Darmstadt, *Technik-Jour-nalismus* an der FH Bonn-Rhein-Sieg, *Sportjournalismus* an der TU Mün-chen und der Deutschen Sporthochschule in Köln oder *Modejournalismus* an der Akademie Mode Design in Düsseldorf.

Die an vielen Universitäten und anderen Hochschulen angebotenen Stu-diengänge *Publizistik, Kommunikationswissenschaften* oder *Medienwissen-schaften* haben mehr mit der Analyse und Bewertung medialer Erschei-nungsformen zu tun als mit praktischem Journalismus. Deshalb müs-sen auch ihre Absolventen fast immer (verkürzt) volontieren. Demge-genüber gibt es eine zunehmende Zahl von Studiengängen, die praxisnah journalistisch ausbilden. In Deutschland haben die Univer-sitäten in *München* (in Kooperation mit der *Deutschen Journalistenschule*) und *Dortmund* die traditionsreichsten Studienangebote. Aber auch die Universitäten in *Hamburg* und *Leipzig* sowie die Katholische Universität *Eichstätt* haben sich einen guten Ruf erworben.

An der privaten *Fachhochschule der Wiener Wirtschaft GmbH* hat die Be-zeichnung der journalistischen Studiengänge seit dem Start im Jahr 2003 schon mehrfach gewechselt. Inzwischen gibt es am Institut für Journalismus und Medienmanagement zwei sechssemestrige Bachelor-

Studiengänge, „Journalismus" sowie „Kommunikationsmanagement". Aufbauende viersemestrige Masterstudiengänge stehen auch für die Absolventen anderer Studiengänge offen und führen zum Master of Arts. Die *Europäische Journalismusakademie (EJA)* am Uni-Campus in Wien bietet eine dreisemestrige Ausbildung an. Einen „Grundkurs Journalismus" bietet die *Universität Salzburg*, die *Fachhochschule Johanneum* in Graz übersetzt ihren Diplomstudiengang „Journalismus und Unternehmenskommunikation" in ein MA-Studium. Einen Sonderstatus hat die (postgraduale) *Donau-Universität Krems* mit ihren Angeboten im Rahmen des Internationalen Journalismuszentrums (IJZ): Mit ihren Masterstudiengängen „Fernsehjournalismus", „Qualitätsjournalismus" sowie „PR und Integriertes Kommunikationsmanagement" greift sie über Partnerinstitute inzwischen auch nach Deutschland aus.

Rund drei Viertel der in den Ressorts Politik und Wirtschaft tätigen Journalisten haben eine abgeschlossene akademische Ausbildung, in den anderen Sparten liegt die Zahl niedriger.[38] Der Anteil steigt schnell, weil ein Studienabschluss heute immer öfter eine Voraussetzung für eine journalistische Ausbildung ist. Unter den Chefredakteuren und leitenden Redakteuren sind die Inhaber von Doktortiteln umso häufiger anzutreffen, je höher der Status des Mediums ist – bei *F.A.Z., Zeit, Spiegel* und den öffentlich-rechtlichen Sendern sind Führungskräfte ohne Promotion selten; bei Bild oder *Frau im Spiegel* kräht kein Hahn danach.

Die Medienberufe

Journalisten, Reporter, Redakteure – in der Umgangssprache werden Begriffe synonym verwendet, die innerhalb der Branche deutlich voneinander abgesetzte berufliche Schwerpunkte kennzeichnen. Der Oberbegriff „Journalist" ist nie falsch, aber unscharf – ebenso, wie der Begriff „Arzt" noch nichts darüber aussagt, ob jemand Orthopädie oder Augenheilkunde betreibt.

- *Verleger* sind in erster Linie Kaufleute. Sie stellen gesunde wirtschaftliche Rahmenbedingungen für ihre Medien her. Ausgebildete Journalisten sind die wenigsten. Der ständige Umgang mit ihnen lässt die zahlreichen Kaufleute jedoch bald in gänzlich journalistischen Kategorien denken und handeln.

- *Herausgeber* müssen gleichfalls keine ausgebildeten Journalisten sein, sind aber Mitglied der Redaktion. Sie verantworten in erster Linie konzeptionell, was „ihre" Medien publizieren. Nur wenige Herausgeberpersönlichkeiten sind weiten Teilen der Öffentlichkeit bekannt, so Ex-Bundeskanzler Helmut Schmidt als einer der Herausgeber der *Zeit*. Oft ist der Verleger oder ein Mitglied der Inhaberfamilie zugleich Herausgeber.

- *Chefredakteure* müssen rechtlich und inhaltlich verantworten, was in den Medien berichtet und kommentiert wird. Deshalb geht prinzipiell alles über ihren Schreibtisch, was ein Medium herausgibt. Sie leiten die Redaktionsmannschaft, sind allein dem Verleger und dem Herausgeber unterstellt. Häufig wirken sie auch als „Blattmacher", das heißt, sie arbeiten an dessen ständiger Verbesserung und konzipieren neue journalistische Produkte. Kommentare und Leitartikel von besonderem Gewicht sind oft ebenfalls Sache des Chefredakteurs. Hohe Fachkompetenz und Erfahrung sind die Voraussetzungen.

- *Chef vom Dienst (CvD)* ist der Koordinator der einzelnen Redaktionsteams, der Mittelsmann zu Technik und Anzeigenleitung und wichtigster Ansprechpartner für alle Ressorts. Der CvD hält eine interne Schlüsselposition und wird mit erfahrenen und anerkannten Journalisten besetzt, damit seine Entscheidungen schnell akzeptiert werden.

- *Ressortleiter,* in Österreich „Redaktionsleiter" genannt, sind Redakteure, die ein Themenfeld (z.B. Wirtschaft, Lokales) verantworten und einem Redaktionsteam vorstehen. In größeren Redaktionsstäben sind nur sie Teilnehmer an der täglichen Redaktionskonferenz, die vom Chefredakteur oder dem CvD geleitet wird.

- *Redakteure* („Schriftleiter" in Österreich) sind in der Regel fertig ausgebildete Journalisten. In Deutschland sind sie meist festen Ressorts zugeordnet. Sie sind die *klassischen Ansprechpartner für PR-Leute!*

- *Online-Redakteure* machen im Prinzip die gleiche Arbeit wie ihre Kollegen bei den gedruckten Medien, sie erarbeiten die Texte und andere Inhalte für die Online-Versionen traditioneller Medien oder für eigens für das Internet geschaffene Publikationen. Ihre Bedeutung wächst, weil a) immer mehr Menschen die Online-Angebote der Medien wahrnehmen und b) weil sie die am stärksten der Aktualität verpflichteten Journalisten sind. Das rückt sie in die Nähe der Nachrichtenlieferanten der Presseagenturen.

- *Studio-Redakteure* sind in der Regel live auf Sendung, wenn sie ihre Hauptarbeit verrichten. Im Gegensatz zu Moderatoren konzipieren sie ihre Sendung im TV oder Hörfunk selbst, machen Kurzinterviews und Gespräche im Studio oder per Telefonschaltung und sprechen selbst die Kommentare. Nur erfahrene Hörfunk- und TV-Redakteure kommen bis in diese Ebene – ein anstrengender und hoch bezahlter Job.

- *Korrespondenten sind Redakteure* im Außendienst mit festem Berichtsort (z.B. Washington, Frankfurter Börse). Sie müssen nicht bei einem Medium angestellt sein, viele arbeiten freiberuflich für mehrere, nicht miteinander konkurrierende Zeitungen, Magazine und Sender.

- *Reporter sind Redakteure* im Außendienst mit speziellem Recherche-Auftrag. Sie berichten, was Ihnen mitgeteilt wurde oder was sie beobachten konnten, an die Redaktion. Die wenigsten dieser Berichte sind Reportagen – das ist eine spezifische Textgattung mit hohem Anspruch. Dazu kommt es im Reporteralltag nicht allzu oft.

- *Fachjournalisten* haben manchmal keinerlei journalistische Ausbildung, sind aber in der Regel exzellente Fach- und Branchenkenner. Diese Kombination ist bei vielen Fachzeitschriften anzutreffen. Andere verfügen als Fachmann und Journalist über eine Doppelqualifikation, wieder andere haben sich als gut ausgebildete Journalisten auf ein Thema spezialisiert und kennen jede seiner Facetten – man findet sie als Freie Journalisten ebenso wie bei großen Tageszeitungen als Mitarbeiter in sogenannten Kleinressorts, die nicht täglich erscheinen (z.B. Naturwissenschaft und Technik, Auto und Verkehr, Medizin und Gesundheit, Bildung und Wissen, Frau und Gesellschaft – so lauten die Rubrikentitel einiger führender Zeitungen).

- *Bildjournalisten/Fotoreporter* sind speziell ausgebildete Fotografen, die angestellt oder freiberuflich für Zeitungen und Zeitschriften arbeiten; sie suchen „Shots" mit Nachrichtenwert.

- *Kolumnisten sind Journalisten,* deren Texte einen festen Standort im Medium haben und dort regelmäßig erscheinen. In der Regel handelt es sich um feuilletonistische Arbeiten oder Meinungsäußerungen.

- *Redaktions-Assistenz* ist eine Frauendomäne. So heißt die Sekretärin bei den Ressorts oder der Chefredaktion. In kleineren Zeitschriftenredaktionen steht sie häufig in der Funktion eines Chefs vom Dienst und organisiert den ganzen Betrieb. Darum sind dort *Redaktions-Assistentinnen oft die wichtigsten Ansprechpartner für die PR-Leute,* weil alle Sachfragen und Termine über ihren Schreibtisch ausgehandelt werden müssen.

- *Moderatoren* von Hörfunk- oder TV-Sendungen müssen keine ausgebildeten Journalisten sein. Viel wichtiger sind andere Qualitäten – Mikrofon- und Kamerasicherheit, gute Stimme, klare Sprache, ansehnliches Äußeres, Kamerapräsenz, Ausstrahlung etc.

- *Sprecher* von Hörfunksendungen und Nachrichten im Fernsehen sind nicht immer Journalisten, häufig ist eine Bühnenausbildung dem Sprecherjob vorausgegangen. Stimmführung, Mimik, Gestik etc. sind reines Handwerk, um von fremder Hand geschriebene Texte möglichst gut darzubieten.

- *Freie Mitarbeiter* sind häufig Praktikanten oder andere Hilfskräfte mit geringer Erfahrung. Insbesondere Lokalredaktionen kommen ohne die Hilfe freier Mitarbeiter kaum dazu, die zahlreichen Termine wahrzunehmen. Wer schlampige Recherchen und einen schludrigen Umgang mit der Sprache bei den Journalisten beklagt, hatte es vielfach mit solchen „Semi-Professionellen" zu tun. Natürlich gibt es auch viele gute und sehr kompetente freie Mitarbeiter, die wertvolle Arbeit tun.

- *Produktions-Assistenten* entsprechen beim Fernsehen den Freien Mitarbeitern.

- *Volontäre* sind Journalisten in der praktischen Ausbildung.

Freie Journalisten und Pressebüros

Freie Journalisten darf man nicht mit den „Freien Mitarbeitern" verwechseln. Wer von seiner Arbeit existieren und Vorsorge treffen will, muss gut ausgebildet und fachlich kompetent sein. Die große Mehrheit der dauerhaft freiberuflich tätigen Journalisten hat nach einer Ausbildung Erfahrungen als angestellter Redakteur gesammelt, vielerlei Kontakte geknüpft und sich möglicherweise spezielles Wissen angeeignet. Der Schritt in die Freiberuflichkeit ist dann gut abgesichert.

Damit nicht verwechselt werden dürfen die meisten *„Blogger"*, eine relativ junge Erscheinung, die mit dem Siegeszug der Web-2.0-Technologien zunimmt (siehe dazu ausführlicher die Seiten 157 ff). Allerdings unterhalten viele freie Journalisten Weblogs, um auch diesen Kommunikationskanal zu bedienen und zu nutzen.

Freie Journalisten müssen ihre Kunden finden – sie bieten ihre Themenvorschläge, Texte und Manuskripte den Medien zum Kauf an. Wenn die Ware nichts taugt, kommt kein Handel zustande. *Darum sind die „Freien" sehr an interessanten und originellen Informationen interessiert, die sie auch bereitwillig von Pressestellen und PR-Stäben annehmen und verarbeiten.*

Viele Freie Journalisten haben sich auf einen Themenbereich spezialisiert. Die vertieften Kenntnisse machen Einordnungen und Bewertungen möglich, lassen Hintergründe hervortreten. Das fordert Platz zum Druck längerer Texte – und weil nach wie vor viele Printmedien ihre Autoren nach Zeilenzahl honorieren, lohnt sich eine Spezialisierung schon aus diesem Grund.

Im Alltagsgeschäft fehlt den fest angestellten Redakteuren auch oft die Zeit, sich tiefer auf ein Thema einzulassen. Solche Nischen füllen die Freien gerne. Die aktuellen Unsicherheiten über die Folgen der globalen Finanz- und Wirtschaftskrise sind ein Beispiel, bei dem die Durchdringung eines Themas eigentlich nur mit erheblichem Zeit- und Rechercheaufwand möglich ist. Manche Freien Journalisten sind als Experten so angesehen, dass sie Leitfunktionen für weniger erfahrene Kollegen bekommen haben.

Am Sitz der Bundesregierung haben sich zahlreiche Freie Journalisten niedergelassen, die von Innen-, Verteidigungs- oder Sozialpolitik oft mehr verstehen als frisch vereidigte Fachminister. Einer von ihnen schreibt seit vielen Jahren Artikel und Hörfunktexte zum Thema Sozialpolitik für rund zwei Dutzend Tageszeitungen und mehrere Hörfunkkanäle. Jüngst kam ein viel beachtetes Weblog hinzu. Wenn er im Kollegengespräch andeutet, die jüngsten Zahlen aus dem Wirtschaftsministerium seien nichts als eine statistische Spielerei, wird er von vielen weiteren Zeitungen mit seiner „Expertenmeinung" zitiert..

Nicht zu unterschätzen sind die vervielfältigenden Funktionen der Freien. Da sie in der Regel für eine Anzahl verschiedener Medien tätig sind, verbreitet sich über sie eine Information – in kleinerem Maßstab – ähnlich wie durch eine Nachrichtenagentur.

Zahlreiche Freie haben sich mit anderen zusammengetan und ein „Pressebüro" oder „Redaktionsbüro" gegründet. Dadurch lassen sich Kosten sparen, aber auch größere Aufgaben bewältigen. Zeitgleiche Recherchen an verschiedenen Orten, Interviews mit unterschiedlicher Rollenverteilung und Ähnliches ist von einem Team leichter zu machen. Natürlich nehmen die meisten Pressebüros – ebenso wie allein arbeitende Freie Journalisten – auch Aufträge von Unternehmen, Behörden oder anderen Institutionen an. Viele Mitarbeiter- und Kundenzeitschriften, aber auch so manche Festtagsbroschüre oder Geschäftsberichte – werden im PR-Auftrag von solchen Profis produziert.

Berufsverbände und andere Zusammenschlüsse

Die rund 70.000 Journalisten in Deutschland sind stark organisiert. Der *„Deutsche Journalisten-Verband (DJV) e.V."* mit seinen rund 40.000 Mitgliedern versteht sich als Journalistengewerkschaft und tritt den Verlegerverbänden als Tarifpartner entgegen. Er ist in 16 Landesverbände gegliedert und mit seiner Fachgruppe *„Journalisten in Presse- und Öffentlichkeitsarbeit"* auch die größte Berufsorganisation für Mitarbeiter in Pressestellen und PR-Stäben. Für die Mitglieder kostenlos ist das Monatsjournal *„journalist"*, zugleich die auflagenstärkste Fachzeitschrift für diese Berufsgruppe (verbreitete Auflage 47.300).

Der *„Deutschen Journalisten- und Journalistinnen-Union (dju)"* innerhalb der Gewerkschaft Ver.di gehören ca. 21.000 Berufskollegen an. Knapp 25.000 weitere Medienschaffende sind in der Ver.di-Fachgruppe Rundfunk, Film, AV-Medien organisiert. Dazu zählen allerdings auch viele Angehörige technischer und kaufmännischer Berufe, die mit Radio, Fernsehen, Film und Neuen Medien befasst sind. Die dju gibt für ihre und die Mitglieder der Fachgruppe zehnmal im Jahr die Zeitschrift *„M – Menschen machen Medien"* (Auflage 46.700) heraus.

In der *„Bundes-Pressekonferenz (BPK)"* haben sich die am Regierungssitz akkreditierten in- und ausländischen Korrespondenten zusammengeschlossen. Entgegen vielfacher Vermutung ist die BPK ein von Journalisten getragener Verein und nicht eine Dienststelle der Bundesregierung: Die Journalisten laden den Bundeskanzler oder seinen Regierungssprecher ein, nicht umgekehrt. Seit dem Teil-Umzug der Bundesregierung nach Berlin ist die BPK dort und in Bonn vertreten. Die BPK ist ebenso wie die 16 Landes-Pressekonferenzen in den Landeshauptstädten ein Forum für die Darsteller auf der politischen Bühne.

Die *„Wissenschafts-Pressekonferenz (WPK)"* in Bonn ist ein Beispiel für Fachverbände von Journalisten. Ob Motor-, Sport- oder Wirtschaftspresse:

Fachjournalisten vieler Ausrichtungen haben sich zu Vereinen und Verbänden zusammengeschlossen.

Daneben gibt es in vielen Städten zum Teil sehr traditionsreiche *Presseclubs,* wo die Mitarbeiter ganz unterschiedlicher, möglicherweise konkurrierender Zeitungen, Magazine und Sender „auf neutralem Boden" zusammentreffen, Informationen und Erfahrungen austauschen, Fachtagungen und Weiterbildungsmöglichkeiten anbieten.

Alle diese *Zusammenschlüsse* sind für PR-Leute von Interesse, weil sie erstklassige *Kontaktmöglichkeiten* bieten. Die meisten Verbände, Vereine und Clubs sind offen für Gäste und nehmen PR-Schaffende auch als Mitglieder auf.

Die rund 11.000 österreichischen Journalisten sind ähnlich wie in Deutschland vor allem in zwei Verbänden organisiert. Mit rund 3.000 Mitgliedern sieht sich der *Österreichische Journalisten Club (ÖJC)* als größte Berufsvertretung. Dem steht die Sektion Journalisten in der *Gewerkschaft Druck, Journalismus, Papier (DJP)* gegenüber. Sie hat nach eigenen Angaben rund 3.500 Mitglieder. Die gewerkschaftlich orientierten Journalisten sind erst 2002 nach jahrelangen Auseinandersetzungen mit der Gewerkschaft KMFSP innerhalb des österreichischen Gewerkschaftsbundes zur DJP gewechselt. Die Verleger-Organisationen *Verband Österreichischer Zeitungen (VÖZ)* und der *Österreichische Zeitschriften- und Fachmedien-Verband (ÖZFV)* sehen ihren Gesprächspartner für Tariffragen in beiden Organisationen. Auch auf regionaler Ebene gibt es zahlreiche berufsständische Interessenvertretungen. Der *Oberösterreichische Presseclub* in Linz ist mit derzeit rund 750 Mitgliedern Österreichs größte regionale Journalistenvereinigung. Der *Presseclub Concordia* in Wien wurde 1859 gegründet und ist damit der älteste Presseclub der Welt. Dem unabhängigen Verein gehören nicht nur prominente Journalisten Österreichs an, sondern auch Korrespondenten ausländischer Medien.

Zusammenfassung

- Informationen kommen nicht von allein, man muss sie sich beschaffen – in der eigenen Organisation, im Markt, im gesellschaftlichen und politischen Umfeld. Die Recherche von Fakten, Situationen und Ausgangslagen ist die Grundlage jeglicher Öffentlichkeitsarbeit.

- „Für den, der nicht weiß, wohin er will, ist jeder Weg der Richtige." Das arabische Sprichwort betont die Notwendigkeit, Ziele festzulegen und Strategien zu entwickeln, wie man sie am besten erreichen kann. Medienarbeit muss eingebettet sein in die umfassenden Kommunikationsstrategien einer Organisation.

- Die Themen liegen auf der Straße, wissen erfahrene Reporter. Media-Berater brauchen ebenfalls nicht lange zu suchen, wenn sie mit wachen Sinnen in einer Organisation recherchiert haben: Es findet sich in jedem Moment etwas, was für die Medien interessant sein könnte.

- Journalisten leben unter spezifischen Bedingungen und Zwängen ihres Berufs. Ein Blick in die Welt der Redaktionen und ihrer Mitarbeiter zeigt nichts Geheimnisvolles, aber vieles ist der breiten Öffentlichkeit kaum bekannt – es ist wie bei Metzgern, Matrosen, Bankern und anderen Hand- und Kopfwerkern.

- Die allgemeine wirtschaftliche Entwicklung nimmt die Medien nicht aus. Zum Teil dramatische Einbrüche haben die gleichen Folgen wie in allen Unternehmungen. Der Erfolgsdruck ist hier in gleicher Weise bekannt wie die Angst um den Arbeitsplatz.

---

33 Quelle: Media-Daten, 2/98.
34 Quellen: Media-Daten und österreichische Media-Analyse 2003.
35 Quelle: Institut für Demoskopie, Allensbach 1997.
36 Die Berufsprestige-Skala des Instituts für Demoskopie in Allensbach ergab im Januar 2008, dass nur 11 Prozent der Bevölkerung die Journalisten besonders schätzen. Viel angesehener sind demnach Ärzte (79 Prozent), Geistliche (39), Hochschullehrer (34) und Grundschullehrer (33 Prozent). – Studie „Journalismus 2009" der Macromedia Hochschule für Medien und Kommunikation, München 03/2009
37 Eine laufend aktualisierte Übersicht und eine Linksammlung zu einschlägigen Studiengängen bietet: www.publizistik.net. Eine andere Auswahl hat die Bundeszentrale für politische Bildung zusammengestellt: www.bpb.de/presse
38 Quelle: Deutscher Journalistenverband (DJV), Mitgliederstatistik 2007

III WARUM MEDIENARBEIT IN DEUTSCHLAND AUF BESONDERS GÜNSTIGE BEDINGUNGEN TRIFFT

> „Deutschland ist der heißeste
> Medienmarkt in Europa"
>
> RUPERT MURDOCH, MEDIENMOGUL

Überblick

- Verschiedene Typen von Zeitungen, Zeitschriften und Magazinen, was sie unterscheidet und auszeichnet, wer sie liest und wer ihnen vertraut

- Rundfunk und Fernsehen – die öffentlich-rechtlichen und privaten Sender: ihre Strukturen, Betreiber und Kunden und ihre Rolle im Informationsgeschäft

- Nachrichtenagenturen, Presse- und Informationsdienste: ihre gemeinsame Rolle als Wegbereiter und Verstärker im Fluss der Aussagen, Berichte und Meinungen

- Neue Medien mit ihren Zauberworten „Online" und „Multimedia": was sie sind, wer sie nutzt und wem sie nützen

Das Mediensystem in Deutschland ist so komplex wie in kaum einem anderen Land. Das hat überwiegend historische Ursachen – die politische Vielfalt unabhängiger Klein- und Kleinststaaten, Freier Reichsstädte und Hanse-Metropolen spiegelt sich bis auf den heutigen Tag in der Vielzahl regionaler Tageszeitungen wider. Der Umstand, dass Deutschland zwischen 1850 und 1940 geradezu als Heimatland von Naturwissenschaft, Technik und Erfindergeist gelten konnte, ist eine der Ursachen für die unglaubliche Anzahl wissenschaftlicher und anderer Fachzeitschriften.

Deutsche Medienprodukte haben rund 95 Millionen Menschen als potentielle Käufer und Nutzer[39], mehr als ein Fünftel der EU-Bevölkerung. Die meisten davon sind gut ausgebildet und mit genügend Einkommen ausgestattet, um Zeitungen, Zeitschriften, Radio, TV und Online-Dienste bezahlen zu können. Deutschland ist eines der Länder mit der größten *Mediendichte*; das Angebot ist überwältigend. Zwar gibt es auf dem Teilmarkt für Tages- und Wochenzeitungen seit Jahrzehnten einen starken Konzentrationsvorgang, dennoch gehört Deutschland auch mit der verbliebenen Zahl von Zeitungen weltweit in die Spitzengruppe der „Lesenationen". Nirgendwo auf der Welt ist das Angebot an *Fachzeitschriften* so vielfältig wie hierzulande. Auch die Zahl der Publikumszeitschriften und Magazine für jegliches Interesse ist nur in den Vereinigten Staaten größer. Und obwohl private Rundfunk- und Fernsehstationen in Deutschland erst spät den Sendebetrieb aufnahmen, ist die Zahl der *TV-Anbieter* ebenso wie die Sendezeit pro Kopf der Bevölkerung größer als in Großbritannien oder Italien, wo private Funkbetreiber zehn Jahre früher an den Start gingen. Ähnliches gilt für die Online-Dienste, deren Nutzerzahl hierzulande rascher zunimmt als anderswo, nachdem die Deutschen jahrelang eher zögernd von den Neuen Medien Besitz ergriffen.

Darüber hinaus ist dieser Markt in ständiger Bewegung. Neue Zeitschriften und Magazine lösen solche ab, die erst vor wenigen Jahren neue Leserschichten erobert hatten. Neue TV- und Rundfunksender werden nicht nur von privaten Betreibern geschaltet, auch die altehrwürdigen öffentlich-rechtlichen Sendeanstalten bringen neue Fernseh- und Radiokanäle auf den Markt.

Das erklärt, warum internationale Medienunternehmer sich ihren Anteil in Deutschland zu sichern suchen. Das US-Quartett *Disney, Time-Warner, CNN* und *Viacom,* die französische *Vivendi-Gruppe* und die deutschen Medienimperien *Bertelsmann, Springer, Burda, Holtzbrinck* oder *Dumont-Schauberg:* Sie alle steuern eine globale Vernetzung und Vielfachnutzung ihrer Produktionen und Rechtstitel an – das Stichwort *Crossmedia* ist schon einmal gefallen. Die Voraussetzungen für diese Art von Synergiegeschäften sind in Deutschland mit seiner vielgestaltigen Medienlandschaft besonders günstig.

Es ist wohl nicht möglich, alle aktuell verfügbaren journalistischen Produkte im Auge zu behalten. Allein auf dem Zeitschriftenmarkt kommen zurzeit jährlich etwa 130 neue Titel auf den Markt, noch mehr werden derzeit im Jahreslauf eingestellt. Die Medien selbst werden inzwischen von einem wachsenden Kreis von Print- und Online-Redaktionen sowie einigen ernst zu nehmenden Weblogs beobachtet. Auch etliche Zeitungen und die Nachrichtenmagazine haben inzwischen die feste Rubrik „Medien" eingerichtet und informieren ihre Leser über das Kommen und Gehen auf dem Markt der Nachrichten und Meinungen.

1 Printmedien – alles was gedruckt wird

Gedruckte Medien stellen nach wie vor den umfangreichsten Posten. Im Jahr 2006 verließen über 2,7 Millionen Tonnen bedrucktes Papier allein als Tageszeitungen die Fertigungsstraßen, ein Vielfaches davon dient dem Druck von Zeitschriften, Illustrierten und Magazinen. Die Medienschaffenden selbst haben eine sinnvolle Unterteilung der Druckwerke in Erscheinungsformen und unterschiedlichen Kundennutzen vorgenommen. Wir werden die Bedeutung der Stichwörter genauer kennenlernen, wenn die einzelnen Printprodukte vorgestellt werden. Die verschieden Gattungen im Überblick:

Zeitungen insgesamt:		417
davon:	regionale Abo-Tageszeitungen[40]	335
	mit lokalen Ausgaben	1.512
	überregionale Tageszeitungen	10
	Kaufzeitungen/Boulevardzeitungen	9
	fremdsprachige überregionale Tageszeitungen	16
	Sonntagszeitungen	19
	Wochenzeitungen	28
Amtsblätter und Heimatzeitungen		ca. 2.600
Anzeigenblätter[41]:		1.414
Zeitschriften insgesamt[42]:		über 23.000
davon:	Verbands- und Kammerzeitschriften	ca. 10.000
	Fach- und wissenschaftliche Zeitschriften	ca. 3.900
	Mitarbeiterzeitschriften	ca. 3.200
	Kundenzeitschriften	ca. 3.000
	Publikumszeitschriften, Magazine und Supplements	ca. 2.450

| Stadtmagazine | ca. 230 |
| Konfessionelle Zeitschriften | ca. 60 |

Damit ist die Zahl der Druckperiodika jedoch sicher nicht vollständig. Viele Verbands-, Kunden- und Mitarbeiterpublikationen werden nicht erfasst. Hinzu kommen statistische Berichte, offizielle Dokumentationen und behördliche Veröffentlichungen; sie werden traditionell aber nicht zu den Presse-Erzeugnissen gerechnet.

Alle journalistischen Druckerzeugnisse zusammen erreichen schätzungsweise eine Gesamtauflage von 225 Millionen Exemplaren. Mit *Auflagenziffern* ist allerdings noch wenig über die tatsächlichen Leser eines Mediums gesagt. Schon dabei ist bereits dreierlei zu unterscheiden:

- gedruckte Auflage:
  Zahl der tatsächlich gefertigten Exemplare

- verbreitete Auflage:
  alle archivierten, kostenlos verteilten und verkauften Exemplare

- verkaufte Auflage:
  nur die verkauften Exemplare

Darüber hinaus ist der Unterschied zwischen *verbreiteter Auflage* und *„Reichweite"* bisweilen erheblich und wichtig zur Beurteilung, wie viele Menschen tatsächlich ein Blatt zur Hand nehmen und lesen. So liegt z.B. die verkaufte Auflage der *„tageszeitung (taz)"* bei etwa 59.000 Exemplaren. Die Kundenstruktur der „taz" zeigt aber, dass das Blatt viele treue Abonnenten und Käufer hat, die ihre Lektüre gerne mit Mitbewohnern, Freunden oder Kollegen teilen:

- tatsächliche Reichweite:
  Zahl der Nutzer eines Mediums

- relative Reichweite
  anteilige Erreichbarkeit einer Zielgruppe

Die *tatsächliche Reichweite* der „taz" liegt etwa beim Dreifachen der Auflage – darum ist diese Tageszeitung ein durchaus gewichtigeres Medium, als es zunächst scheinen mag. Die *relative Reichweite* eines Mediums sagt etwas darüber aus, welcher Anteil einer Zielgruppe mit einem Medium erreichbar wäre – die Zeitschrift eines Verbandes erreicht potentiell jedes Mitglied; ein Fachmedium kann bisweilen ähnlich nah an 100 Prozent kommen, weil es zur Pflichtlektüre eines Publikums gehört.

Zeitungen

Täglich aktuell oder wöchentlich geliebt

Von den etwa 620 Tageszeitungen, die in den ersten Nachkriegsjahren in Ost- und Westdeutschland wieder- und neu gegründet wurden, existieren heute nur noch gut die Hälfte. Unter dem Stichwort „Pressekonzentration" ist ein Prozess der Marktbereinigung zu verstehen, dem Blätter ohne ausreichende wirtschaftliche Fundamentierung auf Dauer nicht gewachsen sind. Festzuhalten ist:

- Zeitungen sind in erster Linie unternehmerische Produkte, die unter marktwirtschaftlichen Bedingungen erzeugt und verkauft werden. Deshalb haben Zeitungen, die mehr kosten als sie einbringen, nur unter Ausnahmebedingungen eine Überlebenschance.

- Zeitungen müssen mittelfristig ca. 60 Prozent ihrer Einnahmen durch den Verkauf von Anzeigen erwirtschaften, sonst wäre der Verkaufspreis zu hoch. Das heißt, Zeitungen müssen sich dauerhaft als Werbeträger für die Wirtschaft und als Annoncenmarkt für ihre Leser bewähren.

- Zeitungskunden erwarten ein Qualitätsprodukt – die Leser ebenso wie die Inserenten. Wenn die Redaktion nicht die vom Zeitungsmarkt geforderten Leistungen bringt, gehen nacheinander Auflage, Annoncenaufträge und Erlöse zurück; am Ende steht der Konkurs.

So manche Träne um die Opfer der Pressekonzentration wurde in Unkenntnis dieser simplen Sachverhalte vergossen. Viele Zeitungen der Nachkriegszeit konnten nicht mithalten und wurden darum von den größeren Verlagshäusern geschluckt, andere mussten ihr Erscheinen ganz einstellen. Unter dem Aspekt der Meinungsvielfalt kann es allerdings problematisch sein, wenn ganze Landstriche und große Städte von einem Verlag, mitunter auch nur von einer Zeitung, versorgt werden.

Verwirrende Begriffsvielfalt – Mantelredaktionen, Publizistische Einheiten, Vollredaktionen und Ausgaben

Wer sich über Zeitungen in Deutschland informiert, wird durch mehrere Zahlen verwirrt. Sie alle sagen etwas über die Anzahl der Blätter aus, leider meinen sie aber verschiedene Dinge:

- 370 Tageszeitungen (inklusive der fremdsprachigen),
- 1.512 Lokalausgaben,
- 135 Publizistische Einheiten oder Vollredaktionen.

Die „Rheinische Post" ist die auflagenstärkste Regionalzeitung in Nordrhein-Westfalen mit den meisten Lokalausgaben. Sie erreicht mit ihren 31 unterschiedlichen Varianten rund 1,2 Millionen Menschen. Ihr Verbreitungsgebiet umfasst neben dem Verlagsort Düsseldorf und seinen Vororten die gesamte Region Niederrhein bis zur niederländischen Grenze. Die zentralen Ressorts Politik, Wirtschaft, Sport und Kultur liefern den „Mantel" für alle Ausgaben, die Lokalredaktionen liefern eigene Wechselseiten und weisen auf ihre Themen auch auf den verschiedenen Titelseiten hin. Einige der Ausgaben führen die Namen ehemals selbständiger Zeitungen weiter, die von der „Rheinischen Post" aufgesaugt wurden, und heißen beispielsweise „Bergische Morgenpost" (in Remscheid) oder „Neuss-Grevenbroicher Zeitung".

Die „Rheinische Post" ist damit ein klassisches „Mantelblatt" (synonym wird oft der Begriff „Vollredaktion" verwandt), während die lokalen Ausgaben unter den Begriff „Kopfblatt" fallen; nahezu alle deutschen Regionalzeitungen machen es ähnlich.

Wirtschaftliche Notwendigkeiten haben mancherorts dazu geführt, dass unter dem Dach eines Verlages zwar unterschiedliche Zeitungstitel beibehalten wurden und um Leser konkurrieren, die Redaktionen aber eng zusammenarbeiten. Aus Kostengründen arbeiten in solchen Fällen die gleichen Redakteure für die parallelen Ressorts mehrerer Zeitungen.

Zweites Modell: mehrere Zeitungsverlage einer Region unterhalten einen Werbe-Verbund, in dem die Anzeigen parallel in allen beteiligten Blättern erscheinen. So können auch kleine Zeitungen mit wenigen tausend verkauften Exemplaren überleben, weil sie sich den Aufwand für Anzeigenwerbung und Redaktionskosten teilen.

Es gibt derzeit 135 solche *Publizistischen Einheiten.* Bedenklich unter dem Gesichtspunkt der Meinungsvielfalt ist die Konzentration dort, wo es keine konkurrierende Regionalzeitung mit eigener Lokalberichterstattung gibt. 2008 wurden 300 der 443 deutschen Landkreise und kreisfreien Städte nur durch eine Tageszeitung versorgt.

In Bremen, Hannover, Stuttgart oder Köln kommen alle örtlichen Tageszeitungen aus dem gleichen Verlag. Für das gesamte Saarland gibt es nur die „Saarbrücker Zeitung", im nördlichen Rheinland-Pfalz sind die Koblenzer „Rhein-Zeitung" und der Trierer „Volksfreund" ohne jede Konkurrenz. Ähnliches gilt für viele ländlich geprägte Regionen. Überall dort gibt es keine vergleichbare, gedruckte regionale Berichterstattung, sondern allenfalls Regionalausgaben der „Bild-Zeitung".

Die zehn größten deutschen Zeitungsverlage halten zusammen 56 Prozent der Auflagen, allein der Axel-Springer-Konzern verfügt über 22,7 Prozent. Eine Untersuchung des Dortmunder Formatt-Instituts für Markt- und Meinungsforschung zeigt, dass die wirtschaftliche Flaute den Konzentrationsprozess deutlich fördert[43]. Daneben treten allerdings zunehmend „Lusthändel", wie beispielsweise im Fall der Süddeutschen Zeitung, wo ein paar Teile der Eigentümerfamilien endlich Kasse machen wollten; oder im Fall des Kölner Verlagsriesen DuMont-Schauberg, der auf weitere Expansion setzt. Die Auswirkungen solcher Entwicklungen sind eher subtiler Art – um die Pressefreiheit ist nicht direkt zu fürchten. Allerdings wird eine kritische Chronistenrolle schwieriger, wenn es für einen Journalisten nur einen Arbeitgeber in der Region gibt. Es hat auch schon Beispiele gegeben, bei denen die Familie, Freunde und Geschäftspartner des Verlegers für die Redaktionen mit einem Rechercheverbot belegt wurden.

Überregionale Tageszeitungen – die Überschätzten

Je nach Lesart gibt es unterschiedlich viele Tageszeitungen mit überregionaler Verbreitung. Als solche von Grund auf angelegt sind (verkaufte Auflagen Montag bis Samstag, IVW 2. Quartal 2009):

Frankfurter Allgemeine Zeitung	
(F.A.Z., Frankfurt am Main)	369.690
Die Welt (Berlin)	270.621
Handelsblatt (Düsseldorf)	138.301
Börsenzeitung (Frankfurt am Main)	———[44]
Financial Times Deutschland (FTD, Hamburg)	104.584
Ärzte-Zeitung (Frankfurt am Main)	63.925 [45]
die tageszeitung (taz, Berlin)	58.845
Neues Deutschland (Berlin)	40.669

Dazu rechnet man zwei Zeitungen, die zwar in einer Region verwurzelt sind, aber ein bundesweites Vertriebssystem unterhalten. Beide Blätter verkaufen den größten Teil ihrer Auflage in der Heimatregion, haben aber soviel Reputation erworben, dass sie zwischen Sylt und Bodensee verkauft werden:

Süddeutsche Zeitung (München)	442.159
Frankfurter Rundschau (Frankfurt am Main)	151.558

Allerdings wird die Bedeutung aller dieser Zeitungen wegen ihrer bundesweiten Verbreitung überschätzt. Die tatsächliche Reichweite aller Überregionalen zusammen liegt bei nur *sechs Prozent* der Gesamtbevölkerung, etwa 3,93 Millionen Menschen über 14 Jahre[46]. Viel wichtiger als das große Verbreitungsgebiet sind die Gründe, warum sie gekauft und gelesen werden – und wer ihre hauptsächlichen Leser sind. Dabei spielen Eigenarten der Schwerpunktsetzung ebenso eine Rolle wie die gesellschaftlich-politische Ausrichtung der Blätter:

- Die *F.A.Z.* wird als bürgerliche Zeitung mit liberal-konservativer Grundhaltung eingestuft; vor allem der große Wirtschaftsteil wird als Kaufargument genannt. Sie erreicht besonders viele leitende Mitarbeiter in Wirtschaft und Verwaltung. Lange Spitzenreiter, musste die F.A.Z. diesen Platz 2001 an die *Süddeutsche Zeitung* abgeben. Nach jahrelangen Verlusten steigt die Auflage seit 2009 wieder.

- Die *Welt* hat nach mehreren vergeblichen Sanierungsversuchen mit dem Ableger „*Welt kompakt*" wieder an Boden gewinnen können. Dieses Produkt mit regelmäßig 32 Seiten im Tabloidformat spricht gezielt eine jüngere Leserschaft an und wird seit 2004 in zehn Ballungsgebieten vor allem im Straßenverkauf angeboten. Das großformatige Stammblatt wird zum bürgerlichen Lager gezählt, mit deutlich konservativer Ausrichtung. Auch *Welt*-Leser finden sich zahlreich unter den Führungskräften von Staat und Wirtschaft. In Berlin und Hamburg unterhält die *Welt* Lokalausgaben.

- Die *Süddeutsche Zeitung* wendet sich an ein urban-liberales Publikum, ist berühmt für ihre journalistische Brillanz und bemüht sich, neben dem traditionell starken Kulturteil auch mit den Wirtschaftsseiten zu punkten. Die Auflage stagniert auf hohem Niveau, die *Süddeutsche* ist die erfolgreichste unter den bundesweit verbreiteten Zeitungen. Aber: Drei Viertel ihrer Auflage bleibt in München und Oberbayern.

- Die *Frankfurter Rundschau* kämpft seit vielen Jahren ums Überleben. Nachdem die SPD mit ihrem erfolgreichen Druckimperium drei Jahre lang das als links-liberal geltende Blatt über Wasser gehalten hatte, kaufte 2006 der Kölner Verlag DuMont-Schauberg die Mehrheit an der Zeitung. Mehr als zwei Drittel der stagnierenden Auflage erreichen lokale Kunden in Frankfurt und Umgebung.

- Die *Börsenzeitung* hält im Finanzhandel und darüber hinaus bei den Spitzenkräften der Wirtschaft den Rang des wichtigsten Leitmediums. Als Pflichtblatt aller deutschen Börsenstandorte und mit einem weltweit gestreuten Korrespondentennetz ist die Börsenzeitung der vielleicht wichtigste deutsche Sammelpunkt für alle Informationen rund um den globalen Kapitalmarkt.

Es gilt vielen als großer Erfolg der Medienarbeit, wenn die überregional verbreiteten Zeitungen einen Bericht aus der eigenen Pressestelle drucken. Der Blick auf die vier auflagenstärksten Titel zeigt aber auch, dass diese Blätter überschätzt werden. Ein Artikel in der „Süddeutschen" erreicht vornehmlich Münchener und Oberbayern, denn dort wird diese Zeitung hauptsächlich gelesen – ist das im Sinne des Absenders, zum Beispiel eines Kunststoffherstellers in Wuppertal? Wenn die „Frankfurter Rundschau" außer von Frankfurtern bundesweit von vielen Intellektuellen gelesen wird – kommt bei denen die Notiz über den beabsichtigten Börsengang richtig an?

Daran haben auch die Online-Auftritte dieser Zeitungen nichts geändert: Wer *faz.net* oder *welt.de* aufsucht, findet dort eine Themenauswahl und Kommentierung, die den Printfassungen gleicht – also eher bei einem konservativ-wirtschaftsliberalen Publikum Zustimmung finden wird. Das Gleiche gilt umgekehrt für die Seiten der *Frankfurter Rundschau (fr-online.de)*.

Die Überregionalen haben als politische Zeitungen eine überragende Bedeutung; sie gelten ausnahmslos als *„Leitmedien"*, nach deren Themenauswahl und Kommentierung sich viele andere Blätter richten. Sie gelten durchweg als *„Qualitätsmedien"*. Als Zielmedien für die praktische, alltägliche Medienarbeit beliebiger Unternehmen, Verbände oder Institutionen sollte man sie jedoch nicht wichtiger nehmen als andere Zeitungen, wenn eine möglichst weit reichende Berichterstattung erwünscht ist.

Darüber hinaus gehören sie zu den Medien, die von besonders vielen Menschen mit Einfluss auf politische, unternehmerische oder verbandliche Entscheidungen gelesen werden – sie stellen einen Teil der *Entscheidermedien"*. Die F.A.Z. bildet hier zusammen mit der *Süddeutschen Zeitung,* der *Börsenzeitung* und dem *Handelsblatt* die Spitzengruppe, die *Welt* gewinnt wieder an Einfluss. Auch nicht unwichtig: Die Überregionalen sind Zeitungen für Männer – die stellen 3,5 mal soviel Leser wie die Frauen.

Regionale und lokale Abonnementszeitungen – die Glaubwürdigsten

Von den 335 deutschen Regionalzeitungen erreichen die wenigsten Auflagen über 50.000 Exemplare, manche Blätter nicht einmal ein Zehntel davon. Dennoch handelt es sich auch bei kleinsten Zeitungen oft um sehr gediegene Informationsorgane, die in ihrer Region seit langem fest wurzeln und ein Element der regionalen oder städtischen Kultur geworden sind. Auflagenziffern bedeuten hier bisweilen wenig, weil der Einfluss dieser Zeitungen sich anders bemisst als nur durch die Verkaufszahlen. Da spielen lange Traditionen und die honorige Persönlichkeit von Herausgeber und Redakteuren eine große Rolle.

Die größeren Regionalzeitungen spielen in ihrem Verbreitungsraum oft die Rolle eines *Leitmediums.* Das gilt für die städtischen Ballungszentren ebenso wie für eher ländliche Gebiete: Wer es sich mit der *WAZ* verdirbt, hat im Ruhrgebiet schlechte Karten, wer das *Hamburger Abendblatt* gegen sich hat, wird in Hamburg Probleme bekommen – das gleiche gilt aber auch für die *Ostsee-Zeitung* in Mecklenburg oder die *Rhein-Zeitung* in Eifel und Westerwald. Darüber hinaus werden viele Regionalblätter auch in den Redaktionen der überregionalen Presse gelesen und ausgewertet, so dass manches Thema seinen Weg vom Allgäu bis an die Nordsee findet, oder umgekehrt.

Allerdings können die Zeitungsverlage nicht ganz ohne Sorge in die Zukunft blicken: Die verkauften Auflagen und die Abonnementzahlen sinken seit Jahren kontinuierlich. Waren es im Jahr 2000 noch fast 24 Millionen Exemplare, wurden acht Jahre später nur noch 20,4 Millionen Zeitungen verkauft. Nur bei den über 60-Jährigen bleibt die Zahl der treuen Leser konstant, bei den Jüngeren sinkt sie weiter dramatisch[47] – der Nachwuchs der Zeitungsfreunde schwindet. Die regionalen Abonnementszeitungen spüren diesen Trend besonders deutlich, deshalb sind dort in den letzten anderthalb Jahrzehnten Hunderte Sonderprojekten gelaufen, um junge Menschen an die Tageszeitung heranzuführen.

Die Verleger reagieren mit neuen Konzepten, allen neuen Produkten gemeinsam ist die thematische Nähe zum Boulevard, der Verzicht auf tiefer reichende Ansprüche und ein abgesenkter Preis. In Köln erscheint seit 2005 *Direkt*, ein kleinformatiger Ableger des *Kölner Stadt-Anzeigers* – mehr Farbe, mehr Bilder, kürzere Texte, Verzicht auf die klassische Ressortgliederung. Einen ähnlichen Weg wollen zahlreiche andere Blätter gehen: Im November 2009 stellte das *Handelsblatt* auf das kleine Tabloidformat um, sogar die *Bild-Zeitung* experimentiert mit ihrer Münchener Ausgabe, ob das kleinere Format besser ankommt. Andere werden folgen, das spart Papier- und Druckkosten. Andere Zeitungen, z.B. die *Heilbronner Stimme* oder die *Nordsee-Zeitung*, öffnen sich mehr unterhaltenden Themen. Die Würzburger *Main-Post* setzt auf die Wochenendausgabe *Boulevard Würzburg*.

Die Glaubwürdigkeit der Medien insgesamt hat in den letzten Jahren gelitten. Experten machen dafür unter anderem den einfacheren Zugang zu primären Informationsquellen über das Internet mit verantwortlich. Dennoch sind für 46 Prozent der erwachsenen Bundesbürger die regionalen Abonnementszeitungen die *glaubwürdigste Informationsquelle,* nach den Nachrichtensendungen der öffentlich-rechtlichen Fernsehsender (69 Prozent) und weit vor den Online-Angeboten (16 Prozent)[48]. Ihre *tatsächlichen Reichweiten* liegen bei rund 64,8 Prozent im Bundesdurchschnitt, in den Regionen bei bis zu 80 Prozent. Das heißt, rund 47 Millionen Einwohner über 14 Jahre nehmen täglich eine Zeitung zur Hand[49]. Aus beiden Zahlen erklärt sich die starke *Leser-Blatt-Bindung* dieses Zeitungstyps; ein zufriedener Leser wechselt nicht ohne weiteres zu einem anderen Blatt. Problematisch sind Entwicklungen in Ostdeutschland. Dort ist die Zahl der regelmäßigen Zeitungleser stark gesunken: zwischen 1996 und 2006 um 27,5 Prozent. Wiebke Möhring und Dieter Stürzebecher vom Institut für Journalistik und Kommunikationsforschung an der Hochschule für Musik und Theater in Hannover machen dafür die „Monokultur", also den mangelnden Wettbewerb unterschiedlicher Zeitungsangebote in den Regionen verantwortlich.[50]

Die folgende Liste nennt beispielhaft einige der auflagenstärksten Regionalzeitungen in den Bundesländern mit ihrem jeweiligen Erscheinungsort, in Klammern die Zahl der Lokalausgaben. Die Zahlen spiegeln den IVW-Prüfzeitraum II. Quartal 2009.

Baden-Württemberg
Südwest-Presse, Ulm (30) 310.429
Mannheimer Morgen (20) 221.533
Stuttgarter Nachrichten (26)
mit
Stuttgarter Zeitung (6) 215.511
Schwäbische Zeitung, Leutkirch (25) 182.667
Badische Zeitung, Freiburg (19) 149.155
Südkurier, Konstanz (12) 133.997
Schwarzwälder Bote, Oberndorf (25) 131.327

Bayern
Augsburger Allgemeine Zeitung/Allgäuer Zeitung (28) 337.892
Nürnberger Nachrichten (27) 285.790
Münchner Merkur (29) 270.887
Passauer Neue Presse (15) 169.450
Abendzeitung, Boulevardzeitung, München/Nürnberg (2) 141.954
TZ München, Boulevardzeitung 145.391
Main Post, Würzburg (9) 132.837

Berlin
B.Z., Boulevardzeitung 191.574
Berliner Zeitung (4) 163.810
Berliner Morgenpost (8) 142.727
Der Tagesspiegel (3) 150.052
Berliner Kurier, Boulevardzeitung 130.336

Brandenburg
Märkische Allgemeine Zeitung, Potsdam (16) 147.850
Lausitzer Rundschau, Cottbus (14) 99.264

Bremen
Weser-Kurier/Bremer Nachrichten (12) 166.123

Hamburg
Hamburger Abendblatt (5) 239.498
Hamburger Morgenpost, Boulevardzeitung (2) 115.167

Hessen
HNA *Hessische/*
Niedersächsische Allgemeine, Kassel (19) 228.547
Neue Presse, Frankfurt (5) 105.166
Darmstädter Echo (5) 90.475

Mecklenburg-Vorpommern
Ostsee-Zeitung, Rostock (12) 152.801
Schweriner Volkszeitung (11) 100.940

Niedersachsen
Madsack-Gruppe: *Hannoversche Allgemeine Zeitung,*
Hannoversche Neue Presse, Schaumburger Nachrichten,
(Stadthagen), *Peiner Allgemeine Zeitung*, (Peine) (29) 549.957
Neue Osnabrücker Zeitung / Zeitungsgruppe
Südwest-Niedersachsen (9) 288.311
Braunschweiger Zeitung (14) 166.331
Nordwest-Zeitung, Oldenburg (8) 121.854

Nordrhein-Westfalen
WAZ-Gruppe: *WAZ Westdeutsche Allgemeine Zeitung* (Essen),
Westfälische Rundschau (Dortmund), *Westfalenpost* (Hagen),
NRZ Neue Rhein-/Neue Ruhr-Zeitung (Essen), *Iserlohner*
Zeitung (59) 843.568
Ruhr-Nachrichten, Dortmund / MediaRegio Westfalen 426.540
Rheinische Post, Düsseldorf (31) 381.800
Kölner Stadt-Anzeiger/Kölnische Rundschau (31) 342.834
Express in Köln, Bonn, Düsseldorf, Boulevardzeitung (3) 258.272
Neue Westfälische, Bielefeld (18) 246.517
Westfälische Nachrichten, Münster (24) 207.982
WZ Westdeutsche Zeitung, Düsseldorf (25) 126.195
Aachener Zeitung/Aachener Nachrichten (9) 134.507

Rheinland-Pfalz
Die Rheinpfalz, Ludwigshafen (13) 246.857
Rhein-Zeitung, Koblenz (18) 209.468
Rhein-Main-Presse: *Allgemeine Zeitung*, (Mainz) (14),
Wiesbadener Kurier/Wiesbadener Tagblatt (4),
Mainspitze, (Rüsselsheim), *Wormser Zeitung* 195.164

Saarland
   Saarbrücker Zeitung (13)   152.388

Sachsen
   Freie Presse, Chemnitz (21)   294.775
   Sächsische Zeitung, Dresden (22)   268.353
   Leipziger Volkszeitung (15)   224.461

Sachsen-Anhalt
   Mitteldeutsche Zeitung, Halle (21)   224.735
   Volksstimme, Magdeburg (16)   201.626

Schleswig-Holstein
   Flensburger Tageblatt | Schleswig-Holstein-Presse (26)   250.443
   Kieler Nachrichten (5)   106.400
   Lübecker Nachrichten (8)   104.186

Thüringen
   Zeitungsgruppe Thüringen: *Thüringer Allgemeine*
   (Erfurt, 15), *Ostthüringer Zeitung* (Gera, 14),
   Thüringische Landeszeitung (Weimar, 10)   321.442
   Südthüringer Presse: *Freies Wort* (Suhl, 10), *Südthüringer*
   Zeitung (Barchfeld,3), *Meininger Tageblatt*   110.911

Verbreitung und Leseverhalten

Die *Gesamtauflage* aller deutschen Tageszeitungen beträgt ca. 20,4 Millionen Exemplare, damit bildet Deutschland den mit Abstand größten Zeitungsmarkt in Europa. Die Zahl von 354 Tageszeitungen liegt ebenso weit an der Spitze, gefolgt von Spanien (140) und Großbritannien (106). Etwa 300 Druckexemplare entfallen auf 1.000 Einwohner. Zum Vergleich: In Portugal kommen lediglich 75 Exemplare auf 1.000 Einwohner, in Spanien sind es 110, in Italien 112, in Frankreich 154. Die höchsten Auflagen per 1.000 Einwohner weisen traditionell Japan (624) und Norwegen (580) auf. Deutschland liegt mit der Schweiz (354), Österreich (345), Großbritannien (308) und den Niederlanden (268) im Mittelfeld.

73,2 Prozent der erwachsenen Bundesbürger lesen mehr oder minder regelmäßig eine Zeitung. Diese *relative Reichweite* wird in Europa nur in den skandinavischen Staaten (78 bis 83) und in der Schweiz (80) übertroffen. Ein Vergleich macht das Besondere dieser Zahlenwerte deutlich: In Spanien und Frankreich liegen die Anteile bei nur 41 Prozent der über 14-Jährigen, in Großbritannien befasst sich nur ein gutes Drittel (34 Prozent) mit den Regionalzeitungen; auch die Londoner Blätter werden von nur rund 60 Prozent der Inselbevölkerung gelesen.

Besonders gern gelesen[51] wird der *Lokalteil* der Zeitung, also die Seiten, die über örtliche und regionale Sachverhalte berichten: 83 Prozent der Zeitungsleser geben an, dass sie diese Neuigkeiten „im Allgemeinen immer" lesen. Meldungen und Berichte über Politik in Deutschland haben für annähernd 70 Prozent große Bedeutung, gefolgt von Auslandsberichten (60 Prozent). Tatsachenberichte über aktuelle Geschehnisse des Alltags und der Sport sind für jeweils etwa 42 Prozent der Zeitungskunden interessant. Den *Leitartikel*, also den gewichtigsten Kommentar in der aktuellen Ausgabe, lesen etwa 44 Prozent der Abonnenten und Käufer regelmäßig. Berichte aus der Wirtschaft interessieren 38 Prozent, Artikel über das *kulturelle Leben* oder sogenannte „Boulevardthemen", zum Beispiel Reportagen über Gerichtsverhandlungen, finden 31 Prozent besonders lesenswert.

Erstaunen mag hervorrufen, dass gut 43 Prozent gerne die *Leserbriefe* studieren, die von der Redaktion veröffentlicht werden. In dieser Zahl spiegelt sich die Verwurzelung der lokalen und regionalen Zeitungen in der Bevölkerung: Man interessiert sich für die Meinung der Mitbürger und beteiligt sich nicht selten an einem Dialog, dessen Mittler die Zeitung ist. Das Interesse von etwa der Hälfte der Leser an den *Anzeigenseiten* hat gleichfalls etwas mit der lokalen Bedeutung der Zeitungen zu tun. Den direktesten Nutzen von „seinem" Blatt erlebt der Leser, wenn er von den Sonderangeboten seines Supermarktes in der Zeitung erfährt oder seine Wohnung über eine Immobilien-Annonce findet.

Der „kleine Unterschied" wird beim Leseverhalten recht groß: *Männer* interessieren sich deutlich stärker für Politik, Sport, Wirtschaft und Wissenschaft, *Frauen* sind noch stärker als Männer am lokalen Geschehen interessiert und bevorzugen darüber hinaus Tatsachenberichte, Boulevard- und Kulturthemen. Besonders krass sind die Unterschiede bei Themen aus Wissenschaft und Technik, die zwar 41 Prozent der Männer ansprechen, aber nur 14 von hundert Frauen.

Deutliche Abweichungen im Leseverhalten von jungen Menschen zwischen 14 und 29 Jahren sind aber unverkennbar: Die Jüngeren schauen immer seltener in die Zeitung – für sie ist die Online-Variante interessanter. Die in den neunziger Jahren noch deutlichen Unterschiede im Leseverhalten zwischen Ost- und Westdeutschland sind heute nur noch am unterschiedlichen Interesse für Kommentare und Leitartikel festzumachen.

Was gelesen wird: Die Regionalzeitungen und Lokalausgaben

Die Analyse des Informationsverhaltens der Bundesbürger zeigt deutlich, dass für PR-Leute gerade die regionalen und lokalen Zeitungen eine überragende Bedeutung haben: Diese „Heimatzeitungen" spielen die wichtigste Rolle. Dennoch starren viele PR-Stäbe in ihren Medienkontakten wie gebannt auf F.A.Z., SZ und Welt und versuchen mit aufwendigen Veranstaltungen das Interesse von „Tagesschau" und „heute" auf sich zu lenken – ein grober handwerklicher Fehler.

Professionelle Medienarbeit sucht nach den passenden Lösungen: Man muss die Zeitungsleser abholen, wo sie stehen. Nur Mut – nahezu jedes Themenfeld besitzt Ansatzpunkte für Berichte im Lokalteil der regionalen Zeitungen:

Am Ort der Firmenzentrale interessiert vielleicht nur wenige, dass ein Unternehmen einen Auftrag mit einem Volumen von 80 Millionen Euro über den Bau einer Meerwasser-Entsalzungsanlage in Saudi-Arabien erhalten hat. Diese Nachricht taugt für den Wirtschaftsteil der F.A.Z. oder das Handelsblatt. In der Region ist möglicherweise viel interessanter, was über die Techniker, Ingenieure und Arbeiter zu berichten ist, die für zwei Jahre „auf Montage" ans Rote Meer geschickt werden. Denn hier leben Familien, Nachbarn und Freunde. Eine gute Chance, Firmennachrichten mit „human touch" zu ergänzen, Zeitungsmacher und -leser mögen das.

Dabei muss es nicht bei der Regionalzeitung am Standort des Unternehmens bleiben. Zahlreiche Beispiele kennzeichnen eine Tendenz, die Zusammenarbeit mit den Medien zu dezentralisieren:

Etliche Großunternehmen laden zeitlich gut abgestimmt an verschiedenen Orten zu Pressegesprächen und -konferenzen ein, überall dort, wo es Produktionsstätten, Niederlassungen oder Tochterfirmen gibt. Dort sind die Manager aus den Firmenzentralen gefragte Gesprächspartner für die örtlichen Zeitungen, weil sie wichtige Arbeitgeber in der Region sind. Sie sprechen aber nicht nur über die regionalen Belange, sondern informieren die regionalen Zeitungsleser über Aktivitäten der Konzerne in aller Welt – so wird ein Begriff wie „Globalisierung" nachvollziehbar und verliert seinen Schrecken.

Lokale *„Aufhänger"* schaffen also zusätzliche Informationschancen in Lesergruppen, die sonst nur schwer oder gar nicht erreichbar sind. Denn die meisten Bundesbürger beziehen ihre aktuellen Informationen nur aus ihrer regionalen Zeitung und den Nachrichtensendungen von Radio und Fernsehen.

Kaufzeitungen/Boulevardzeitungen – die Lauten

Die größte überregionale Tageszeitung unterscheidet sich von allen anderen: eine Kaufzeitung, ein „Boulevardblatt" mit völlig anderer Aufmachung. 33 Regionalausgaben haben zusammen eine durchschnittliche tägliche Reichweite von 11,5 Millionen Lesern – das sind 17,7 Prozent der erwachsenen Bundesbevölkerung:

Bild (Berlin – Zentralredaktion und Verlag)   3.233.196

Allerdings haben Auflage wie Reichweite im lezten Jahrzehnt deutlich gelitten: 1997 waren es noch mehr als 4,5 Millionen Exemplare, die rund 15 Millionen Leser fanden. Wenn auch die täglichen Aufmacher und die Themenauswahl ganz allgemein den eher fragwürdigen Anspruch dieser Zeitung unterstreichen – es ist täglich alles drin, von der Welt- bis zur Kommunalpolitik, von der Opernpremiere bis zum Hockeyturnier. Die knappen Informationen genügen vielen Mitbürgern fürs erste – weitgehend unabhängig von Bildungsstand, Einkommen oder gesellschaftlichem Status.

Boulevardzeitungen sind eine Erfindung der Medienmacher in den USA, dort heißen sie *„Tabloids".* In Deutschland begann ihr Aufstieg 1949 mit der *Hamburger Morgenpost,* 1952 folgte die *„Bild-Zeitung".* Enthüllungen über fragwürdige journalistische Praktiken haben den Erfolg des Blattes ebenso wenig verhindert wie die Proteste der Studenten von 1967/68 oder die Rügen durch den Deutschen Presserat: Seit Beginn der Statistik im Jahr 1986 ist „Bild" mit 110 Rügen mit großem Abstand die am häufigsten getadelte Zeitung. Die Redaktion nimmt das nach eigenem Eingeständnis nicht mehr ernst. Umgekehrt glauben die Menschen selten, was in „Bild" steht: In einer repräsentativen Studie[52] belegte das Blatt im Punkt Glaubwürdigkeit mit acht Prozent Zustimmung den letzten Platz. Dennoch sind das Boulevardblatt und sein Sonntagsableger zu Leitmedien geworden, weil sie eine so große Zahl von Menschen erreichen. Unter den meistzitierten Medien halten *„Bild"* und *„BamS"* nach dem *„Spiegel"* die Plätze zwei und drei.[53]

86

Der dauerhafte Erfolg dieses Blattes führte dazu, dass einige Regional-zeitungen ihr traditionelles Gewand ablegten und dem grellen Beispiel folgten, so die Berliner „*B.Z.*" und die „*Abendzeitung*" in München. 1963 wurde in Köln der „*Express*" nach dem Vorbild von Bild gegründet, fünf Jahre später begann die Erfolgsstory von „*tz*" in München.

Der *Vertriebsweg* erklärt die auffällig andere Gestalt dieses Zeitungstyps. Diese Blätter verkaufen sich durch die Neugierde, die sie mit ihren Schlagzeilen wecken. Die müssen ins Auge fallen, deshalb die riesigen Lettern. Die alte Wahrheit „Ein Bild sagt mehr als tausend Worte" ist ebenfalls geeignet, potentielle Käufer ohne Umwege anzusprechen. Und sie erreichen ihre Kunden unmittelbar auf der Gefühlsebene, ohne den kontrollierenden Verstand als Mittler. Das erklärt manche Geschmacklosigkeit. Was „seriöse" Tageszeitungen eher nebensächlich behandeln, wird für die Boulevardpresse schnell zum Aufmacher des Tages. Menschliches und allzu Menschliches spielen eine weit größere Rolle als nüchterne Tatsachenberichte. Berichten andere distanziert über die Katastrophe, breitet das Boulevardblatt breit und blutig das Leid der Opfer aus. Star-Anwälte, Skandalnudeln und Nackedeis bilden das Personal für die mit vielen Fotografien garnierten Kurztexte. Deren Sprache signalisiert atemloses Staunen und jagt den Leser durch die Fakten. In den Sportberichten liest sich das ähnlich wie eine live gesprochene Reportage aus dem Stadion.

Die wenigsten Leser kaufen sich *Bild* oder etwas vergleichbares, weil sie sich über die wichtigen Dinge informieren wollen. Tabloids liefern Gesprächsstoff, bieten viel Unterhaltung – als glaubwürdig gelten sie kaum. Das stürzt PR-Leute in ein Dilemma. Einerseits ist die Reichweite der Kaufzeitungen enorm (rund ein Fünftel der Deutschen greift regelmäßig zu einem der bunten Blätter), andererseits werden die Artikel von den Lesern nicht allzu ernst genommen. Die bunte Themenpalette bietet manche Ansatzpunkte. Aber wer nicht aufpasst, findet seine schöne PR-Neuigkeit aus dem seriösen Unternehmen zwischen lauter Skandalgeschichten. Gute persönliche Kontakte zur Redaktion sind darum in der Zusammenarbeit mit Kaufzeitungen noch wichtiger als irgendwo sonst. Dann sind auch exklusiv vereinbarte Interviews und ansehnliche Home-Stories möglich – garantiert im richtigen Textumfeld. Insgesamt erreichen die anderen Boulevardblätter nicht annähernd die beeindruckenden Zahlen von „Bild", zusammen bringen es acht Titel auf etwa eine Million verkaufte Exemplare. Beispiele:

B.Z., Berlin	191.574
Express, Köln, Düsseldorf, Bonn	210.998
Hamburger Morgenpost	115.167
tz, München	145.391

Sonntagszeitungen – die Seltenen

Mit Ausnahme Berlins, wo Zeitungen seit jeher auch sonntags erscheinen, sind Zeitungen am siebten Tag der Woche die Ausnahme. Wenn sich Verlagshäuser entschieden, ihre Leser an allen Tagen mit Neuigkeiten zu beliefern, gab es dafür gute Gründe:

• Die Leser-Blatt-Bindung wird stärker, wenn der Kunde auch sonntags nicht auf seine gewohnte Zeitungslektüre verzichten muss.

• Der zusätzliche Erscheinungstag macht höhere Anzeigenerlöse möglich.

Liberalisierte Ladenschlusszeiten und ein verändertes Kaufverhalten haben aber zu Überlegungen im Einzelhandel geführt, ihre Anzeigenwerbung nicht mehr auf das Wochenende zu konzentrieren. Mehrere Sonntagszeitungen gerieten dadurch in eine Schieflage – die *HNA Sonntagszeit*, ein Ableger der *Hessisch-Niedersächsischen Allgemeinen* in Kassel, erscheint aus Kostengründen nur noch als Wochenendbeilage mit der Samstagsausgabe.

Bundesweit verbreitet sind vier Sonntagszeitungen, die Planungen der *Süddeutschen Zeitung* für ein fünftes Produkt liegen auf Eis. Als überaus erfolgreich erwies sich die *Frankfurter Allgemeine Sonntagszeitung (F.A.S.)*. Ursprünglich nur in der Region Rhein-Main vertrieben, ist sie seit dem Herbst 2001 bundesweit erhältlich. Die verkaufte Auflage steigt kontinuierlich, die *F.A.S.* erreicht mittlerweile mehr Leser als das Mutterblatt: 2007 betrug ihre Reichweite durchschnittlich 1,06 Millionen, gegenüber 951.000 für die *F.A.Z.* Damit spricht das Sonntagsblatt rund 1,5 Prozent der erwachsenen Bevölkerung an. Besonders hoch ist der Anteil der Leser unter 40 Jahren.[54]

Alle überregionalen Sonntagszeitungen gelten als Leitmedien, ihre Themen werden oft von den Tageszeitungen an den folgenden Wochentagen aufgegriffen. Siebzehn weitere Blätter erscheinen regional. Gemeinsam ist diesen Zeitungen die Mischung aus aktuellem Nachrichtengeschehen und Hintergrundberichten, die ruhig und mit vielen Zeilen den Fakten auf den Grund gehen. Weite Teile der Sonntagsausgaben werden nicht tagesaktuell gefertigt, sondern unter der Woche vorproduziert. Ein gutes Forum für PR-Leute, die etwas komplexere Zusammenhänge darstellen möchten. Wichtig: die Sonntagszeitungen sind selbständige Objekte mit eigenen Redaktionen, auch wenn sie die technischen und logistischen Ressourcen ihrer „Mutterblätter" nutzen.

Bild am Sonntag, Hamburg, überregional	1.685.287
Welt am Sonntag, Hamburg, überregional	402.882
Frankfurter Allgemeine Sonntagszeitung, überregional	344.016
Sonntag Aktuell, Stuttgart, regional	652.203 [55]

Wochenzeitungen – die Problematischen

Wochenzeitungen haben einen anderen Anspruch als die Tagespresse. Hier geht es nicht um größtmögliche Aktualität und rasche Faktenvermittlung. Ausführliche Berichte und Kommentierungen sind das eigentliche Spielfeld. Die Wochenzeitungen dienen der vertieften Orientierungshilfe in einem immer größer werdenden Informationsangebot.

Dennoch haben die Wochenblätter wirtschaftliche Sorgen: Sie sind oft ausgeprägte „Meinungsblätter" und polarisieren die Leserschaft – zwischen dem katholisch-konservativen „Rheinischen Merkur" und dem undogmatisch linken „Freitag" liegen Welten. Das unhandliche Zeitungsformat und die billige Papierqualität machen die Wochenblätter für die Werbewirtschaft zudem weniger attraktiv als übliche Zeitschriften und Magazine – die Vierfarbanzeige sieht im Hochglanzmagazin besser aus. Auch die fakten- und kenntnisreichen Hintergrundberichte – ein gepflegtes Gütezeichen der Wochenzeitungen – finden viele Jüngere „zu anstrengend". Ein innovatives Geschäftsmodell verfolgt seit Februar 2009 *„Der Freitag"*: Neben der wöchentlichen Printausgabe steht ein tagesaktuell arbeitender Online-Auftritt, Leser können an der inhaltlichen Gestaltung beider Produkte über Weblogs und eine Community gleichberechtigt mitwirken. Seit Herausgeber Jakob Augstein und Chefredakteur Philipp Grassmann diesem Konzept folgen, ist die Auflage um rund ein Drittel gestiegen.

Bei den Lesern von überregionalen Wochenzeitungen finden sich im Prinzip die gleichen Nutzungsmotive wie bei den überregionalen Tageszeitungen, einige zählen aus diesem Grund zu den *Leitmedien*, dies gilt in hohem Maße für *Die Zeit, Deutsche Handwerkszeitung* und *VDI-Nachrichten*. Überregional verbreitet sind 15 Titel; eine Auswahl:

Überregional verbreitet sind:

Die Zeit, Hamburg	501.524
Deutsche Handwerkszeitung, Bad Wörishofen, 14-tägig	477.223
Deutsches Handwerksblatt, Düsseldorf, 14-tägig	292.634
VDI-Nachrichten, Düsseldorf	151.893
Bayernkurier, München, Parteiorgan der CSU	72.181
Rheinischer Merkur, Bonn	70.052
Der Freitag, Berlin	17.800
Jüdische Allgemeine Wochenzeitung, Berlin	6.623 [56]

Für PR-Leute ist es lohnend, einige Titel genauer zu betrachten: So sind die „*VDI-Nachrichten*" keineswegs ein Fachblatt, das nur um Technik und Reißbrett kreist, sondern vielmehr eine Zeitung, die Sachverhalte aus Politik, Wirtschaft und Kultur aus dem Blickwinkel von Führungskräften beschreibt. Rund die Hälfte der Firmenvorstände in der deutschen Industrie liest die „*VDI-Nachrichten*" regelmäßig, das Blatt ist ein Entscheider-Medium. Ähnliches gilt für die auflagenstarken Titel „*Handwerkszeitung*" und „*Handwerksblatt*". Hier wird das Rückgrat der deutschen Wirtschaft sichtbar: Wer immer es mit Handwerksmeistern und mittelständischen Unternehmern zu tun hat, findet in den beiden Blättern erstklassige Medien, um diese Zielgruppen anzusprechen.

Die verkaufte Auflage der *Jüdischen Allgemeinen Wochenzeitung* ist bescheiden, auch die verbreitete Auflage erscheint niedrig. Dennoch ist das Blatt als Sprachrohr des Zentralrats der Juden in Deutschland nicht ohne Einfluss und ein wichtiges Forum für Politik, Wissenschaft und Gesellschaft in Fragen von Geschichte und Ethik.

Und wer in Bayern lebt und wirtschaftet, erreicht über den „*Bayernkurier*" wichtige Honoratioren im Freistaat. Die seit Jahrzehnten regierende Partei im Land besetzt die Mehrheit der entscheidenden Posten und Positionen. Es wäre unklug, dieses Kontaktmedium zu missachten, weil es die in Bayern tonangebenden Schichten anspricht.

Zeitungen für nationale Minderheiten – die Exotischen

Ein eigenständiger Informationsmarkt hat sich für die rund zwölf Millionen Einwanderer in Deutschland entwickelt. Insgesamt erscheinen heute rund zwei Dutzend ausländische Zeitungen mit einer speziellen

Deutschlandausgabe, zehn davon sind in türkischer Sprache[57]. Außer *Cumhuriyet*, dem alten und angesehenen liberalen Intelligenzblatt, das in Deutschland nur ein Schattendasein führt, handelt es sich um Boulevardblätter. Entsprechend reißerisch ist der Ton, entsprechend undifferenziert die Berichterstattung, entsprechend grobschlächtig sind oft die Kommentare. Gut die Hälfte der Einwanderer liest keine deutschen Zeitungen, weil nach eigener Aussage die Sprachkenntnisse nicht ausreichen.[58] Viele türkische Familien hatten und haben erhebliche Integrationsprobleme. Die türkischen Zeitungen und Magazine sowie türkische TV-Kanäle sind oft die einzigen Informationsquellen. Dies gilt insbesondere für die Frauen und für die erste Generation der sogenannten „Gastarbeiter".

Aber auch die jüngeren, hier geborenen und aufgewachsenen Kinder und Enkel nutzen das Medienangebot in türkischer Sprache. Nicht wenige schätzen die türkischen Medien als Teil ihrer Identität und nutzen sie, um ihre Sprache zu pflegen. – Ähnliches gilt für Einwanderer anderer Herkunft. Besonders deutlich wird dies an den rund vier Millionen Aussiedlern aus den Staaten der ehemaligen Sowjetunion. Für sie gibt es ein wachsendes Angebot an Zeitungen in russischer Sprache und mit deutlich sentimentalen thematischen Rückbezügen zur verlassenen Heimat.

Wer diese Zielgruppen ansprechen will, erreicht sie gut über die fremdsprachigen Zeitungen. Allerdings nur in ihrer Sprache, und das gilt bereits beim Kontakt zu den Redaktionen: Nur wenige Mitarbeiter sprechen dort deutsch. Auch die Pressetexte müssen übersetzt werden, Interviews in deutscher Sprache sind die Ausnahme. Wer diese Schwierigkeiten auf sich nimmt, wird durch Medien zu den eingewanderten Mitbürgern sprechen, die in diesen Gruppen besonders glaubwürdig sind.

Hürriyet, Mörfelden-Walldorf, täglich (türkisch)	36.239 [59]
Zaman, Offenbach a.M., täglich (türkisch)	23.946
Milliyet, Neu-Isenburg, täglich (türkisch)	22.000
Sabah, Mörfelden-Walldorf, täglich (türkisch)	21.000
Russkaya Germanija, Berlin, wöchentlich (russisch)	55.000
Vesti, Bad Vilbel, täglich (serbisch)	62.000
Vecérnji List, Dreieich, Mo – Sa (kroatisch)	20.000
Samo Zycie, Ahlen, wöchentlich (polnisch)	20.000

Online-Zeitungen – ihnen gehört die Zukunft

Die Tageszeitungen gehen online: 635 deutsche Tageszeitungen sind auch virtuell auf dem Markt – scheinbar mehr als Printtitel. Die große Zahl erklärt sich aus dem Ehrgeiz mancher Blätter, auch lokale Ausgaben mit einem eigenen Online-Auftritt im Netz auszustatten. Optik und Machart signalisieren in der Regel auf den ersten Blick die Zugehörigkeit zur gedruckten Ausgabe; Schriftzug und Farbgestaltung sorgen für den Wiedererkennungswert. Die bunte und bilderreiche Gestaltung wird zunehmend durch Videoangebote ergänzt – die Breitband-Vernetzung macht's möglich. Die Inhalte entstammen den klassischen Ressorts Politik, Wirtschaft, Feuilleton, Sport sowie Vermischtes und – im Fall der regionalen Anbieter als Schwerpunkt – Neuigkeiten aus der näheren Umgebung. Selten ist die Auswahl so breit wie in der Printausgabe, manch ein Artikel geht aber deutlich in die Tiefe. Wer solche längeren Texte am Monitor ungern liest, findet meist auch einen Button, mit dem eine Druckversion abgerufen werden kann.

Die Online-Redaktionen der Zeitungen sind heute vielfach völlig in die allgemeine Redaktion integriert. Nicht selten haben sie die Funktion der Nachrichtenredakteure übernommen – d.h., sie sind zur ersten Adresse für Anbieter von Informationen geworden. Ihre notwendigerweise stark an der Aktualität orientierte Arbeit liefert den Kollegen in den Printressorts manchen Stoff – aber der umgekehrte Fall ist noch häufiger. Was auf dem Bildschirm erscheinen soll, ist meist die durch knappe Vorstellungstexte *(„teaser")* ergänzte Textversion, die auch in den gedruckten Zeitungen erscheint. Die wenigsten Online-Redaktionen liefern aber die gesamte Artikelfülle. Dazu braucht es nicht viel Personal. Reine Online-Redaktionen sind in der Regel klein besetzt, aber zunehmend treten *newsdesks* an die Stelle getrennter Redaktionen – die Redakteure arbeiten *crossmedia* sowohl für die Print- als auch für die Online-Version.

Nur wenige Online-Zeitungen bieten neben der tages- oder wochenaktuellen Berichterstattung auch exklusiv für das Internet geschriebene Hintergrundberichte an. Jedoch verstärkt sich hier der Trend zu Themenschwerpunkten und monothematischen Dossiers, die speziell für die Online-Ausgabe auf Grundlage bestehender Beiträge zusammengestellt werden. Standard ist die Verlinkung zu zahlreichen anderen Anbietern regionaler Informationen – vom Kulturamt der Stadt bis zum Wetterdienst. Weiterführende Links führen häufig zu Informationsangeboten des gleichen Medienunternehmens, in dem die Zeitung erscheint. Viele Online-Zeitungen haben kostenpflichtige sogenannte *Premiumdienste* im Angebot, wie Archivrecherchen in den Datenbeständen der gedruckten Ausgabe.

Insbesondere regionale Zeitungen und ihre lokalen Ableger haben mit ihren Online-Angeboten regionale Internet-Communities aufgebaut. Die Stärke dieser Anbieter liegt in ihrer Verwurzelung in der Region. Auch die Serviceangebote (Benutzerforen oder Weblogs, Kleinanzeigendatenbanken, Branchenverzeichnisse oder Umfragen) betonen den regionalen Charakter und die Kenntnis von Land und Leuten. Das Angebot gleicht einem virtuellen Marktplatz. Zusätzlich bieten die Regionalen vielfach ihren Lesern Internetzugänge zu besonders günstigen Preisen oder die Möglichkeit, kostenlos mit eigenen Homepages auf dem Zeitungsserver präsent zu sein. Nicht selten besetzt der regionale Anbieter in diesem Marktsegment als alleiniger Dienstleister eine strategische Schlüsselposition. Von einer universalen Berichterstattung kann bei vielen regionalen Online-Redaktionen nur noch eingeschränkt die Rede sein. Im Vordergrund steht der Service für die Region – deutlicher, als je eine Lokalzeitung dazu in der Lage war.

In den Ballungsgebieten, in denen es nicht ohne weiteres möglich ist, sich eine Monopolstellung als Online-Dienstleister zu erarbeiten, konzentrieren sich die regionalen Zeitungen wie die überregionalen Anbieter auf die aktuellen Themen des Tages, einige Hintergrundbeiträge sowie umfangreiche Serviceleistungen. Ihr Angebot ist stark nutzwertorientiert und an den Bedürfnissen einer urbanen Bevölkerung ausgerichtet (z.B. Wohnungs- und Gebrauchtwagenmarkt, Restaurantratgeber, Veranstaltungs- und Kulturtipps etc.).

Multimedia auf dem Vormarsch

Die *Boulevardpresse* zeigt in ihren Online-Versionen, dass diese Zeitungen die multimedialen Fähigkeiten des Internets auszureizen verstehen. Sie waren die ersten, die Tonkonserven in Podcasts oder bewegte Bilder von *Youtube* auf ihre Seiten stellten – mit dem gleichen Hang zur Sensationsmacherei wie in ihren Printversionen, mit Nackedeis und Promis, die allein durch ihr Vorbeihuschen an einer im Wege stehenden Kamera für ausreichenden Nachrichtenstoff in dieser Art Medien sorgen.

Die erste reine Online-Zeitung entstand 1996 in Norwegen. „Nettavisen", mit einer zwanzigköpfigen Redaktion und ohne eine Printausgabe, die es zu verteidigen galt, konnte frei experimentieren und fand schnell ein Erfolgsrezept für den norwegischen Markt. Der vormalige Geschäftsführer des norwegischen Online-Blattes, Knut Skeid, gründete im Frühjahr 2000 in Berlin die *Net-Zeitung,* nachdem „Nettavisen" in Norwegen nach drei Jahren den Break-even geschafft hatte. Mitte 2007 wurde sie Bestandteil der Mecom-Gruppe des Briten David Montgomery, aber schon 18 Monate später zwang die internationale Finanzkrise den Tycoon, die Net-Zeitung an das Kölner Verlagshaus DuMont-Schauberg zu verkaufen.

Die *Net-Zeitung* musste zum Jahresende 2009 schließen, die zuletzt zwölf Redakteure wurden in andere Projekte integriert. Auch gute Erfolge bei den Lesern zwischen 20 und 49 haben die Werbewirtschaft nicht zu verstärkten Aktivitäten überreden können.

Dass nicht jede Idee von dauerhaftem Erfolg gekrönt wird, zeigt das Beispiel *„zoomer.de".* Ein Jahr, nachdem die Verlagsgruppe Georg von Holtzbrinck das eigenwillig andere Nachrichtenportal geschaffen hatte, wurde es Ende Februar 2009 wieder eingestellt. Die Redaktion hatte ein jugendliches Publikum im Auge, das interaktiv die ausgewählten Nachrichten mit Stellungnahmen und eigenen Beiträgen begleitet. Diese Option machte aber etwa zur gleichen Zeit auch die Online-Versionen von *Tagesschau* und *heute* möglich. Der wirtschaftliche Erfolg blieb jedoch aus, die Besucherzahlen der Website sanken, Werbekunden sprangen ab – der Verleger zog die Konsequenzen.

Inzwischen machen rund 70 Prozent der Online-Redaktionen von bewegten Bildern Gebrauch[60], die zunehmend auch selbst produziert werden. Darin sehen manche Verlage sogar die Chance, die teueren Investitionen in die Zukunft zu refinanzieren. Von der Münchener Ippen-Gruppe *(Münchner Merkur, Abendzeitung)* wurde ebenso wie vom Axel Springer-Konzern bekannt, dass sie ihre TV-kompatiblen Dienste kommerziell anbieten wollen. In naher Zukunft könnten gegen Honorar produzierte Interviews oder Statements mit Politikern oder Konzernlenkern über die gleichen Online-Anbieter verbreitet werden, die dafür bezahlt wurden. Kritiker misstrauen zutiefst dieser unauflöslichen Durchmischung von PR- und journalistischen Interessen.

Als weltweit erstes Blatt richtete die Koblenzer „Rhein-Zeitung" 2001 ein *„E-Paper"* ein – die gedruckte Ausgabe erscheint als interaktives Angebot auf dem PC-Monitor. Obwohl sich bis Ende 2007 nur rund 5.000 Abonnenten für das neuartige Angebot interessierten, haben inzwischen viele Tageszeitungen, Publikums- und Fachzeitschriften solche *E-Papers* und *E-Mags* geschaffen. Mehrere Portale bieten die Lektüre zahlreicher, auch internationaler Zeitungen und Zeitschriften über eine einzige Internetadresse an, gegen Gebühr versteht sich, zum Beispiel *www.epaperstar.de* oder *www.satellitenewspaper.de.*

Eine Studie der Universität Trier bestätigt den Wunsch der Internetnutzer nach mehr Interaktivität[61]. Das bedeutet mehr technischen Aufwand und – wenn die Wünsche der Leser ernst genommen werden – auch höhere Personalkosten. Anfang August 2009 kündigte Rupert Murdoch an, noch im selben Geschäftsjahr auf allen Zeitungswebseiten seines weltumspannenden Konzerns „News Corp" Geld für Inhalte verlangen zu wollen. Wenig später klagte der Vorstandsvorsitzende der Axel Springer AG, Mathias Döpfner, über die „Kostenlos-Kultur" des Internets, und er dachte laut über die Zahlungsbereitschaft von Nutzern mobiler Endgeräte nach. Schnell sprang ihm Bodo Hombach, Geschäftsführer der WAZ-Mediengruppe, zur Seite und forderte, „dass die Verbände die Diskussion darüber, wie Qualitätsjournalismus auch im Online-Bereich refinanziert und damit erhalten werden kann, aufgreifen".[62]

Ob die Nutzer der Online-Angebote kostenpflichtigen Inhalt akzeptieren, ist ungewiss. Bislang ist dies nur sehr wenigen Medien gelungen, etwa dem *Wall Street Journal,* das seit 2007 zum Murdoch-Imperium gehört. Andere Blätter, wie zum Beispiel die *New York Times,* haben ihre Versuche mit *paid content* wieder eingestellt, weil zu wenige Menschen für Informationen zahlen wollten, die sie an anderer Stelle im Netz kostenlos erhalten können.

Die *Nutzung* der Online-Angebote wird wie die Auflagenhöhe von der IVW gemessen. Die Zahlen zeigen, dass die verbreitetsten Zeitungen auch die meisten Online-Leser haben – darum ist eine erneute Auflistung von Beispielzahlen verzichtbar.

Anzeigenblätter, Amtsblätter und Heimatzeitungen

Unverlangt und kostenlos

Beiden Publikationstypen ist gemeinsam, dass sie kostenlos an die Haushalte verteilt werden. Meist mittwochs oder am Wochenende erreichen sie ihre Leser – die zahlreicher sind, als viele annehmen: In etwa 80 Prozent der Haushalte finden die Blätter treue Leser[63], rund 65 Prozent lesen regelmäßig das redaktionelle Angebot, etwa 85 Prozent fühlen sich damit gut informiert. Insbesondere Hausfrauen, Alleinstehende, Geringverdiener und Senioren lesen diese unverlangt überreichten Druckwerke.

Das mag daran liegen, wie sich die Blätter finanzieren. Anzeigenblätter decken ihre Kosten vollständig durch die *Annoncen der Handels- und Gewerbebetriebe,* die auch den größten Anteil an den Druckseiten ausmachen. Die meisten Amtsblätter kommen ebenso auf ihre Kosten, einige werden aus öffentlichen Mitteln der Kommunen und Landkreise bezuschusst. Diese Blätter sind also erkennbar abhängig vom Wohlwollen der örtlichen Wirtschaft und Politik.

Die *1.414 Anzeigenblätter („Offertenpress")*[64] sind eher in den Ballungsräumen verbreitet, wo sie vielfach in unterschiedlichen Ausgaben in den verschiedenen Stadtteilen verteilt werden. Dahinter steht heute in 70 Prozent der Fälle ein örtlicher Zeitungsverlag, nachdem Mitte der achtziger Jahre die Konkurrenz der neuen Herausgeber als Gefahr für die Zeitungen erkannt wurde. Etwa die Hälfte der Anzeigenblätter verfügt jedoch über eine eigenständige Redaktion, rund 500 unterhalten auch eine Online-Variante. Die Gesamtauflage beträgt rund 91,9 Millionen Exemplare. Seit einem Jahrzehnt liegt die absolute Reichweite der kostenlosen Blätter deutlich über der von Tageszeitungen.

Die *2.600 Amtsblätter* in den kleineren Kommunen und Landkreisen haben zumeist den Charakter einer – oft kleinformatigen – Heimatzeitung. Sie entwickeln sich für die regionalen Tageszeitungen zunehmend zu einem Ärgernis, weil sie für ihre Leser von den kommerziellen Anzeigenblättern nicht zu unterscheiden sind, aber die Anzeigenerlöse der Zeitungsverlage mindern. Einige bundesweit akquirierende Großverlage haben sich auf die Auftragsproduktion der Amtsblätter konzentriert und verfügen über schlagkräftige und erfahrene Marketingabteilungen.

Die Dichte dieser Mediengruppe ist in den Randgebieten der Ballungszentren besonders groß. So werden zum Beispiel an die Haushalte der ca. 16.000 Einwohner des alten Rheinstädtchens Remagen südlich von Bonn gleich drei kostenlose Wochenzeitungen verteilt: die „Remagener Nachrichten" als Amtsblatt, die „Remagener Chronik" aus einem lokalen Verlag und der „Ahrtal-Wochenspiegel", ein Produkt des im nahen Köln sitzenden Zeitungshauses DuMont-Schauberg.

Der *redaktionelle Gehalt* von Anzeigen- und Amtsblättern ist sehr uneinheitlich. In einigen Fällen sind sie eine gerne akzeptierte, professionell gemachte Alternative zu den Lokalseiten der örtlichen Zeitungen geworden. Sie fassen heiße Eisen an, recherchieren hart und scheuen nicht ein offenes Wort – natürlich richtet sich das journalistische Engagement nicht gerade gegen die Anzeigenkunden. Vielfach aber beschränken sich die Redaktionen auf eher erbauliche Themen, Traditions- und Brauchtumsangelegenheiten, Lebenshilfetipps und Veranstaltungskalender.

Gerne gedruckt werden PR-Informationen – wenn sie der knapp besetzten Redaktion keine Arbeit machen. Darauf haben wiederum mehrere Dienstleistungsunternehmen reagiert, die ihren Service den PR-Leuten offerieren:

Das Unternehmen „Medienservive GmbH" des Verbandes der Lokalpresse e.V. in Berlin (www.lpsb-medienservice.de) oder der Frankfurter „Verlag von Graberg & Görg" (www.gg-pressedienst.de) werben für ihre „abdruckstarken Redaktionsdienste". In einer üblichen Drucktype und mit Fotografien zu mehrspaltigen Artikeln umbrochen, stellen sie PR-Texte bis zu 3.500 Lokalausgaben von Zeitungen, Anzeigen- und Amtsblättern kostenfrei zur Verfügung. Bezahlen muss der Auftraggeber, der später eine Dokumentation der Abdrucke erhält.

Die publizistische Bedeutung der Offertenpresse, Amts- und Heimatzeitungen ist nicht zu unterschätzen. 52 Prozent schauen sich die Werbeanzeigen dort lieber an als in anderen Medien und empfinden sie zu 82 Prozent als weniger störend[65]. Die Gesamtauflage der kostenlosen Blätter von etwa 115 Millionen Exemplaren in jeder Woche, die große Reichweite und die Bereitschaft der Redaktionen, PR-Material nahezu ungefiltert zu veröffentlichen, machen sie zu einem wichtigen Element der Medienarbeit.

Zeitschriften und Magazine

Farbe und Vielfalt

Den deutschen Zeitschriftenmarkt mit seinen schätzungsweise über 23.000 Titeln vollständig zu beschreiben, wäre eine klassische Sisyphosarbeit. Nicht nur der Umfang ist gigantisch, das Angebot verändert sich zudem ziemlich rasch. Um eine ungefähre Vorstellung zu bekommen, worum es sich bei den verschiedenen Fachgruppen handelt, müssen Beispiele genügen. Wer erfolgreiche Pressearbeit machen will, kommt nicht darum herum, die für seinen Arbeitsbereich wichtigen Zeitschriften genauer kennenzulernen. Über das Kommen und Gehen neuer Titel informiert die Fachpresse für Journalisten und PR-Leute. Publikumszeitschriften, Magazine und viele Special-Interest-Produkte (auch Zielgruppenzeitschriften genannt) sind im gut sortierten Zeitschriftenhandel, z.b. im Bahnhofsbuchhandel der Großstädte, leicht zu entdecken. Von neuen Fachzeitschriften hingegen muss man durch andere Medien informiert werden, denn nur wenige sind im freien Verkauf.

Verbands- und Kammerzeitschriften

Jeder Verein oder Verband in Deutschland verfügt zumindest über ein Mitteilungsblatt, häufig sind es anspruchsvolle und professionell gemachte Journale. Mit der Größe des Verbandes und seiner Gliederungen steigt die Zahl der Publikationen, die er herausgibt, und deren Auflage. Die mitgliederstärksten Zusammenschlüsse – Kirchen, Gewerkschaften und Parteien – verfügen über eine eindrucksvolle Medienvielfalt, die Millionenauflagen erreicht. Und der mitgliederstärkste deutsche Verein gibt mit der Monatsschrift „ADAC Motorwelt" sogar den auflagenstärksten Titel Europas heraus (13.574.243 verbreitete Exemplare)!

Diese Presse erscheint mit einer doppelten Funktion[66]:

- Zum einen tritt der Verband damit in die Öffentlichkeit, nimmt zu Sachthemen Stellung und bezieht Position. Ziel ist es, an der *öffentlichen Diskussion* teilzuhaben und Entscheidungen mitzubestimmen, nicht zuletzt durch publizistischen Druck auf den Gesetzgeber.

- Zum anderen richten sich die Verbandspublikationen an die eigenen Mitglieder. Sie sind ein *Führungsorgan* der Verbandsspitze, das über den Weg der Information und Kommentierung Mehrheitsmeinungen herstellt und so dem Verband eine gemeinsame Richtung gibt.

Die *meinungsbildende Wirkung* der Verbandspresse wird unterschiedlich bewertet. Während eine Großorganisation wie der ADAC allein durch die Zahl seiner Mitglieder große öffentliche Aufmerksamkeit genießt und Stellungnahmen der Verbandsspitze über vielerlei Medien verbreitet werden, ist die Stimme eines kleinen Interessenverbandes schnell zu überhören – wenn er für ihn wichtige Teilöffentlichkeiten nicht über ein eigenes Publikationsorgan gezielt ansprechen kann:

„tema – das technikermagazin" des Bundesverbandes höherer Berufe der Technik, Wirtschaft und Gestaltung e.V. (BVT) in Königswinter geht vielen Bundes- und Landtagsabgeordneten zu. Die Zeitschrift bekommt – neben den Mitgliedern natürlich –, wer in einem der Parlamentsausschüsse an Entscheidungen beteiligt sein könnte, die Auswirkungen auf Ausbildung, Berufsausübung, Honorierung etc. der Berufsgruppe Techniker hätten. BVT-Geschäfts-führer Harald Schulte urteilt über diesen Teil seiner Lobby-Arbeit: „Sehr erfolgreich!"

In der *internen Wirkung* liegt die größere Bedeutung der Verbandspresse. Neben der integrativen Funktion ist die Abstimmung der Vereinsmitglieder untereinander wichtig. Die Blätter binden die Mitglieder an gemeinsame Ziele, sind ein wichtiges Forum für die interne Diskussion und liefern Argumentationshilfe nach außen. Sie sind als notwendiges Bindemittel zwischen Einzelmitglied und Verbandsführung in der Regel kostenlos für Vereinsmitglieder.

Die *Religionsgemeinschaften* unterhalten eine große Zahl von Publikationen, die zum Teil bundesweit, überwiegend aber in den Grenzen der Bistümer bzw. der Landeskirchen verbreitet werden. Die Katholische Kirche unterhält mit dem Augsburger *Weltbild Verlag* ein eigenes Medienhaus, in dem 21 Zeitschriften (z.B. die Eltern-Magazine *Leben & Erziehen* sowie *Schule & Familie*, Kinder- und Jugendtitel wie *Stafette* oder *Tierfreund*, die Frauen- und Seniorenzeitschriften *Frau im Leben* und *Lenz* sowie den Zielgruppentitel *Geschichte*) mit einer Gesamtauflage von fast 900.000 Exemplaren erscheinen. Die Weltbild-Gruppe umfasst darüber hinaus ein Netz von 330 Buchhandlungen, davon 16 moderne Antiquariate unter dem Namen *„Joker's"*. Durch Beteiligungen gehören auch die 50 *Wohlthat'schen* Buchhandlungen und die 19 Häuser von *Hugendubel* zu dem katholischen Imperium. Gemeinsam mit der Verlagsgruppe Georg von Holtzbrinck trägt der Weltbild Verlag auch einen der führenden deutschen Buchverlage, *Droemer Knaur.*

Die *politischen Parteien* spielen als Herausgeber von Zeitschriften eine geringe Rolle, verglichen mit der Zeit vor dem Zweiten Weltkrieg. 1932 war annähernd ein Drittel der Tageszeitungen ganz oder teilweise im Besitz von Parteien, ganz zu schweigen von Zeitschriften und Postillen jeglichen Niveaus. Die im Bundestag vertretenen Parteien geben heute etwa 300 Zeitschriften für ihre Mitglieder und Anhänger heraus, die meisten davon nur regional. Nicht damit zu verwechseln sind die aufwendigen Wochenzeitungen und Magazine, die in Zeiten bedeutender Wahlkämpfe für kurze Zeit an die Haushalte verteilt werden: das sind kostspielige Werbeprospekte.

Eine besondere Rolle spielen die Zeitschriften der *Zwangskorporationen.* Die Industrie- und Handelskammern, ebenso wie die Kammern der Ärzte, Rechtsanwälte, Notare, Architekten, Handwerksmeister und Landwirte, wachen über Ausbildungsstandards und nehmen vor allem berufsständische Aufgaben wahr. Die Kammerzeitschriften informieren über berufliche Weiterbildung, beleuchten rechtliche Rahmenbedingungen des Berufs und machen Vergleiche mit anderen Arbeitsweisen möglich. Die Zeitschriften der Industrie- und Handelskammern veröffentlichen darüber hinaus zahllose regionale Unternehmensnachrichten, die nicht bis in die kommerziellen Medien vordringen.

Ähnlich den Fachzeitschriften erreichen die Produkte der Verbands- und Kammerpresse *exakt definierte Teilöffentlichkeiten* Sie erreichen eine *relative Reichweite* von 100 Prozent, da in der Regel jedes Mitglied ein Exemplar erhält. Der Sachverhalt, dass in Deutschland das Vereins- und Verbandswesen besonders ausgeprägt ist, bietet cleveren PR-Leuten große Chancen, hervorragende Multiplikatoren für ihre Informationen zu finden.

Fachzeitschriften und wissenschaftliche Zeitschriften

Beide Gattungen entstanden aus den enzyklopädisch angelegten *gelehrten Journalen* des 18. Jahrhunderts. Gemeinsam ist ihnen geblieben, dass sie meist sehr umfassend und detailliert ein eng begrenztes Themengebiet behandeln. Als entscheidendes Zielgruppenmerkmal für Fachzeitschriften hat sich die Berufszugehörigkeit der Bezieher bei rund 80 Prozent aller Titel erwiesen. 2008 erschienen in Deutschland 3.907 Titel mit 525 Millionen Druckexemplaren. Rund 90 Prozent der in der Pressestatistik erfassten Zeitschriftentitel werden überregional verbreitet. Fast die Hälfte der tatsächlich verbreiteten Auflage von Fachzeitschriften wird unentgeltlich abgegeben[67]. Dabei ergibt sich die Aktualität und Bedeutung der Information aus der fachlichen Ausrichtung. Die häufigste Darstellungsform ist der Fachaufsatz, daneben treten Berichte und kurze Meldungen.

Wissenschaftliche Zeitschriften sind darüber hinaus das Forum für Erstveröffentlichungen wissenschaftlicher Studien, und sie sind zitierfähig.

Diese Eigenschaft ist in der internationalen „Science community" bedeutsam, weil ein Forscher seine Reputation durch Veröffentlichungen in den „richtigen" Zeitschriften steigern kann. Nicht wenige hoch angesehene Blätter sind für Laien völlig unverständlich – nicht nur deshalb, weil etliche wissenschaftliche Publikationen in englischer Sprache produziert werden.

Herausgeber vieler Fachpublikationen ist ein Fachverband, eine wissenschaftlichen Gesellschaft o.ä. Die Zusammensetzung eines solchen Gremiums ist für die Bedeutung des Blattes wichtiger als Auflagenziffern oder „guter Journalismus". Entgegen dem journalistischen Bemühen um leichte Verständlichkeit achten viele Fachpublikationen vor allem auf die Regeln, die für die Fachöffentlichkeit gelten. Viele Fachartikel und Aufsätze ähneln eher einem Protokoll oder einer umfangreichen Notiz fürs Archiv als einer journalistisch aufbereiteten Information. In der Fachpublizistik halten sich hartnäckige Widerstände gegen eine von vielen Experten gefürchtete „*populäre*" Aufbereitung von Themen aus ihrem Fachgebiet.

Dementsprechend sind bei den Fach- und Science-Publikationen die Redakteure nur ausnahmsweise Journalisten, überwiegend findet man Fachleute und Wissenschaftler. Und viele freiberuflich arbeitende Wissenschaftsjournalisten missachten bewusst die Regeln, die für Zeitungen und Publikumspresse gelten, wenn sie mit den Fachjournalen zusammenarbeiten. Diese Besonderheiten finden sich in gradueller Abstufung im gesamten, großen Segment „*Fach- und Wissenschaftspresse*". Für PR-Leute besitzen Fachzeitschriften den unschätzbaren Vorteil, klar definierte Nutzer und damit eine eindeutige Kernzielgruppe anzusprechen.

Die Redaktionen der meisten Fachzeitschriften sind sparsam besetzt – durchschnittlich sind es nicht einmal zwei Redakteure pro Titel. Manche Blätter erscheinen wöchentlich mit 100 redaktionellen Seiten – ebenso vielen wie der „stern", der jedoch annähernd 200 Redaktionsmitglieder beschäftigt. Neben Kleinstverlagen mit einem renommierten Fachblatt und einigen Büchern im Sortiment gibt es spezialisierte Großverlage, die 100 Titel und mehr herausbringen. Dazu gehören der *Europa-Fachpresse-Verlag* in Frankfurt oder der *Mercator-Verlag* in Duisburg. Bei *SSBM – Springer Science + Business Media* – in Heidelberg und 20 weiteren Standorten weltweit, einem Unternehmen der Bertelsmanngruppe, erscheinen sogar etwa 2.000 Fachtitel aus den Bereichen Medizin, Technik und Wissenschaft.

Die Fachpresse hat für die Medienarbeit oft entscheidende Bedeutung. Viele Branchen der Wirtschaft haben kaum eine andere Öffentlichkeit – das gilt für Hersteller von Investitionsgütern wie für Pharma-Unternehmen. Darüber hinaus beeinflussen die Fachmedien indirekt ganze Marktbereiche.

Viele neu entwickelte Produkte suchen nicht nur Käufer – sie müssen zunächst für den Handel attraktiv sein, damit er sie ins Sortiment nimmt. Die Branchen Food & Beverage, Bekleidung und Textil, Bauen und Wohnen zum Beispiel, belegen große Segmente des Fachzeitschriftenmarktes. Wer als Handelsunternehmer darüber zu entscheiden hat, welche Waren er für seine Kunden bevorratet, wird durch „seine" Fachpresse mit den objektiven Marktdaten versorgt.

Die größte geschlossene Gruppe innerhalb der Fachpublizistik bilden die etwa *1.300 Zeitschriften für Ärzte* – von der täglich erscheinenden *„Ärzte-Zeitung"* (Auflage 63.434 Exemplare) über das Wochenmagazin *„Deutsches Ärzteblatt"* mit über 390.760 verkauften Heften bis zur *„Zeitschrift für Lärmbekämpfung"*, die alle zwei Monate mit einer Auflage von nur 1.607 Exemplaren erscheint. Wer zum Beispiel die in Deutschland tätigen Orthopäden ansprechen will, kann dies über 56 Fachzeitschriften tun.

Eine Besonderheit des Zeitschriftenmarktes, die wir auch bei den Special-Interest-Produkten finden, ist die *Kennziffer-Zeitschrift.* Ursprünglich aus Fachzeitschriften hervorgegangen und in Deutschland seit den sechziger Jahren zunehmend verbreitet, haben sie sich inzwischen zu einem klassischen Instrument der Produkt-PR entwickelt.

Artikel und Anzeigen erhalten Kennziffern. Daneben stehen Internet- oder E-Mail-Adressen, damit der Leser über die Redaktion oder direkt bei der Quelle der Information – zum Beispiel dem Hersteller eines Produkts – weiterführende Informationen anfordern kann. Die Anfragehäufigkeit ist messbar und damit ein deutliches Signal für das Leserinteresse an einer spezifischen Information – für PR-Leute ein Quell reiner Freude.

Alle Berufe oder Gewerbezweige haben eigene Fachjournale hervorgebracht. Das gleiche gilt für das kulturelle Leben in allen seinen Ausdrucksformen wie auch für Weltanschauungen. Unter den zahllosen Titeln findet sich fast alles: von *Abrechnungswesen* bis *Zweiradmechaniker,* von *Ahnenforschung* bis *Zuckerrübenanbau,* von *Altphilologie* bis *Zukunftsforschung*[68]. Wer mit diesen Medien erfolgreich zusammenarbeiten will, muss die für ihn interessante Zeitschriftengruppe unter die Lupe nehmen. Dabei ist eine Gliederung des Fachtitel-Angebots hilfreich. Ein Beispiel:

- Wissenschaftliche Fachzeitschriften
  - Humanmedizin
    - Medizin allgemein
    - Innere Medizin
    - Chirurgie
    - Augenheilkunde
    - etc.
- Technik und Motor
  - Fahrzeugtechnik
    - PKW
    - Last- und Transportfahrzeuge
    - etc.

Ähnlich sollten auch die folgenden Sparten sinnvoll unterteilt werden:

- Handwerk, Industrie und Gewerbe
- Handel und Verkehr
- Wirtschaft und Soziales
- Land- und Forstwirtschaft
- Haus- und Wohnungswesen
- Bildung und Erziehung
- Kunst, Kultur und Bühnen
- Politik und Verwaltung
- Sport, Freizeit und Unterhaltung
- Sonstiges

Special-Interest-Zeitschriften

Den Fachzeitschriften verwandt ist eine noch wachsende Gruppe von Blättern, die sich auf ein Thema konzentrieren. Synonym ist der Begriff *„Zielgruppenpublikationen"* gebräuchlich, und er ist passend: Diese Zeitschriften kennzeichnet ein gemeinsames Interesse, das Leser ganz unterschiedlicher Herkunft verbindet und so zu einer geschlossenen Zielgruppe werden lässt. Anders als die meisten Fachpublikationen, die ihre Zielgruppen in einer Berufssparte oder Branche finden, mag das spezielle Interesse in *Hobbys, Freizeitgewohnheiten, spielerischen Impulsen* oder wie auch immer angelegt sein. Es kann durchaus Tiefgang haben und ernsthaft wissenschaftlich sein. Entscheidend ist das Ziel, engagierten Laien einen klaren Nutzen zu vermitteln: durch kluge Tipps,

Erfahrungsaustausch, Produktbewertungen, Ratschläge und Warnungen.

Die Zielgruppenzeitschriften unterscheiden sich von den meisten Fachzeitschriften vor allem durch ihren deutlichen Magazin-Charakter[69]. Verschiedene journalistische Darstellungsformen – von der Meldung bis zur Bildreportage – wechseln sich ab. Das Kernthema wird bis in seine Grenzbereiche bemüht, um Stoff für interessante Neuigkeiten zu liefern. Auch die Optik vieler Zeitschriften lässt die bunte Mischung gut erkennen. Blattaufbau, Themenaufbereitung und Layout sind exakt auf die Erwartungen der Zielgruppe gerichtet. Zusammengefasst heißt das: marktorientiert, zielgruppenkonform und journalistisch.

„Chip" aus dem Vogel Verlag (Burda-Gruppe) war seit 1978 fast zwanzig Jahre lang die führende Zeitschrift für alle, die von ihrem Computer mehr verlangen. Dann brachte der Axel-Springer-Verlag 1996 „Computer Bild" heraus. Das Verlagshaus der „Bild-Zeitung" legte die Elle deutlich tiefer an, weil heute nahezu an jedem Schreibtisch ein Computer steht und auch in jedem zweiten Kinderzimmer. „Computer Bild" erreicht heute bei 14-tägigen Erscheinen eine dreimal so hohe Reichweite (3,95 Millionen Leser bei einer Auflage von 618.103) wie das Monatsmagazin „Chip" (1,42 Millionen Leser, Auflage 378.745).

Für PR-Leute liegt der Reiz dieser Zeitschriftengruppe in den deutlich erkennbaren Zielgruppen, die sich aus der abgegrenzten Thematik ergeben. Entscheidend ist das „Konzept Lebenshilfe", das diesen Medientyp zum Forum für Herstellernachrichten und Produktinformationen macht. Die hohe relative Reichweite macht viele der Spezialmagazine zum bevorzugten Forum für die Medienarbeit. Wo könnte ein Hersteller von Wintergärten sinnvoller seine Informationen platzieren als in einem Blatt wie *„Altbau-Sanierung"*?

Es gibt zwar thematisch breit angelegte Sport- oder Autozeitschriften, die große Mehrheit der Titel ist deutlich spezieller ausgerichtet, wie *„Motorrad"* oder *„Angelwoche"*. Einige Beispiele mit Auflagenziffern[70]:

Auto Bild	619.978
Sport Bild	493.384
Blinker (Angler)	76.147
Tour das Radmagazin	84.156
Art (Kunstfreunde)	57.649
Yacht (Hobbykapitäne und Segler)	49.679

Publikumszeitschriften und Supplements

Die Titel dieser Mediengruppe haben die enorme Reichweite von rund 250 Millionen Menschen, das heißt, statistisch erreichen mehrere dieser Zeitschriften jeden erwachsenen Menschen in Deutschland. Die Auflage von etwa 110 Millionen Druckexemplaren pro Woche erreicht zahllose Warteräume bei Ärzten oder Friseuren; Fluggesellschaften bieten sie ihren Passagieren an; Lesezirkel nehmen sie in ihre Mappen auf. Publikumszeitschriften und Supplements befriedigen voraussetzungslos das Informationsbedürfnis, die Neugier und die Unterhaltungswünsche eines Massenpublikums.

Die thematische Vielfalt kennzeichnet diese Blätter darum ebenso wie die Breite der Stilmittel. Von der Meldung über den Korrespondentenbericht bis zur Hintergrundreportage, von der Bildkolportage über die Foto-Story bis zum Schmuckfoto mit Nachrichtentext – die gesamte Fülle der Möglichkeiten bildet den Mix zum Erfolg. Oberstes Ziel ist, die große und heterogene Käufermasse – von Zielgruppe ist kaum noch zu sprechen – zu interessieren. Mehrere Zeitschriftentypen haben sich in den letzten fünfzig Jahren als tauglich für einen Massenverkauf herausgestellt:

Nachrichtenmagazine

Bis 1993 gab es eigentlich nur eines – den *„Spiegel"* aus Hamburg. Seither erscheint am gleichen Montag *„Focus"* aus dem Burda-Verlag in München und macht der Gründung Rudolf Augsteins aus dem Jahr 1947 Konkurrenz. Mit Auflage und Anziehungskraft auf die Werbewirtschaft ist „Focus" bemerkenswert erfolgreich (656.776 Auflage, Reichweite 5,35 Millionen. Der Spiegel wird mit 1.029.558 Millionen Exemplaren verkauft, Reichweite 6,11 Millionen). Inzwischen gelten beide Magazine gleichermaßen als führende Leitmedien, die besonders häufig von anderen Medien zitiert werden. Der „Spiegel" gilt als recht unzugänglich für PR-Aussendungen, „Focus" ist freundlicher zu den Pressestellen. Alle Versuche, weitere Nachrichtenmagazine auf den Markt zu bringen, sind erfolglos geblieben.

Wirtschaftsmagazine

haben in den letzten Jahren einen regelrechten Boom erlebt. Das neu geweckte Interesse der Deutschen am Börsengeschehen und Schlagworte wie „Neuer Markt" und „E-Commerce" haben den Verlagen Mut gemacht, neue Titel zu entwickeln. Allein zwischen Oktober 1999 und

März 2000 kamen eine spezialisierte Tageszeitung (*„Financial Times Deutschland"*) und acht neue Magazine heraus, von *„Net Business"* über *„Telebörse"* bis *„Brand eins"*, das bis heute dem Anspruch gerecht wird, ein um Nachhaltigkeit bemühtes Magazin zu sein. Dann allerdings kam der tiefe Fall: Der Zusammenbruch der „New Economy" und die darauf folgenden Extremschwankungen an den Börsen beeinträchtigten das Vertrauen in die klugen Ratgeberschriften. Viele der neuen Titel erlebten eine rasante Talfahrt, aber betroffen vom Auflagenrückgang war die gesamte Wirtschaftspresse. Die seit dem Herbst 2008 eskalierende internationale Finanz- und Wirtschaftskrise hat das Bedürfnis nach Informationen wieder angefacht.

Wöchentlich oder monatlich ergänzen die Magazine die Wirtschaftsberichte der Tagespresse mit ausführlichen Analysen und Bewertungen. Einige haben es geschafft, wirtschaftlichen Laien die komplizierte Materie in einer publikumstauglichen Sprache und Aufbereitung zu erklären. Andere machen schon durch die Titelwahl deutlich, wo sie ihre Zielgruppe suchen:

Capital (Gruner + Jahr, Hamburg)	193.385
Focus Money (Hubert Burda, München)	144.558
Euro (Axel Springer Finanzen-Verlag, München)	153.650
Geldidee (Heinrich-Bauer-Verlag, Hamburg)	133.145
Wirtschaftswoche (Holtzbrinck, Düsseldorf)	182.439
Impulse (Gruner + Jahr, Hamburg/Köln)	108.327
Manager Magazin (Spiegel-Verlag, Hamburg)	123.810
Brand eins (brand eins Medien GmbH, Hamburg)	95.165

Wissensmagazine

nähern sich den Special-Interest-Zeitschriften durch die Konzentration auf einen thematischen Komplex, doch ist dieser breiter angelegt und nur abstrakt fassbar. Der Schwerpunktnutzen dieses Zeitschriftentyps für die Leser liegt deutlich auf Information und Unterhaltung, weniger in der Vermittlung von Tipps und praktischer Hilfe. Für die Medienarbeit von Produktherstellern oder Verbänden sind die „Pops" deutlich schwerer ansprechbar als die Special-Interest-Presse: Viele Redaktionen sehen sich in der Rolle des seriösen Gatekeepers, der zwischen Öffentlichkeit und Wissenschaft vermittelt, und beurteilen die Angebote der Pressestellen mit Skepsis:

Geo (Gruner + Jahr, Hamburg)	360.602
National Geographic (Gruner + Jahr, Hamburg)	191.050
P.M. (Gruner + Jahr, Hamburg)	337.978
bild der wissenschaft (Holtzbrinck, Stuttgart)	103.891
Spektrum der Wissenschaft (G.v.Holtzbrinck, Heidelberg)	87.811

Illustrierte

Die erfolgreichste Illustrierte der Nachkriegszeit war der „stern" – bis sich die Verlagsspitze trotz der berechtigten Skepsis der Redaktion auf die gefälschten Hitler-Tagebücher einließ. Das war 1983. Heute steht das in seinen besten Zeiten zum politischen Magazin gewachsene Wochenblatt, das dem „Spiegel" Konkurrenz machte, wieder im Ruf einer gut gemachten Illustrierten. Kennzeichnend für diese Medien ist der hohe Bildanteil mit eigenem Neuigkeitswert und die bunte Mischung von Themen jeglicher Art.

Ein spezifisch auf Klatsch und Tratsch über Prominenz, Stars und Sternchen ausgerichteter Magazintyp („People Mag") hat in Deutschland offenkundig keine Chance. Böse Zungen sagen, es fehle hierzulande an den schillernden Persönlichkeiten, über die zu schreiben es lohnt. Die Titel *Park Avenue* (Gruner + Jahr) und *Vanity Fair* (Condé Nast), in den USA, Großbritannien oder Italien überaus erfolgreich, konnten sich nach kurzen Anfangserfolgen nicht etablieren und wurden Anfang des Jahres 2009 wieder aufgegeben. Übrig blieb allein *Gala*, um kurze Histörchen zweifelhaften Inhalts zwischen großzügigen Fotostrecken zu platzieren.

stern (Gruner + Jahr, Hamburg)	964.345
Bunte (Hubert Burda Media, München)	659.299
Super Illu (Hubert Burda Media, Berlin)	437.028
Gala (Gruner + Jahr, Hamburg)	347.664
Revue (Bauer Media, Hamburg)	203.542

Lifestylejournale

setzen auf erstklassige Fotos und einfallsreiche Texte. Das inzwischen vielfach variierte Konzept ist nur scheinbar elitär. Die hohen Kosten tragen häufig international kooperierende Verlage, die Fotografen, Designer und Autoren aus einer Tasche bezahlen. Die meist monothematischen Lifestyle-

Zeitschriften befassen sich mit Genuss, Wohnkultur, Reisen oder Körperkult. Es sind dynamische Produkte, die rasch hohe Auflagen erreichen, aber auch bald in Gefahr sind, wieder abzustürzen. In den neunziger Jahren war das Trendmagazin *Max* erfrischend neu und anders; Anfang 2008 erschien die letzte Ausgabe. Momentan ist *Landlust – die schönsten Seiten des Landlebens,* seit 2004 auf dem Markt, der mit viel Neid bestaunte Auflagenrenner.

Sie sind erstklassige *Werbeträger* für eine große Zahl von Produkten und Dienstleistungen. Nicht selten ist das Zusammenspiel von redaktionellen Inhalten und Anzeigenseiten gut erkennbar. Dementsprechend zugänglich sind die meisten Redaktionen für PR-Material, wenn die Qualität von Texten und Fotos stimmt:

Landlust (Landwirtschaftsverlag, Münster)	464.297
Fit For Fun (Hubert Burda Media, Hamburg)	221.579
Schöner Wohnen (Gruner + Jahr, Hamburg)	223.405
Elle Decoration (Hubert Burda Media, München)	107.360
Geo Saison (Gruner + Jahr, Hamburg)	111.517
Event (KPS, Bremen)	192.692
Essen & Trinken (Gruner + Jahr, Hamburg)	165.109

Frauenzeitschriften

sind gar nicht einfach zu definieren. Sehr unterschiedliche Medien werden unter dem Begriff zusammengefasst, weil vor allem Frauen sie kaufen. Gemeint sind hier Publikationen, die sowohl nach traditionellem Verständnis wie auch für die Frauen von heute Themen finden, die nicht geschlechtstypisch sein müssen, aber die Rollenverteilung in unserer Gesellschaft widerspiegeln. Der Markt ist hart umkämpft, zuletzt verschwanden *Amica* und *Allegra* aus dem Handel. Dabei dominierte zeitweise ein Trend zu kleinformatigen Produkten („travel size"), die in jede Damentasche passen. Über 100 Titel ringen um die Kundinnen, die Auflagen sind beachtlich. Mode und Körperpflege, die Bewältigung von Beruf und Haushalt, Kindererziehung, Ernährung und Gesundheit bilden die thematischen Schwerpunkte, aber auch Themen wie Ausbildung, Karrierechancen und Emanzipation erweitern das Themenspektrum. Anleitungen zum Selberschneidern mit Schnittmusterbögen und Strickvorlagen verschwinden langsam vom Markt, weibliche Erotik und Ratschläge für die

Männerpirsch nehmen deutlich zu. Erklärtermaßen feministische Zeitschriftenprojekte wie *Emma* haben sich nur einen kleinen Randmarkt erobern können:

Bild der Frau (Axel Springer, Hamburg)	977.903
Brigitte (Gruner + Jahr, Hamburg)	719.025
Frau und Mutter (Kath. Frauengemeinschaft e.V., Düsseldorf)	587.312
Tina (Bauer Media, Hamburg)	518.593
InStyle (Hubert Burda Media, München)	481.694
Für Sie (Jahreszeiten-Verlag, Hamburg)	443.617
Cosmopolitan (Marquard Media Group, Zug/München)	364.156
Burda Style (Aenne Burda, Offenburg)	142.771
Emma (Frauenverlag, Köln)	ca. 43.000

Regenbogenblätter/Yellow Press

werden häufig den Frauenzeitschriften zugeschlagen. Zwar stellen Frauen jenseits des 60. Lebensjahres mit einfacher Bildung die größte Käufergruppe. Dadurch sind diese Medien in gewissem Sinne auch „*Seniorenzeitschriften*". Kennzeichnender sind aber die Themen dieser Blattgruppe: Der internationale Blut- und Geldadel bevölkert mit seinen Hochzeitsfesten und Home-Stories die Seiten dieser Blätter. Schöne Landschaften mit schönen Menschen, herzwärmende Geschichten rund um Tiere und Kinder, viele Ratgeberseiten mit Tipps für die Gesundheit und den Schutz gegen Wohnungseinbrecher, Anzeigen für Venensalben und Treppenlifte – das ist, nur wenig überspitzt, der Rahmen, in dem sich diese Presseerzeugnisse bewegen – mit gewaltigen Verkaufsziffern. Die deutsche Bezeichnung „*Regenbogenblätter*" bezieht sich auf den Umstand, dass sie traditionell vollfarbig hergestellt werden. Im englischen Mutterland dieser Massenmedien bezieht sich „Yellow Press" auf das schnell gilbende, billige Papier.

Die Regenbogenpresse ist ein von der Werbewirtschaft und den PR-Leuten stark umworbener Markt. Insbesondere die *Pharma-Hersteller* von frei verkäuflichen Medikamenten und andern Mitteln für Gesundheit und Wohlbefinden finden hier ihre Zielgruppe. Das gleiche gilt für Kurorte und Reisegebiete sowie bestimmte Segmente der Ernährungs- wie der Textilwirtschaft:

Freizeit Revue (Hubert Burda Media, München) 995.962
Neue Post (Heinrich Bauer Media, Hamburg) 763.736
Das Neue Blatt (Heinrich Bauer Media, Hamburg) 536.080
Freizeitwoche (Heinrich Bauer Media, Hamburg) 505.476

Männerzeitschriften

bilden demgegenüber eine relativ kleine Gruppe – wenn man die unübersehbare Zahl von Titeln nicht rechnet, die sich mit Autos, Technik, Sport, Abenteuer und anderen Dingen beschäftigen, die der traditionellen Männerrolle entsprechen. Der Markt ist schwierig, neue Titel gibt es seit etlichen Jahren nicht. Auch die Männer sollten durch kleinformatige „Pocket"-Ausgaben überzeugt werden – der Verkaufserfolg blieb bescheiden. Die Medientypisierung wird hier ähnlich problematisch wie bei der Regenbogenpresse. Wenn man die Grenzen eng zieht, bleiben als „Männerzeitschriften" im eigentlichen Sinne solche übrig, die den Mann als Macho, als Freund der Mode oder als Objekt der gleichgeschlechtlichen Begierde ansprechen.

Men's Health (Rodale Motorpresse-Verlag, Stuttgart) 241.279
Playboy (Hubert Burda, München) 213.049
GQ (Condé Nast, München) 134.704
Box (Gay-Magazin, Köln) ca. 36.000

Programmzeitschriften

haben seit dem Start der privaten Fernsehanbieter Mitte der achtziger Jahre einen gewaltigen Boom erlebt. Mit 34 Titeln und einer Gesamtreichweite von rund 41 Millionen Lesern ist dieser Zeitschriftentyp in nahezu jedem Haushalt vertreten. Die Vielfalt der über Kabel oder Satellit zu empfangenden Programme schuf für diese schnell gewachsene Mediengruppe ihren Auftrag: TV-Zuschauern und Videofreunden die Übersicht des Angebots zu erleichtern. Besonders erfolgreich waren Neugründungen, die sich auf das Spielfilmangebot des Fernsehens und der Videovermarkter konzentrieren. Traditionelle Titel wie *HörZu* verlieren hingegen kontinuierlich an Auflage.

Die Programmpresse ist für die PR-Branche wegen der großen Reichweite und der Nutzungsart besonders interessant: Diese Zeitschriften legt man nicht nach einmaligem Durchblättern zur Seite, täglich werden neue Seiten intensiv nach Programmangeboten durchsucht. Dabei fallen auch eingestreute Artikel ins Auge. Die Thematik geht in fast allen Blättern über TV, Kino und ihre Stars weit hinaus und macht die Programmpresse für nahezu jede Zielgruppe interessant:

TV 14 (Bauer Media, Hamburg)	2.331.769
TV digital (Axel Springer, Hamburg)	1.671.281
TV Movie (Bauer Media, Hamburg)	1.535.872
HörZu (Axel Springer, Hamburg)	1.435.613
TV Spielfilm (Hubert Burda Media, Hamburg)	1.366.037
auf einen Blick (Bauer Media, Hamburg)	1.283.893
TV Hören und Sehen (Bauer Media, Hamburg)	900.824

Jugendzeitschriften

zielen auf eine Leserschaft zwischen zehn und zwanzig Lebensjahren. Die Redaktionen stehen vor der schwierigen Aufgabe, die vielen unterschiedlichen Jugendkulturen in ihrem raschen Wechsel zu bedienen. Thematisch hat sich seit zwei Jahrzehnten nicht viel geändert: Junge Liebe, Pubertätsprobleme, Mode, Musik, Starkult und Schulstress. Mit „*Neon – dem jungen Magazin vom Stern*" hat der Verlag Gruner + Jahr erfolgreich in der Altersgruppe der 18- bis 30-Jährigen einen Titel platziert. *Spiesser* ist ein ausschließlich durch Werbung finanziertes, besonders in den ostdeutschen Bundesländern verbreitetes Magazin, das kostenlos in rund 15.000 Schulen ausliegt. Jugendliche und junge Erwachsene stellen eine markenbewusste Konsumentenschicht, was die Blätter zu einem Tummelplatz der Werbewirtschaft macht.

PR-Leute müssen sich im Crossmedia-Geschäft auskennen, wenn sie hier erfolgreich arbeiten wollen: Jugendmagazine sind wie kein anderes Printmedium im Austausch mit ihrem Publikum, und das nutzt Fernsehen, Radio und Internet mit selbstverständlicher Leichtigkeit. Die Zeitschrift spielt in diesem Medienquartett längst nicht mehr die erste Geige:

Spiesser (Planlos Verlag, Dresden)	963.012
Bravo (Bauer Media, Hamburg)	493.132
Neon (Gruner + Jahr, Hamburg)	232.530
Popcorn (Hubert Burda Media, München)	202.273
Bravo Girl (Bauer Media, Hamburg)	180.401
Mädchen (Hubert Burda Media, München)	144.679

Supplements

sollten ursprünglich Werbekunden die Möglichkeit eröffnen, farbige Anzeigen auch in der schwarzen Welt der *Tages- und Wochenzeitungen* unterzubringen. Daraus hat sich eine eigenständige Mediengruppe entwickelt, die nur wenige Titel umfasst, aber mit über 20 Millionen Exemplaren pro Woche aufgelegt wird. Fast dreihundert Tages- und Wochenzeitungen übernehmen die Beilagen. Die meisten Supplements sind knapp gehaltene Programmzeitschriften. Die rund um das TV-Geschehen gruppierten Artikel sind eine blühende Spielwiese für PR-Leute. Andere Supplements ähneln Lifestyle-Magazinen. Das Supplement *chrismon* wird von den Evangelischen Kirchen herausgegeben und liegt neben der *Zeit* unter anderen auch der *Süddeutschen Zeitung,* der *Mitteldeutschen Zeitung,* der *Frankfurter Allgemeinen* und dem Berliner *Tagesspiegel* bei.

rtv (TV-Programm, wöch.)	9.132.257
Prisma (TV-Programm, wöch.)	4.345.846
chrismon (Evangelisches Magazin, mtl.)	1.610.546
ZEITmagazin Leben (wöch.)	625.771
Süddeutsche Zeitung – Magazin (wöch.)	594.338

Stadtmagazine

haben ihre beste Zeit erkennbar hinter sich. In den siebziger Jahren waren „*zitty*" in Berlin, „*Pflasterstrand*" in Frankfurt oder „*stadtrevue*" in Köln aufregende Blätter, die alternativen, urbanen Subkulturen ein sehnlichst erwartetes Forum boten. Die Nebenwelten haben ihre Aura eingebüßt und sind zum Bestandteil des kulturellen Mainstream geworden – mit ihnen auch dieser ursprünglich alternative Zeitschriftentyp. Kennzeichnend für den Imagewandel: Die einstigen Aufreger werden heute branchenintern zu den „Publikumsmagazinen" gerechnet, sie sind meist gut informierende Veranstaltungsführer und Tummelplatz für Kleinanzeigen.

Kundenzeitschriften

Mehr als 3.000 Titel sind auf dem Markt und bringen es auf eine Gesamtauflage von 56,04 Millionen.[71] Dazu zählen bekannte und hochwertig gemachte Zeitschriften, wie sie zum Beispiel die Käufer einer bekannten Nobel-Automarke viermal im Jahr erhalten (*Mercedesmagazin*, Auflage 644.309), monatlich die Nutzer der Deutschen Bahn AG (*mobil*, 507.280), zweimonatlich die Kunden von Supermarktketten (*Mit Liebe – Edeka Maga-*

zin, Auflage 1.385.650) oder zehnmal im Jahr die Inhaber von Bausparverträgen (*Das Haus*, 1.830.169).

Das Segment spezieller Zeitschriften für die Kundschaft einzelner Unternehmen wuchs bis 1998 rasant, seit 2000 stagniert die Titelzahl auf hohem Niveau. Immer häufiger werden die Blätter von professionellen Teams in kommerziellen Verlagen gemacht: Die Gruner + Jahr-Tochterfirma K+S produziert zwei Dutzend Titel für Unternehmen wie Deutsche Bahn, Karstadt, Miele oder Lufthansa. Die Verlagsgruppe Handelsblatt (Dieter von Holtzbrinck-Verlag) gründete 1999 gemeinsam mit der Düsseldorfer PR-Agentur *ECC Kohtes Klewes* (heute Pleon) eine Produktionsfirma für Kundenmagazine – die Kooperation zeigt deutlich, welchen Nutzen die PR-Leute diesem Zeitschriftentyp zuweisen.

Daneben stehen Branchenblätter, die nicht den Weisungen einer Unternehmenszentrale gehorchen – sie tragen so hübsche Namen wie *Bäckerblume* (Auflage: 108.112), *Lukullus* (Metzger, 318.871) oder *Apotheken-Umschau* (9.625.501), wegen der Hauptzielgruppe liebevoll auch „Rentner-Bravo" genannt. Ihre Leser sind die Konsumenten, ihre Käufer aber die Einzelhändler und Dienstleister, sie geben sie kostenlos an ihre Kundschaft weiter. Diese sehr unterschiedlichen Blätter dienen der Verbraucherinformation, dem Kundenkontakt und der Werbung. Die Auflagenzahlen sind beeindruckend, der redaktionelle Umfang eher gering – aber gerne gelesen.

Online-Zeitschriften

Ob Nachrichtenmagazin oder Illustrierte, Jugendzeitschrift oder Fachorgan – ohne Online-Version ist heute nur noch eine Minderheit von Zeitschriften auf dem Markt. Dabei bestimmen die Inhalte der jeweiligen Printausgabe meist den Schwerpunkt auch im Online-Auftritt.

Bestimmte *Zeitschriften*, die meisten aus dem Sektor der *Fachzeitschriften* und *Special-Interest-Produkte*, mussten sich völlig neu orientieren. Das Internet kann tagesaktuell Neuigkeiten von Fachtagungen, Kongressen und Messen verbreiten, die in einer Monatsschrift dann ein alter Hut wären. Der ehemalige Trendsetter unter den Lifestyle-Zeitschriften *Max* existiert online weiter. Eine Konzentration auf die Hintergrundbetrachtung in den Fachmagazinen ist ein Trend, ein anderer geht in Richtung *Crossmedia-publishing*: Erstinformationen im Internet, tiefer gehende Darstellungen, Analysen und Fachaufsätze nur gegen Aufpreis – entweder durch ein Zeitschriften-Abonnement oder durch einen durch Passwort geschützten Zugang zu weiteren Webseiten. Die Publikumszeitschriften machen gute Erfahrungen mit parallelen Berichten in ihren Print- und Online-Versionen.

Zum Beispiel „Spiegel online": Die Internetversion des traditionsreichen Nachrichtenmagazins gibt es seit 1994. Die Erfahrung zeigt, dass neue – jüngere, besser gebildete, mehr verdienende – Nutzer das Online-Angebot schätzen. Auch die Parallelnutzung von Print- und Online-Spiegel ist häufig; denn der PC steht oft am Arbeitsplatz oder im Arbeitszimmer: Online-Leser nutzen ihre Medien gezielt und selektiv, um bestimmte Informationen zu bekommen. Das Blättern im Magazin erfolgt hingegen eher ungerichtet und meist in der Freizeit.[66]

Viele Zeitschriften bieten neben dem üblichen (meist kostenpflichtigen) Zugriff auf das Archiv auch spezielle, nur im Internet mögliche Spezialdienste. Externe Links zu Originalfundstellen, speziellen Seiten oder anderen Publikationen machen viele Fach- und wissenschaftlichen Online-Zeitschriften heute zu einer deutlich wertvolleren Informationsplattform, als es die Printausgabe jemals werden konnte. Die Multimedia-Möglichkeiten erlauben es, Videosequenzen, Animationen oder andere Bewegtbilder neben die Texte zu stellen. Kooperationen mit TV-Sendern und -Produzenten schöpfen den Crossmedia-Ansatz vollständig aus.

2 Hörfunk und Fernsehen

Tag und Nacht live dabei

Erst Mitte der achtziger Jahre entstanden in Deutschland privatwirtschaftlich organisierte Rundfunksender – seither entwickelte sich hierzulande ein Markt, auf dem sich Medienunternehmen aus allen Kontinenten bewegen. Der Markt ist ständig in Bewegung, und mit jeder technischen Innovation in der Aufnahme- und Sendetechnik wachsen die Möglichkeiten, noch mehr Programmangebote zu platzieren.

Basiszahlen zur Medienstruktur[72]

Hörfunk- und Fernsehsender	583
– öffentlich-rechtliche TV-Sender	16
– öffentlich-rechtliche Hörfunksender	57
– private Hörfunksender	366
– private Fernsehsender	172
Private Hörfunk-Produktionsfirmen	ca. 130
Private Fernseh-Produktionsfirmen	ca. 300

Zur Zeit gehen Experten davon aus, dass über digitale Sendetechniken per Kabel oder Satellit etwa 300 Fernsehkanäle und etwa gleich viele Rundfunksender jeden angeschlossenen Haushalt erreichen könnten. Die schöne neue Welt der bunten Bilder soll über Sender-Abonnements *(Pay-TV)* oder Einzelbuchung *(Pay-per-view)* bestimmter Sendungen finanziert werden, denn die Werbeeinnahmen sind bereits verteilt, zudem konjunkturabhängig und nicht beliebig zu steigern. Die technische Reichweite ließe sich durch Glasfaserkabelnetze sogar noch vervielfachen.

Allerdings ist umstritten, ob es für eine solche Fülle von Sendeangeboten einen Markt gäbe. Gegen die Annahme eines weit gefächerten Spektrums von Nischenprogrammen für jede Zielgruppe und jedes Interesse setzen Skeptiker, dass die Zeit und der Wille für den grenzenlosen TV-Konsum momentan nur bei einkommensschwachen gesellschaftlichen Gruppen festzustellen sind. Das bekommt auch die *Sky Deutschland AG* (bis Juli 2009 *Premiere*) zu spüren. Der einzige deutsche Bezahlsender, an dem Rupert Murdochs Medienkonzern *NewsCorp* im Frühjahr 2009 knapp 40 Prozent der Anteile erworben hat, verzeichnet größere Verluste als je zuvor. Aber: Das Fernsehen steht bei den Mediennutzern auf der Beliebtheitsskala nach wie vor an erster Stelle: Für 77 Prozent der Deutschen zwischen 14 und 49 Jahren ist das Fernsehen vor dem Radio mit 70 Prozent, den Tageszeitungen (66 Prozent) und dem Internet (63 Prozent) wichtig oder sehr wichtig.[73]

Immer deutlicher zeichnet sich der Trend zum Sparten-Fernsehen ab: Während im Markt des digitalen Bezahlfernsehens meist Senderketten wie die RTLGruppe, Pro Sieben/Sat 1 oder amerikanische Medienkonzerne hinter den Sendeformaten stehen, ist im frei empfangbaren Digitalfernsehen ein bunter Strauß von Kleinunternehmern auf Sendung. Wer hier den Überblick behalten will, braucht bei über 400 Angeboten ein gutes Gedächtnis. *Gebrauchtwagen TV* gibt es ebenso wie den *Schmuckkanal, Bibel TV* steht neben *tv.gusto* und dem *Astro TV*. Etliche Angebote beschränken sich auf Dauerwerbesendungen *(meinshop)*, nervige Verkaufsshows *(HSE 24, QVC)* oder Unterleibsattacken *(damenwahl)*. Der ehemalige ARD-Schmusemoderator Max Schautzer hofft nach drei Jahren Vorbereitungszeit darauf im Frühjahr 2010 den „ersten Fernsehsender für die zweite Lebenshälfte" *(telebono)* starten zu können.

Zwei Sportkanäle *(EuroSport* und *Deutsches Sport Fernsehen DSF)* haben ihr Publikum gefunden, andere Spartenprogramme haben es schwer. Den ursprünglich als „Frauensender" konzipierte Kanal *tm3* verließ schnell der

Mut, daraus hervor ging schon 2001 der Gewinnspielkanal *9Live*, zwei Jahre später spaltete sich der Reisehändler *sonnenklar.tv* ab. *Dmax* sieht sich als Spartensender für den „maskulinen Mann", *Timm-TV* macht ein Vollprogramm für Schwule und Lesben.

Ein Vollprogramm ähnlich den öffentlich-rechtlichen Funkhäusern bieten nur *RTL* und *Sat.1*, mit deutlich abgesenktem Anspruch auch *Pro Sieben* und *Vox*. Daneben konnten sich vor allem Sender etablieren, die nahezu ausschließlich Spielfilme und Serien anbieten *(RTL 2, super-RTL, Kabel 1, Das Vierte)*, oder die fast ohne Unterbrechung Musikvideos ausstrahlen *(MTV, Viva 1 und Viva 2, Onyx)*.

Exklusiv über das Internet sind noch mehr Sender verfügbar: Mit *Bahn TV* ist ein deutsches Großunternehmen bereits seit Jahren erfolgreich, *Audi TV* zeigt bewegte und bewegende Bilder rund um Motor und Technik. Konkurrenz um Zeit und Aufmerksamkeit der Zuschauer wächst auch hier heran: im Juli 2007 ging der „erste interaktive Live-Internet-TV-Sender" *(www.yur.tv)* an den Start. Der Zuschauer wird hier zum Macher, indem er sein eigenes Filmmaterial hochladen kann und dafür sogar Aktien bekommt, vorausgesetzt er wird von anderen „Usern" positiv bewertet.

Die Digitalisierung der Fernsehtechnik schreitet rasch voran, bis Ende 2010 soll es keine analogen Programme mehr geben. Auf einem analogen Sendeplatz können dann bis zu zehn digitale Kanäle terrestrisch ausgestrahlt und mit Hilfe eines Decoders und der normalen Hausantenne empfangen werden – das Digital Video Broadcast-Terrestrial (DVB-T), sieben Prozent der Haushalte machen schon davon Gebrauch. Insgesamt 53 Prozent der Bevölkerung können ihre Fernsehprogramme digital empfangen, die meisten über Kabel oder per Satellit. Rasant wächst die Zahl der Haushalte, die Fernsehen über das Internet empfängt (IPTV): innerhalb eines Jahres stieg die Zahl von rund 0,5 Millionen auf 1,2 Millionen Kunden Ende 2009.[74]

Reichweiten und Glaubwürdigkeit

Radio und Fernsehen sind *Massenmedien mit nahezu umfassender Verbreitung*. Es gibt kaum eine Wohnung, ein Büro oder eine Schule, wo nicht mindestens ein Empfangsgerät steht und genutzt wird. Das Autoradio gehört zur Standardausrüstung der Hersteller, und in vielen Haushalten gibt es mehr Fernsehapparate als Personen. Auch in der Kneipe an der Ecke steht ganz gewiss einer, denn der Wirt kennt seine Gäste als Fans von Bundesliga und

Formel Eins. Auch in Hospitälern und Seniorenheimen sind individuell oder gemeinschaftlich genutzte Radio- und TV-Geräte selbstverständlich.

Der durchschnittliche tägliche TV-Konsum liegt in Deutschland bei etwa 181 Minuten, das Radio läuft etwa ebenso lang. Für die Tageszeitung hat der Durchschnittsbürger demgegenüber nur etwa 28 Minuten Zeit.[70] Auch wenn viel Zeit vor dem Fernsehgerät ausschließlich Unterhaltungszwecken dient und das Radio nur Musik erklingen lässt, Reichweiten und Einschaltdauer machen Fernsehen und Rundfunk – in dieser Reihenfolge – zu den wichtigsten Informationsquellen. Natürlich spielt auch die unmittelbare Aktualität der Information eine wichtige Rolle. Halbstündliche Nachrichtensendungen im Radio und mehrere Fernseh-Nachrichtenblöcke vom Mittag bis in die späte Nacht machen die elektronischen Massenmedien zu den schnellsten Informationsquellen für den Durchschnittsbürger. Viele Radioprogramme finden außerdem als Webradio inzwischen eine weltweite Verbreitung.

Aussagen über die Reichweiten von Fernsehsendern sind problematisch, wenn es sich nicht um ausgesprochene Spartenkanäle handelt, wie zum Beispiel die Musiksender MTV oder Viva. Denn die Zuschauer „zappen" recht ungeduldig hin und her, so dass die Akzeptanz bestimmter Sendeformate viel wichtigere Ansatzpunkte für eine PR-Zusammenarbeit bietet. Dennoch ist es nicht ohne Belang, die prozentualen Zuschaueranteile der Sender zu kennen[76]:

ARD	13,4	Vox	5,4	3sat	1,1
ARD Dritte	13,2	RTL II	3,8	N 24	1,0
ZDF	13,1	Kabel 1	3,6	Tele 5	0,9
RTL	11,7	Super RTL	2,4	Phoenix	0,9
Sat.1	10,3	Sky (Premiere)	1,5	N-tv	0,8
ProSieben	6,6	KiKa	1,3	Arte	0,6

Die Verhältnisse kehren sich um, wenn die Gruppe der 14- bis 49-Jährigen im Fokus steht. Dort ist RTL mit 15,7 Prozent Marktführer, gefolgt von Pro 7 (11,4 %), RTL II (8 %) und Vox (7,4 %) – erst auf den Plätzen fünf und sechs liegen ARD (7,3 %) und ZDF (7 %).

Allerdings schrumpft der Anteil der jungen Fernsehzuschauer kontinuierlich. Bei den öffentlich-rechtlichen Sendern liegt das Durchschnittsalter der regelmäßigen Seher bei 61 Jahren (ZDF) bis 57 Jahren (Arte); aber auch RTL (53), Sat.1 (51) und Pro Sieben (36) dürfen sich nicht eines jugendlichen Publikums rühmen. Der TV-Konsum der 14- bis 30-Jährigen verlagert sich zunehmend ins Internet, wo sie nicht an feste Programmschemata gebunden sind. Für die Jüngeren wird das Fernsehen darüber hinaus zu einem Begleitmedium, wie es das Radio schon lange ist: Der Apparat läuft, erfährt aber nur geringe Aufmerksamkeit, weil Telefonieren oder Surfen im Internet parallel geschieht.[77]

Beim Radio verhält es sich ähnlich. Die Aussage, dass 98,9 Prozent der Haushalte mit mindestens einem Radio ausgestattet sind und dass 79 Prozent der Deutschen ab 14 Jahren täglich Radio hören, nutzt zunächst nicht viel. Interessanter ist schon, dass die 57 öffentlich-rechtlichen Sender rund 35 Millionen Hörer haben, während sich 366 Privatsender 29,5 Millionen Fans teilen. Bis vor kurzem erzielten öffentlich-rechtliche Sender die höchsten Reichweiten sowohl bei den jüngsten als auch bei den ältesten Radiohörern. Erst in jüngster Zeit konnten einige private Anbieter auf regionaler Ebene gleich ziehen.[78]

Die *Glaubwürdigkeit* der Sender wird sehr unterschiedlich beurteilt. Die „Tagesschau" der ARD genießt größtes Vertrauen, auch die Nachrichtensendungen des ZDF erreichen ähnlich hohe Werte. Damit liegen die Nachrichtensendungen der öffentlich-rechtlichen Rundfunkanstalten nur wenig hinter den regionalen Tageszeitungen. Das Bild ändert sich schon bei den Magazinformen der gleichen Sender: An *Monitor* oder *Frontal 21* scheiden sich die Geister.

Den Nachrichtensendungen der Privaten schenken die TV-Kunden weniger Glauben, allerdings gewinnen sie an Boden. Die Magazinformate der Privatsender bieten einen ähnlichen Themen-Mix wie Boulevardzeitungen – mit schädlichen Folgen für ihre Glaubwürdigkeit. Sendungen wie *TNT* (ProSieben) oder *Extra* (RTL) befriedigen die Lust auf kleine oder größere Sensationen, werden aber als wenig seriös registriert.

Für *Radio-Hörer* sind hingegen die Nachrichten ein besonders wichtiger Grund, einem Sender zuzuhören. Sie erreichen in diesem Medium höchste Aufmerksamkeit und Akzeptanz.[79] Auch die Magazinformate im Radio mit ihren Interviews, Studiogästen und Telefonzuspielungen wirken besonders authentisch. Daneben spielen die Musikrichtung und brauchbare Verkehrsdurchsagen eine wichtige Rolle bei der Entscheidung, welcher Sender Gehör findet.

Die öffentlich-rechtlichen Fernsehsender

ARD – die Arbeitsgemeinschaft der Rundfunksender Deutschlands

Die Strukturen im öffentlich-rechtlichen deutschen Hörfunk und Fernsehen tragen immer noch die Spuren der Nachkriegszeit. Die Alliierten ließen in ihren jeweiligen Besatzungszonen die ersten Sender zu und erlaubten ihnen, in ihrem Kontrollgebiet Programm zu machen. Noch heute richten sich die Sendegebiete an den Grenzen aus, die seinerzeit gezogen wurden:

Die Sendegebiete sind in Staatsverträgen zwischen den Bundesländern geregelt. Für PR-Leute, die öffentlich-rechtliche Sender interessieren wollen, sind Kenntnisse der politischen Geografie also ganz nützlich, denn wer in Bremen etwas mitzuteilen hat, kann nicht auf den NDR hoffen:

Norddeutscher Rundfunk (NDR):	Hamburg, Schleswig-Holstein, Niedersachsen, Mecklenburg-Vorpommern
Radio Bremen (RB):	Land Bremen
Radio Berlin-Brandenburg (RBB):	Berlin, Brandenburg
Westdeutscher Rundfunk (WDR):	Nordrhein-Westfalen
Mitteldeutscher Rundfunk (MDR):	Sachsen, Thüringen, Sachsen-Anhalt
Hessischer Rundfunk (HR):	Hessen
Südwestrundfunk (SWR):	Rheinland-Pfalz, Baden-Württemberg
Saarländischer Rundfunk (SR):	Saarland
Bayerischer Rundfunk (BR):	Bayern

Die ARD ist kein Sendehaus, sondern eine Koordinierungsstelle für die neun Landesrundfunkanstalten. An ihrem Sitz in Frankfurt fallen gemeinsame Entscheidungen der Regionalherren, dort werden die Anteile am gemeinschaftlichen Fernsehprogramm – dem *Ersten Deutschen Fern-*

sehen – festgelegt. So beträgt der Anteil des Westdeutschen Rundfunks 25 Prozent, der kleinste Landessender Radio Bremen hat nur Anspruch auf drei Hundertstel. Streng nach Proporz geregelt ist auch der Part, den die einzelnen Landessender an den Gemeinschaftssendungen bekommen – so werden zum Beispiel die Beiträge in Tagesschau und Tagesthemen nicht allein nach inhaltlicher Bedeutung festgelegt, sondern auch nach dem Senderanteil. Auch die Auslandskorrespondenten werden von den einzelnen Sendern entsandt – der starke WDR besetzt die Positionen in New York und Moskau, Bayern ist für Italien, den Balkan und den Nahen Osten zuständig, und der Norddeutsche Rundfunk hat seine Leute in London, New Delhi und Singapur.

Das föderalistische Prinzip hat Unterschiede in den einzelnen Sendeanstalten gefördert, die allerdings nach und nach eingeebnet werden. Nicht nur gefestigte Mehrheiten in politisch besetzten Verwaltungs- und Aufsichtsgremien haben dazu geführt, dass der WDR andere Programme macht als der Bayerische Rundfunk. Was oberflächlich betrachtet wie Rot- und Schwarzfunk aussehen mag, hat mehr zu tun mit attraktiven Programmangeboten für eine der urbansten Regionen Europas einerseits, für einen noch immer ländlich geprägten Flächenstaat mit Hang zu Brauchtumspflege und ehrwürdigen Traditionen andererseits. Die ARD mixt die unterschiedlichen Ansätze zum „Ersten Programm" – das nicht zuletzt darum von welterfahrenen Beobachtern zu den besten Programmangeboten weltweit gezählt wird.

Zur ARD gehören auch die acht *Dritten Fernsehprogramme*, deren Angebot sie ebenfalls koordiniert. Dabei produzieren NDR und Radio Bremen gemeinsam das *Norddeutsche Fernsehen*, *Südwest III* ist das gemeinsame Dritte von SWR und Saarländischem Rundfunk. WDR, MDR, RBB, Hessischer und Bayerischer Rundfunk strahlen ihr eigenes Programm aus. Hinzu kommen die 57 *Radioprogramme*, die von den ARD-Anstalten produziert werden. Auch hier findet ein reger Austausch von Dokumentationssendungen und Radio-Features, von Hörspielen und anderen Produktionen statt. Seit 1998 sendet der Bayerische Rundfunk zusammen mit dem österreichischen ORF als weiteres Fernsehprogramm *Bayern Alpha*, ein ausgesprochenes Kultur-TV. Es ist bundesweit jedoch nur über Satellitenantenne und einige Kabelnetze zu empfangen.

Die ARD koordiniert auch die Unterstützung, die sich die Sender wechselseitig geben. Das ist einmal ganz praktisch gemeint, indem ein NDR-

Aufnahmeteam in Hamburg einen Fernsehbericht über einen Museumsneubau anfertigt. Das Band wird dann dem Hessischen Rundfunk für sein Kulturmagazin *„Titel, Thesen, Temperamente"* überspielt. Unterstützung ist aber auch ganz wörtlich zu nehmen: Die einnahmestarken Sender WDR, BR, NDR, SWR und HR greifen mit Finanztransfers den armen Vettern im Osten, an Saar und Weser unter die Arme. Hier geschieht Ähnliches wie beim Länderfinanzausgleich – was manchen sehr ärgert und immer wieder zu Forderungen führt, einige Funkhäuser und am besten auch gleich die entsprechenden Länder aufzulösen.

Allen ARD-Sendern ist gemeinsam, dass man ihren Organigrammen wenig über die richtigen Kontaktpersonen entnehmen kann, die man im PR-Alltag benötigt. Wer nicht auf den Abspann einer Magazinsendung angewiesen sein will, der alle wichtigen Namen enthält, kann sich von der Pressestelle des Senders verraten lassen, wer zum Beispiel an dem Wirtschaftsmagazin *Plus Minus* verantwortlich mitarbeitet. Wer mit den Sendern zusammenarbeiten will, muss auf weitere Differenzierungen Rücksicht nehmen: Bei den großen Sendern sind nicht alle möglichen Ansprechpartner am Ort der Sendezentrale zu finden. Beim Norddeutschen Rundfunk gibt es neben dem Haupthaus in Hamburg die Funkhäuser in Hannover, Kiel und Schwerin; der Westdeutsche Rundfunk unterhält Landesstudios in Düsseldorf, Münster und Bielefeld.

Zum ARD-Fernsehen zählen außerdem:

> Deutsche Welle-TV (Köln)
> KiKa – Der Kinderkanal (Erfurt)

Die *„Deutsche Welle"* ist der Auslandssender Deutschlands. Neben dem weltweit zu empfangenden Radioprogramm in deutscher Sprache gibt es Sendungen in vielen anderen Sprachen. Unter dem Label DW-TV fertigt eine eigene Fernsehproduktion Beiträge über Deutschland; darüber hinaus werden Fernsehproduktionen der ARD-Sender übernommen und via Satellit in alle Welt ausgestrahlt. – Den *„Kinderkanal"* produziert der Mitteldeutsche Rundfunk im ARD-Auftrag in seinem Landesstudio Erfurt.

Unter dem Dach *„ARD digital"* versammelt sind *Eins Extra* und *Eins Plus.* Hier werden Beiträge aller ARD-Sender zeitversetzt angeboten. *Eins Festival* als drittes Angebot sendet ein Kulturprogramm mit Konzert- und Theatermitschnitten sowie älteren, heute als „klassisch" geltenden Fernsehspiel-Produktionen.

ZDF – das Zweite Deutsche Fernsehen

Der zweite Platz ist chronologisch begründet, täuscht aber: das ZDF ist das größte Fernsehunternehmen Europas. 1962 gegründet, war es von Konrad Adenauer eigentlich als regierungsnaher Sender geplant. Aber daraus wurde nichts, denn die bereits bestehenden Rundfunkgesetze und ein Richterspruch durchkreuzten des alten Kanzlers Pläne.

Nicht nur dieser Gründungsmakel hat dem ZDF den Ruf eingetragen, ein wenig mehr im konservativen Lager zu stehen und ein entsprechend altbackenes Programm anzubieten. Das kann so nicht ganz stimmen, denn sowohl im Informations- wie im Unterhaltungsprogramm gab es zumindest Sendungen, die Meilensteine der Fernsehgeschichte in Deutschland pflanzten (*„Wünsch dir was", „Sportstudio", „Aspekte"*). Dennoch wirkt der Imagenachteil: Das ZDF wird von älteren Zuschauern bevorzugt, die für die Werbestrategen in Agenturen und Unternehmen nicht sehr interessant sind – folglich leidet der Sender unter einem ständigen Auf und Ab seiner Werbeeinnahmen.

Anders als das „Erste" ist das ZDF zentralistisch aufgebaut. Aber wie die Sender der ARD unterhält auch das ZDF neben seinen Zentraleinrichtungen in Mainz und Frankfurt *Landesstudios* – in der Regel in den Landeshauptstädten. Für die Kontaktaufnahme und Kontaktpflege sind diese Adressen meistens die richtigen. Wenn es um bestimmte Magazine oder andere Sendungen geht, sollte man sich von der Mainzer Sendezentrale oder aus dem Abspann die Namen beschaffen. Auch das ZDF bietet ein digital empfangbares Programm-Potpourri: *ZDF Infokanal* sendet die im Zweiten produzierten aktuellen Sendungen zeitversetzt, der *ZDF Theaterkanal* zeigt Bühnen- und Studioproduktionen. Im November 2009 firmierte der *ZDF-Dokukanal* um zu *ZDF Neo*, ein Versuch, jüngere Zielgruppen mit einem auf sie zugeschnittenen Informations- und Unterhaltungsangebot zu gewinnen.

3sat, Arte und Phoenix

Zwei Kultursender und ein „Ereignis- und Dokumentationskanal" sind gleichfalls Bestandteil der öffentlich-rechtlichen TV-Präsenz. Sie werden gemeinsam von ARD, ZDF und ausländischen Partnern betrieben.

3sat wird von *ARD, ZDF*, dem *Schweizer* und dem *Österreichischen Fernsehen* mit ihren Produktionen beliefert; aber es entstehen auch eigene Sendungen. Täglich frisch ist die Sendung „*Kulturzeit*". Das einzige tägliche Kulturmagazin in Europa wird zur besten Sendezeit wechselweise von Studioredakteuren aus Deutschland, Österreich und der Schweiz gestaltet. Darüber hinaus interessant für den deutschen Fernsehzuschauer sind Nachrichten- und Informationssendungen des Österreichischen und des Schweizer Fernsehens, letztere teilweise in Schwyzerdütsch, aber freundlicherweise mit Untertiteln. – Die Sendezentrale hat unter dem Dach des ZDF in Mainz ihre Heimat gefunden.

Arte liefert ein noch vielschichtigeres Angebot. Der Sender mit Sitz in Straßburg wird von dem französischen öffentlich-rechtlichen Sender *Antenne 2*, dem *Südwestrundfunk* (SWR) und dem frankophonen belgischen Staatssender *RTBF* getragen. Ausgedehnte *Themenabende* und ein überdies an Massenpublikum nicht interessiertes Programmschema machen den Kultursender zu einer schroffen Insel im seichten TV-Meer. Eine anwachsende Fangemeinde lässt die Senderbetreiber an Ausdehnung denken – Funkhäuser in Spanien und Italien würden gerne bei Arte mitmachen. Die Sendungen werden im Zweikanalsystem parallel in französischer und deutscher Sprache ausgestrahlt.

Phoenix entsteht unter dem Dach des Westdeutschen Rundfunks und wird in Bonn und Berlin von *ARD* und *ZDF* gemeinsam produziert. „Der Ereigniskanal" ist live und meist ohne Zeitlimit dabei, wenn Bundestagsdebatten, Parteitage, Staatsempfänge, Präsidentenreden, Pressekonferenzen bedeutender Unternehmen, Verbände und Institutionen etc. zu dokumentieren sind. Wo immer in Deutschland Medienspektakel stattfinden, bringt Phoenix sie teilweise in voller Länge live auf die Fernsehbildschirme. Damit hat sich der 1997 eingerichtete Kanal unter den Intellektuellen, den Entscheidungsträgern und den Informationshungrigen im Land schnell Freunde gemacht, obwohl er selten mehr als „talking heads" zeigt. In nachrichtenarmen Zeiten wiederholt Phoenix Dokumentationssendungen aus vergangenen Tagen – nachts und in den Urlaubsmonaten sind bisweilen historische Leckerbissen darunter.

Web-TV und IPTV – die neuen Verbreitungswege des Fernsehens

Das Internet lässt auch das Fernsehen nicht unberührt. Nicht nur die etablierten Öffentlich-Rechtlichen und Privaten sind mit Informationsangeboten im Netz präsent; dank neuer Technologien und einer zunehmenden Anzahl von Breitbandanschlüssen findet Fernsehen inzwischen auch im Internet statt, mit neuen Sendern, globalen Angeboten und der Möglichkeit individueller Programmzusammenstellung. Bislang ist noch eine starke begriffliche Durchmischung zu beobachten, *Web-TV*, auch *Internet-TV*, wird oft mit *IPTV* gleichgesetzt. Bei beiden erfolgt die Übertragung über das Internet, aber die technischen Zugangsvoraussetzungen sind unterschiedlich.

Web-TV

Web-TV kann jeder empfangen, der einen Computer mit leistungsstarkem Anschluss ans Internet hat. Fernsehsendungen werden mittels *Streaming-Technologie* auf den Rechner übertragen und können direkt angesehen werden, entweder in den Browser integriert oder in einem „Media Player". Es gibt Streams, die live gesendet werden, andere können die Nutzer zu jedem beliebigen Zeitpunkt abrufen und so selbst bestimmen, wann sie welche Sendung sehen möchten. Zum Web-TV zählen dabei sowohl die von den klassischen TV-Sendern im Internet bereitgestellten Beiträge oder Sendungen, als auch Filme auf Video-on-Demand (VoD)-Portalen oder im weiteren Sinne die (oft von den Nutzern selbst gedrehten) Angebote auf Web 2.0-Seiten wie *Clipfish* oder *YouTube*. Es gibt inzwischen zahlreiche Spartensender, die nur das Internet nutzen. Wer sich für die Arbeit der Feuerwehr oder die US Air Force interessiert, findet mit *www.feuer-tv.de* bzw. *www.af.mil/tv/* die passenden Sender. Auch die Marketing- und PR-Fachzeitschrift „Werben & Verkaufen" hat seit einiger Zeit ein Web-TV-Angebot mit Interview-Runden, Spots und einer Plattform für Unternehmensfilme.

Web-TV ist in der Regel kostenlos, teils erheben die Spartensender eine Gebühr. Wer Video-on-Demand-Portale (Beispiel: www.video-on-demand.info) nutzt, um Spielfilme oder Serien herunterzuladen, zahlt einen Beitrag pro Sendung (Pay-per-View). Weltweite Web-TV-Angebote findet man über Portalseiten wie *http://wwitv.com, www.global-itv.com, http://zattoo.com* oder *www.joost.com*.

Die Qualität der per Streaming heruntergeladenen Filme oder Beiträge ist unterschiedlich gut, je nach Rechner- und Übertragungsleistung. Dies ist jedoch eine Hürde, die nicht mehr lange bestehen wird, da die benötigte Hardware immer erschwinglicher und das Netz an Glasfaser-kabeln für eine höhere Breitbandabdeckung immer weiter gespannt wird.

IPTV

IPTV steht für *Internet Protocol Televison*. Wie beim Web-TV erfolgt die Übertragung also über das Internet, ist allerdings kostenpflichtig und nur mit einem zusätzliches Gerät, der „*Set-Top-Box (STB)*" möglich. Die STB wird mit dem DSL-Modem verbunden – auch hier sind hohe Bandbreiten und Übertragungsraten für eine gute Empfangsqualität notwendig – und kann auf der anderen Seite direkt an den Fernseher angeschlossen werden. Ähnlich wie beim Satelliten-Fernsehen wird dann eine begrenzte Anzahl von Programmen eingespeist. Anders als beim Web-TV ist also eine völlig freie, weltweite Anwahl von Sendern hier nicht möglich, IPTV ist ein geschlossenes Netz. IPTV-Angebote in Deutschland sind zum Beispiel „Alice homeTV", „Arcor Digital TV" und „T-Home Entertainment"; in Österreich betreibt die Telekom Austria mit „aonTV" und UPC eine IPTV-Auswahl.

Dass Deutschland ohnehin ein sehr umfangreiches TV-Angebot hat, mag ein Grund dafür sein, dass IPTV sich bislang noch nicht durchgesetzt hat, ja noch nicht einmal im Bewusstsein potentieller Zuschauer angekommen ist. Eine im März 2008 veröffentlichte Studie hat ergeben: Nur 12 Prozent der Befragten konnten den Begriff IPTV überhaupt korrekt zuordnen, 54 Prozent hatten noch nie von IPTV gehört.[80] IPTV-Nutzer hingegen zeigen sich sehr zufrieden mit der Technologie und ihren Möglichkeiten, die Fernsehen interaktiv und flexibel machen. Video-on-Demand mit attraktiven Filmen und Serien ist vermutlich derzeit das stärkste Argument für einen Wechsel zu IPTV. Der Zuschauer ist nicht mehr abhängig von einem festgelegten Fernsehprogramm, kann Anfangszeiten und Pausen selber bestimmen. Voting-Tools für Zuschauer-Abstimmungen, Spiele oder eine Bestell- bzw. Buchungsfunktion sind technologische Bestandteile, die das Fernsehen zukünftig auch für den E-Commerce interessanter machen können.

Das öffentlich-rechtliche Radio

Die Empfangsmöglichkeiten der 57 Radioprogramme der *ARD-Sender* sind begrenzt. In der Regel sind die Grenzen der Bundesländer identisch mit der technischen Reichweite des jeweiligen Landessenders. Besonders deutlich erfährt dies der Radio hörende Autofahrer, wenn sein Empfangsgerät nicht automatisch auf die Service-Welle des jeweiligen Landessenders umspringt: Wenige Kilometer nach dem Passieren einer Landesgrenze endet auch der Empfang des zuständigen Radiosenders. *Digital* sind alle öffentlich-rechtlichen TV- und Radioprogramme über Kabelnetze und Satellit in ganz Deutschland zu empfangen. Alle ARD-Radioprogramme und darüber hinaus Hörfunksender aus Österreich und der Schweiz sind in bester Qualität zu hören.

Landesweit sendet seit je der *Deutschlandfunk.* Aus dem westdeutschen *„Deutschlandfunk"* sowie der *„Stimme der DDR"* und dem *„RIAS Berlin"* entstanden nach der Wiedervereinigung das *DeutschlandRadio Berlin* und der *Deutschlandfunk Köln*, ein Informations- und Kultursender mit zwei Standorten, der rund um die Uhr vom Wort geprägte Programme ausstrahlt. Sie sind fast überall in Deutschland auf UKW oder im Kabelnetz zu empfangen, darüber hinaus über Satellit sowie auf Mittel- und Langwellenfrequenzen in ganz Europa.

Die meisten Sendehäuser haben ihr Radioangebot in den letzten Jahren gründlich verändert und differenziert. Vier, fünf, sogar sechs parallel ausgestrahlte Programme pro Sendehaus unternehmen den Versuch, die unterschiedlichen Hörgewohnheiten der Radiokunden zu befriedigen. Das reicht vom jugendlich-poppigen Sendeschema mit viel aktueller Musik und notorischen Spaßmachern im Studio bis hin zum landsmannschaftlich-traditionell eingefärbten Programm mit viel Blasmusik und Moderatoren, die etwas vom Melken verstehen. Weitere Programme bedienen die Informationswünsche mit Magazinsendungen, Nachrichtenblöcken und Dokumentationen oder mit Kulturinformationen, Lesungen, Hörspielen und E-Musik.

Grund für die Programmreformen war der Druck durch die privaten Radioanbieter. Aggressive Strategien hatten zahllosen „Dudelfunk"-Betrieben rasch hohe Zuhörerzahlen gebracht. Radikale Veränderungen auf allen Kanälen brachten den öffentlich-rechtlichen Rundfunk wieder nach vorn: Die ARD-Sender liegen heute in der Gunst deutlich vor den Privaten.

Bedeutung der Sendemedien für die PR-Arbeit

Öffentlich-rechtliche *Fernsehsender* sind in ihren Sendungen penibel darauf bedacht, ausschließlich dem Informations- und Unterhaltungsauftrag für ihre Zuschauer und Zuhörer zu folgen. Daneben fürchten sie wenig so sehr wie den Vorwurf der „Schleichwerbung", weil sich ein Firmen- oder gar Markenname in eine Sendung geschlichen hat. Sie sind darum gegenüber Informationsofferten von PR-Stellen ausgesprochen skeptisch und betonen gern ihre Unabhängigkeit. Damit geht aber offenbar problemlos einher, dass auch im öffentlich-rechtlichen Fernsehen immer häufiger Sendungen durch einen Sponsor unterstützt werden.

Als eine prominente TV-Moderatorin dabei ertappt wurde, in ihrer Sendung eine Institution zu loben, mit der sie einen Werbevertrag hatte, folgte ein Aufschrei der Empörung. Allerdings gibt es kaum eine attraktive Sendung, die nicht durch den vor- oder nachgeschalteten Hinweis auf einen Gönner ausgestrahlt wird. Wo ist die Grenze zwischen offener Werbung und interessenschützender Berichterstattung? Auch ein anderes, ursprünglich dem Marketing zugeordnetes Verfahren hilft den Sendern offensichtlich, ihre hohen Produktionskosten zu beherrschen: Kaum eine Folge beliebter Serien kommt ohne mehr oder weniger aufdringliches Product-Placement aus. Und dass zu öffentlich-rechtlichen Talkshows so häufig Gäste eingeladen werden, die gerade einen Musikträger eingespielt haben, in einem neuen Spielfilm aufgetreten sind oder ihr noch druckfrisches Buch wie zufällig mit ins Studio bringen, ist bei kommerziellen Sendern abgeschaut.

Die technischen und systembedingten Anforderungen des Fernsehens bilden eine weitere Hürde: Das Medium braucht interessante Bilder, möglichst abwechslungsreiche Szenen und dynamische Abläufe. Drehort, Lichtverhältnisse, Kamerastandort, Aufnahmeregie, Schnittfolge – der Aufwand muss gerechtfertigt sein, wenn ein Fernsehteam einer Einladung zu einer Pressekonferenz folgen soll. Die klassische Pressekonferenz bietet nicht mehr als ein paar sprechende Köpfe, eine Pressemitteilung bestenfalls eine Anregung für die eigenen Recherchen. Wer interessante Bilder anbieten kann, die frei von werblichen Assoziationen sind, handelt TV-gerechter. Und natürlich sind Menschen, die etwas zu sagen haben, in jedem Medium gern gesehene Interviewpartner.

Ein Angebot kann den öffentlich-rechtlichen Fernsehmachern helfen, Geld zu sparen – das hört man überall gerne: Es gibt eine zunehmende Zahl privater Fernseh-Produktionsfirmen, die ein Aufnahmeteam im Kundenauftrag an jedem gewünschten Ort arbeiten lassen. Die so erzeugten Bilder sind eine Ware, die den TV-Sendern angeboten werden kann („Footage-Material"), gleichzeitig aber auch anderweitig nutzbar ist. Schon manche Presseveranstaltung eines Unternehmens geriet auf diese Weise in die Nachrichten und Magazinsendungen von ARD und ZDF wie auch privater Kanäle und belebte vom Moment der Ausstrahlung an zusätzlich die Internetseiten des Kunden.

Die klassischen TV-Foren für die Informationsarbeit von Kommunikationsmanagern sind kleiner geworden. Die öffentlich-rechtlichen Sender haben ihre Informationsprogramme stark ausgedünnt – zugunsten von Spielserien, Sportübertragungen und Unterhaltung. Selbst die seriöse Tagesschau folgt dem allgemeinen Trend zu einer Boulevardisierung der Nachrichten: Der Rummel um Eisbärenbabys fand in der Hauptausgabe ebenso seinen Platz wie der bedeutende Sachverhalt, dass der Möchtegern-Star Daniel Küblböck einen Autounfall mit einem Gurkenlaster hatte. Im „Ersten" liegen die Sendetermine für Magazine inzwischen auf 21:45 Uhr, wenn die Zahl der Zuschauer bereits geringer wird. *Fakt, Monitor, Panorama, Report* oder *WiSo* wechseln sich im Wochenrhythmus ab und müssen mit 30 Minuten Sendezeit auskommen. Ausführliche Hintergrundberichte und Reportagen erscheinen erst nach den Tagesthemen im Programm – an ganzen zwei Wochentagen.

Auch im „Zweiten" setzen die Programmmacher deutlich auf Unterhaltung, lassen Pilcher-Romane verfilmen oder entführen die Zuschauer in romantische Nebenwelten, die auf Kreuzfahrtschiffen oder in luxuriösen Hotelanlagen angesiedelt sind. Die Nähe zum Programmangebot der Privatsender ist unverkennbar. Koch- und Castingshows, lange deren Domäne, haben auch bei ARD und ZDF ihren Platz gefunden. Und wer sich wundert, dass es bei den Talk-Formaten *Hart aber fair, Anne Will* oder *Maibritt Illner* oft so kurzatmig zugeht, der sollte wissen, dass diese Sendungen zur TV-Unterhaltung zählen. Wenn ein Talkgast über Hintergründe reden oder Zusammenhänge erläutern will, die über das Offensichtliche hinausgehen, sind die Moderatoren gehalten einzugreifen.

Eine repräsentative Umfrage im Auftrag der Programmzeitschrift „HörZu" hat ergeben, dass immer mehr Menschen gezielt fernsehen und den Großteil des Programmangebots ausblenden.[81] Mehr als jeder zweite befragte Fernsehzuschauer (57 Prozent) ist demnach der Meinung, das Fernsehprogramm sei in seiner wachsenden Vielfalt unüberschaubar geworden. Und auch was die Inhalte des Programms angeht, äußern sich die Befragten kritisch: Mehr als die Hälfte aller deutschen Fernsehzuschauer (50,5 Prozent) glaubt nicht mehr daran, was im Fernsehen berichtet wird. Knapp 60 Prozent sind sogar der Meinung, das Fernsehprogramm sei „dümmer" geworden.

Die Zukunft von Rundfunk und Fernsehen ist digital

Die Intendanten von ARD und ZDF nehmen die Signale ernst und bauen konsequent ihre Angebote im Internet aus, weil sie hoffen können, mit diesem Medium zukunftsfähig zu bleiben. Mit *tagesschau.de* ist ein Internetformat entstanden, das neben „Spiegel-online" zu den meistbesuchten und anerkanntesten Nachrichtenportalen zählt. Auch das Radioprogramm liefert zu – die umfängliche tägliche Presseschau des Deutschlandfunks ist als Lesestoff oder als Hördatei verfügbar. Das ZDF geht mit *heute.de* ähnliche Wege und ist damit sehr erfolgreich. In der ZDF-*mediathek* warten Dokumentationen, Hintergrundberichte und hochwertige Diskussionssendungen auf den Internetnutzer. Allerdings stellt das Zweite auch schmalzige TV-Serien als Lockangebot ins Internet. Die ARD hat im Mai 2008 ebenfalls eine „Mediathek" gestartet; nach eigener Auskunft stehen rund 10.000 Sendungen der einzelnen Landessender zum Download bereit. – Privatsender und Zeitungsverlage sind voller Sorge, dass ihnen die gebührenfinanzierten öffentlich-rechtlichen Sender mit ihren digitalen Angeboten zu starke Konkurrenz machen. Anfang Dezember 2009 forderten RTL-Gruppe und Pro Sieben/Sat.1 unisono, *ZDF Neo* sollte sein Portal umgehend wieder schließen.

Das *Radio* kann flexibler arbeiten, eine Telefonverbindung ins Studio reicht völlig aus, um glaubwürdig Live-Atmosphäre und Authentizität zu vermitteln. Die Hörfunk-Redaktionen sind zudem stärker gegliedert. So lassen sich für eine breitere Themenpalette interessierte Mitarbeiter finden. Schließlich sind in den Morgen- und Mittagsmagazinen im öffentlich-rechtlichen Radio die Sendezeiten reichlich bemessen, so dass die Forderung nach inhaltlicher Ausgewogenheit gerne durch eine Fülle von Gesprächspartnern mit verschiedenen Standpunkten eingelöst wird. Natürlich ist auch beim Radio der *Crossmedia*-Gedanke angekommen. Auf den Internetseiten der Sendehäuser tummeln sich zahlreiche Beiträge als Podcast-Version. Darüber hinaus ergänzen Weblogs und andere Beiträge der Redakteure manche Sendung um eine Fülle an Materialien. Ganze Sendemanuskripte stehen zum Herunterladen bereit. Der gleiche Prozess, der die Zeitungen und Zeitschriften Ton- und Bildkonserven ins Netz stellen lässt, führt bei den Radiosendern zu einer Verschriftlichung ihrer Sprechtexte.

Die privaten Fernsehsender

Kritische Geister meinen, der Sendestart von *RTL* und *Sat.1* habe die deutsche Republik stärker verändert als die viel zitierte 68er-Bewegung. Inzwischen senden mehr als drei Dutzend private Fernsehsender bundesweit, einige sind nur regional zu empfangen und nutzen Kooperationsverträge mit den „Großen", die dafür Sendezeiten freimachen. Die neue Vielfalt hat auch ARD und ZDF dazu getrieben, rund um die Uhr zu senden, so dass – wer will – zu jeder Tages- und Nachtzeit zwischen vielen Angeboten wählen kann.

In der Zuschauergunst haben *RTL, Sat.1* und *ProSieben* mit ARD und ZDF an vielen Tagen gleichgezogen und oft sogar die Nase vorn. Die Nachrichtensendungen von RTL (*RTL aktuell* und *Nachtjournal*) werden von Profis gelobt und von vielen Zuschauern ebenso geschätzt wie *heute* und *tagesschau*. Dennoch werden die Privaten das Image nicht los, mit ihrem Angebot mehr auf die Körpermitte als auf den Kopf der Zuschauer zu zielen. Die Machart der Informationssendungen ähnelt dem Erfolgskonzept der Boulevardpresse: Die Nachrichtenauswahl betont gerne die Storys mit hohem emotionalen Beiwert, die Fragen der Interviewer kreisen um den menschlichen Aspekt und der Tonfall der Berichterstatter wirkt oft überhitzt. Sat.1 hat zeitweise ganz auf Nachrichtensendungen verzichtet. Nach deutlich sinkenden Zuschauerzahlen gibt es nun wieder Neuigkeiten – zusammengestellt allerdings vom N24-Team.

Attraktive Unterhaltung, aktueller Sport, Comedy und Hollywood-Spielfilme („Blockbuster") sind die Magneten, mit denen die Privaten Zuschauer anlocken. Das Triviale wird gefeiert, an manchen Tagen gleicht das Programm einem immerwährenden Kindergeburtstag. Nachdem die zahllosen Talkshows bis auf einige verschwunden sind, kann sich der Zuschauer in diverse fiktive Gerichtsverhandlungen setzen oder leicht debilen Menschen dabei zuschauen, wie sie in „Dschungelcamps" in Kakerlaken beißen oder in „Containern" an den Nägeln kauen. Preiswerte Produktionsformen sind das eigentliche Kennzeichen der Privaten geworden. Zwischendurch dürfen dann auch mal aufwändige Mehrteiler sein, die in Hollywood-Manier wilde Autojagden inszenieren und viel Dynamit verbrauchen – solche Action wird durch lange und zahlreiche Werbepausen finanziert. Der Rest sind Spielfilme, billig eingekaufte Serien, viel Jux mit frechen jungen Leuten und ein paar Sitcoms.

Dennoch stimmt das böse Wort vom Unterschicht-Fernsehen nicht. Untersuchungen belegen, dass die Privaten in allen Bevölkerungsschichten kontinuierlich an Beliebtheit gewinnen. Beispiel RTL II: 1993 schalteten 11,1 Prozent der Zuschauer zwischen 14 und 49 Jahren mit Hauptschulabschluss den „Big-Brother"-Kanal ein. Im Jahr 2007 waren es 26,1 Prozent. Bei den Zuschauern mit weiterführenden Schulabschlüssen stieg der Anteil sogar von 9,8 auf 26,4 Prozent. Annähernd verdreifacht hat sich der Zuschaueranteil mit Abitur (von 6,9 auf 18,5) und mit einem abgeschlossenen Studium (von 5,4 auf 15 Prozent). Die anderen kommerziellen Sender konnten ihren Anteil in ähnlicher Weise steigern, durchweg zum Nachteil von ARD, ZDF und den Dritten Programmen. Allerdings haben die Privatsender ihre besten Tage vielleicht schon hinter sich: Seit dem Jahr 2000 sinken auch dort die Quoten in der gesamten Breite.[82]

Hinter den einzelnen Sendern stehen internationale Medienkonzerne, die zudem untereinander verflochten sind. Wer nach „Qualitätsfernsehen" ruft, stört hier das Geschäft – denn hinter den Medienunternehmen stehen wiederum Großbanken und Investmentfirmen, die vor allem an den sprudelnden Gewinnen aus Werbeeinnahmen interessiert sind.

Informationssender und Medienkooperationen

Zur Sender-Familie *ProSieben/Sat.1* gehört *N 24*. Der Informationskanal aus der bayerischen Hauptstadt will „das Wichtigste aus Wirtschaft und Finanzen, Politik, Sport, Wissenschaft und Technik" in Nachrichten und Info-Magazinen vermitteln, kommt aber aus den roten Zahlen nicht heraus. Anfang Dezember 2009 wurden Gedanken der Konzernleitung bekannt, ganz auf eigene Nachrichtenproduktion zu verzichten. Der Wettbewerber *N-tv* aus der *RTL-Familie* ist bisher als einziger privater Informationssender auch kommerziell erfolgreich. Rund um die Uhr aktuelle Kurswerte der internationalen Börsen und Finanzmärkte, aktuelle Sendungen mit kompetenten Fachleuten und gut gemachte Talkshows haben den Sender mit Sitz in Berlin zu einem geschätzten Spartenanbieter für Wirtschaftsthemen gemacht. Neben *RTL* ist der US-Riese *CNN/Time-Warner* an *N-tv* beteiligt.

Andere Informationssender werden international produziert und in englischer Sprache verbreitet *(BBC World, CNN, NBC)*. Eine Ausnahme ist *EuroNews* mit Sitz in Lyon, das von 16 öffentlich-rechtlichen europäischen Sendern, darunter dem ZDF, betrieben und in der jeweiligen Landessprache ausgestrahlt wird.

Eine Spezialität der Privatsender sind Magazine, die als Ableger von Zeitungen und Zeitschriften auftreten. *Spiegel-TV* (mit den weiteren Formaten *Spiegel-extra, Spiegel-Reportage* und *Spiegel-Interview*) und *stern-TV* waren die ersten, *Focus-TV*, die *Süddeutsche (SZ)*, die *Neue Zürcher Zeitung (NZZ Format)*, *Cinema-TV* und *auto motor sport-TV* gestalten ihre Sendungen häufig mit Themen, die sich in den Printprodukten wiederholen. Der um sich greifende Crossmedia-Gedanke zeigt sich hier in seiner reinsten Form.

Ein *„anderes Privatfernsehen"* will *Alexander Kluge* gestalten, der mit seiner Produktionsfirma *dtcp* anspruchsvolle Magazine im Privatfernsehen herstellt. Der ehemalige Filmemacher hatte sich früh an mehreren Privatsendern beteiligt, weil er im Kommerzfernsehen um die Anteile von Information und Kultur fürchtete. Kluge zwingt den Privatsendern ein Paradox auf: Zu nächtlicher Stunde werden unter Umständen 90-minütige Interviews ausgestrahlt, die Kluge mit Intellektuellen, Künstlern und Wissenschaftlern führt, unterbrochen von Werbesendungen für Telefonsex und Actionfilme.

Die Marktführer RTL und Sat.1 haben *regionale Sendefenster* geöffnet und gleichen sich damit den Landesrundfunkanstalten mit ihren Funkhäusern an. Vielfach kooperieren sie mit regionalen Programmzulieferern, die das Mantelprogramm aus Köln bzw. Mainz mit Lokalkolorit ergänzen. Eine wachsende Zahl privater Sender ist nur in der Region zu empfangen. Von Ballungsraumsendern wie *TV Berlin, München TV* über das *Rhein-Main-TV* im Frankfurter Raum bis zum *Rhein-Neckar-Fernsehen (RNF)* im Städtekonglomerat Mannheim/Ludwigshafen oder zum kreisweiten Fernsehen rund um Bad Neuenahr-Ahrweiler *(Rhein-Ahr-TV)* – das Fernsehen bekommt eine zunehmend lokale Dimension. Dem ähnlich, aber oft erkennbar unprofessionell, sind die zahlreichen offenen Kanäle, die Eigenproduktionen von Bürgern und Gruppen in die Region ausstrahlen.

Diese Fülle des Angebots ändert nichts an der Tatsache, dass nur die größeren unter den Privatsendern nennenswerte Zuschauerkontingente versammeln: alle Spartensender, Musik- und Einkaufskanäle zusammen erreichen keine 4 Prozent der Kunden an den Endgeräten. Damit sind sie uninteressant für die Werbewirtschaft und ständig in ihrer Existenz bedroht.

Privater Hörfunk

Der private Radiomarkt hat sich noch dramatischer entwickelt als das Fernsehen. Seit am 1. Januar 1984 in Ludwigshafen ein Kabelpilotprojekt startete, haben Hunderte privater Radiosender ihr Programmangebot gemacht – nicht alle dauerhaft erfolgreich.

Neben bundesweit *(Klassikradio)* und landesweit (*Radio Schleswig-Holstein, radio ffm* in Hessen, *RPR 1* und *RPR 2* in Rheinland-Pfalz) sendenden Unternehmen haben sich viele Lokalsender etabliert. Der oftmals hohe Musikanteil hat dem privaten Hörfunk das Pauschalurteil „Dudelfunk" eingetragen, das freilich mittlerweile ebenso auf viele ARD-Radioprogramme zutrifft. Wahr ist allerdings, dass nur eine Minderheit der Privatradiostationen im publizistischen Sinne arbeitet. Die meisten erfüllen den Unterhaltungsanspruch ihrer Hörer und bekommen dies durch üppige Werbeeinnahmen von der Wirtschaft honoriert.

Dass ein regionaler Musiksender dennoch für republikweiten Wirbel sorgen kann, zeigte sich im Baden-Württembergischen Landtagswahlkampf 2006: Ein Hitradio prüfte die Kandidaten der Parteien auf ihre Ehrlichkeit. Nicht jeder ließ sich an einen Lügendetektor anschließen – aber die Spitzenkandidatin der SPD, Ute Vogt, antwortete sogar auf die Frage, ob sie schon einmal einen Orgasmus vorgetäuscht habe, mit einem entwaffnenden „Ja, habe ich." Diese Einlassung provozierte hämische Schlagzeilen vom Nordseestrand bis zum Alpenrand und trug vermutlich zur dramatischen Niederlage für Ute Vogt bei.

Träger der Sender sind in vielen Fällen die vor Ort ansässigen Zeitungsverlage. Der Gesetzgeber hat fast überall dafür gesorgt, dass privater Rundfunk auch Bürgerfunk sein kann. In der Regel sind 15 Prozent der gesamten Sendezeit interessierten Menschen zu überlassen, um selbst Programme zu gestalten. Diese Sendungen im „Offenen Kanal" oder „Bürgerradio" geraten allerdings nach dem Urteil der Profis nur selten, obwohl Berater und Studiotechnik gestellt werden. Es gibt allerdings auch beeindruckend gut gelungene Beispiele.

In Nordrhein-Westfalen hat man das sogenannte *„Zwei-Säulen-Modell"* per Landesrundfunkgesetz etabliert. Es soll Meinungsmonopole verhindern. Die 46 Lokalsender (z.B. *Radio Köln, Radio Münsterland*) werden von örtlichen Betriebsgesellschaften unterhalten; daran sind die regionalen Zeitungsverlage beteiligt. Sozusagen über Allem sitzt in Oberhausen die Redaktion von *Radio NRW*. Von dort kommen die landesweiten und überregionalen Nachrichten, dort werden auch landesweit ausgestrahlte Magazinsendungen produziert und werden die Musikfarben der überstrahlenden Sendebereiche koordiniert. Radio NRW wird von der Veranstaltergemeinschaft getragen und ist auf keiner Senderskala zu finden, sondern geht im Angebot der Lokalstationen auf.

In den anderen Ländern verfügen die am privaten Rundfunk beteiligten Zeitungsverlage oft auch über eine monopolartige Stellung im Zeitungsmarkt. Aus publizistischer Sicht kann das bedenklich sein. Ebenso wie die Beteiligung von Medienkonzernen an privaten Produktionsgesellschaften, die viele kleinere Sender mit anspruchsvoll gemachten Sendungen beliefern. In Bayern produziert die Nürnberger Sebaldus-Gruppe, in Baden-Württemberg der Holtzbrinck-Konzern die Informationsprogramme vieler Lokalsender. So sehen Kritiker eine ihrer Sorgen längst als Wirklichkeit: das „freie Spiel der Kräfte", wie es die Befürworter privater Sendemöglichkeiten forderten, werde zum „freien Spiel der Kräftigen" geraten (so der Publizist und Politiker Peter Glotz).

Bedeutung für die PR-Arbeit

Private Fernseh- und Hörfunksender leben von ihren Werbekunden. Sie sind folglich von der Zusammenarbeit mit Wirtschaftsunternehmen abhängig. Daraus zu schließen, Medienarbeit sei mit den Privaten leichter zu machen als mit den halbstaatlichen Sendeanstalten, wäre ein Irrtum. Die Redaktionsteams der Informations- und Magazinsendungen haben den gleichen journalistischen Anspruch wie die Kollegen von ARD und ZDF. Das heißt: einseitige, beschönigende, werbende PR-Offerten haben hier ebenso wenig eine Chance.

Nach der Art der privaten Programmgestaltung finden PR-Angebote auch nicht unbedingt den Rahmen, in dem sie im gewünschten Licht erscheinen. Die Neigung des zeitgenössischen Journalismus zur Sensationsmacherei, der Trend zur Aufwertung von Boulevardthemen ist im privaten Rundfunk und Fernsehen deutlicher ausgeprägt als bei den öffentlich-rechtlichen Sendern.

Die gute Nachricht: Die buntere Themenwahl und bürgernahe Sendeformen bieten für PR-Zwecke eine Menge Möglichkeiten.

Für Buchverlage und Filmverleiher gehört es heute zur Routine, ihre Autoren und Stars rechtzeitig vor dem Erscheinen eines Buches oder dem Start eines Films in Unterhaltungssendungen und Talkshows zu platzieren. Das Gleiche gilt für Sportler oder Kulturschaffende, die von einem Unternehmen gesponsert werden – das Unternehmen wird nur knapp erwähnt, das positive Image des erfolgreichen Sportlers oder der ideelle Anspruch des Theaterleiters übertragen sich mit dem Fernsehauftritt auf die zahlende Firma.

Der „klassischen" Medienarbeit am nächsten kommt das Bemühen, bei Veranstaltungen oder Messen fernsehtaugliche Situationen zu schaffen – so dass zum Beispiel ein Beitrag von der Cebit vom Messestand eines spezifischen Unternehmens gesendet wird, weil die Kulisse toll ist oder ein attraktives Showprogramm die Blicke auf sich zieht.

Lokale Rundfunkanbieter haben in ihrer Region häufig eine starke Sender-Hörer-Bindung erreicht. Für sie gilt wie für die Zusammenarbeit mit lokalen Zeitungen, dass die Bedeutung eines Themas für die am Ort ansässigen Hörer erkennbar wird. So werden neben Veranstaltungshinweisen auch Unternehmensnachrichten zum Stoff fürs Lokalradio.

Für die Medienarbeit mit privaten Hörfunksendern sind die Programmkriterien entscheidend. Ein reiner „Dudelfunk" mit knappen Weltnachrichten zur vollen Stunde taugt kaum für Neuigkeiten, die ein regionales Unternehmen mitteilen will. Und wenn die Kernzielgruppe der Radiomacher in der Altersgruppe 14 – 20 Jahre liegt, wird der Sender kaum an Informationen über Rheumamittel interessiert sein.

3 Nachrichtenagenturen und Pressedienste

Türöffner und Nachrichtenhändler

Es wäre zu viel verlangt von den Redaktionsmitgliedern, wenn sie alle Fakten, Nachrichten, Hintergründe und Bewertungen, die in einer Zeitung oder in einem Fernsehbeitrag Platz finden, selbst zusammentragen und formulieren müssten. Diese Aufgabe teilen sie sich mit Zulieferern, die sich im Mediengeschäft einen festen Platz erobert haben. Viele kleinere und mittlere Zeitungsredaktionen können sich keine Korrespondenten leisten und wären hilflos ohne die Agenturdienste. Und die hilfreichen Lieferanten sind teilweise genauso lange und traditionsreich im Gewerbe wie die ältesten und renommiertesten Zeitungen.

Nachrichtenagenturen – dreimal gesiebte Neuigkeiten

Die wichtigsten Informationsquellen neben den eigenen Mitarbeitern für Presse, Funk und Fernsehen sind die großen Nachrichtenagenturen. Jeder Zeitungsleser hat ihre kennzeichnenden Abkürzungen schon einmal gelesen, die häufig einem Artikel vorangestellt werden. Seltener stehen sie wie ein Autorenkürzel am Schluss des Textes. Nachrichten in deutscher Sprache liefern hierzulande einheimische Unternehmen und große Niederlassungen internationaler Agenturen:

AFP	Agence France-Presse, Berlin (Frankreich)
AP	The Associated Press, Frankfurt/Bonn/Berlin (USA)
ddp/adn	Deutscher Depeschendienst/Allgemeiner Deutscher Nachrichtendienst, Bonn/Berlin
DFA	Deutsche Fernsehnachrichten Agentur, Düsseldorf
dpa	Deutsche Presse-Agentur, Berlin
epd	Evangelischer Pressedienst, Frankfurt
gp	Global Press Nachrichten-Agentur GmbH, Düsseldorf (USA)
inad, if	Interfax GmbH, Kronberg/Taunus (Russland)
IPS	Dritte Welt Nachrichtenagentur GmbH, Bonn
KNA	Katholische Nachrichten-Agentur, Bonn
rtr	Reuters AG, Frankfurt/Berlin (Großbritannien)
sid	Sport-Informations-Dienst, Neuss
vwd	Vereinigte Wirtschaftsdienste, Eschborn/Taunus

Nicht nur die „Deutsche Fernsehnachrichten Agentur (DFA)" stellt den Sendern neben Text auch Bilder und sendefertige Videos zur Verfügung. Für Medienzulieferer wie die PR-Zünftigen bedeutet das, auch für die Agenturen ein Angebot zu machen, das aus mehr als druckbaren Texten besteht. Gefragt sind TV-gerechte Aufnahmesituationen, bereitwillige Interviewpartner und vorgefertigtes Videomaterial in Profi-Qualität.

Neben Neuigkeiten aus Deutschland verbreiten die Agenturen Nachrichten aus aller Welt, das sie über ein weitverzweigtes Korrespondentennetz erhalten – die ausländischen Unternehmen mit Betonung ihres Herkunftslandes, ehemaliger Kolonialgebiete und ihres Sprachraums. Darüber hinaus liefern staatliche und private Nachrichtenagenturen aus mehr als hundert Staaten Neuigkeiten in den Medienmarkt Deutschland, von Al-Ahram (Ägypten) bis Xinhua (China).

Der Marktführer: Die Deutsche Presse-Agentur (dpa)

Die Deutsche Presse Agentur wurde mit dem Wiederaufbau der deutschen Presse 1949 gegründet. Ihre Organisationsform beruht auf den schlechten Erfahrungen, die man in den Jahren zuvor mit einer manipulierten Presse gemacht hatte: Teilhaber des genossenschaftlich aufgebauten Unternehmens sind mit maximal 1,5 Prozent Anteil die Zeitungs- und Zeitschriftenverlage sowie die öffentlich-rechtlichen Sender. Der Einfluss des Unternehmens ist groß: dpa ist die alleinige Quelle für politische Nachrichten für rund ein Drittel aller deutschen Tageszeitungen. Im Sommer 2010 zieht dpa von Hamburg nach Berlin um.

Möglicherweise aber muss die führende deutsche Nachrichtenagentur ihr Geschäftsmodell renovieren: Infolge der anhaltenden Zeitungskrise haben mehrere Verlage ihre Abonnements gekündigt und sparen so viel Geld, unter anderen die WAZ-Gruppe als größter Verleger von Regionalzeitungen. Die HNA in Kassel verzichtete auf Zeit, machte aber mit dem Angebot anderer Agenturen gemischte Erfahrungen und kehrte zu dpa zurück. Der Verleger, Dirk Ippen, fordert eine Satzungsänderung bei dpa, damit die Agentur auf die veränderten Bedingungen für die Zeitungen in der Online-Ära flexibler reagieren kann.[83]

Struktur der dpa

dpa sammelt Nachrichten von:
1 dpa-Zentralredaktion (Hamburg/Berlin)
1 dpa-Hauptstadtbüro (Berlin)
6 dpa-Landesbüros
60 dpa-Regionalbüro oder Bezirks-
korrespondenten
114 dpa-Standorte im Ausland
(Auslandsbüros oder -korrespondenten)

Die dpa-Unternehmensgruppe:
Globus Infografik GmbH
Fotoagentur Zentralbild GmbH
Global Media Services GmbH
news aktuell GmbH
Rundfunk Agenturdienste GmbH
dpa-Info.com GmbH
dpa-AFX Wirtschaftsnachrichten GmbH
dpa Agencia Alemaña de Prensa S.L.

dpa verbreitet Nachrichten durch:
12 dpa-Landesdienste
5 dpa-Basisdienste (Politik, Wirtschaft, Kultur, Sport, Vermischtes)
5 dpa-Auslandsdienste (Europa, Nordamerika, Lateinamerika, Asien/pazifischer Raum, Afrika/Naher Osten)
dpa/gms-Themendienst
dpa-Kurznachrichtendienst
dpa-Nachrichtendienst für Kinder
dpa-Termine
dpa-Dossiers
dpa-Hörfunknachrichtendienst
dpa-Audiodienst und Online-Radiodienst
dpa-Bildfunk, -Fotoreport, -Sportreport
dpa-Grafik, InfoActive und Globus-Grafik
dpa-WebTV
dpa-Webline, dpa-Mobil

Ein Beispielfall, wie eine Nachricht zur dpa-Meldung wird:

Im Frachtbahnhof von Karlsruhe brennen am späten Nachmittag mehrere Container. Dichte Rauchwolken breiten sich über dem Gelände aus und ziehen, von kräftigem Wind angetrieben, in die Stadt. Beunruhigte Bürger beobachten, wie die Feuerwehr den Brand nach einer guten Stunde löschen kann. Die Lokalre-

daktion Karlsruhe-Stadt der „Badischen Neuesten Nachrichten" schickt Fotograf und Reporter zum Ort des Geschehens, sobald sie von dem Unglück erfahren hat. Zeitgleich informiert sie das örtliche dpa-Büro.

Dort würde bei der geschilderten Sachlage vermutlich entschieden, dass es sich um eine Nachricht von nur lokaler Bedeutung handelt – und damit nicht um einen Sachverhalt, der dpa länger interessieren müsste, denn die örtliche Zeitung berichtet ja bereits. Anders verhielte es sich, wenn wir unseren Ausgangsfall ein wenig variieren:

Nehmen wir an, Feuerwehr und Polizei hätten vom Speditionsunternehmen und der Bahn AG keine ausreichenden Auskünfte über die brennende Ladung erhalten, so dass aus Sicherheitsgründen der Verkehr auf der Schienenstrecke gesperrt werden muss. Erst nach einiger Zeit stellt sich heraus, dass der Güterzug Naturkautschuk geladen hatte, was die starke Rauchentwicklung und den üblen Geruch erklärt.

In diesem Fall würde das Karlsruher dpa-Büro wohl einen Bericht formulieren, der an das Landesbüro der Deutschen Presse-Agentur in Stuttgart weitergeht. Dort würde vermutlich entschieden, die Nachricht in den Landesdienst aufzunehmen, der an die Abonnenten in Baden-Württemberg gesendet wird. Und am folgenden Tag würde man diesen Text wahrscheinlich in einer Vielzahl der Zeitungen in diesem Bundesland wiederfinden.

In einer weiteren Variante ruft ein Sprecher des Bundesverfassungsgerichts im Karlsruher dpa-Büro an und teilt mit, dass eine Sitzung des 1. Senats abgebrochen werden musste, weil der Rauch der brennenden Container die Klimaanlage des Gerichtsgebäudes überwunden hatte.

Diese unerwartete Folgewirkung des Brandes wäre interessant genug, sie an die Zentralredaktion in Hamburg zu berichten. Durch die Beeinträchtigung der Gerichtsarbeit bekäme die Nachricht ein Element mit republikweitem Interesse. Im dpa-Basisdienst könnte am frühen Abend die folgende Meldung auf den Bildschirmen der Redaktions-Computer erscheinen:

„Verfassungsgericht ausgeräuchert – (Datum) Karlsruhe (dpa) – Der Rauch mehrerer brennender Frachtcontainer auf dem Gelände des Güterbahnhofs hat gestern in Karlsruhe zur kurzfristigen Evakuierung des Bundesverfassungsgerichts geführt. Trotz der Luftfilter in der Klimaanlage des Gebäudes wurden die Richter von dem eindringenden Qualm derart belästigt, dass sie eine Sitzung abbrachen. Ein Sprecher bestätigte, dass die Verhandlung erst nach der Sommerpause wieder aufgenommen wird. Fünf brennende Frachtcontainer des niederländischen Spediteurs Van Maanen hatten Naturkautschuk aus Indonesien geladen. Während der Löscharbeiten war der Zugverkehr auf der stark befahrenen Strecke über längere Zeit gesperrt. Über die Brandursache und den Umfang des Schadens wurde gestern noch nichts bekannt."

Dieser Text ist so formuliert, dass er in vielen Tageszeitungen am nächsten Tag veröffentlicht werden kann – und dies geschieht auch. Die ca. 300 Abonnenten der dpa-Dienste haben das Recht erworben, die ihnen zugelieferten Texte unverändert oder nach Belieben gekürzt, ergänzt, verknüpft mit anderem abzudrucken.

Als Quelle für dpa-Nachrichten dienen natürlich auch die PR-Veröffentlichungen von Unternehmen, Verbänden, politischen Einrichtungen und Institutionen jeglichen Typs. Adressaten können die örtlichen Büros ebenso wie die Landesredaktionen oder die Zentrale in Hamburg sein. Die meisten Filterstufen durchläuft dabei natürlich die Information, die dem dpa-Vertreter vor Ort gegeben wird; andererseits hat sie die besten Chancen, weiterverbreitet zu werden, wenn sie von diesem – in der Regel gut ausgebildeten und erfahrenen – Journalisten angenommen wird.

Bei den Inlandsbüros, den eigenen Korrespondenten und den partnerschaftlich verbundenen Nachrichtenunternehmen laufen täglich gewaltige Informationsmengen auf, etwa eine Million Wörter. In den Basisdiensten wird der Input auf eine Textmenge von täglich 80.000 bis 100.000 Wörtern verdichtet. Und schließlich treffen die Redaktionen in Presse, Funk und Fernsehen nochmals eine Auswahl, denn in einer durchschnittlichen deutschen Tageszeitung umfasst der gesamte redaktionelle Inhalt nicht mehr als 30.000 bis 50.000 Wörter. Mit anderen Worten: In der aktuellen Tageszeitung finden nur wenige Prozent des Weltgeschehens ihren Niederschlag in Meldungen, Berichten und Kommentaren – und viel, sehr viel blieb schon in den Filterstufen der Nachrichtenagenturen hängen.

Das Nachrichtenmaterial erreicht die meisten Redaktionen heute *direkt am PC-Bildschirm* über Nachrichtensatelliten oder E-Mail. Die Bedeutung von Telefax schwindet. Viele Agenturmeldungen gehen gleichzeitig an Datenbanken und stehen dort – unabhängig von der Aktualität – längere Zeit für Recherchezugriffe von Journalisten zur Verfügung.

Mit *news aktuell* bietet dpa seit 1994 einen speziellen Service für PR-Kunden an. Pressemitteilungen und Fotografien werden redaktionell unverändert an 320 tagesaktuelle Medien in Deutschland verbreitet. Darüber hinaus erhalten mehr als 100.000 Kunden aus Medien und PR die täglich rund 200 Meldungen im E-Mail-Abonnement. Im Internet steht eine differenzierte Auswahl an Nachrichten, Dokumenten, Fotos und Grafiken für recherchierende Journalisten in der Datenbank *„presseportal.de"* zur Verfügung. Dieser *„Originaltextservice" (ots)* kostet die Kunden natürlich etwas, ebenso wie der entsprechende *„Originalbildservice" (obs)*. Dafür verspricht *news aktuell* die zeitgleiche Belieferung von bis zu 2.500 Redaktionen. Spezielle Angebote umfassen auch die Presse im Ausland.

Neben dem Hamburger Marktführer sind weitere ots-Dienstleister erfolgreich, die zum Teil auch Texte bearbeiten, Medienbeobachtung und

Erfolgskontrollen anbieten oder sich auf einzelne Medienbereiche konzentrieren. Eine Auswahl:

news aktuell, Hamburg (www.newsaktuell.de)
pressrelations GmbH, Düsseldorf (www.pressrelations.de)
hugin Deutschland, Leipzig (www.hugingroup.com)
The News Market, München (www.thenewsmarket.com)
Xpedite Systems Deutschland, Unterhaching (www.xpedite.de)
press1 – High Text Verlag, München (www.press1.de)

Pressedienste und Korrespondenzen – Medien für die Medienmacher

Die meisten Presseorgane beziehen ihre Informationen aus vielen Quellen. Einige Agenturen liefern nur Informationen zu bestimmten Themenfeldern. So veröffentlichen viele Tageszeitungen regelmäßig Berichte und Meldungen über Medizin- und Gesundheitsthemen, die ihnen ins Haus geliefert werden: Die insgesamt zehn Pressedienste und die wöchentliche Gesundheitskolumne des Vereins *Deutsches Grünes Kreuz (DGK)* in Marburg an der Lahn erreichen eine addierte Tagesauflage von mehr als einer Milliarde im Jahr und sind damit die am häufigsten nachgedruckten Gesundheitsinformationen im Bundesgebiet. Hinzu kommen jährlich bis zu 1.500 Radiosendungen und etwa 200 TV-Beiträge, die in Zusammenarbeit mit dem DGK produziert werden.

Sogenannte *Redaktionsservices* umfassen oft auch die Gestaltung von ganzen oder Teilen von Druckseiten, andere haben sich auf Grafiken oder Fotos spezialisiert. Besonders die Themenseiten und Verlagsbeilagen der Tagespresse profitieren gerne davon. *Globus-Press, Hansa-Press* und *WW-press* bieten ihre Dienste über ein gemeinsames Online-Portal an (www.dpp.de), als Marktführer in diesem Segment gelten die *Deutschen Journalistischen Dienste* (www.djd.de) und der *Aktuelle Zeitungs- und Pressedienst Schiementz* (www.akz-media.de).

Zahlreiche Pressebüros haben sich auf spezielle Themenkomplexe konzentriert und bieten ihre Arbeit den Redaktionen zum Kauf an. Ein vielfach größeres Informationsangebot machen die *ca. 2.000 Pressedienste*, die täglich, wöchentlich oder monatlich den Informationsmarkt erreichen. Sie sind in der Regel kostenlos, immer häufiger tritt neben die Papierform die Online-Version. In den meisten Fällen ist der Herausgeber eindeutig als Partei, Interessen- oder Branchenverband, Unternehmen oder Institution erkennbar.

Schwieriger wird es, wenn Mediendienste von einzelnen, in einer spezifischen Sachfrage engagierten Journalisten aufgelegt werden. Vor 60 Jahren war der „Hochschuldienst" des Dr. Josef Raabe ein 14-tägig erscheinender Pressedienst, der über die sich neu formierende Hochschul- und Forschungslandschaft im Nachkriegsdeutschland unterrichtete und zur renommierten Informationsquelle für nahezu alle deutsche Zeitungen wurde. Später wandelte sich der Charakter des Dienstes immer mehr zu einem Sprachrohr der konservativen Hochschullehrer, bis er zum offiziellen Organ des Deutschen Hochschulverbandes wurde – und damit zu einem Medium der Verbands-PR.

Ob Verbraucher- oder Umweltschutz, Frauenfragen oder Durchblick im Multi-Kulti-Feld, ob Verbandsnachrichten oder Fachjournalismus – themenzentrierte Berichterstattung wird oft durch Interessen gesteuert, die nicht unbedingt der journalistischen Wahrhaftigkeit verpflichtet sein müssen.

Es gibt einen Pressedienst der PVC erzeugenden Unternehmen. Auch Asbest hat ein Sprachrohr. Beide sind handwerklich bestens gemacht. Aber als Absender firmieren in beiden Fällen nicht Unternehmen der Chemieindustrie, sondern der unverdächtig lautende „Kunststoffrohrverband" beziehungsweise die wissenschaftlich anmutende „Forschungsvereinigung Feuerfest". Und die Hersteller hochgiftiger Pflanzenschutzmittel unterhalten einen Informationsdienst, der als Absender die „Fördervereinigung Nachhaltige Landwirtschaft" angibt. Solche methodisch betriebenen Versuche zur Desinformation haben den Presse- und Informationsdiensten ganz allgemein bei vielen Journalisten einen zweifelhaften Ruf eingetragen.

Aber sie werden genutzt. Aufmerksame Beobachter haben gezählt, wie häufig die Medien in Inhalt und Wortwahl den Infodiensten der Verbände, Parteien, Unternehmen und Institutionen folgen: Im Durchschnitt veröffentlichen Blätter mit Auflagen unter 50 000 Exemplaren zu *35 Prozent die Texte gänzlich unrediegiert.* Je auflagenstärker das Medium – und damit in aller Regel auch personell besser besetzt und zu eigenen Recherchen imstande – desto niedriger ist die Übernahmequote für ungeprüfte Wahrheiten.

Die Nachrichtenagenturen und Pressedienste sind insbesondere für kleinere Redaktionen zu *Hauptquellen für Nachrichten aus Politik, Wirtschaft, Kultur und Sport geworden.* Oft sind nur die lokalen Ereignisse Gegenstand eigener Recherchen und Beobachtungen. Aber auch in großen Redaktionsstäben wird die Bedeutung einer Nachricht kaum mehr in Frage gestellt, wenn sie von mehreren Agenturen zugleich geliefert wird oder wenn der Umfang einem Agenturtext scheinbare Bedeutung verleiht. Zwar gelangen in den sogenannten „Leitmedien" nur noch wenige Ursprungstexte unverändert in den Druck, aber die Auswahl und Mischung der Neuigkeiten wird deutlich von dem aktuellen Angebot der Agenturen und Pressedienste mitbestimmt.

4   Die Medien in Österreich

Scheinbar ähnlich – und doch ganz anders

Die Medienrealität in Österreich wird wesentlich durch die starke Medienkonzentration geprägt, die zu einer deutlichen Auszehrung der Medienvielfalt geführt hat. Auch die Beteiligung zahlreicher ausländischer Anteilseigner wirkt sich auf die geringe Dynamik des Medienmarktes aus. Das weitgehend unangetastete TV-Monopol des ORF bringt vor allem die deutschen Privatsender auf die Fernsehbildschirme in der Alpenrepublik.

Umgekehrt ist die österreichische Wirtschaft stark nach außen orientiert, und wiederum ist Deutschland der bei weitem größte und wichtigste Handelspartner. Die Medien-, Wirtschafts- und Kultursysteme sind so stark miteinander verflochten, dass in vielen Fällen die Sicht über die politischen Grenzen hinaus reichen muss. Gemeinsame Sprache, Kultur und Geschichte bewirken einen andauernden intellektuellen Austausch. Und so gibt es zahlreiche Grenzgänger aus Wirtschaft, Kultur, Medien und Showbizz, die ihr Auskommen im größeren Nachbarland suchen.

Printmedien

„Felix Austria", das glückliche Österreich: Schöne Landschaften, idyllische Städte, gastfreundliche Bewohner – und eine leicht überschaubare Medienvielfalt. Denn die österreichische Medienlandschaft ist im Vergleich zu anderen europäischen Ländern durch ein wenig mannigfaltiges Angebot geprägt. Massive Konzentrationsprozesse haben die Zahl der Tageszeitungen auf 15 schrumpfen lassen – in der Schweiz kommen auf gut halb so viele Menschen 86 Tageszeitungen, in Deutschland sind es rund 330. Zudem decken die vier Boulevardblätter _„Kronen-Zeitung", „Kurier", „Österreich"_ und _„Kleine Zeitung"_ bereits zwei Drittel der Gesamtauflage aller österreichischen Tageszeitungen ab. Befragt zu ihren liebsten Freizeitaktivitäten, antworteten 97 Prozent der Österreicher über 14 Jahre in einer repräsentativen Untersuchung[84] mit „Fernsehen", 93 Prozent nannten „Radio hören" und 88 Prozent „Zeitungen und Zeitschriften lesen".

Die Zahl der in Österreich verlegten und herausgegebenen Zeitschriften liegt mit rund 2.100 Titeln rund zehn mal niedriger als in Deutschland – allerdings ist ein Großteil der in Deutschland gemachten Blätter in Österreich auf dem Markt, teilweise mit einem regionalen Ableger.

Zeitungen insgesamt[85]:	41
Tageszeitungen	15
davon Kaufzeitungen („Boulevardzeitungen")	5
Wochen- und Sonntagszeitungen	24
Gratiszeitungen	140 [86]
Zeitschriften insgesamt:	ca. 2100
davon:	
Fachzeitschriften	ca. 500
Verbandszeitschriften	ca. 500
Kundenzeitschriften	ca. 150
Publikumszeitschriften	37 [87]
Mitarbeiterzeitschriften	ca. 100
sonstige Zeitschriften (Amtsblätter, Jahrbücher etc.)	ca. 800

Als älteste österreichische Tageszeitung gilt die *Wiener Zeitung*, die seit 1703 regelmäßig erscheint. Die Zeit zwischen den Weltkriegen wird als große Epoche des Zeitungmachens angesehen. 1934 kamen in Wien allein 26 Zeitungen heraus, im ganzen Land waren es über 300. Nach Naziregime und Krieg gab es 1955 mit der vollen Souveränität Österreichs wieder 35 Zeitungen im Land. Seitdem hat die Pressekonzentration zu einem ständigen Schwund geführt. 1973 gab es noch 20 Tageszeitungen. Bis 1991 waren alle Parteizeitungen vom Markt verschwunden, dafür erschienen in den Folgejahren zwei kleinformatige Boulevardblätter: *Kronen-Zeitung* und *Kurier*.

Seit Ende der achtziger Jahre übernahmen vermehrt deutsche Medienkonzerne Anteile an den österreichischen Zeitungsverlagen. Die WAZ-Gruppe kaufte sich mit 49,5 bzw. 45 Prozent in *Kronen-Zeitung* und *Kurier* ein, der *Axel-Springer-Verlag* investierte 50 Prozent des Startkapitals für das neue Qualitätsblatt *Der Standard* und übernahm 65 Prozent der Anteile an der *Tiroler Tageszeitung*. Über verschlungene Beteiligungen sind auch die Hamburger Bertelsmann-Tochter *Gruner + Jahr* und die Stuttgarter Verlagsgruppe *Holtzbrinck* sowie der *Süddeutsche Verlag* in Österreich aktiv. Knapp ein Drittel der Auflage österreichischer Zeitungen und Zeitschriften erscheint mit deutscher Beteiligung, auch nachdem Springer seine Anteile am Standard an den Süddeutschen Verlag veräußert hat. 1995 entstand mit dem Kapital der schwedischen Bonnier-Gruppe das *Wirtschaftsblatt*.

Problematisch – und deshalb auch kartellrechtlich umstritten – sind Konzentrationsfolgen, die die Informationsfreiheit der Bürger einschränken könnten. Im April 2001 fusionierten die *Mediaprint-Gruppe* von Hans Dichand und der *News-Konzern* der Gebrüder Fellner. Der neue Mediengigant erwirtschaftet fast ebenso viel Umsatz wie alle kleineren Medienunternehmen zusammen. Unter seinem Dach erscheinen neben den beiden reichweitenstärksten Tageszeitungen *Kronen-Zeitung* und *Kurier* zwei weitere regionale Zeitungen und zwölf Zeitschriften, darunter alle drei österreichischen Nachrichtenmagazine. Ein zweiter Riese hat kontinuierlich von Graz aus seine Macht entfaltet: Die *Styria Medien AG* gebietet über die Kleine Zeitung, das Qualitätsblatt *Die Presse*, elf Wochenzeitungen, 15 Zeitschriften, mehrere Buchverlage und Online-Medien. Als im Juni 2009 das Tiroler Medienhaus Moser (Tiroler Tageszeitung) mit der Styria fusionierte, erhob das Kartellgericht Einspruch. Die Entscheidung steht noch aus..

Geradezu bizarr mutet an, welche Reichweite die *Kronen-Zeitung* auf sich vereint. Bei einer verkauften Gesamtauflage von rund 800.000 Exemplaren erwirbt jeder zehnte Österreicher über 14 Jahre das Boulevardblatt – dagegen gibt nur jeder zwanzigste Deutsche Geld für die vergleichbare *Bild-Zeitung* aus. So erklärt sich, dass die „Kronen-Zeitung" fast 42 Prozent der Österreicher erreicht; am Sonntag sogar 51 Prozent. *Bild* hat in Deutschland eine Reichweite von 15 Prozent, *Bild am Sonntag* erreicht keine 10 Prozent.

Eine Besonderheit unterscheidet Österreichs Zeitungslandschaft deutlich von der deutschen: Vier Boulevardzeitungen stellen 70 Prozent aller täglichen Druckexemplare und erreichen zwei Drittel aller Österreicher über 14 Jahre. Üblicherweise erklärt der Vertriebsweg die auffällig andere Gestalt dieses Zeitungstyps, in Österreich ist das anders: Die Boulevardblätter haben einen hohen Abonnenten-Anteil. Die *Kleine Zeitung* geht zu 85 Prozent direkt in die Haushalte, der *Kurier* liegt mit seinem Abonnenten-Anteil nur knapp darunter, die *Kronen-Zeitung* wird zu etwa 60 Prozent vom Boten zum Frühstück gebracht. Die Schlagzeilen-Blätter sind also in Österreich flächendeckend an die Stelle klassischer Regionalzeitungen getreten – das ist eine Entwicklung, die in Europa nur mit Großbritannien vergleichbar ist.

Eine weitere Besonderheit für den Zeitungsmarkt in Österreich ist am 1. Januar 2004 mit dem *Presseförderungsgesetz* in Kraft getreten. Es regelt die finanzielle Unterstützung von Tages- und Wochenzeitungen durch den Bund; insgesamt verteilt die Bunderegierung rund 14 Millionen Euro im Jahr. Die *Kommunkationsbehörde Austria* (KommAustria)[88] bewertet nach gesetzlich festgelegten Kriterien die Förderungswürdigkeit von Tages- und Wochenzeitungen, Gelder werden nach ebenfalls genau festgeschriebenen Richtlinien zugeteilt. Neben dem Vertrieb werden auch die Journalistenausbildung und die Beschäftigung von Auslandskorrespondenten gefördert, das Gesetz soll so seinen Teil zur Qualitätssicherung im österreichischen Journalismus leisten.

Überregionale Tageszeitungen

Von den zehn überregionalen Tageszeitungen erscheinen neun in der Hauptstadt Wien und haben den Anspruch, sich an die gesamte Republik zu wenden. Im Sommer und Herbst 2006 wirbelten zwei neue Blätter durch die Republik: „Heute" kam im Juni zunächst in Wien, im Herbst auch in Niederösterreich, Oberösterreich und in der Steiermark auf den Markt – ein kostenloses Boulevardblatt, herausgegeben von Eva Dichand in der Mediaprint-Gruppe. Wolfgang Fellner vom News-Konzern reagierte rasch und konterte im Oktober mit „Österreich", im Raum Wien ebenfalls kostenlos. Seither ist das Land um zwei Boulevardzeitungen reicher, aber das Niveau ist weiter gesunken. Alle Zahlen in diesem Abschnitt nennen die verkauften Auflagen, gemessen im 1. Halbjahr 2009 von der Österreichischen Auflagenkontrolle. Ungefähre Angaben kennzeichnen, dass sich diese Blätter den offiziellen Kontrollen nicht stellen und nur eigene Zahlen veröffentlichen – die *Wiener Zeitung* und das *Neue Volksblatt* tun noch nicht einmal das.

Kronen-Zeitung	800.290
Heute	ca. 500.000
Österreich	306.345
Kurier	147.563
Die Presse	68.878
Der Standard	67.308
Salzburger Nachrichten	67.976
Wirtschaftsblatt	20.705
Wiener Zeitung	ca. 24.000, Sa 55.000 [89]

Die *Wiener Zeitung* ist eine Spezialität – nicht wegen ihres ehrwürdigen Alters von 300 Jahren, sondern weil es sich um eine Staatszeitung handelt; darum enthält jede Ausgabe das aktuelle Amtsblatt der Bundesregierung. Herausgeber ist die Republik Österreich, vertreten durch den amtierenden Bundeskanzler. – *Kronen-Zeitung* und *Kurier* erscheinen in den Bundesländern mit unterschiedlichen Regionalausgaben (siehe nächste Seite), sind aber nicht überall vertreten:

- Der Kurier ist nur in Wien, Niederösterreich, Tirol und im Burgenland mit eigenen Landesausgaben vertreten und erscheint überall sonst mit seiner Hauptstadt-Ausgabe,

- die Kronen-Zeitung unterhält keine Regionalausgabe für Vorarlberg und ist dort mit ihrer Wiener Ausgabe am Markt.

Die *Salzburger Nachrichten* sind ursprünglich eine Regionalzeitung für die Mozartstadt und das gleichnamige Bundesland. Der Verlag unterhält aber seit 1989 eine republikweit vertriebene Ausgabe, die verstärkt bundespolitische und wirtschaftliche Themen sowie Auslandsmeldungen bringt. Diese Zeitung bildet zusammen mit *Standard* und *Presse* das Trio der österreichischen *„Qualitätszeitungen"*.

Die Regionalzeitungen

Bei der geringen Gesamtzahl gewinnen die regionalen Ausgaben der Hauptstadtblätter an Gewicht. Sie haben in einigen Regionen die Funktion klassischer Regionalzeitungen übernommen, die von ihnen nach und nach verdrängt worden sind:

Kronen-Zeitung Niederösterreich	166.183
Kronen-Zeitung Wien	124.570
Kronen-Zeitung Oberösterreich	142.682
Kronen-Zeitung Steiermark	138.966
Kronen-Zeitung Kärnten	71.797
Kronen-Zeitung Salzburg	59.799
Kronen-Zeitung Tirol	50.297
Kronen-Zeitung Burgenland	39.409
Kleine Zeitung (Graz)	183.468
Kleine Zeitung (Klagenfurt)	91.317
Kurier Wien	76.422
Kurier Niederösterreich	58.278
Kurier Burgenland	9.872
Kurier Tirol	3.010
Oberösterreichische Nachrichten (Linz)	103.057
Tiroler Tageszeitung (Innsbruck)	86.555

Vorarlberger Nachrichten (Bregenz)	62.505
Salzburger Nachrichten (Ausg. Salzburg)	56.069
Neue Kärntner Tageszeitung (Klagenfurt)	ca. 32.000
Salzburger Volkszeitung (Salzburg)	ca. 8.500
Neue Vorarlberger Tageszeitung (Bregenz)	5.743

In den Bundesländern Oberösterreich, Salzburg, Tirol und Vorarlberg erreichen die eigenen starken Zeitungen 60 bis 80 Prozent der erwachsenen Bevölkerung. Die Boulevardblätter haben hier wenig Bedeutung. Die auflagenstärkste Regionalzeitung, die *Kleine Zeitung*, ist jedoch gleichfalls ein Boulevardblatt und erscheint in zwei redaktionell getrennten Ausgaben mit jeweilig konkurrenzloser Reichweite in den beiden Bundesländern Steiermark und Kärnten.

Wochen- und Sonntagszeitungen

Drei der österreichischen Boulevardblätter und einige seriöse Tageszeitungen erscheinen auch am siebten Tag der Woche. Die *Kronen-Zeitung* kommt am Sonntag zusammen mit dem Magazin *Krone bunt* heraus, seit Mitte 2009 erscheint die *Presse* sonntags mit eigenem redaktionellen Konzept.. Einige der kirchlich gebundenen Wochenzeitungen können gleichfalls zu den Sonntagszeitungen gezählt werden, weil sie zum Wochenende erscheinen und mit ihrer Thematik zur sonntäglichen Lektüre einladen.

Kronen-Zeitung (sonntags)	1.313.752
Österreich (sonntags)	379.182
Kleine Zeitung (sonntags)	329.690
Kurier (sonntags)	300.371
Die Presse	152.500
Niederösterreichische Nachrichten	128.992
Tiroler Tageszeitung (sonntags)	79.102
Kirchenzeitung der Diözese Linz	35.766
Neue Vorarlberger Zeitung (sonntags)	26.469
Die Furche	12.799
Osttiroler Bote	14.984

Diese Titel und einige kleinere Blätter erscheinen mit insgesamt 214 lokalen Ausgaben, die *Niederösterreichischen Nachrichten* allein mit 27 örtlichen Varianten.

Gratiszeitungen

Dieser Begriff – nicht zu verwechseln mit den täglich verteilten grellen Boulevardblättern – kennzeichnet einen Zeitungstyp, der die Haushalte unverlangt und kostenlos erreicht. In Deutschland entsprechen dem die Anzeigenblätter und Heimatzeitungen. Jüngstes Familienmitglied ist die *Bezirks-Rundschau,* die seit Anfang 2009 mit 17 Varianten in Oberösterreich erscheint. Sie ist aus der *Oberösterreichischen Rundschau* hervorgegangen, die seither nur noch am Sonntag herauskommt. Der Verband der Regionalmedien nennt 140 Gratiszeitungen, die Erscheinungsfrequenz reicht von wöchentlich bis sieben Ausgaben pro Jahr. Die Herstellung und der Vertrieb finanzieren sich durch die Anzeigen und anderen Werbeformen der gewerblichen Wirtschaft und besonders des Handels. Wie bei ihren deutschen Pendants haben viele dieser Blätter einen guten Ruf bei ihren Lesern, weil die Redaktion oft lokale Themen aufgreift und ebenso professionellen Journalismus garantiert.

Weekend Magazin	1.121.504
Wiener Bezirksblatt (mtl.)	580.390
Bezirks-Rundschau Oberösterreich	513.907
Unser Niederösterreich (14-tg.)	376.778
Kärntenweit (14-tg.)	229.923

Zeitschriften, Magazine und Supplements

Auch der österreichische Zeitschriftenmarkt steht unter dem Signum der Verlagskonzentration. Die Fusion von Mediaprint und News-Gruppe führt dazu, dass mehr als ein Dutzend der Magazine aus einem Haus kommt, darunter drei Nachrichtenmagazine und die beiden auflagenstärksten Programmzeitschriften, das verbreitetste Computermagazin und die meistverkaufte Frauenzeitschrift. Kurioserweise entzieht sich das größte Verlagshaus der Auflagenkontrolle – was die marktbeherrschende Rolle nicht gerade weniger problematisch erscheinen lässt.

Ein im Frühjahr 2007 gestartetes Experiment macht bis heute immer wieder Schlagzeilen: Das People-Magazin *Live* kam mit 300.000 Exemplaren zusammen mit der Gratis-Zeitung heute auf den Wiener Markt. Eva Dichand, Herausgeberin von *heute* und ehrgeizige Schwiegertochter des Mediaprint-Patriarchen Hans Dichand, setzte damit ein Zeichen gegen den Erfolg des Konkurrenzblatts Österreich. Daraufhin entwickelten die Fellner-Brüder das Frauenmagazin *Madonna* und verteilten es gleichfalls kostenlos mit der Samstagsausgabe ihrer Gratiszeitung. Beide Versuche verlaufen nicht ganz zufriedenstellend, die Werbewirtschaft interessiert sich nicht im gewünschten Maß für die ersten kostenlosen Zeitschriften in Europa.

Die in Österreich tätigen deutschen Verlage haben zumindest eigene Akquisitionsbüros für ihre Werbeseiten, vielfach auch eigene Redaktionsteams eingerichtet, die Informationen und Themen aus Österreich zuliefern. Das sind im Zweifel die besten Anlaufadressen für den PR-Kontakt mit den deutschen Blättern.

Nachrichtenmagazine: Das traditionsreichste österreichische Nachrichtenmagazin ist *Profil* (Reichweite 5,7 Prozent). Aus dem gleichen Haus kam *Format* (2,4 Prozent) hinzu. Beide Blätter aus dem Krone-Kurier-Umfeld haben nach der Fusion mit der Fellner-Gruppe und dem dort erscheinenden Erfolgsblatt *News* (12 Prozent) eine Bestandsgarantie erhalten – um den Preis, dass sie bis ins Layout hinein zusammenarbeiten. Spötter sprechen von „Formil"

News	198.264
Format	77.880
Profil	47.579

Die österreichische *Wirtschaftspresse* ist stark geprägt durch die Veröffentlichungen der Wirtschaftskammern in Bund und Ländern. Daneben veröffentlichen natürlich Tageszeitungen und Nachrichtenmagazine Wirtschaftsberichte. Das 1970 gegründete Magazin *trend* kann in der Entwicklung der Gattung Wirtschaftsmagazin auch international als Vorreiter gelten. Darüber hinaus spielen die deutschen Magazine die wichtigste Rolle.

Wiener Wirtschaft (Kammerzeitschrift)	87.992
Gewinn	62.679
trend	56.323

Special-Interest-Zeitschriften aus Österreich stellen eine kleine Gruppe, die meisten Titel dieser Art kommen aus Deutschland. Der auflagen- und reichweitenstärkste Titel ist *Auto-Touring*, das Monatsmagazin des Österreichischen Automobil-, Motorrad- und Touring-Clubs (verbreitete Auflage 1.400.409, über 32 Prozent Reichweite), also eigentlich ein Verbandsorgan ähnlich der deutschen *ADAC Motorwelt*.

E-Media	78.889
Auto Revue	55.809
Alles Auto	43.659
Sportwoche	31.883
Universum	16.031

Illustrierte und andere Zeitschriften aus Deutschland erreichen in Österreich manchmal sogar eine höhere prozentuale Reichweite als im eigenen Land, so zum Beispiel *Geo* oder *Freundin*. Die höchsten Verbreitungszahlen erreichen auch hier die Programmtitel.

Die Ganze Woche (Illustrierte)	319.253
Gusto (Lifestyle)	55.594
Wiener (Lifestyle)	ca. 34.000
Maxima (Frauen)	66.053
Woman (Frauen)	174.410
Welt der Frau (Frauen)	47.647
Wienerin (Frauen)	45.349
tv media (Fernsehprogramm)	226.271
topic (Jugendmagazin)	106.526
Tele – das Fernsehmagazin (Supplement)	1.238.134
Der Falter (Stadtmagazin, Wien)	ca. 25.000

Der Verband der Österreichischen Zeitschriftenverleger (ÖZV) führt auf seinen Internetseiten 18 *Kundenzeitschriften* auf – sie tragen Namen wie *Lease mich* oder *Shopping intern*. Tatsächlich sind es mehrere hundert Titel, die aber direkt von den Firmen für ihre Kundschft hergestellt werden. Diese sehr unterschiedlichen Blätter erreichen sehr hohe Auflagenzahlen. Dazu zählen auch Blätter wie *A 1 for you* (Mobilkom-Austria, knapp 1,5 Millionen Exemplare) oder *High!Tech* (Siemens Österreich).

Hörfunk und Fernsehen

Auf dem elektronischen Sektor genießen die Programme des Österreichischen Rundfunks (ORF) geradezu sakralen Charakter: *„Orientierungspunkt, Autorität, tonangebend und sogar im Stande, Wahrheiten wegzuberichten"*, so sieht es Armin Thurnher, Chefredakteur der Wiener Stadtzeitung *Falter*[90]. Mit zwei TV-Vollprogrammen, drei landesweit und neun regional empfangbaren Radioprogrammen ist der öffentlichrechtliche ORF der Platzhirsch.

Das spiegelt sich auch in den Hörgewohnheiten wider: Die Radioprogramme des ORF haben einen Marktanteil von 79 Prozent. 69 lokale und regionale Privatradios teilen sich das restliche Fünftel der Hörer.

Privates Fernsehen ist in Österreich vorwiegend Importware aus Deutschland. Deren Marktanteil liegt bei über 28 Prozent; 12 Prozent mögen das Angebot der deutschen öffentlich-rechtlichen Sender ARD, ZDF und Dritte Programme. Weit vorne steht auch hier der ORF mit seinen beiden TV-Programmen: Zur Hauptsendezeit zwischen 18.00 und 23.00 Uhr erreicht ORF1 einen Zuschaueranteil von 16,8 Prozent, ORF2 sogar 25,1 Prozent.[91]

Öffentlich-rechtliche Sendeanstalten	1
Hörfunkprogramme überregional	3
Hörfunkprogramme regional	9
Fernsehprogramme überregional	3
Private Hörfunksender	69
Private Fernsehsender (überregional)	2
Private Fernsehsender (lokal)	ca. 50

Der durchschnittliche tägliche TV-Konsum lag 2008 in Österreich bei 148 Minuten, sieben Minuten weniger als im Vorjahr. Der Radio-Konsum ist mit aktuell 203 Minuten täglich im letzten Jahrzehnt um beachtliche 23 Minuten gewachsen.

Die *Glaubwürdigkeit* der Sender wird unterschiedlich beurteilt. Insgesamt vertrauen die Österreicher dem Fernsehen mehr als die Deutschen: 67 gegen 61 Prozent. Die Haupttagesnachrichten von ORF2 können mit der Tagesschau der ARD verglichen werden, beide Sendungen genießen größtes Vertrauen, auch die Nachrichtensendungen des ZDF erreichen ähnlich hohe Werte. Damit liegen die Nachrichtensendungen der öffentlich-rechtlichen Rundfunkanstalten in Österreich weit vorn.

Der ORF

Der Österreichische Rundfunk ORF ist das mit Abstand größte Medienunternehmen Österreichs. Rund 2.500 Mitarbeiter machen in Wien, acht Regionalsitzen und 14 Auslandsbüros zwei Fernsehprogramme, drei landesweite Radioprogramme und neun Audiokanäle für die Hörer in den Bundesländern. Die Sendezentrale befindet sich in Wien, die Regionalstudios arbeiten in den Landeshauptstädten.

Durch die gebirgige österreichische Landschaft war der ORF bei dem Aufbau seiner Senderfunktionen vor eine teure Aufgabe gestellt: Nahezu die Hälfte des Landes musste verkabelt werden, um den Hörern und Zuschauern in den Alpenregionen den Empfang zu ermöglichen. Heute erreicht der ORF mit 480 Sendeanlagen rund 95 Prozent der Bevölkerung. Diese erheblichen Investitionen wurden von den österreichischen Regierungen immer wieder ins Feld geführt, warum eine private Konkurrenz nicht erwünscht sei. Man befürchtete offenbar, dass die Werbeeinnahmen von den Privatsendern dem ORF abgezogen würden.

Die seit Jahren verfolgte Programmpolitik bemüht sich um eine Aufteilung der Radio- und Fernsehprogramme auf die Interessen der Konsumenten – also sind ORF1 und ORF2 nicht wirkliche Vollprogramme wie in Deutschland das ZDF oder die ARD-Angebote im „Ersten" und in den „Dritten".

Tatsächlich verteilen sich die Programmanteile recht eindeutig:

Sendeinhalte	ORF1	ORF2	ProSieben
Information	6,1 %	64,4 %	13,3 %
Unterhaltung	57,8 %	35,6 %	58,8 %
Kinder- und Jugendsendungen	—	—	4,1 %
Werbung	36,1 %	—	15,9 %
Sonstiges	—	—	7,9 %

Der Vergleich mit dem Münchener Privatsender *ProSieben* zeigt, dass die Programmstruktur von ORF1 sogar schlichter ist als die des nicht für seine Höhenflüge berühmten Pendants. Dagegen hat sich ORF2 einen anerkannten Ruf als Informationssender mit gediegenem Anspruch gesichert.

Der ORF betreibt mit *TW1* einen Sportsender für Themen aus reise, Tourismus, Sport und Wetter. Zwar ist TW1 eine hundertprozentige DRF-Tocher, darf aber nicht aus den TV-Gebühren finanziert werden. Zu empfangen ist der Sender nur über Satellit oder Kabel.

Die Hörfunkprogramme zielen ebenfalls auf unterschiedliche Publikumsinteressen ab. Während *Ö 1* zahlreiche Wortprogramme, aktuelle Nachrichten, Kulturinformationen und anspruchsvolle Musik bietet und damit ein eher älteres Publikum findet, bildet *FM 4* den Gegenpol mit Musik und Informationen für junge Leute, manchmal ziemlich schräg und „abgefahren"; gesendet wird auf Deutsch und Englisch.

Hitradio Ö 3 ist der Radiosender für jedermann. Ein Musikmix unterschiedlichster Richtungen, halbstündliche Kurznachrichten, Verkehrsmeldungen für den Auto fahrenden Radiohörer und Verbrauchertipps für die Hausfrau. Launige Moderationen in den Mittagsmagazinen haben Ö 3 zu dem Kanal gemacht, bei dem man gerne verweilt. In jüngster Zeit kommt die Musik immer häufiger aus Österreich, auf die Informationen und Magazinthemen trifft das schon länger zu.

Den neun *Regionalsendern* werden Weltnachrichten und Werbung aus dem zentralen Sendehaus in Wien zugespielt, sie übernehmen Teile von anderen Programmen und bilden regionale Schwerpunkte heraus. Im Burgenland und in der Steiermark gibt es Sendungen für die ungarischen und kroatischen Minderheiten, der ORF-Kärnten strahlt ein zusätzliches Programm in slowenischer Sprache aus. In Tirol und Salzburg sind die vom Tourismus geprägten Themen häufig. In allen Regionalprogrammen ist ein Anteil regionaler Brauchtumspflege, aber auch ein auf das Alltagsverständnis ausgerichteter Wirtschaftsjournalismus integriert.

Die ORF-Senderpolitik zielt offensichtlich darauf ab, die über Kabel und Satellit empfangbaren deutschen Privatsender mit einem ähnlichen Programmangebot zu attackieren und so die Werbeeinnahmen zu sichern. Die Akzeptanz der Fernsehzuschauer gibt den ORF-Strategen nicht unbedingt Recht: Wo die ORF-Programme in gleicher Qualität zu empfangen sind wie die wichtigsten Privatanbieter *RTL, Sat.1, ProSieben* und *RTL II* sowie die öffentlich-rechtlichen Programme von ARD und ZDF, liegt der ORF-Anteil um sechs Prozentpunkte gegenüber den Haushalten zurück, die keinen direkten Vergleich anstellen können. Der Anteil der Privaten steigt im direkten Vergleich um 2,6 Prozent, auch ARD und ZDF legen um 0,5 Prozent zu – kein Ruhmeszeichen für die ORF-Lenker.[92]

Eine zweite Tendenz ist sowohl in den Fernseh- wie den Radioprogrammen erkennbar. Um die Werbeetats der österreichischen Wirtschaft für sich nutzbar zu machen, verstärken alle Programme ihren Hang zum Volkstümlichen. Nachrichten eher zweiten und dritten Ranges gelangen sogar bei ORF2 an die Spitze der Sendung, wenn sie aus Österreich stammen oder wenn Österreicher im Mittelpunkt des Geschehens stehen. In diesem Umfeld wirkt Werbung für Landesprodukte authentischer, lautet die Begründung. Der Sendeauftrag – eine adäquate Mischung aus Unterhaltung, Information, Kultur und Bildung – wird von allen Programmen mit betont österreichischen Programmanteilen vollzogen.[93]

Unter PR-Vorzeichen muss das nicht schädlich sein. Sowohl die Konzentration auf das Informationsgeschehen aus dem eigenen Lande als auch die Nähe zum kommerziellen Fernsehen können den Kontakt zwischen PR-Leuten und TV-Redaktionen leichter machen. Probleme können im Ansteuern des falschen Niveaus legen, vor allem aber in der abnehmenden Glaubwürdigkeit des Senders.

Privater Hörfunk

Dem „Platzhirsch" ORF stehen 75 lokale und regionale Privatsender gegenüber. Fünfzehn Jahre später als in Deutschland erst 1998 gestartet, waren die Bedingungen durch gesetzliche Einschränkungen deutlich schlechter als im großen Nachbarland. So waren die Werbezeiten zunächst stark begrenzt, erst im Jahr 2000 hat man sie auf das Werbezeitvolumen des ORF angeglichen.

Der oftmals hohe Musikanteil hat dem privaten Hörfunk das Pauschalurteil „Dudelfunk" eingetragen, das freilich mittlerweile ebenso auf die ORF-Radioprogramme zutrifft. Insbesondere der viel gehörte Ö 3 unterscheidet sich wenig von den privaten Anstrengungen. Wahr ist allerdings, dass nur eine Minderheit der Privatradiostationen im publizistischen Sinne arbeitet; die meisten erfüllen allein den Unterhaltungsanspruch ihrer Hörer und werden dafür durch gebuchte Werbezeiten von der Wirtschaft honoriert.

Über einen Marktanteil von 20 Prozent sind die Privaten nur sporadisch hinausgekommen. Die Betreibergesellschaften haben durch eine Konzentration auf die ernüchternde Marktsituation reagiert – Regional- und Lokalformate werden unter den Sendern ausgetauscht und herumgereicht, aber nur einmal produziert. So kann es vorkommen, dass ein launiger Magazinbeitrag von *Antenne Wien* am nächsten Tag bei *Antenne Steiermark* ausgestrahlt wird.

Privates Fernsehen

Privatfernsehen aus eigenen Landen gibt es in Österreich erst seit dem 30. Juli 2002, prinzipiell für alle in der Republik anzusehen ist es jedoch erst seit dem Sommer 2003. Damit bildet Österreich (gemeinsam mit der Schweiz) das Schlusslicht in Europa, was die Wettbewerbssituation zwischen öffentlich-rechtlichem und privatem Rundfunk betrifft.

Österreich ist das Land der Satellitenschüsseln: In keinem anderen Land Europas gibt es mehr davon – 48 Prozent der Haushalte empfangen ihre Fernsehprogramme via Satellit[94]. Das hat zum einen seine Ursache in der gebirgigen Landesnatur, die schon den hohen Anteil an Kabelanschlüssen erklärt. Zum anderen ist es ein Fakt, dass Österreich erst seit dem 15. Juli 2003 mit *ATV (Austria Television)* über einen ersten landesweit verbreiteten privaten Fernsehsender mit einem erwähnenswerten Publikumsanteil verfügt. Zwei weitere Privatsender, *Puls 4* und *Austria 9*, gingen 2008 an den Start, *gotv* sendet vor allem Musikvideos und ist über Satellit zu empfangen. *Siebzehn regionale Privatsender* spielen mit einem Zuschauersegment von insgesamt 0,2 Prozent keine Rolle.

Die Programmangebote dieser Sender orientieren sich an den erfolgreichen Formaten der Privaten, die aus Deutschland hereinstrahlen. Zusammen erreichen die deutschen privaten Fernsehkanäle rund 25 Prozent Marktanteil in Österreich – das erklärt ebenfalls die Begeisterung für Satellitenschüsseln. Dabei nehmen die deutschen Anbieter auf ihre österreichischen Zuschauer nicht viel Rücksicht – es gibt nur wenige Programmfenster für die Kunden im Alpenstaat. Lediglich die Werbeeinblendungen sind spezifisch auf die österreichischen Konsumenten ausgerichtet.

5 Online-Medien

Wichtige Begriffe in der Übersicht

Zum besseren Verständnis dieses Kapitels sind zunächst einige Begriffe zu klären. Sie tauchen auch noch einmal im zweiten Teil dieses Buches auf, in dem die Instrumente der Medienarbeit behandelt werden:

- **Web 2.0:** Das Mitmach-Web. Während im Web 1.0 (dieser Begriff war allerdings nie im Gebrauch) die Nutzer noch vorwiegend konsumierten – also die von Unternehmen oder Organisationen bereitgestellten Inhalte nur ansehen, lesen oder herunterladen konnten –, lebt das Web 2.0 durch Partizipation. Die Nutzer gestalten die im Internet verfügbaren Inhalte mit, sie texten eigene Weblogs, kommentieren, laden eigene Fotos und Videos ins Netz. Die Fachwelt spricht von *user generated content*. Der Nutzer ist auch Produzent, nicht mehr nur Rezipient. Möglich wird dies durch *Social Software,* die eine Interaktion auch ohne Programmierkenntnisse ermöglicht.

- **Social Software:** Wichtiger Bestandteil des Web 2.0, der es den Usern sehr einfach macht, im Internet zu kommunizieren und zu interagieren. Das Soziale daran ist einerseits, dass viele Programme (z.B. zur Textverarbeitung im Netz oder zur Archivierung von Fotos) kostenlos im Internet zur Verfügung stehen. Anderseits fördern *Tags, Bookmarks* oder Kommentarfunktion den Kontakt zwischen den Nutzern. Bekannte Beispiele sind *Weblogs* und *Wikis.*

- **Content Management System (CMS):** Redaktionssystem für die Webseitengestaltung und Verarbeitung von Inhalt (Content = Texte, Bilder etc.). Online-Redakteure benötigen somit keine Programmierkenntnisse mehr, um neue Inhalte in eine Seite zu integrieren. Mit einem Editor können Inhalte auf einer Seite eingepflegt oder verändert werden. Der Editor nutzt dabei die aus der Textverarbeitung bekannten Symbole, die Bedienung ist nach kurzer Einarbeitung fast intuitiv möglich.

- **RSS/RSS-Feed** (auch **Newsfeed**): Die Abkürzung RSS steht für *Really Simple Syndication,* übersetzt in etwa „wirklich einfache Verbreitung". Die Technologie findet vor allem auf Nachrichtenseiten oder in *Weblogs* Anwendung. Über einen speziellen Link auf einer Webseite kann der User die neuesten Einträge abonnieren. Diesen Link gibt er in einem separaten Programm (z.B. FeedReader) oder über ein *Browser-Plugin* (z.B. die Feed Sidebar für Firefox) oder innerhalb eines E-Mail-Programms ein. Neue Texte werden dann direkt auf den eigenen Computer abgerufen und dort angezeigt. Der Leser muss so nicht mehr viele einzelne Webseiten besuchen, um neue Beiträge zu lesen, sondern abonniert einfach die ihn interessierenden RSS-Feeds.

- **Weblog** (auch **Blog**): Online-„Tagebuch", in dem einer oder mehrere Autoren schreiben können. Beiträge erscheinen in chronologischer Reihenfolge und können von Lesern kommentiert werden. Weblogs enthalten viele Querverweise auf andere Internetseiten und sind dadurch stark verlinkt; *Trackbacks* fördern die enge Vernetzung der Blogs untereinander. Ein Trackback ist eine Art Benachrichtigungsfunktion, die einen Blog-Autor informiert, wenn in einem anderen Blog auf seinen Artikel verlinkt wird. Neue Blog-Einträge können von Lesern mittels RSS abonniert werden.

- **Microblogging:** Echtzeitkommunikation in 140 Zeichen. Der bekannteste Microbloggingdienst ist *Twitter* (http://twitter.com; engl. *to twitter = zwitschern*). Dem Prinzip der SMS folgend, können Twitter-

Nachrichten, sogenannte *Tweets*, max. 140 Zeichen lang sein. Nach einer Registrierung auf *twitter.com* kann der User per Computer oder mobiler Endgeräte Nachrichten verschicken. Sogenannte *Hashtags*, mit einer Raute versehene Schlagwörter innerhalb der Kurznachricht, bündeln Themen; z. B. liefert *#zensursula* Nachrichten zu Ursula von der Leyen und dem Thema Internetsperren. *Follower* sind die Nutzer, die Tweets eines anderen abonniert haben – also die Leser. Der Empfang ist wie bei RSS-Feeds u. a. mittels Browser-Plugin möglich, so dass es nicht notwendig ist, sich bei Twitter einzuloggen, um aktuelle Updates seiner Kontakte zu erhalten. Neue Twitter-Tools kommen ständig ins Netz: So gibt es z. B. Anwendungen für Monitoring, die übersichtliche Organisation der abonnierten Twitter-Feeds oder den Versand von Fotos und Videos.

- **Podcasts** und **Video-Blogs** (für Audio- bzw. Film-Dateien): *Podcast* ist eine Wortverknüpfung von *iPod* und *broadcast* und meint die Produktion und Publikation von radioähnlichen Beiträgen. Viele Sender bieten inzwischen Teile ihres Radioprogramms als Podcast im Internet an, aber auch bei Unternehmen und Organisationen kommen sie – auch für die Medienarbeit – zum Einsatz; denkbar sind Interviews mit dem Management oder Experten oder Themen-Features zu bestimmten Anlässen. Video-Blogs ergänzen – wie der Name schon sagt – das filmische Element. Beides steht über RSS-Feeds für Abonennten zur Verfügung.

- **Wikis:** Der Name kommt von dem hawaiianischen Wort für „schnell", *wikiwiki*. Ein Wiki kann von seinen Nutzern nicht nur gelesen, sondern auch sehr einfach selbst bearbeitet werden. Dabei liegt Wikis die Idee zu Grunde, dass jeder sich an dem Projekt beteiligen kann und so eine umfassende Wissensdatenbank entsteht (daher auch als Instrument für firmeninternes *Wissensmanagement* gut geeignet). Ein Content Management System (CMS), das jeder Nutzer über seinen Browser verwenden kann, ermöglicht ein einfaches Redigieren der Seiten. Das wohl bekannteste Wiki ist die Online-Enzyklopädie *Wikipedia*, es gibt aber auch zahlreiche Wikis zu bestimmten Themenschwerpunkten.

- **Tags/Tagging:** Tags – englisch für „Aufkleber" – sind Schlagworte, die Nutzer bzw. Autoren zu Artikel, Fotos etc. in einigen Social-Software-Anwendungen vergeben können; *tagging* ist somit das Hinzufügen eines Schlagworts zu einem Online-Index. Beispielsweise vergibt ein Blog-Autor zu jedem neuen Eintrag zum Thema passende Stichworte; in der Foto-Datenbank *Flickr* kann man Bilder einstellen und diese mit Tags versehen. In *Tag Clouds* („Wortwolken") werden die Begriffe dargestellt: Je häufiger eine Abfrage erfolgt, desto fetter erscheint die Schrift des Wortes. Werden bei „Flickr" beispielsweise häufig die Suchworte „holiday" oder „wedding" eingegeben, erscheinen diese Worte besonders prominent in der Tag Cloud; beim Klick auf das entsprechende Wort erscheinen die Fotos aller Nutzer, die ihre Bilder entsprechend verschlagwortet haben (siehe www.flickr.com/photos/tags/).

- **Social Bookmarks:** Social Software, die es den Nutzern erlaubt, ihre Favoriten oder Bookmarks webbasiert abzulegen. Sie sind also nicht mehr auf der lokalen Festplatte gespeichert. Social Bookmarks können für andere Nutzer frei verfügbar gespeichert oder auch mit einem Passwortschutz versehen werden. Beispiele sind *del.icio.us* oder *Mister Wong*.

Die wachsende Bedeutung der Online-Kommunikation

Zwar ist das Fernsehen nach wie vor die europäische Informations- und Unterhaltungsquelle Nummer eins, für junge Leute zwischen 14 und 34 ist jedoch das Internet zum Leitmedium geworden: Junge Deutsche zwischen 25 bis 34 sind mit 5,8 Tagen und 14,4 Stunden pro Woche bereits genauso häufig und lange im Internet wie vor dem Fernseher[95]. Jugendliche und junge Erwachsene zwischen 14 und 29 verbringen in Deutschland pro Woche gar rund 21 Stunden im Web. 98 Prozent der Haushalte verfügen über einen Computer, ebenfalls 98 Prozent über mindestens ein Handy, das zunehmend ebenfalls für Online-Dienste genutzt wird[96].

Die flächendeckende Versorgung mit privaten Computern und insbesondere die DSL- und UMTS-Technik verändern auch die Werbewirtschaft. Das lokale und regionale Werbe-Inserat, aber auch Annoncen im Gebrauchtwagen- oder Wohnungsmarkt in der Tageszeitung bekommen zunehmend Konkurrenz durch das Internet. Jeder Nutzer der Netz-Möglichkeiten kennt auch die Fluten von werbenden E-Mails, die an jede erreichbare Online-Adresse geschickt werden, Handybesitzer bekommen ständig werbliche SMS. Online-Werbung ist der stärkste Wachstumsbereich in der gesamten Werbebranche, in den letzten Jahren stiegen die Umsätze in diesem Sektor beständig an, während 2008 und 2009 viele Werbeträger schwere Einbußen verzeichneten.[97]

Kleinsten Raum beanspruchen Neuigkeiten, die über das Display von Mobiltelefonen ihre Zielgruppen erreichen. Medien von *Bild* über *Focus* bis *cinema*, von *ARD* über *n-tv* bis *Süddeutsche* versorgen ihre Kunden mit Nachrichten über Telekommunikationsdienste. Diese Art der Nachrichtenübermittlung verbreitet sich schnell und findet nicht nur bei Jugendlichen Akzeptanz.

Online-Kommunikation – der Stil des neuen Jahrhunderts

Nie zuvor gab es so viele Druckwerke wie heute, nie zuvor hatten die Zeitungen, Zeitschriften und Magazine so viele Seiten. Die kommerziellen Online-Dienste und Internet-Provider verzeichnen nach wie vor rasche Zuwächse, allerdings wird die Kurve flacher und flacher. Es ist eingetreten, was Skeptiker schon lange geahnt haben: Angesichts von Milliarden registrierter Domains ist eine gewisse Ernüchterung nur natürlich. Kein Mensch ist in der Lage, die Spreu vom Weizen zu trennen, die Enttäuschung wächst mit der Zahl der Besuche auf nichtssagenden und banalen Websites. Jeder Internetnutzer weiß um die unnütz verbrachte Zeit am Monitor und ärgert sich bisweilen, was sich alles traut, weltweite Aufmerksamkeit auf sich zu lenken – unter anderem auch durch immer häufigere und ausgeklügeltere Werbe-Banner.

Das ist die eine Seite der Medaille. Ebenso ist aber richtig, dass die neuen Möglichkeiten der Online-Kommunikation mehr sind als die Bereicherung um eine neue Mediengruppe. Die Online-Medien haben ein zusätzliches Segment im Informationsmarkt geschaffen; und erstmals ist es möglich, nicht nur zu konsumieren, was der Markt anbietet, sondern jedermann kann selbst zum Händler mit der Ware Information werden. Die ehedem eher technokratisch definierten Hoffnungen und Erwartungen haben sich zwar nicht erfüllt, aber die gesellschaftlichen Auswirkungen der forcierten „Demokratisierung" des Informationshandels sind noch gar nicht absehbar. Als problematisch empfinden viele Internetnutzer die unklaren Quellen, aus denen die Fülle der Informationen sprudelt. Aber neue Technologien haben neue Denk- und Handlungsweisen zur Folge: Die Möglichkeiten des „Web 2.0" machen jeden, der will, zum Publizisten, die alleinige Deutungshoheit der traditionellen Medien schwindet. Die Betreiber von Weblogs, Twitter & Co. sind häufig Journalisten, die begriffen haben, dass man den Senf nicht zurück in die Tube bekommt, und dennoch ihre Bedeutung behalten wollen.

Ein Insider[98], der zum Journalisten des Jahres 2007 geadelte Stefan Niggemeier, bekennt: „Guten Journalismus kann man im Internet allein nicht finanzieren. Solange man bereit ist, das Niveau zu senken, läuft es weiter." Der 2005 verstorbene Medienwissenschaftler Peter Glotz sah die Qualität des Journalismus in den Online-Medien nicht gesichert.[99] Er erwartete „zunehmend hybride Textformen, die informative und unterhaltende, kritische und flapsige Elemente verbinden." Selbst *Spiegel online* erinnert oft mehr an die Bild-Zeitung als an seriöse Informationsportale. Ein Themenquerschnitt aus der ersten Maiwoche 2008: „Tod und Verwüstung" durch einen Zyklon, „Babyleichen in Tiefkühltruhe" oder „Sex-Skandal" des Profi-Fußballers Ronaldo. Der allgemeine Medientrend hin zu Boulevardthemen und Infotainment setzt sich im Internet mit verschärftem Tempo fort.

Den Online-Medien gehört die Zukunft

Es ist unbestritten, dass die Vernetzung der Welt ungeheure Schubkraft für die Wirtschaft besitzt und in vielen Details unseren Alltag verändert. Die Welthandelsorganisation behielt Recht mit ihrer Prognose, dass im Jahre eins nach der Jahrtausendwende Transaktionen im Wert von mehr als 300 Milliarden Dollar über das Internet abgewickelt werden. Damit entwickelt sich die globale Datenautobahn zur größten Handelsplattform des 21. Jahrhunderts: E-Commerce ist wohl die vielversprechendste Geschäftsidee unserer Zeit.

Mittelfristig ist auch der kommerzielle Handel mit Informationen – wie er heute noch von Druckwerken, Radio und TV beherrscht wird – nur durch die neuen Medien vorstellbar. Die Schnelligkeit der Informationsübertragung macht Online-Kommunikation unschlagbar.

Der Kosovo-Krieg von 1999 machte erstmals einer breiten Öffentlichkeit deutlich, welchen Rang das Internet für den Umschlag von Informationen bereits bekommen hat. Im vom Rest der Welt abgeschotteten Serbien waren es die PC-Besitzer mit Internetanschluss, die den Nachrichtenfluss über die Fronten hinweg aufrechterhielten. Leider nutzen auch kriminelle und terroristische Kräfte die Möglichkeiten der neuen Technik. Sie kommunizieren untereinander über getarnte Sites, sie verbreiten ihre Ideologie weltweit, ohne selbst sichtbar und greifbar zu werden.

Regierungsstellen und Verbände, Großunternehmen und Mittelständler, Institute, Agenturen und Freiberufler bedienen sich der neuen medialen Möglichkeiten mit unterschiedlicher Souveränität. Neben dem Internet sind andere Netzwerke entstanden, die interne Öffentlichkeiten erreichen *(Intranet)* oder in beliebiger Stufung Kreise darüber hinaus ansprechen *(Extranet)*. Der ursprüngliche Zweck des Internets war militärischer Natur, die nächsten Nutznießer waren Wissenschaftler. Diese Nutzergruppe hat enorme Vorteile für ihre Arbeit bekommen: Mediziner, Biologen und andere Naturwissenschaftler schicken ihre manchmal ungeheuren Datenmengen rund um den Globus und fügen so Erkenntnisbausteine zusammen, die einen deutlichen Schub in vielen Bereichen der Wissenschaft ermöglichen. An den Universitäten und Schulen wird *E-Learning* Bestandteil neuer didaktischer Konzepte, ebenso wie in der Weiterbildung von Mitarbeitern und Händlern.

Neue Medien verändern das Kommunikationsverhalten

Der direkte Zugang zum Endverbraucher der Information macht den Umgang mit den Online-Medien zu einem besonderen Instrument, das noch die wenigsten zu steuern wissen. Die klassische Medienarbeit wird in Einzelfällen geradezu ausgehebelt, wie ein Beispiel belegen kann:

Die Präsentation eines neuen Software-Produkts war einem deutschen Unternehmen an einem Nachmittag im Frühjahr 2000 einen gut geplanten Auftritt in Kalifornien wert. Die Präsentation war ein Flop, technische Pannen begleiteten die Vorstellung. Finanzanalytiker, die Zeugen der unrühmlichen Vorstellung waren, chatteten im Internet mit Kollegen rund um den Globus – die Branche verdrängt gerne ihr Schlafbedürfnis. Als zehn Stunden nach dem Missgeschick die Börse in Tokio öffnete, raste der Kurs des renommierten Software-Hauses nach unten. Auch die Kollegen auf dem Frankfurter Parkett waren bereits im Bilde. Mit der aufgehenden Sonne wanderten von Ost nach West fortschreitend die Kurse an den wichtigsten Börsen in den Keller. Alle sinnvollen, richtigen und wichtigen Erklärungen des Unternehmens liefen dem Internet-Gau nur noch hinterher.

Die massenmediale Funktion des Internet setzt es gleichwertig neben gedruckte und gesendete Informationen – mit dem Unterschied, dass es häufig keine greifbaren Quellen für die Informationen gibt, die durch das Netz geistern. Welche Breitenwirkung informelle Gruppen erreichen können, haben Beispiele gezeigt:

Bald nach den Anschlägen des 11. September 2001 wurden im Internet Theorien verbreitet, nach denen die US-Regierung die Katastrophe selbst inszeniert habe. Komplizierte Hypothesengebäude türmten sich zu einer scheinbar dichten Beweiskette. Auf die ungenannten oder vagen Quellen der Websites stützten sich alsbald zahlreiche Buchveröffentlichungen und Artikel, die ins gleiche Horn bliesen. Die gewaltige Berichtsflut der journalistisch sorgfältig arbeitenden, traditionellen Medien konnte ebenso wenig wie das Urteil von anerkannten Fachleuten verhindern, dass bis heute rund ein Fünftel der Deutschen an die Verschwörungstheorien glaubt.

Aufmerksame PR-Schaffende haben das Krisenpotential erkannt, das im Internet ruht. Sie beobachten die Informationen, die im Netzwerk um den

Globus wandern und können so feststellen, wo Imagegefahren drohen. Wenn in einem Weblog oder in einem Verbraucherportal enttäuschte Käufer eines Automobils zueinander finden, wenn Greenpeace weltweite Kampagnen einleitet, indem gezielt Informationen kritischen Inhalts ins Netz gestellt werden, deutet das auf massiv zunehmende Krisengefahr – lange bevor die traditionellen Medien sich einschalten.

Weblogs und Communities als neue Mediengattungen

Eines der größten Missverständnisse und Quelle zahlreicher Fehldeutungen rund um Weblogs ist, dass es sich hierbei um journalistische Produkte handele. Dies trifft nur in einem Teil der Fälle zu. Bei der großen Mehrheit der Blogs dürfte es sich um das handeln, was frühere Generationen in unauffällig eingebundenen und mit einem kleinen Vorhängeschloss versehenen Tagebüchern notiert haben. Die Tagebücher des neuen Jahrtausends werden im Internet geführt und sind öffentlich. Allerdings gibt es durchaus Weblogs (mit Text, Audio- und/oder Video-Beiträgen) die auch den höchsten journalistischen Ansprüchen genügen, allein deshalb, weil sie von gestandenen Journalisten publiziert werden. Wenn Stefan Niggemeier (www.stefan-niggemeier.de) oder Matthias Matussek (www.spiegel-online.de/kultur/.html) ihre medien- und kulturkritischen Beiträge ins Netz stellen, heben sie damit das durchschnittliche Niveau der Blogosphäre nicht unerheblich.

Nicht selten verfassen Menschen mit einer hohen Sachkenntnis auf einem bestimmten Gebiet Blog-Beiträge und ergänzen so die Fachpresse oder liefern tagesaktuelle Brancheninformationen, ohne dass Texte unbedingt streng nach journalistischen Kriterien aufbereitet sind. Dabei bleiben die meisten Blogs jedoch ihrem Charakter als „Online-Tagebücher" insofern treu, als dass sie nicht objektiv-nachrichtlich, sondern subjektiv-kommentierend aufbereitet sind. An solchen Stellen findet sich oftmals erfrischend kritischer Journalismus.

Charakteristisch für Weblogs sind folgende Elemente:

- Einträge erscheinen stets in einer chronologischen Struktur (daher „Online-Tagebücher"); ältere Beiträge rutschen in ein Archiv, das auf der Startseite in monatlichen Schritten abrufbar ist.

- Weblogs sind untereinander sehr stark verlinkt (man spricht von der *Blogosphäre*); Autoren nehmen aufeinander oder auf Beiträge in anderen Online-Medien Bezug, kommentieren, bewerten oder ergänzen so ihre eigenen Einträge und setzen im Text jeweils Links zu den anderen Seiten.

- Zudem enthalten viele Blogs eine sogenannte *Blogroll*, eine Linkliste zu anderen Weblogs.

- Für die Interaktivität und den Austausch mit den Lesern gibt es eine Kommentarfunktion, die in manchen Weblogs sehr intensiv, in anderen kaum genutzt wird; die neuesten Kommentare werden in der Regel auf der Startseite ebenfalls in chronologischer Reihenfolge angezeigt.

- Leser können neue Beiträge per *RSS* abonnieren.

Diese Funktionen und die Schnelligkeit der Kommunikation machen Weblogs zu offenen Diskussionsplattformen und zu einem mächtiger werdenden, nicht zu unterschätzenden Meinungsmedium – Experten sprechen sogar von einer „heimlichen Medienrevolution"[100].

Der Einsatz von Weblogs bei Online-Medien

Als Nachrichtenquellen wurden Weblogs während des zweiten Golfkriegs im Frühjahr 2003 erstmals von einer breiteren Öffentlichkeit wahrgenommen. Sogenannte *„Warblogs"* lieferten eine direkte und aktuelle Berichterstattung aus den Kriegsgebieten zu einer Zeit, als eine umfassende und wahrheitsgemäße Berichterstattung durch die „embedded journalists" zweifelhaft erschien. Ähnliches war nach dem Tsunami in Südostasien im Winter 2004 und dem Hurricane „Katrina" im Süden der USA im Sommer 2005 zu beobachten – die Blogger lieferten schnelle und authentische Berichte aus den Krisenregionen, die ansonsten zeitweise von der Außenwelt völlig abgeschnitten waren. Auch in Staaten, in denen die Pressefreiheit starken Restriktionen durch die Regierung unterliegt, sind es inzwischen die Blogger, die der Welt Einblicke gewähren, die die „klassischen" Medien nicht liefern können. Der kubanischen Bloggerin Yoani Sánchez wurde im April 2008 einer der wichtigsten Journalistenpreise der spanischsprachigen Welt verliehen: *„Generación Y"* entsteht unter schwierigsten Bedingungen in einem Land, in dem bis Anfang 2008 nicht einmal der Besitz eines Computers erlaubt war und die Presse einer strengen Zensur unterliegt. Sánchez fand dennoch nicht nur den Mut sondern auch die Möglichkeiten, ein Blog zu starten und erhielt dafür den Preis „Ortega y Gasset" sowie die Auszeichnung „Best Weblog 2008" der internationalen „Deutsche Welle Blog Awards".

In den Jahren 2008 und 2009 war es dann vor allem der Microblogging-Dienst *Twitter*, der auch in den klassischen Medien an Aufmerksamkeit gewann. Twitter haben Menschen – unter ihnen auch Journalisten – genutzt, um in Krisenregionen zeitnah aktuelle Ereignisse zu schildern und Fotos zu verschicken. Schnell stellte sich jedoch in vielen Fällen die Frage nach dem Nachrichtenwert einer 140-Zeichen-Meldung zum einen und nach der Glaubwürdigkeit der Tweets zum anderen. Zwei Textzeilen sind schnell verschickt – auch wenn noch gar nicht klar ist, was eigentlich genau passiert ist. Enthält die Kurzmitteilung eine Tatsache oder ein Gerücht? Selbstkritisch zeigten sich die Medien nach dem Amoklauf von Winnenden im März 2009, als Journalisten sogar über ihren Weg zu den Tatorten twitterten; wohl eher um des Twitterns willen, nicht, weil es außer Vermutungen schon etwas zu berichten gegeben hätte.

Es war allerdings auch eine Twitter-Nachricht, über die die Journalisten erst auf die Tat aufmerksam wurden: Die Medien überfielen die Nutzerin „tontaube" daraufhin mit Anfragen nach konkreteren Informationen; „tontaube" twitterte schließlich: „Liebe Presse: ich weiss doch auch nichts von dem Verrückten ... ".[101] Auch der volle Name des Täters fand samt der Adresse seines Elternhauses und vieler weiterer Details den Weg ins Netz und teilweise sogar in die Medien. Von journalistischen Kriterien wie Täter- und Opferschutz oder Standards der Berichterstattung bleibt hier nichts mehr übrig. Das Beispiel zeigt jedoch in aller Deutlichkeit, wie manche Redakteure inzwischen hemmungslos dem Computerbildschirm vertrauen und wichtig nehmen, was sich in Online-Communities abspielt.

Auch nach den Terroranschlägen von Mumbai im November 2008 hatten Menschen vor Ort Twitter für Augenzeugenberichte und Fotos genutzt. Und nach den Präsidentschaftswahlen im Iran im Juni 2009 gelang es der Opposition, sich mittels Tweets in der Welt Gehör zu verschaffen. Hier trug das Web 2.0 in einem Land zur politischen Meinungsbildung bei, wo offene Gegenstimmen nicht erwünscht sind. Zugleich erfuhr die Welt von Vorgängen, die ihnen die dort tätigen Journalisten nicht vermitteln konnten, denn die waren unter Hausarrest gestellt worden.

Wenn Twitter die Headline ist, dann ist der Weblog-Beitrag der Hintergrundbericht. Daher noch einmal zurück zu den Blogs: Als eine neue journalistische Darstellungsform können neben gut geschriebenen und thematisch interessanten Blogs vor allem die Weblogs von Journalisten bzw. Medien- und Verlagshäusern bestehen. Viele Online-Zeitungen oder -Zeitschriften bieten inzwischen auf ihren Webseiten Weblogs an; bei anderen ist zumindest das Blog-Element „Kommentar" für sämtliche Online-Artikel vorgesehen.

Die österreichische Tageszeitung „Der Standard" bietet registrierten Lesern ihrer Online-Version zu jedem Artikel die Möglichkeit, diesen zu kommentieren. Die Anzahl der Meinungsäußerungen („postings") ist hinter der Artikelüberschrift in Klammern vermerkt. Ob Wirtschaft, Politik, Sport oder Gesellschaft – überall gibt es Themen, die bis zu 200, teils über 400 Leserkommentare herausfordern. Jeder Einzelkommentar kann wiederum Antworten nach sich ziehen, die Leser können ihn bewerten oder – und hier kommt die Idee eines sich selbst korrigierenden Kollektivs ins Spiel – ihn melden, wenn er beispielsweise nicht rechtskonform oder über die Maßen beleidigend ist. (www.derstandard.at)

Einige Online-Medien haben Weblogs als eigenständige Rubrik fest in ihre Website integriert. Hier entsteht ressortübergreifend quasi eine neue, virtuelle Textgattung.

Das Düsseldorfer „Handelsblatt" bietet in seiner Online-Version elf Weblogs an, dazu ein Blog-Portal der Auslandskorrespondenten, die aus aller Welt berichten (Stand: Dez. 2009). Darunter war bis Nov. 2009 das für Branchenkenner sehr unterhaltsame und lehrreiche Blog „Indiskretion Ehrensache" von Thomas Knüwer (jetzt unter www.indiskretionehrensache.de), der aus dem Journalisten-Alltag plaudert und immer wieder einmal sein Leid über schlecht geschriebene Pressemeldungen oder seltsam anmutende PR-Kampagnen klagt. Andere Blogs behandeln Wirtschaft und Politik, Medien und Internet. Dass den Online-Medien auch eine gewisse Unbeständigkeit innewohnt, zeigt sich ebenfalls an handelsblatt.com: Das Gemeinschaftsblog „Letzter Schub" der Volontäre der Georg von Holtzbrinck-Schule für Wirtschaftsjournalisten existiert nicht mehr, ebenso wie weitere Redakteurs-Blogs oder der Podcast „bel étage" mit Interviewpartnern aus Medien, PR, Marketing und Werbung. Das Video-Blog „Elektrischer Reporter" hingegen ist so populär geworden, dass es seinen Weg ins ZDF gefunden hat. Mario Sixtus hat für seine Berichte und Interviews zu Online-Trends bereits 2007 den Grimme Online Award erhalten. (www.handelsblatt.com)

Andere Verlagshäuser nutzen Weblogs zur Leser-Blatt-Bindung. Sie bieten integriert in die Online-Präsenz ihren Lesern an, kostenfrei ein eigenes Weblog einzurichten und zu führen oder sich als Autor für ein Gemeinschafts-Weblog zu registrieren.

„RP Online", die Online-Version der Düsseldorfer „Rheinischen Post", war eine der ersten Zeitungen, die eine crossmediale Strategie etablierte: Auf der Plattform „Opinio" – zwar kein klassisches Weblog, aber doch ähnlich aufgebaut – können Leser sich als Autoren registrieren und Beiträge online publizieren. Wöchentlich erscheint in der Printversion eine Seite mit den besten Online-Texten und jeweils einem Autoren-Porträt. Diese Seite steht wiederum als PDF-Datei zum Download im Internet. (www.rp-online.de)

Medien-Weblogs

Es gibt zahlreiche Weblogs, die als Meta-Medium – als Medium über ein Medium – gelten können. Die wenigsten beziehen sich dabei auf ein Einzelmedium, auch wenn sich hier mit dem *Bildblog* das bekannteste Beispiel fand. *Spiegelkritik* beobachtet nicht nur das gleichnamige Magazin, sondern auch andere Medien; dafür kommentiert das *Ostseezeitung.blog* tatsächlich ausschließlich das etwas bieder anmutende Regionalmedium *Ostseezeitung.*

Das „Bildblog" von Stefan Niggemeier ist eines der meistgelesenen Weblogs in Deutschland. Zweimal mit dem Grimme-Online-Award ausgezeichnet, nimmt das „Watchblog" den Auflagenrenner „Bild-Zeitung" kritisch unter die Lupe und deckt die zahlreichen Ungereimtheiten und Falschmeldungen auf, von denen viele eigentlich immer schon vermuteten, dass es sie geben müsse. Anfang April 2009 kündigten die „Bildblog"-Macher an: „Aus BILDblog wird BILDblog für alle." Auch wenn der Name geblieben ist: Seither ist die Seite wohl die wichtigste Online-Plattform für Medienkritik. Hinweise der Blog-Leser unterstützen die Autoren dabei, Artikel in Zeitungen und Magazinen zu hinterfragen oder als unrichtig aufzudecken. (www.bildblog.de)

Die meisten Medien-Weblogs setzen sich jedoch allgemein kritisch mit den Medien auseinander. Der „*Spindoktor"* legt einen Schwerpunkt auf politische Berichterstattung, „*TV-kritisch"* beschäftigt sich ausschließlich mit dem Fernsehprogramm und „*Medienrauschen"* bietet einen Querschnitt von Print über TV bis zu Online.

Vom Weblog zur Community

Verlagshäuser suchen zunehmend nach alternativen Geschäftsfeldern. Von der Integration von Blogs in Medienseiten führt der nächste Schritt zur Etablierung von sogenannten *Communities,* sozialen Online-Netzwerken von Menschen mit ähnlichen Interessen. So machte Anfang 2007 der Verkauf einer der wohl populärsten deutschsprachigen Communities Schlagzeilen: „*StudiVZ"* ging an die Verlagsgruppe Georg von Holtzbrinck – Gerüchten zufolge für einen Verkaufspreis von rund 100 Millionen Euro. Eine Investition, die der Verlag sicherlich nur getätigt hat, weil er sich satte Gewinne erhofft. Die Rechnung scheint aufzugehen, die Nutzerzahlen der Studenten-Community und ihres Ablegers „*SchülerVZ"* sind hoch, als dritte Plattform kam Ende Februar 2008 „*MeinVZ"* für eine ältere Zielgruppe hinzu.

Eine „fertige" Community einzukaufen ist eine Sache – ein neues Konzept entwickeln und zu einem Erfolg im Netz werden zu lassen eine andere. Ende Oktober 2007 ging „*DerWesten"* online:

Als die Essener WAZ-Gruppe 2006 ankündigte, sie wolle ein komplett neues Online-Konzept umsetzen, und dafür Katharina Borchert einstellte, ging ein Rauschen sowohl durch den gedruckten wie den virtuellen Blätterwald: Unter dem Pseudonym Lyssa war Borchert mit „Lyssas Lounge" in der Blogger-Welt zu einiger Bekanntheit gelangt. Nun wurde sie als die erste Bloggerin gehandelt, die sich einen redaktionellen Chefsessel erschrieben hatte – und mit viel Skepsis wartete die Branche auf die groß angekündigten Internetseiten des größten deutschen Regionalzeitungsverlags.

„DerWesten" bündelt auf seiner Seite die früheren Angebote von fünf Regionalzeitungsportalen und ergänzt die redaktionellen Inhalte mit vielen Web 2.0-Features. Leser können ein persönliches Profil anlegen – hier beginnt der Community-Gedanke, wie er auch Seiten wie „StudiVZ" oder der Business-Community „Xing" zugrunde liegt. Die Nutzer können dann selber zu Content-Produzenten werden, Forenbeiträge verfassen, Blogs oder virtuelle Fotoalben anlegen. Fotos, Veranstaltungshinweisen oder Shopping-Tipps können die Nutzer Geodaten hinzufügen, Einträge werden so mit Adressangaben verknüpft und auf einem Stadtplan angezeigt (sogenanntes Geotagging). Vereine erhalten außerdem eine spezielle Präsentationsplattform für den Kontakt zu ihren Mitgliedern und anderen. Die redaktionellen Inhalte der Seiten erstellen rund 900 Redakteure und decken so auf einer Website die Berichterstattung für ein ganzes Bundesland ab. (www.derwesten.de)

Konzept und Programmierung zogen sich länger hin als geplant, und anfangs hatte „DerWesten" mit einigen technischen Startschwierigkeiten zu kämpfen, doch die Nutzerzahlen steigen laut IVW-Daten. Tatsächlich zeige das Beispiel, wie Regionalzeitungen im Web bestehen könnten – „ohne ihre Seele zu verlieren", kommentierte der „Spiegel" kurz nach dem ersten Erscheinen das ehrgeizige Projekt.[102] Die Seite ist Nachrichtenquelle, Regionalportal und Community in einem und webt so ein dichtes NRW-weites Netz im Netz.

Datenbanken

Elektronische Datenbanken sind klassische Recherchequellen für Journalisten und andere geworden und stützen nicht unwesentlich das Image ihrer Betreiber. Genannt seien das berühmte und seit 2008 unter *http://wissen.spiegel.de* kostenlos zugängliche *Spiegel-Archiv* mit den Früchten aus fast 60 Jahren erfolgreichen Journalismus' oder die Datensammlungen des Instituts der deutschen Wirtschaft, unter anderem mit dem *Deutschen Archiv für Unternehmensgeschichte,* die beide zu den meistbefragten Quellen für eine weitergehende Berichterstattung in Deutschland zählen.

Wer eine Datenbank anbietet, ist auch für den technischen Zugang verantwortlich. Oft geschieht dies durch Kooperation mit einem kommerziellen Datenbank-Server, zum Beispiel über das Netz „Datex-P" der Deutschen Telekom AG. Viele Zeitungs- und Zeitschriftenarchive sind über die kostenpflichtigen *Genios GBI-Datenbanken* abzurufen. Prinzipiell ist eine Datenbank nichts anderes als eine moderne Version des Karteikastens – darin muss Ordnung herrschen. Eine nachvollziehbare Organisation und die aktuelle Pflege der Datensammlung, ihre ständige Aktualisierung und Überprüfung sowie eine komfortable und technisch gut aufbereitete Suchfunktion sind die Qualitätsmerkmale, die über die Nutzung entscheiden.

Auch immer mehr *Nachschlagewerke*, *Lexika* und *Handbücher* erscheinen in digitalisierter Form, sind im Internet verfügbar oder kommen parallel als CD-ROM in den Handel. Rechercheaufgaben sind so deutlich schneller und leichter zu lösen.

Im Darmstädter Hoppenstedt-Verlag sind zum Beispiel ein Handbuch und eine CD-ROM erschienen, die von 35.000 Unternehmen, Verbänden, Behörden, Organisationen und Medien in Deutschland und Europa zahlreiche Daten enthalten. Aktualisiert wird die Datensammlung ständig von der verlagseigenen Redaktion, die regelmäßig Updates an die Kunden abgibt. Parallel besteht die Möglichkeit, die Datenbank online zu nutzen. (www.hoppenstedt.de)

Wo Unternehmens- und Verbandsarchive im Internet für ein öffentliches Interesse aufbereitet und digitalisiert sind, können sie als Instrument der eigenen Medienarbeit wertvolle Dienste leisten. Vom abgedruckten Foto mit Quellenhinweis bis zu Einblicken in Entscheidungsprozesse vergangener Managergenerationen liefern sie Hintergrundmaterial von möglicherweise großem Interesse. Noch wichtiger sind vermutlich die Signalwirkungen an die Redaktionen und Journalisten, ihnen die Arbeit so leicht wie möglich zu machen.

39 Viele deutsche Publikumszeitschriften und die gesamte Fachpresse sind auch in Österreich, der Schweiz, Luxemburg und anderen Nachbarstaaten mit deutschsprachigen Bevölkerungsteilen verbreitet.

40 Quelle: BDZV, August 2009. Die „Interessengemeinschaft zur Feststellung der Verbreitung von Werbeträgern (IVW)" nennt abweichende Zahlen. Dabei fasst die IVW zum Teil mehrere Zeitungen aus einem Verlagshaus zu einer „Zeitungsgruppe XY" zusammen, zählt andererseits auch lokale Ausgaben separat. Ausschlaggebend für diese Zählweise sind die Organisationsformen der Zeitungswerbung.

41 Quelle: Bundesverband Deutscher Anzeigenblätter (BVDA) e.V., Januar 2009

42 Quelle: STAMM Leitfaden durch Presse und Werbung, Ausgabe 2008.

43 Formatt-Institut Dortmund, zitiert nach wuv-online, Meldung vom 12. Juli 2004.

44 Die „Börsenzeitung" hält ihre Auflage geheim; Kenner der Börsenszenerie nennen eine Zahl von rund 45.000 Beziehern des traditionsreichen Blattes.

45 Verbreitete Auflage; die verkaufte Auflage liegt bei 15.600 Exemplaren.

46 Allensbacher Markt- und Werbeträgeranalyse (AWA) 2004.

47 Quelle: BDZV, August 2009.

48 Studie „Journalismus 2009" der Macromedia Hochschule für Medien und Kommunikation, München 03/2009.

49 BDZV, August 2009.

50 Media-Perspektiven 2/2008.

51 Nach Erhebungen des Instituts für Demoskopie in Allensbach, zitiert nach BDZV 2003.

52 Studie „Journalisten 2009", a.a.O.

53 MediaTenor, Juli 2007.

54 Allensbacher Markt- und Werbeträger-Analyse (AWA) 2007.

55 „Sonntag Aktuell" erhalten die Abonnenten der Stuttgarter Zeitung und weiterer 28 Zeitungen in Baden-Württemberg.

56 verkaufte Auflage, die verbreitete Auflage liegt bei 10.000 Exemplaren.

57 Die „Arbeitsgemeinschaft Internationale Medienhilfe (IMH) e.V." rechnet zu den rund sieben Millionen „offiziellen" Ausländern weitere fünf Millionen deutsche Staatsbürger mit ausländischer Herkunft.

58 Quelle: Initiative Tageszeitung (www.initiative-tageszeitung.de/lexika/leitfaden-artikel.html?LeitfadenID=187).

59 Weil nur wenige der fremdsprachigen Medien Mitglieder in der IVW sind, beruhen die Angaben über Auflagen hier auf verschiedenen Quellen: BDZV, „Zeitungen 2006"; www.focus.medialine.de.

60 Quelle: BDZV.

61 Zitiert nach Stefan Heijnk, in: „jounalist" 8/2003.

62 Zitiert nach PR-Portal vom 17.08.2009.

63 Studie der Agentur Mediaegde, Düsseldorf 04/2004.

64 Bundesverband Deutscher Anzeigenblätter, Angaben für 2009.

65 Quelle: Horizont-Studie, September 2005.

66 Meyn, Hermann: Massenmedien in Deutschland, Konstanz 2004.

67 Deutsche Fachpresse e.V., Statistische Angaben für 2008.

68 Beispiele aus dem Stichwortregister von: Stamm-Leitfaden durch Presse und Werbung, Essen 2008.

69 Das Wort Magazin kam aus dem Arabischen (maghaz) über das Italienische (magazzino) nach Europa und bezeichnete zunächst ein Warenlager. Seit dem 19. Jahrhundert wurde es zum Fachbegriff für Zeitschriften mit dem Charakter bunt gesammelter Neuigkeiten.

70 Hier und alle folgenden Auflagenziffern: IVW, 2. Quartal 2009. Circa-Angaben beziehen sich auf andere Quellen, wenn der Titel nicht bei IVW gemeldet ist.

71 Nach IVW-Angaben, II. Quartal 2009.

72 Quellen: www.medienindex.de .

73 Studie „Time Budget 12", Seven One Media 2005.

74 Pressemitteilung der Bitcom e.V., November 2009.

75 Studie „Massenkommunikation" von ARD und ZDF 2005.

76 Quelle: AGF/GfK Fernsehforschung, gemittelte Werte Januar bis November 2008.

77 ARD/ZDF – Online-Studie 2008.

78 AG.MA Media-Analyse Radio II 2009.

79 AG.MA Medien-Analyse Radio II 2009.

80 IPTV. Das neue Fernsehen?", PriceWaterhouseCoopers, März 2008.

81 IPSOS-Institut, August 2007.

82 Alle Zahlen: media control GfK International GmbH, Nürnberg im Januar 2008.

83 Interview in „medium magazin", Juni 2009.

84 Freizeitmonitor 2009, Institut für Freizeit- und Tourismusforschung, Wien.

85 Nach: Österreichische Auflagenkontrolle, 2. Halbjahr 2007.

86 Nach Angaben des Verbandes der Regionalzeitungen Österreichs (VRM) 2008.

87 In Österreich verlegt.

88 Die KommAustria arbeitet auf Grundlage von Gutachten einer Presseförderungskommission. Diese besteht aus sechs Mitgliedern, von denen je zwei vom Bundeskanzler, vom Verband Österreichischer Zeitungen (VÖZ) und von der Gewerkschaft bestellt sind.

89 Über die Wiener Zeitung liegen nur Angaben des Verlags vor. Die WZ ist nicht der Österreichischen Auflagenkontrolle angeschlossen.

90 Zitiert nach W&V Compact 9/2003.

91 Alle Zahlen: ORF Medienforschung 2009.

92 Media-Perspektiven 9/2002.

93 ORF-Mediadaten im Dezember 2009 (http://enterprise.orf.at)

94 Bitkom/NFO Infratest/Monitoring Informationsgesellschaft 2003.

95 Studie "Mediascope Europe 2008" der European Interactive Advertising Association (EIAA)

96 ARD/ZDF-Onlinestudie 2009 (www.ard-zdf-onlinestudie.de)

97 Werbewirtschaft in Deutschland 2008, hrsg. Vom Zentralverband der Werbewirtschaft (ZAW)

98 Zitiert nach Stefan Niggemeier, „Die Zukunft war gestern", Frankfurter Allgemeine Sonntagszeitung, 4. Juli 2004.

99 Peter Glotz / Robin Meyer-Lucht (Hrsg): „Online gegen Print. Zeitungen und Zeitschriften im Wandel", Konstanz 2004.

100 Zerfass, Ansgar: „Weblogs als Meinungsmacher", in: Kommunikationsmanagement, Neuwied 2005

101 http://www.br-online.de/bayerisches-fernsehen/suedwild/tagesthema-amoklauf-winnenden-ID1236773029789.xml

102 www.spiegel.de/netzwelt/web/0,1518,513770,00.html

IV WARUM DIE MEDIEN NICHT ALLES VERÖFFENTLICHEN, WAS MANCHER FÜR HOCHINTERESSANT HÄLT

> „Die Aufforderung an die Presse, mehr über das Positive zu berichten, ist ebenso sinnvoll wie die Bitte an den Klempner, er möge sich um alle ordentlich funktionierenden Wasserhähne kümmern, und nicht immer um die wenigen, die tropfen, spritzen, klemmen oder sonst irgendwie ihren Dienst versagen."
>
> DAGOBERT LINDLAU,
> EHEMALS CHEFREPORTER BEIM BAYERISCHEN RUNDFUNK

Überblick

- Warum man den Medien glaubt – weil sie selbst Kontrollmechanismen entwickelt haben, um nicht auf jeden Unsinn herein zu fallen.

- Wie die Medien die Informationsfluten bewältigen und ihre Auswahl im Sinne der Nutzer treffen – weil kein Mensch alles lesen kann und will, was als Informationsmüll in Umlauf kommt.

- Wie es dennoch möglich ist, manche Themen ins öffentliche Bewusstsein zu rücken – indem man Leitmedien nutzt und auf den Nachahmereffekt setzt.

- Wie man die richtigen Partner in den Medien findet – denn es geht um den Aufbau guter Beziehungen.

Das Lindlau-Zitate weist die Richtung – das Ungewöhnliche, Unerwartete und Neue weckt das Interesse, nicht das Alltägliche. *„Only bad news are good news"*, sagen die Amerikaner. Eine britische Zeitung musste 1984 innerhalb kurzer Zeit Konkurs anmelden, nachdem sie sich entschlossen hatte, nur noch gute Nachrichten zu bringen. Das Publikum fand es langweilig, die Auflage rutschte ins Bodenlose.

Die Kölner Verkehrsbetriebe (KVB) gehen fremd. Wie Marketingchef Dietmar Ross gegenüber dem Kölner Stadt-Anzeiger erklärte, hat man nun die Autofahrer als neue Zielgruppe entdeckt. Gestern unterzeichnete Ross einen Kooperationsvertrag mit dem Autohaus „Ford Strunk", der vorsieht, dass für Werkstattkunden kostenlose KVB-Fahrkarten zur Verfügung stehen. Ross: „Das System ist ganz einfach. Wer seinen Wagen in die Werkstatt bringt, erhält für die Dauer der Reparatur eine kostenlose Abokarte, die er beim Abholen seines Wagens wieder abgibt." Wenn das Modell Erfolg hat, soll es nicht bei nur einem Autohaus bleiben. Bei der KVB denkt man auch über eine eigene Mietwagenflotte nach.

Kölner Stadt-Anzeiger, 02.09.1998

Der zitierte Artikel zeigt, dass es nicht immer „bad news" sein müssen – selbst in der Boulevardpresse machen die Skandal-, Katastrophen- und Kriminalnachrichten nur den kleineren Teil aus. – Hier ist es die unerwartete Geschäftsidee, die den Sachverhalt mitteilenswert macht. Der Nachrichtenwert einer Information wird daran gemessen, ob sie

- glaubwürdig ist,
- Neues mitteilt,
- für die Öffentlichkeit interessant ist,
- nachvollziehbar ist.

Dies gilt für *alle* Informationsangebote, die bei den Redaktionen, den Nachrichtenagenturen oder in den Büros der Freien Journalisten eingehen. Wer von den Medien ernstgenommen werden will, muss sich die Mühe machen, diese Voraussetzungen herzustellen.

Was nicht neu ist, ist keine Nachricht. Was nicht stimmt, darf keine Nachricht werden. Und eine Nachricht muss mindestens den Teil der Öffentlichkeit interessieren, für den sie formuliert wird – weil sie aufklärt, Neugierde befriedigt, jemandem nützen kann, unterhält oder alles zugleich schafft.

Nachrichten müssen ihr Publikum schnell erreichen. Deshalb gehorchen sie einer Norm für den formalen Textaufbau – das Wichtigste für den Leser steht immer weit vorn. Damit Nachrichten für den eiligen Leser ohne Schwierigkeiten nachvollziehbar sind, sind Nachrichten deutlich in inhaltliche Häppchen gegliedert. Ihre Sprache ist schnörkellos, konkret und kurz und entspricht dem Verständnisniveau der Zielgruppe.

Dies gehört zum elementaren Ausbildungsstoff aller Journalisten. PR-Leute müssen sich die gleiche Materie aneignen.

1 Nachrichtenelemente – sie entscheiden, was gedruckt oder gesendet wird

Ist die Nachricht glaubwürdig?

Stammt sie aus seriöser Quelle, aus erster Hand, oder wurde sie von kompetenter Seite mitgeteilt?

Informationen müssen nachprüfbar sein. Vom Hörensagen Bekanntes kann man den Medien nicht anbieten, eine eindeutige Quelle gehört zur seriösen Nachricht wie das Salz in die Suppe.

In den Medien findet man Formulierungen wie „ ... *teilte ein Unternehmenssprecher mit*“, „ ... *erklärte XY (vor der Presse)*“, „ ... *heißt es in einer Stellungnahme von XY*“, „ ... *vermuten Branchenkenner.*“ Solche und ähnliche Floskeln haben regelmäßig den Zweck, dem Leser die Plausibilität einer Mitteilung anzudeuten, indem man deren Quelle nennt.

Wer sich in seiner Medienarbeit als Profi erweisen will, formuliert einen solchen Quellenhinweis direkt in seine Nachrichten hinein: „*Nach Angaben des Herstellers ...*“ – teilt der Mitarbeiter in der Pressestelle selbst in seinem Text mit, der an die Medien verschickt werden soll.

Wie wichtig die Herkunft einer Nachricht für ihre Glaubwürdigkeit ist, zeigt ein Beispiel:

„Der Rhein hat auf der Höhe von Leverkusen Trinkwasserqualität. Dies ist einer Mitteilung der Bayer AG zu entnehmen ...“

„Der Rhein hat auf der Höhe von Leverkusen Trinkwasserqualität, teilt die Umweltschutz-Organisation Greenpeace mit ...“

Sie haben ihn bestimmt selbst beim Lesen bemerkt, den kleinen Unterschied ...

Handelt es sich um eine Neuigkeit?

Wurde sie aktuell bekannt oder wird sie als aktuell empfunden?

Neu ist, was bisher nicht bekannt war. Dabei kann es sich um Geschehnisse handeln, die erst jüngst eingetreten sind, zum Beispiel der erfolgreiche Abschluss einer Geschäftsverhandlung. Es kann aber auch ein Sachverhalt sein, der bisher nicht Bekanntes zutage fördert, zum Beispiel das Auffinden von Manuskriptblättern einer verschollen geglaubten Mozart-Sinfonie. Schließlich sind aktuelle Äußerungen zu einem bekannten Sachverhalt neu.

Solchermaßen *„akut"* aktuelle Neuigkeiten werden ergänzt durch solche, die zu einem Thema passen, das bereits in der Öffentlichkeit diskutiert wird und eine gewisse Aufnahmebereitschaft für zusätzliche Informationen erzeugt hat. Man spricht dann von „latenter" Aktualität. Dazu gehört der Großteil sogenannter „Hintergrundinformationen", die bereits Geschehenes ergänzen und einordnen helfen.

Der *Aktualitätsbegriff* der Medien ist verschieden. Prinzipiell ist alles aktuell berichtenswert, was seit dem letzten Erscheinungstermin geschehen ist – bei Tageszeitungen sind das 24 Stunden, bei vielen Magazinen umfasst der Zeitraum mehrere Wochen; dort steht *„latente Aktualität"* im Vordergrund. Radio und Fernsehen lassen Nachrichten schon innerhalb weniger Stunden alt aussehen – und noch aktueller kann das Internet Informationen verbreiten.

Ist die Neuigkeit interessant?

Das Interesse der Öffentlichkeit einer Neuigkeit wird durch mehrere Faktoren bestimmt, die einzeln für eine Nachricht genügen, jedoch häufig zusammentreffen. Ist die Neuigkeit interessant,

- *weil sie viele Menschen angeht?*

Je breiter die Öffentlichkeit ist, die von den Folgen einer Information betroffen wäre, desto größer ist das Interesse. Wenn zum Beispiel ein Mineralölkonzern die Kraftstoffpreise anhebt, wird diese Nachricht von den Massenmedien mit Sicherheit verbreitet. Denn die Erfahrung hat gezeigt, dass alle Mitbewerber innerhalb kurzer Zeit dem Beispiel folgen werden. Dann ist buchstäblich jeder im Land betroffen, denn die steigenden Transportkosten treiben alle Preise in die Höhe.

In diese Kategorie gehören auch viele Nachrichten, die nicht mehr stillen als Wissensdurst und Neugier: Neue Ergebnisse der Grundlagenforschung oder das Geständnis des Raubmörders.

- *weil sie in räumlicher oder sozialer Nähe zum Leser angesiedelt ist?*

Was in der Nähe geschieht, ist interessant – darum gibt es die lokale Presse und den Lokalfunk. Häufig sind Ereignisse in der Nähe zugleich mit Folgen für die Ortsbevölkerung verbunden. Wenn eine neue Filiale der

Kölner Stadtsparkasse in einem Wohnquartier öffnet, werden die Kölner Zeitungen darüber berichten. Doch schon für die Lokalausgaben in den Umlandgemeinden ist das von geringerem Interesse.

Zugehörigkeitsgefühl und gemeinsame Interessen bilden den Hintergrund, vor dem Verbands- und Special-Interest-Presse existieren. Aber auch in den tagesaktuellen Medien ist dieses Nachrichtenelement erkennbar, wenn zum Beispiel von dem Exporterfolg eines deutschen Unternehmens berichtet wird. Die Nation als soziale Gruppe hat ein Bedürfnis, am Stolz des Unternehmens teilzuhaben.

- *weil sie über einen Konflikt berichtet?*

Wenn zwei sich streiten, freuen sich die Medien. Das abgewandelte Sprichwort zeigt tagtäglich seine Wahrheit. Politischer Streit, Tarifauseinandersetzungen, öffentlich ausgetragene Ehezwistigkeiten unter Prominenten: Die Medien leben geradezu davon. Sie folgen einem zutiefst menschlichen Impuls. Hand aufs Herz: Sie finden die Streiterei bestimmt grässlich, hätten es viel lieber harmonisch – aber Sie lesen es ohne Reue, stimmt's?

- *weil sie provoziert?*

Wer gegen die Regeln verstößt, bekommt Aufmerksamkeit. Deshalb haben auch verrückte Ideen gute Chancen, von den Medien verbreitet zu werden. Denn sie stoßen fast immer einen öffentlichen Streit an, weil jemand den Unsinn nicht einfach stehen lassen kann.

- *weil sie Emotionen wachruft?*

Sex & Crime sind das Brot der Kaufzeitungen, romantische Märchen aus zeitgenössischen Adelskreisen lassen die Regenbogenpresse leben. Doch die Gefühle der Leser sprechen auch die seriösen Medien häufig gezielt an, wenn sie über Menschen berichten. Das Portrait, die Homestory, der Nachruf machen Gebrauch von Emotionen, um über die Person ebenso wie über ihre Taten berichten zu können.

Auch andere Nachrichten, zum Beispiel über neue Produkte, schleichen sich häufig über „human touch" oder sogar Tiere ans Herz des Lesers. Und von dem Leid der Katastrophenopfer zu berichten, ist häufig der wirksamste Weg, eine Spendenaktion in Gang zu bringen.

- *weil sie über Prominenz berichtet?*

Prominenz ist nicht gleichzusetzen mit Popularität. In der Fach- und Wissenschaftspublizistik steigert der Name eines renommierten Wissenschaftlers die Chancen für eine Veröffentlichung genauso, wie ein Lukas Podolski oder Lewis Hamilton die Sportpresse aufhorchen lassen. Wenn in der Zielgruppe eines Mediums jemand als prominent gelten kann, ist das ein Anreiz eine Nachricht zu bringen, die diesen Namen transportiert.

- *weil sie Spaß macht und unterhält?*

Neben all dem Ernsten und Bedeutenden haben Gegengewichte eine gute Chance, von den Medien verbreitet zu werden. Tageszeitungen, Publikumspresse, Hörfunk und Fernsehen schätzen solche „Schmankerl", die keinen anderen Zweck haben, als zu amüsieren. Wenn zum Beispiel von einem seriösen Institut an einer Hochschule eine „Himbeer-Pflückmaschine" vorgestellt wird, braucht die nicht einmal richtig zu funktionieren – die Presseleute und Fotografen reißen sich um die bizarre Neuigkeit.[103]

Journalisten unterscheiden generell zwischen *„hard news"* und *„soft news"*. Die Nachrichtenelemente mischen sich in beiden Fällen verschieden. *„Weiche Nachrichten"* haben einen höheren Unterhaltungswert: Prominenz, Emotionen und Konflikt stehen im Vordergrund. *„Harte Nachrichten"* arbeiten Vorgänge auf, die folgenschwer oder nützlich für die Öffentlichkeit sein können, in jedem Fall aber ernsthafte Bedeutung haben und positiv wie negativ betroffen machen. Das meiste aus Wirtschaft und Politik gehört hierher.

Das Mischungsverhältnis macht den Charakter eines Mediums entscheidend aus. Die *Frankfurter Allgemeine Zeitung* enthält kaum „soft news", *Spiegel* und *Stern* sind den weicheren Nachrichten zugänglicher, in der *Bunten* oder *Brigitte* dominieren sie. Für PR-Leute muss das Folgen auf die Auswahl der Medien haben, denen man „seine" Nachrichten anbieten will.

Trotz solcher neutralen Nachrichtenfaktoren spielen subjektive Einschätzungen der Journalisten[104] bei der Nachrichtenauswahl eine Rolle:

- *Vereinfachung:* Für Ereignisse, die abgeschlossen, einfach zu verstehen und einfach darzustellen sind, ist die Bereitschaft bei den Redakteuren größer, eine Nachricht daraus zu machen als für Informationen über ein kompliziertes Thema, das sich noch weiterentwickelt und in das sich der Journalist womöglich einarbeiten muss.

Für PR-Leute kann das nur heißen, Informationen, so gut es geht, leicht verständlich aufzubereiten, Expertenwissen bereitzustellen und Hintergründe offen zu legen.

- *Identifikation:* Informationen zu Themen, die dem Redakteur räumlich, kulturell, durch Personen oder nationale Zugehörigkeit nahe sind, überwinden die Schwelle zur veröffentlichten Nachricht leichter, als Themen aus fernen Kultur- oder Gesellschaftsbereichen.

  Vier Fünftel der Medienberichte beschäftigen sich mit Themen aus Deutschland. Von dem restlichen Fünftel entfallen wiederum 80 Prozent auf Informationen aus den Vereinigten Staaten, der Europäischen Union, Rest-Europa, dem Nahen Osten und Japan. Den kläglichen Rest müssen sich ganz Afrika, Asien, Lateinamerika, Australien und Ozeanien teilen.

- *Sensationalität:* Je ungewöhnlicher ein Ereignis, desto leichter machen Redakteure Nachrichten daraus, selbst wenn andere Ereignisse viel folgenreicher sind.

  Jedes Jahr treibt es einige Wale an flache tropische Strände, wo sie nicht überleben können. Regelmäßig berichten die Medien aufmerksam und tief betroffen. Zugleich gehen blutige Kriege unbeachtet ins x-te Jahr, und über einen Beschluss des Weltwährungsfonds, der gewaltige Auswirkungen auf Millionen Menschen in Afrika hat, ist nirgendwo eine Zeile zu lesen.

- *Kontinuität:* Wenn ein Thema erst einmal in die öffentliche Diskussion gelangt ist, dann sorgt die Nachrichtenroutine oft dafür, dass es einige Zeit weiterlebt, selbst wenn die Folge-Informationen dies nicht rechtfertigen.

  Der Prozess gegen den todkranken Maler Jörg Immendorf füllte über Tage die Zeitungsspalten und beherrschte viele Sendeminuten, obwohl der Angeklagte geständig und das Urteil vorhersehbar war.

- Nicht zu unterschätzen sind auch *persönliche Motive,* warum Redakteure Informationen weiterverarbeiten oder nicht – zum Beispiel Sympathie oder Antipathie gegenüber der Quelle.

  Immerhin neun Prozent der Redakteure gaben an, in Einzelfällen Weisungen ihres Verlegers zu folgen, ob etwas veröffentlicht wird oder nicht[105]. Unter den befragten Ressortleitern bei Tageszeitungen sagten das fünf Prozent.

Selektionsmechanismen

Einzelne Redakteure sind die *„Gatekeeper",* die entscheiden, ob eine Information den Markt der Neuigkeiten erreicht. Ein vergleichender Blick in die Medienlandschaft zeigt, dass die Nachrichtenbewertung offenbar weitgehend objektiven Kriterien folgt. An manchen Tagen sind die Politik-, Wirtschafts- und Sportseiten der Tagespresse inhaltlich zum Verwechseln ähnlich: gleiche Aufmacher, gleiche Zweitplatzierungen, wenige Abweichungen bei der Nachrichtenauswahl insgesamt. Auch die Nachrichten- und Magazinsendungen von Hörfunk und Fernsehen folgen den „hard news" fast wie die Lemminge.

Deutlich werden die subjektiven Anteile bei der Informationsbewertung in nachrichtenarmen Zeiten, zum Beispiel im Hochsommer oder rund um den Jahreswechsel, wenn das öffentliche Leben Urlaub macht und die Wirtschaft Luft holt. Dann bestimmen „soft news" den Medienmarkt, und das Themenangebot der aktuellen Presse wird bunter. Offenbar fällt es den „Gatekeepern" in solchen Phasen leichter, sich gegen inhaltsleere Politikphrasen zu entscheiden und stattdessen weniger gewichtig präsentierten Informationen ihre Aufmerksamkeit zu schenken. Kritiker werfen den Entscheidern vor, sich zu leicht von den Ritualen der Macht beeindrucken zu lassen und darüber wichtige andere Informationen zu vernachlässigen.

Natürlich entscheiden die Journalisten nach der Machart ihres Mediums. Die Boulevardpresse ist an der Oberfläche eines Themas stärker interessiert als an seinen Tiefenschichten – die hingegen wecken das Interesse eines Wochenblattes oder Fachmagazins.

Jeder Versuch würde scheitern, in „Bild" detailliert zu erklären, warum deutsche Gesetze den Winzern unter bestimmten Bedingungen erlauben, den Traubenmost nachzusüßen. Die Bild-Redakteure wissen, was ihre Leser zum Kauf des Blattes reizt und verkürzen die Informationsfülle im Zweifel auf die Schlagzeile „Betrug: Jeder zweite Winzer panscht!"

Ein Report[106] über die Arbeitsabläufe in der deutschen Niederlassung von „Associated Press" (AP) beschreibt den Selektionsprozess so: „Die Schichtleiter treffen die meisten ihrer Selektionsentscheidungen geradezu reflexartig. Sie befinden schnell und scheinbar ohne größeres Nachdenken darüber, ob eine Meldung aus dem AP-Weltdienst in den Deutschen Dienst eingehen soll. Offenbar verleiht die Routine hier Entscheidungssicherheit."

Die Autoren der Untersuchung berichten aber auch, dass die Funktion des Schichtleiters reihum von allen Redakteuren ausgefüllt wird – unabhängig davon, ob es sich um „alte Hasen" oder um weniger erfahrene Mitarbeiter handelt.

Die rasche Entscheidung erklärt sich aus der enormen Angebotsfülle, die mit der zur Verfügung stehenden Bearbeitungszeit auf schon groteske Weise kontrastiert. Redakteure bei Agenturen oder der Tagespresse müssen täglich etwa 600 bis 800 Textzeilen schreiben und etwa das

Zehnfache lesen. Wer sich zu lang an einer Presseinformation aufhält, schafft sein Tagespensum nicht.

2 Agenda Setting, Leitmedien und Issues Management

„Agenda Setting" ist ursprünglich ein Begriff aus der Publizistik. Wissenschaftler hatten festgestellt, dass Themen und Inhalte der öffentlichen Diskussion stark dadurch beeinflusst werden, ob die Medien den Diskurs mitgestalten. Es ist eine legitime Aufgabe der Public-Relations-Branche, die öffentliche Diskussion mit eigenen Themenvorschlägen anzuregen. Das wiederum geht nicht ohne die Massenmedien, die alleine in der Lage sind, Informationen breit und schnell zu streuen. Was gehäuft von den Medien aufgegriffen wird, erhält von den Mediennutzern mehr Aufmerksamkeit, bis schließlich viele Menschen über ein Thema nachdenken und reden. Attraktive Themen finden und diese in den Medien platzieren, halten viele Pressestellen für die größte Herausforderung in der PR-Branche.[107]

Wer eine Information unter die Leute bringen will, sollte um die Nachrichtenfaktoren und Selektionsmechanismen wissen. Dann kann es gelingen, die Voraussetzungen für die Verbreitung einer Neuigkeit deutlich zu verbessern. Es gehört zum Standard-Handwerkszeug der PR-Leute, ihre Informationsangebote mit nachrichtentauglichen Elementen zu verbinden.

Der japanische Hersteller einer Bild-Telefonanlage kam mit der amerikanischen Entertainerin Madonna ins Geschäft. Ein Foto zeigte die Künstlerin – bereits im Bühnenkostüm – während sie mit ihrem Manager telefonierte, natürlich mit besagtem Videotelefon. Als Madonna auf Europatournee ging, stellte das Unternehmen den Medien an den aktuellen Tournee-Stationen das Foto und einen Begleittext zur Verfügung – mit dem Ergebnis, dass die Redaktionen mehr über das technische Gerät wissen wollten und beim Hersteller um Informationen baten. Es erschienen zahlreiche Artikel, die das Madonna-Foto als „Aufhänger" für einen Artikel über neuartige Fernsprechtechniken einsetzten.

Die Behauptung der *„Themenmache"* wird als Vorwurf nicht in erster Linie gegenüber PR-Leuten laut. Im Zentrum der Kritik stehen die Politik und die Medien selbst. Wie schon festgestellt, entstehen zwei Drittel der Medienberichte nicht aus eigenem Antrieb, sondern beruhen auf Anregungen durch die Medienarbeit von Interessengruppen. Solche „veranstalteten" Nachrichten sind nicht nachteilig, wenn sie dem Informationsbedürfnis in einer pluralistisch verfassten Gesellschaft entgegenkommen. Sie gehören zu den legitimen Methoden, sich zu Wort zu melden. Zum Problem wird diese Art der Information erst dann, wenn vor der Fülle des Angebots die professionellen Sicherungen der Journalisten versagen.

Inhaltsanalysen der Medienberichte belegen, dass sogar der umgekehrte Fall, sogenanntes *Agenda Cutting*", funktioniert[108]. Ein Vergleich der Werte des „Sorgenbarometers" der Forschungsgruppe Wahlen mit Veröffentlichungen in den Leitmedien zeigt, dass mit geringem zeitlichen Abstand nach Berichten zum Thema Steuererhöhungen die öffentlichen Abgaben als Sorgenfaktor in Erscheinung traten. Ebenso verringerte sich die Sorge um den möglichen Verlust der Arbeit, nachdem zuvor die Berichterstattung in den Leitmedien dieses Thema seltener behandelt hatte.

Leitmedien

Themensetzung und Themenkappung funktionieren, wenn die Leitmedien mitspielen. Die Themenauswahl einiger, von den Medienleuten selbst als wichtig erachteter Publikationen wirkt offenbar ansteckend. Das Angebot der *Nachrichtenagenturen* zum Beispiel, hat eine solche Leitfunktion. Zeitungen, Zeitschriften, Hörfunk und Fernsehen verbreiten deutlich leichter, was die Hürden bis in die Basis- oder Spezialdienste überwunden hat. Ähnlich bewertet wird, was von anerkannten Pressediensten oder Journalistenbüros auf den Markt gebracht wird. Daran haben ja bereits Journalisten gearbeitet – also erscheint es wichtig.

Richtig in Fahrt kommt die Informationswelle aber erst, wenn einige führende Zeitschriften, Zeitungen oder Sender ein Thema aufgegriffen und behandelt haben.

Aufmerksame Medienbeobachter bemerken häufig, wie ein Sujet des „Spiegel" die Redaktionen regionaler Tageszeitungen anregt, gleichen oder ähnlichen Erscheinungen nachzuspüren. Im Mai 1997 hatten Spiegel-Redakteure angeblich echte Teile des verschollenen „Bernsteinzimmers" aufgespürt. In den zwei Wochen nach der Veröffentlichung in dem Nachrichtenmagazin gab es kaum eine Tageszeitung, TV-Magazin oder Illustrierte, die nicht ihre eigenen Beiträge rund um die Geschichte und Mythos des Raumkunstwerks brachten.

Leitfunktionen haben neben den *Nachrichtenmagazinen* vor allem die *überregionalen Tageszeitungen*, die Magazin-Sendungen der öffentlich-rechtlichen Anstalten und einige Zeitschriften, in der Regel die auflagenstarken Marktführer innerhalb ihrer Gruppe.

Kenner der Materie glauben, dass die Aufregung rund um die „Schweinegrippe" im Herbst 2009 eine Inszenierung war: Nachdem die Politik die Pharmaindustrie genötigt hatte, für den Fall einer Epidemie reichlich Impfstoff bereit zu stellen, sollten die Menschen auch an die Gefahr glauben. Die sensationslüsternen Medien spielten mit.

Allerdings kann der Leitcharakter über die eigene Mediengruppe weit hinausreichen. Führende Wissenschaftsblätter und Fachzeitschriften sind zum Beispiel eine klassische Themenfundgrube für Freie Journalisten, die aus ihren Fundstücken Texte für populäre Zeitschriften und Tageszeitungen fertigen. Die amerikanischen Wissenschafts-Magazine „Nature" und „Science" sowie das britische Medizinerblatt „Lancet" sind weltweit vielzitierte Quellen.

Einige Medien arbeiten kontinuierlich daran, ihre Leitfunktion auszubauen oder zu errichten. Sie benutzen Nachrichten als Instrument für das eigene Marketing und betreiben eifrige Imagepflege. Eine wichtige Rolle spielt dabei, wie häufig ein Medium zitiert wird – seit einigen Jahren steht der *Spiegel* mit großem Abstand vor *Bild-Zeitung* und *Bild am Sonntag* an der Spitze.

Schon am Freitagabend verbreiten „Spiegel" und „Focus" wesentliche Neuigkeiten, die erst am kommenden Montag nachzulesen sein werden. Hörfunk und Fernsehen nehmen ebenso wie die Presse begierig auf, was die Nachrichtenmagazine recherchiert haben. Noch vor den Lesern erfährt möglicherweise ein Radiohörer, was ein Bonner Politiker zum Thema Innere Sicherheit gegenüber der „Neuen Osnabrücker Zeitung" geäußert hat. Diese Regionalzeitung bemüht sich regelmäßig und erfolgreich um Exklusiv-Interviews. Auszüge daraus stellt die NOZ kostenfrei ins Datennetzz.

Nur wirtschaftlich gesunde Medien mit seriösem journalistischem Anspruch können in die Leitmedienrolle hineinwachsen. Erstklassige eigene Recherchekapazitäten, eine gut funktionierende interne Qualitätskontrolle und gut ausgebildete Mitarbeiter schaffen die Voraussetzungen. Der „*stern*" verlor seine Leitmedienfunktion durch die Panne mit den gefälschten Hitler-Tagebüchern.

In der jüngsten Zeit haben Boulevardmedien und Fernsehen die Spitzenplätze unter den Leitmedien übernommen. Ex-Kanzler Gerhard Schröders Ondit: „Zum Regieren brauche ich nur Bild, BamS und Glotze" war nicht realitätsfern. Politiker und Unternehmenslenker fürchten zu Recht, dass eine Kampagne von Bild oder ein verpatzter Auftritt in einer Talkshow äußerst schädlich für sie sein könnten. Die Wertigkeit des Informationsgeschehens rutscht ab ins Beliebige, so dass auch der Leser der F.A.Z. vom Befinden eines bedeutungslosen Partygirls Kenntnis bekommt – ob er es will oder nicht. Wichtigem und Belanglosem verleihen die Medien zusehends gleiches Gewicht.

Die Kraft der führenden Medien kann von geschickten PR-Leuten im Rahmen des Agenda-Setting positiv genutzt werden. Sie wird gefährlich, wenn Fehler in der Kommunikationspolitik passieren.

Als das Handelsblatt berichtete, der damalige Präsident der deutschen Bundesbank, Ernst Welteke, habe sich von der Dresdner Bank zu einer luxuriösen Silvesterfeier im Berliner Hotel Adlon einladen lassen, passierte zunächst gar nichts. Als Journalisten im Verlauf einer Pressekonferenz das Thema aufgriffen und kri-

tisch nachfragten, reagierte Welteke falsch: Solche Einladungen seien in seinen Kreisen üblich, er habe sich nichts vorzuwerfen. Daraufhin machten mehrere führende Tageszeitungen die Affäre zum Thema. Nach wenigen Tagen schien es, als sei das Verhalten des Bundesbankpräsidenten die bedeutendste Sache der Welt. Nach zwei Wochen musste Welteke dem öffentlichen Druck nachgeben, er trat zurück.

Typischerweise verlor der Spitzenbeamte sehr rasch die Rückendeckung durch seine Vorstandskollegen und durch die Politik. Die Medienschelte gegen den „raffgierigen" Großverdiener war so laut, dass niemand mit in den Strudel geraten wollte. Tatsächlich hatte Welteke die Wahrheit gesagt: Seine Amtskollegen im Ausland wie seine Vorgänger hatten sich auch nie etwas dabei gedacht, ihnen zugedachte Wohltaten anzunehmen. Aber das war eben keinem wichtigen Medium aufgefallen.

Issues Management

Issues Management ist die anglo-amerikanische Kurzformel für einen komplexen Prozess öffentlicher Meinungsbildung, den PR-Fachleute mit Hilfe der Medien hoffen beeinflussen zu können. Es geht darum, im Konzert der Meinungen und Äußerungen zu einer relevanten gesellschaftlichen Problematik eine durchdringende Stimme zu bewahren und die eigenen Interessen zu vertreten.

An den aktuellen Diskussionen um Rentenpolitik, Gesundheitswesen oder Gentechnologie beteiligen sich neben der Politik und den Organisationen der Wirtschaft auch einzelne Unternehmen, die von politischen Entscheidungen betroffen wären: durch die Höhe der Personalkosten oder durch Reglementierungen ihrer unternehmerischen Tätigkeiten.

Wer rechtzeitig Gehör finden will, muss vielleicht etwas früher als andere merken, dass sich ein Problem auftut. Issues Management heißt also zunächst, ein empfindliches Sensorium zu entwickeln, um frühzeitig von Stimmungen und Emotionen zu erfahren, die in Kürze die öffentliche Diskussion bestimmen werden.

Im Februar 2003 richtete das Institut für Medien und Kommunikationsmanagement der Universität Sankt Gallen eine Konferenz aus und stellte erstmals in Europa eine Studie[109] vor, wie Prozesse zur Organisation und Steuerung von Issues Management in den Unternehmen eingesetzt werden können. Folglich ist es wesentlich, inwieweit es gelingt, die für das Unternehmen wichtigen Themen zu erkennen und alle Unternehmensbeteiligten konsequent auf einen einheitlichen Umgang damit zu verpflichten. Dazu ist eine organisatorische Einbindung in das strategische Management ebenso unerlässlich wie eine auf Transparenz und flache Hierarchien gegründete Unternehmenskultur. Eine interne Online-Plattform ist hilfreich, um alle Beteiligten an jedem Ort und ohne Zeitverlust an der Generierung und der Diskussion möglicher Issues zu beteiligen. Schließlich müssen die Ergebnisse einer kontinuierlichen Medienbeobachtung diesem Prozess zugeführt werden.

Nach ähnlichen Vorüberlegungen hat der Bertelsmann-Konzern 2002 das „IM-Net" eingerichtet. Mitarbeiter aus allen Unternehmensbereichen arbeiten miteinander vernetzt an der kontinuierlichen Genese von Themen, die in die Kommunikation des Unternehmens integriert werden. Die Auswertung von über 11.000 Quellen weltweit erlaubt, die Entwicklung der Issues zu beobachten. Wenn die Behandlung eines Themas in den Medien einen kritischen Schwellenwert überschreitet – weil zum Beispiel Missverständnisse offensichtlich werden, gibt das IM-Net Alarm und bei Bertelsmann kann man mit dem Gegensteuern beginnen.

Issues Management meint oft, denkbaren Konfliktstoff zu erkennen, der politischen Handlungsbedarf nach sich ziehen könnte. Und dann im Vorfeld Argumente für den Fall der Kollision mit der „öffentlichen Meinung" parat zu halten. Kluges Issue Management kann sogar dabei helfen, krisenhafte Entwicklungen zu vermeiden, weil Streitpotentiale in offensive Dialog-Politik übertragen werden.

3 „Does and Don'ts" im Umgang mit Journalisten

Wer gegen rechtliche Normen verstößt, bekommt es mit den Gerichten zu tun. Die wichtigsten Regeln des Strafrechts und die Straßenverkehrsordnung, die Zehn Gebote und der Kategorische Imperativ sind abendländische Werte. Fast alle Bürger halten sich daran. Schicht- oder zunftspezifische Konventionen gehören nicht zum Allgemeinwissen – die Chancen, sich daneben zu benehmen, sind zahlreich – und die Arten der Sanktionen sind ebenso vielfältig. Wer als Gast einer Hochzeitsfeier mit der Braut flirtet, wird nie wieder eingeladen (Hamburger Variante), verprügelt (Bayerische Lebensart) oder auf der Stelle erschossen (Sizilianische Vorbeugung).

Ob als Absender einer Informationsofferte oder als Ansprechpartner für neugierige Journalisten: Auch hier gibt es Konventionen für den Umgang miteinander, die man sich angewöhnen muss. Das übergreifende Stichwort für alle Spielarten der Courtoisie zwischen PR-Mitarbeitern und Journalisten heißt Partnerschaft. Und das bedeutet: In kollegialer Professionalität an der gemeinsamen Aufgabe „Kommunikation" zu arbeiten.

Eine Umfrage unter 300 Redaktionen von Tages- und Wochenzeitungen, Wirtschaftsmagazinen und Nachrichtenagenturen[110] zeigt auf, wie sich Journalisten die zugesandten Mitteilungen wünschen:

57 %	nur Neuigkeiten mitteilen
54 %	auf das Mitteilenswerte beschränken
47 %	kurz fassen
44 %	den Kern der Information herausstellen
38 %	aus dem Blickwinkel der Leser schreiben
37 %	mediengerecht schreiben
35 %	auf werbliche Formulierungen verzichten

Darüber hinaus wurde gewünscht, für die Medien brauchbare – das heißt hochwertige und aussagekräftige – Fotos und Grafiken zu liefern und die Presseaussendungen namentlich zu adressieren.

Eine Unsitte ...

... zeigt den Journalisten besonders deutlich, wie wenig vom journalistischen Alltagsgeschehen und von redaktionellen Abläufen bekannt ist. Auch in der eben zitierten Umfrage kamen 26 Prozent darauf zu sprechen:

Immer wieder erreichen Nachfragen die Redaktionen, ob denn ein spezifischer Pressetext angekommen sei und ob man auf eine Veröffentlichung hoffen dürfe. Die Anrufer sind dann häufig erstaunt bis entsetzt, wenn der kontaktierte Redakteur sich nur mühsam an den Text erinnern kann, aber schon nicht mehr weiß, was damit geschehen ist. Manch ein Medienmensch reagiert sogar unwirsch auf solche Fragen. In vielen PR-Agenturen bekommen junge und meist unerfahrene Mitarbeiter/-innen auf diese Weise einen zwar falschen, aber leider oft prägenden Eindruck vom Journalistenstand.

Dabei erklärt die Logik, warum ein Redakteur sich nicht an die eine PR-Mitteilung unter den womöglich Hunderten erinnert, die während der letzten drei Tage seinen Schreibtisch erreicht haben. Die eine, die mit der aufregenden Information, dass der Heizkostenverbrauchsmesser aus dem Hause XY jetzt mit einer neuen Verdunstungsflüssigkeit arbeitet. Die eine, die mit dem großen Verteiler auch die zweiköpfige Lokalredaktion in der Vordereifel erreicht hat ...

Eine Sammlung von Vorurteilen ...

... die sich vielfach aus verzeihlicher Unkenntnis oder beschämender Ignoranz ergeben, kennzeichnet das Medienbild in den Köpfen vieler Firmenchefs, Verbandslenker und anderer Hierarchen, denen die Zeit oder die Einsicht fehlt, etwas über Funktion und Selbstverständnis der Medien zu lernen. Ihnen erscheinen die Medien

- *als Gegner: „Alles linke Ideologen!"*

Die Statistik sagt, dass Journalisten in ihrem Wahlverhalten sich im Allgemeinen nicht von den Angehörigen anderer „Intelligenzberufe" unterscheiden. Unter den Wirtschafts-Journalisten überwiegen die Anhänger bürgerlicher und liberaler Parteien, und von den Verlegern und/oder Herausgebern der deutschen Tages- und Magazinpresse gilt das noch deutlicher. Im öffentlich-rechtlichen Hörfunk und Fernsehen gilt politische Ausgewogenheit als größte Tugend – und wer bei den Privatsendern einen aktiven Systemfeind ausmachen will, wird wohl vergeblich danach suchen.

Das Vorurteil verwechselt inhaltliche Distanz und kritische Skepsis mit Gegnerschaft – beides Haltungen, die für unabhängigen Journalismus kennzeichnend sind. Wer das nicht glauben will, soll sich mit den Führungskräften tatsächlich „linksorientierter" Gruppierungen unterhalten, welchen Eindruck die von den deutschen Medien haben.

• *als Lakaien: „Haben Sie die Medien etwa nicht im Griff?"*

Immer wieder wundern sich ahnungslose Geschäftsführer und fehlgeleitete Marketingleiter, dass in den Medien auch unfreundliche Berichte über ihre Organisation stehen – oder gar nichts, wider ihre Erwartung. Für manche Führungskraft ist es unvorstellbar, dass jemand nicht auf ihr Kommando hört oder sich ein abweichendes Urteil über die Bedeutung einer Sache erlaubt. Jeder PR-Praktiker kennt die quälenden Abstimmungsprozesse, um beispielsweise den werblichen Ton aus einer Presseinformation zu tilgen. Oder die Formulierung „Dann schalten wir einen schönen Pressebericht", obwohl man nur Anzeigen „schalten" kann, indem man den Platz dafür den Medien abkauft. Alles das beruht auf Unkenntnis oder Ignoranz gegenüber einer Haltung, die allen Journalisten sehr wichtig ist und die sie schon während ihrer Ausbildung entwickeln.

Die Geschichte der langwierig und mühsam erkämpften Meinungsfreiheit als unumstößliches Grundrecht der Medien macht die Journalisten immer besonders selbstbewusst, wenn jemand daran kratzen will. Selbst Weisungen durch den Verleger gelten unter Journalisten als Angriff auf die redaktionelle Freiheit. Deutsche Gerichte haben sogar in einer Serie von Grundsatzurteilen die journalistische Unabhängigkeit des Einzelnen bestätigt.

Jeder Versuch der Einflussnahme auf die Berichterstattung oder Kommentierung durch Machtgefüge jeglicher Art zieht massive Abwehr nach sich und wäre schnell geeignet, jegliches Vertrauen in die Redlichkeit einer Organisation zu zerstören – ein Fiasko für die Öffentlichkeitsarbeit. Wer erleben möchte, wie sich am Markt konkurrierende Medien miteinander verschwören, der soll versuchen, Presse, Funk und Fernsehen zu einer Berichtsweise in seinem Sinne zu bewegen.

- *als Almosenempfänger: „Die sollen doch froh sein, dass wir überhaupt ...“*

Zwar sind viele Medienberichte von PR-Stellen angeregt oder direkt angeliefert, dennoch ist das tägliche Angebot an Informationen um ein Vielfaches größer als der Gesamtumfang aller Veröffentlichungen: Über 90 Prozent aller angebotenen Texte, Fotos etc. wird nicht publiziert. Die Medien haben in jedem Fall genügend anderen Stoff, um ihr Erscheinen sicherstellen zu können – auch wenn ein mächtiges Großunternehmen schmollt. Im Zweifel drängt ein Mitbewerber in die Lücke. Und die Presse klagt öffentlich an: *„Leider boykottiert das Unternehmen XY unser Magazin, weil wir vor kurzem einen kritischen Bericht über unzureichende ...“* – so ruiniert man in kürzester Zeit seinen guten Ruf.

- *als Dummköpfe: „Das verstehen die sowieso nicht!“*

Fachjournalisten sind fast immer Experten auf ihrem Gebiet; viele Freie Journalisten haben sich ein Fachgebiet erschlossen und wissen oft mehr darüber als ein Fachwissenschaftler in der Isolation seiner Schulrichtung. Und wenn nicht der freie Mitarbeiter, dann hat der hinter ihm stehende Sitzredakteur gelernt, einen Sachverhalt auszurecherchieren.

Wer den Medien Oberflächlichkeit unterstellt, überschätzt möglicherweise das Interesse einer breiteren Öffentlichkeit an tiefgehender Detailkenntnis. Selbst in Special-Interest-Magazinen und entsprechenden Sendeformaten in Radio und Fernsehen steht der praktische Nutzen für die meisten Leser, Hörer oder Zuschauer im Vordergrund. Verkürzte Darstellungen komplexer Sachverhalte nehmen darauf Rücksicht. Wer mehr fordert, hat vielleicht nicht erkannt, in welcher Breite die Fachpresse für kleinformatige Spitzfindigkeiten aufgeschlossen ist.

- *als Sensationshascher: „Die interessiert doch nur, ob Blut geflossen ist!“*

Skandalierungen und brüllende Schlagzeilen kennzeichnen einen – zugegeben sehr auffälligen – Stil innerhalb des Journalismus. Nicht nur die Boulevardpresse und entsprechende Magazinformen im Fernsehen bedienen die Sensationslust des Publikums. Auch manches sich seriös gebende Magazin öffnet sich bisweilen Pseudo-Informationen und macht damit Quote. Aber dennoch sind dies Randerscheinungen, die auf 90 Prozent der Medienrealität nicht zutreffen.

Zum verbreiteten Klischee hat gewiss ebensoviel eine Reihe von Kino- und Fernsehfilmen beigetragen, in denen der Journalist sein Leben zwischen Recherchen im Mafiamilieu und durchgelegenen Hotelbetten fristet. – Tragikomisch daran ist, dass die Drehbücher solcher Plots manchmal von begabten Autoren stammen, die selbst Journalisten waren, aber ihre Chronistenpflicht missverstanden haben und darum vom Mediensystem „ausgeschwitzt" wurden. Zum Beispiel, weil sie eine Alltagsreportage über ein Leben als Schleusenwärter am Mittellandkanal nicht spannend genug hinkriegten und flugs eine frische Wasserleiche im Hebewerk erfanden, die es nie gegeben hatte (ein verbürgter Fall).

• als Betrüger: „Und dabei waren die so richtig freundlich zu mir ..."

Recherchierende Journalisten haben keinen Grund zur Unfreundlichkeit, ebenso wenig wie Kriminalbeamte, die einem Missetäter nachforschen. Wenn Sie etwas Notorisches gefunden haben, wird im einen wie dem anderen Fall ihr Bericht dennoch Missfallen auslösen.

Wer Fragen von Journalisten beantwortet und ihnen die Archive öffnet, wer Interviews gibt und Anekdoten erzählt, macht im Zweifel all das öffentlich – wenn nicht ausdrücklich Vertraulichkeit vereinbart wurde. Der klare Hinweis sollte lauten: „Das ist eine Information, die Sie nicht veröffentlichen sollen, auch wenn ich sie Ihnen jetzt gebe, damit sie die Zusammenhänge verstehen!" – und kein kluger Journalist wird dem zuwiderhandeln. Denn er möchte ja niemanden als Informant verlieren, der zu solchen Vertraulichkeiten bereit ist.

• als Söldner: „Was kostet der Kerl?"

Korruption und Korrumpierbarkeit gilt unter Journalisten als Ausschlusskriterium. Wer entlarvt wird, dass er sich hat kaufen lassen, wird zur Unperson und hat sich alle Chancen auf ein Weiterkommen verbaut. Das gilt auf allen Ebenen.

Ein Chefredakteur bei einem der führenden Fernsehsender ließ sich seine unkritische Haltung gegenüber deutschen Wirtschaftskreisen durch einen Schein-Beratervertrag von einem arbeitgebernahen In-

stitut honorieren. Ohne viel öffentlichen Rummel verschwand der Mann vom Bildschirm, als die Zusammenhänge bekannt geworden waren.

Nach einer Phase, in der die Gefälligkeiten und Wohltaten gegenüber Journalisten etwas nonchalant gesehen wurden, ist eine Wende erkennbar. So wie das Vorurteil es formuliert, war es ohnehin nie: Der käufliche Journalist war immer die Ausnahme und gilt seit jeher als schwarzes Schaf.

• *als Abhängige: „Dann nehmen wir denen eben unsere Anzeigen weg!"*

Drohungen führen in schöner Regelmäßigkeit dazu, dass sich Medien solidarisieren, die sich sonst in einem scharfen Konkurrenzverhältnis gegenüberstehen.

Als der „Stern" im April 2000 an der Vernunft des VW-Managements zweifelte, griff der damalige Vorstandsvorsitzende Ferdinand Piëch zum Telefon und bedachte den Chefredakteur mit einigen Verbalinjurien. Damit nicht genug, zog der Konzernchef alle Anzeigenaufträge seines Unternehmens zurück. Die Stern-Redaktion berichtete nüchtern über die Vorkommnisse. Aber im deutschen Blätterwald rauschte es, zahlreiche Zeitungen, Hörfunk und Fernsehen griffen das Thema auf und bezichtigten Piëch, er wolle durch wirtschaftlichen Druck journalistisches Wohlverhalten erzwingen. – In aller Stille wurde der Zwist „vergessen", der Stern bekam wieder seine Anzeigen.

Der umsatzstarke Medienkonzern Bertelsmann, zu dem Gruner + Jahr und der *„Stern"* gehören, kann sich so etwas eher leisten als ein regionaler Zeitungsverlag. Aber es gab auch schon kollektiv finanzierte Anzeigen von Redakteuren und Verlags-Mitarbeitern, die ähnliche Erpressungsversuche so publik gemacht haben und ad absurdum führten.

Mitarbeiter in Pressestäben müssen Vorurteile und Missdeutungen solcher und ähnlicher Art kompetent, konsequent und behutsam, aber nachdrücklich korrigieren.

Der *Deutsche Rat für Public Relations (DRPR)* wacht über Verfehlungen auf der Seite der PR-Leute. Die gleiche Aufgabe beschäftigt schon länger den *Deutschen Presserat (DPR)* auf der Seite der Journalisten. Beide Einrichtungen arbeiten zusammen, um die oft beschworene „Partnerschaft" zwischen PR-Leuten und Journalisten von Störungen frei zu halten.

Es mag beruhigen, dass der Deutsche Presserat nur selten Anlässe gefunden hat, PR-Leute abzumahnen – viel häufiger gab es Ärger mit Leuten aus der Werbebranche oder mit Verlegern. Aber dabei ging es regelmäßig um formale Patzer und Grenzüberschreitungen. Leider kümmern sich die Kontrollgremien nicht um die Qualität. Sowohl der Presserat wie der Deutsche Rat für Public Relations hätten da noch ein weites Betätigungsfeld.

4   Der Presseverteiler

Die Medienkontaktdatei – verbreitet als der „Presseverteiler" bekannt –
ist das Instrument einer Pressestelle, das die optimale Versorgung der
Medien – und damit der Öffentlichkeit – mit Informationen garantiert.
Simpel gesprochen: eine Sammlung von Adressen und Namen, um den
schnellen und effizienten Kontakt mit Ansprechpartnern in den Medi-
en zu ermöglichen – ein *„Verteilerschlüssel"* für die Aussendung von Neuigkeiten. Das klingt einfach, ist es aber nicht.

Ein erstes Problem liegt in der schier unübersehbar großen Zahl der Medien, die auch nicht statisch existieren, sondern ständigen Veränderungen unterworfen sind. Bereits die Pflege und Aktualisierung eines
großen Verteilers kann in richtige Arbeit ausarten.

Eine wesentliche Entscheidung muss im Vorfeld getroffen werden und
hat strategischen Wert: *Mit wem wollen wir kommunizieren?* Die Zielgrup-
penproblematik bestimmt, welchen Umfang und Intensität die Medienarbeit bekommt: Welche Menschen sollen angesprochen werden? Geht
es um Information oder Dialog? Welche Ziele sind zu erreichen? Welche
Zeiträume stehen zur Verfügung? Neue Konzepte erfordern neue Kontakte – der Aufbau und die Pflege eines „passenden" Medienverteilers
gehört zu den immer wiederkehrenden Aufgaben der PR-Leute.

Die Kommunikationstätigkeit einer größeren Organisation oder eines
Unternehmens gliedert sich in möglicherweise sehr unterschiedliche
Felder. Das kann mehrere Verteiler nötig machen, die verschiedene
Kanäle zu den Medien mit unterschiedlichen, aber aufeinander abge-
stimmten Informationen versorgen.

Beim Aufbau einer Medienkontaktdatei für einen Hersteller von Diät-
kost, der auf eine neue Produktserie aufmerksam machen will, sollte
man zum Beispiel fragen:

- *Wer interessiert sich für meine Information?*
  Wer hat aus eigenem Antrieb ein Interesse daran, was ich mitzuteilen habe? – Zum Beispiel interessieren sich Diabetiker für schmack-
  hafte Diätprodukte.

- *Wer sollte meine Neuigkeiten außerdem interessant finden?*
  Wer soll erreicht und angesprochen werden, obwohl er vielleicht gar
  nicht weiß, dass ich ihm etwas mitteilen kann, das für ihn wichtig

wäre? – Zum Beispiel sollten Übergewichtige erfahren, dass sie mit einem stark erhöhten Krankheitsrisiko leben, deshalb abnehmen sollten, und das dies mit unseren schmackhaften Diätprodukten ohne Verlust an Lebensqualität machbar wäre.

- *Wen wollen wir darüber hinaus ansprechen?*
Wer käme als Meinungsbildner in Frage, um meine Botschaft an die Zuckerkranken und Dicken glaubwürdig zu verstärken? – Zum Beispiel Ärzte, Krankenhauspersonal und andere Heilberufe sowie Krankenkassen, aber auch Mode- und Stilbewusste, Gastronomen und Kantinenwirte.

- *Wie kann ich die Zielpersonen erreichen?*
Welche Zeitungen und Zeitschriften, welche Rubriken und Ressorts, unabhängig von meiner konkreten Informationsabsicht, lesen meine Zielpersonen? Welche TV-Sendungen sehen sie, welche Hörfunkprogramme sind bei ihnen beliebt? – Die Zielgruppe scheint in diesem Fall extrem breit; Diabetes und Übergewicht sind keine kennzeichnenden Merkmale. Soziologen haben aber herausgefunden, dass Übergewicht, falsche Ernährung und die daraus resultierenden Erkrankungen viel mit Bildungsstand und Einkommen zu tun haben: damit stehen Parameter zur Verfügung, die Aussagen über das Informationsverhalten der Zielgruppe erlauben.

- *Wo, in welchen Redaktionen der potentiell wichtigen Medien sollen meine Informationen ankommen?*
Welche Medien und welche Teile der Redaktion passen zu meinen Informationen: Wo passen sie ins redaktionelle Programm, wo gibt es zumindest entsprechende Rubriken? – Zum Beispiel „Vermischtes" und Sonderseiten der Kleinressorts in der Tagespresse, Anzeigenblätter, Illustrierte und andere Unterhaltungsmagazine, Frauenzeitschriften, Regenbogenpresse, Programmzeitschriften und Supplements. Die Fachpresse der Gesundheitsberufe, Special-Interest-Produkte und Lifestyle-Titel. Gesundheits- und Fitnessmagazine im Fernsehen, die täglichen Magazinsendungen des Hörfunks.

Eine eigenständige Überlegung muss die Frage beantworten: Wende ich mich darüber hinaus an die Online-Redaktionen der geeigneten Medien? Wir wissen, dass die besonders schnell reagieren, auch die Websites der wöchentlich oder monatlich erscheinenden Zeitschriften und Magazine werden tagesaktuell runderneuert. Für unser Beispiel gilt, dass die Online-Redakteure wie die Redakteure der Printmedien denken und arbeiten; darüber hinaus können Themen, die in der Druckausgabe ihren Niederschlag finden, durch Online-Angebote ergänzt, vertieft, erweitert werden – bis hin zur Möglichkeit, Bewegtbilder zu integrieren. Wenn also zum Beispiel die *Super Illu* einen mit vielen Fotos garnierten Artikel über den Zusammenhang von Übergewicht und Diabetes druckt, kann die Online-Redaktion das Thema ebenfalls aufgreifen, mit anderen Informationsseiten ähnlichen Inhalts verlinken und darüber hinaus ein TV-Interview mit einem Experten einrücken.

Die Fragen sind auf jede Aufgabenstellung übertragbar. In dem Beispiel käme man leicht auf eine Namens- und Adressenliste mit mehreren tausend Positionen. Zu den Selbstverständlichkeiten gehören heute elektronische *Adressverwaltungen* und darauf aufbauende Software zur Pflege des Medienverteilers. Welcher Anbieter (siehe Seite 193ff) die individuell beste Lösung bereithält, muss jeder Anwender entscheiden. Zahlreiche Adressensammlungen lassen sich heute in die Adressverwaltungen anderer Anbieter integrieren. Andere Dienstleistungsfirmen übernehmen den Versand von Presseinformationen auf elektronischem Weg.

Weitergehende EDV-Lösungen integrieren verschiedene Leistungen, wie zum Beispiel Presse-Ausschnittdienste, Kontrolle der Projektbudgets oder Überwachung des Medienechos (siehe Seite 381ff). Die Entwickler und anbietenden Firmen verbinden mit ihren CD-ROMs und Anwender-Handbüchern in der Regel das Angebot, auch Schulungen durchzuführen.

Kriterien für den Verteileraufbau

Jeder Datensatz zu einem Medium sollte alle Angaben enthalten, die für einen regelmäßigen Kontakt sinnvoll sind:

* Titel (möglicherweise auch Titelergänzungen und Untertitel)
* Anschrift (präzise: Postfach- und Hausadresse, Verlag und Redaktion)
* Ansprechpartner (vollständiger Name, evtl. Titel)

Wenn mehrere Journalisten, mit denen ein regelmäßiger Kontakt gewünscht wird, bei demselben Medium, aber in verschiedenen Ressorts tätig sind, sind ebenso viele separate Datensätze nötig. Wichtige Faustregel: Wenn mehrere Mitglieder einer Redaktion eine Information oder Einladung erhalten, müssen die jeweils anderen davon erfahren, dass sie nicht allein angeschrieben wurden. Sonst gibt es ein ärgerliches Durcheinander.

- Kommunikationsdaten (Telefondurchwahl und -sammelnummer, Telefax, E-Mail etc.)
- Selektionsmerkmale (Mediengruppe, Mediennutzer, Verbreitungsgebiet etc.)
- Aktualisierungsstand (jüngste Überarbeitung)

Die Selektionsmerkmale gestatten es, einen umfassenden Kontaktdatenkomplex in Gruppen aufzulösen, die je nach Notwendigkeit zusammengestellt werden können. Es gibt dann den „großen Verteiler" mit einer variantenreichen und flexiblen Unterteilung. Bewährt hat sich eine zweifache Codierung:

a) nach Mediengruppen, zum Beispiel

- Tageszeitungen
  - überregional
  - regionale Mantelausgaben
  - Lokalausgaben

- Wochen- und Sonntagszeitungen
- Anzeigen- und Amtsblätter
- Fachpresse
- Zeitschriften
- Hörfunk und Fernsehen
- Online-Redaktionen

b) nach Themen, zum Beispiel

- Auto, Motor und Verkehr
- Touristik und Reise
- usw.

Wichtig: Die Themenfelder sind entscheidend für die Zusammenführung von Zielgruppen und Medien. Es ist nicht sinnvoll, einem Mitarbeiter in der Sportredaktion einen Fachbeitrag über Wirtschaftsfragen zu schicken.

Diese Empfehlungen sind sinnvoll für PR-Mitarbeiter in Agenturen, größeren Unternehmen und Organisationen. Dort müssen Medienkontakte unterschiedlichster Art bei größtmöglicher Effizienz hergestellt werden. Prinzipiell gilt jedoch auch für die Großen: weniger ist mehr.

Eine gute Kenntnis der Medienlandschaft und eine realistische Einschätzung, wie groß die Öffentlichkeit ist, die sich tatsächlich über die Medien interessieren lässt, erspart Kosten und Enttäuschungen. Eine geschickte Doppelcodierung macht es möglich, zum Beispiel nur die Wirtschaftsredaktionen der in Nordrhein-Westfalen erscheinenden Tageszeitungen zu beliefern. Allgemein gilt der Tipp:

- Nur die Medien erfassen, mit denen ein regelmäßiger Kontakt sinnvoll ist.
- Für breiter angelegte Sonderaktionen gibt es Adressen in Hülle und Fülle und in allen Kombinationen als Kaufobjekte.

Für die häufiger genutzten Kontakte lohnt sich das Festhalten weiterer Daten über das Medium und die Leute, die man dort kennen gelernt hat:

- Erscheinungsfrequenz und -datum (z.B. *Stern:* wöchentlich, donnerstags)
- Auflage und Reichweite
- Nutzerzielgruppe (z.B. Leserprofile, TV-Publikumsanalysen)
- Redaktionsschlusszeiten
- Ressorts/Rubriken und deren Schwerpunkte
- technische Angaben (z.B. Bildanforderungen, Farbnutzung, festgelegte Fotoproportionen etc.)
- Position des Ansprechpartners (z.B. Lokalredakteur)
- Spezialthemen und -interessen
- Geburtstag; private Hobbys
- Aktualisierung: letzter Kontakt

Adressenlieferanten, Nachschlage- und Datenwerke

Für PR-Mitarbeiter sind konkrete Ansprechpartner bei den Medien wichtig. Um deren Namen, Adresse, Telefon- und andere Verbindungsnummern zu erfahren, gibt es einige Möglichkeiten. Einmal getane Arbeit reicht dabei nicht, sonst bleiben wichtige Personalveränderungen unbemerkt. Die Adressdaten bedürfen regelmäßiger Pflege.

- Das *Impressum* jeder Zeitung und Zeitschrift nennt mindestens die leitenden Redakteure. Auch Online-Medien halten sich daran. Schneller als durch die Lektüre dieser Pflichtrubrik in jedem Printmedium kann man kaum erfahren, wer dort mitarbeitet und welche Positionen umbesetzt wurden. Regionale Tageszeitungen geben oft sehr detailliert an, welcher Mitarbeiter für welche Thematik zuständig ist.

Die überregionalen Zeitungen, die lokalen Zeitungen und Anzeigenblätter, einige Publikumstitel und die für das eigene Themenangebot wichtigsten Fach- und Special-Interest-Zeitschriften sollten ohnehin von jeder Pressestelle abonniert werden.

Diese Methode ist preiswert und effizient, muss aber versagen, wenn das Kontaktfeld größer wird. Für solche Fälle haben sich Nachschlagewerke mit Angaben über die Medien seit Jahrzehnten bewährt. In der PR-Branche sind ihre Namens-Kurzformen geläufig: *Stamm, Zimpel, Kroll* sowie in Österreich *Indexverlag* und *VÖZ*. Inzwischen gibt es sie fast alle als Online-Datenbänke – nota bene, nichts davon kostenlos.

- *Verlag Dieter Zimpel*, München

Der 1969 in München gegründete Verlag gehört heute zum Bertelsmann-Imperium. Das Unternehmen bietet PR-Schaffenden rund 70.000 Kontaktdaten von Personen in den Medien, die entweder online abzurufen sind *(Zimpel online)* oder auf CD-Rom geliefert werden *(Zdata, Zdata plus)*. Das „plus" bezieht sich auf den Themenplan – alle geplanten Schwerpunkte, Verlagsbeilagen und Sonderveröffentlichungen im Jahreslauf. Daneben steht die Datensammlung auch als achtbändige Loseblattsammlung zur Verfügung. Ein Teilband erfasst rund 2.000 freie Journalisten. Zudem gibt es Software sowohl für die zielgerichtete E-Mail- und Fax-Distribution als auch für die Recherche in der Zimpel-Datenbank (www.zimpel.de).

- *Stamm Verlag*, Essen

Das Essener Familienunternehmen aktualisiert täglich seinen Datenbestand mit mehr als 40.000 Adressen von Redaktionen und Ressorts deutscher und weltweiter Medien *(Stamm MediaDisc Online)*. Daneben bietet der Verlag auf CD-ROM eine Datenbank mit 100.000 Adressaten in rund 20.000 deutschen Medien *(Stamm Impressum)*. Zusätzlich gibt der Verlag seit 1947 die Printversion *„Stamm Leitfaden durch Presse und Werbung"* heraus, liefert individuell selektierte Redaktionsadressen für zielgenaue Presseverteiler und bietet an, Pressematerial per E-Mail oder Telefax zu versenden (www.stamm.de).

- *Kroll-Verlag / pressguide.de*, Seefeld in Oberbayern

Zurzeit 16 Ausgaben der *Presse-Taschenbücher* aus dem Verlag Jens Kroll fassen einzelne Wirtschaftsbranchen und Themenbereiche zusammen:

- Automobilwirtschaft
- Banken und Versicherungen
- Ernährung
- Energiewirtschaft
- Gesundheit
- Immobilienwirtschaft
- Informations- und Kommunikationstechnik
- Mobilität und Logistik
- Luft- und Raumfahrt
- Mode und Textil
- Motorsportpresse
- Motorpresse
- Schule, Wissen, Bildung
- Touristik
- Umweltschutz und Arbeitssicherheit
- Wirtschaft

Die insgesamt etwa 320.000 Adressen von Redakteuren, Freien Journalisten und PR-Verantwortlichen in Unternehmen, Verbänden und Behörden werden im Abstand eines oder zweier Jahre aktualisiert und von einem Unternehmen der jeweiligen Branche unterstützt, das dann auch den Titel in seinen Farben gestaltet. Die einzelnen Bände versuchen jeweils, das gesamte mediale Umfeld zu erfassen, in dem sich eine Branche bewegt. Eine Auswahl der wichtigsten Medien und ihrer Ansprechpartner steht mit der zweiten Buchreihe *Krollselect* zur Verfügung, diese Daten und weitergehende Datenbestände sind über *Krollcontent* auch online abrufbar (www.kroll-verlag.de).

- *Indexverlag*, Wien

Adressen, Telefonnummern und Online-Koordinaten aus der österreichischen Medienwelt sind der Gegenstand des „Journalisten-, Medien- & PR-Index". Die Printversion erscheint mit jeweils rund 400 Seiten zweimal jährlich im Februar und September, die entsprechende Online-Datenbank wird laufend aktualisiert. Der Indexverlag gibt daneben wöchentlich als Druckversion oder E-Mail bis zu 700 Termine von Presse- und PR-Veranstaltungen bekannt (www.indexverlag.at).

- *Verband Österreichischer Zeitungen (VÖZ)*, Wien

Der VÖZ gibt seit fünfzig Jahren das jährlich aktualisierte österreichische Pressehandbuch heraus. Es enthält Mediadaten von rund 3.500 Printmedien sowie umfangreiche Informationen über den öffentlich-rechtlichen ORF, private Radio- und Fernsehsender, darüber hinaus Angaben über die größeren Werbe-, PR- und Marketing-Agenturen. Die CD-ROM „Presse in Österreich" liefert Namen und Adressdaten von Chefredakteuren, Ressortleitern und leitenden Redakteuren in den Printmedien, die direkt in elektronische Adressbestände übernommen werden können (www.voez.at).

- *maassen + partner,* Neuss

  Das von Rainer Maassen 1987 gegründete Unternehmen bietet Softwarelösungen und Beratung für Public-Relations-Belange. Das Programmpaket *Convento* verarbeitet die Datensätze von Zimpel, Stamm und Kroll und erlaubt eine exakte Adressverwaltung, den automatischen Versand von Pressetexten ebenso wie Archivierung (www.convento.de, www.maassen.de).

- Online sind Mediendaten auch über das Angebot von *Genios GBI* abrufbar, einem Gemeinschaftsunternehmen von Handelsblattgruppe und F.A.Z. Über 9.000 Datensätze von gedruckten Medien sind dort gespeichert und nach einer 700 Positionen umfassenden Themenliste geordnet. Das macht die gezielte Suche nach Zeitungs- und Zeitschriftenredaktionen sowie das Zusammenstellen beliebiger Presseverteiler möglich (www.genios.de).

Das Archiv – mit und ohne Computerhilfe

Wer seine Medienkontaktdatei zum umfassenden Mittel der Steuerung seiner Medienarbeit machen will, nutzt sie auch als Dokumentationsdatenbank. Sie dient dann zugleich als Archiv. Am meisten Nutzen bringt ein elektronisches Verfahren, das Informationsangebote und Medienecho miteinander in Bezug setzt. Bei den Namen von Redaktionen und konkreten Journalisten wird alles gespeichert, was aus dem Kontakt wird:

- alle angebotenen Informationen, also Presseaussendungen, Stichworte zu Antworten auf Anfragen, Einladungstermine etc.

- alle veröffentlichten Informationen, also das Echo in dem von der Pressestelle versorgten Kontaktmedium

- alle sonstigen Veröffentlichungen, also Artikel, die von dem Medium aus eigenem Antrieb über das Unternehmen gemacht wurden.

- publizierte Reaktionen auf Veröffentlichungen, also z.B. Leserbriefe an das Kontaktmedium, aber auch Briefe und Anrufe im Unternehmen

- jegliche Kommunikation zwischen Pressestelle und Medium, also schriftlichen und mündlichen (Notizen!) Austausch.

Jede vernünftige Pressestelle kontrolliert, was die Medien mit den ausgesandten Informationen machen – ein Stück Erfolgskontrolle. Natürlich wird das Medienecho beobachtet. Eine kleine Dienstleistungsbranche, die Presse-Ausschnittdienste (oder neudeutsch „Clipping-Büros"), besorgt die Hauptarbeit. Ein prüfender Blick durch die wichtigsten Zeitungen und Zeitschriften gehört ohnehin zu den morgendlichen Pflichten jedes Pressestellen-Mitarbeiters.

Die PC-Technik erlaubt, Veröffentlichungen zu scannen und im elektronischen Archiv mit bestimmten Speicherungskriterien abzulegen. Dort kann man sie auch wieder mit den Adressaten der eigenen Medienarbeit zusammenführen und bekommt so einen Überblick, welche Kontakte offenbar viel bewirken und wo wenig passiert, möglicherweise sogar etwas schief läuft.

Altmodischer, aber genauso effektiv, wenn ordentlich geführt, ist ein Medien-Archiv, das eigene Manuskripte, Presseausschnitte etc. zum Beispiel in einer Hängeregistratur zusammenführt. Jedes Kontaktmedium hat seine eigene Mappe, in die – mit Datum versehen – die Presseausschnitte geheftet werden. Dicke Mappen deuten nicht in jedem Fall auf gute Medienkontakte und erfolgreiche eigene Arbeit. Denn es kann auch vorkommen, dass fleißige Journalisten sehr oft schreiben, nur leider nicht so, wie wir es gerne sähen.

Fernseh- und Hörfunksendungen sollten prinzipiell archiviert werden. Wenn ein Sendetermin im voraus bekannt ist, bereitet es wohl keine Probleme, eine Video- oder Tonbandaufzeichnung davon zu machen. Wer von einer Sendung überrascht wird und sie nicht selbst mitschneiden konnte, muss sich beeilen. Die Funkhäuser schicken die Sendebänder sehr schnell ins eigene Archiv, und sie machen nicht gerne Kopien davon. Das Redaktionsteam erfüllt den Wunsch noch am ehesten, bei der Archivverwaltung stellt man sich gerne taub.

Zusammenfassung

- Das deutsche Mediensystem ist vielfältig und auf den ersten Blick schwer zu durchschauen. Aber die Mühe lohnt – denn dem Kenner bietet die Fülle des Medienangebots die Chance, seine Arbeit genau zu lenken und seine Informationen dorthin zu steuern, wo sie wahrgenommen werden.

- Die österreichische Medienlandschaft scheint klein und überschaubar, aber sie unterscheidet sich in vielen grundsätzlichen Dingen und in manchen Details stark von der deutschen. Deshalb ist eine intensive Auseinandersetzung mit ihren Bedingungen obligatorisch.

- Wichtige Kenngrößen sind Angaben über Reichweiten, Auflagen und Nutzerquoten. Sowohl die Medienunternehmen selbst als auch die Werbewirtschaft haben ein Interesse an richtigen Angaben – man muss sie nur anfordern oder gezielt danach suchen: Es gibt Datenbanken, Nachschlagewerke und Selbstauskünfte.

- Innerhalb jeder Mediengruppe gibt es einzelne Organe, die als besonders glaubwürdig gelten. Für die Medienmacher selbst sind das die mit allen Möglichkeiten ausgestatteten „Leitmedien" und Nachrichtenagenturen. Für die Allgemeinheit aber ist die lokale Zeitung oft viel wichtiger als ARD, F.A.Z. oder Spiegel. Kluge Media-Berater setzen einen Schwerpunkt ihres Wirkens darum immer in den regional verbreiteten Medien.

- Die Vielfalt der Medien spiegelt die Zersplitterung unserer Gesellschaft in kleine und kleinste Gruppen, die nur durch ein gemeinsames Interesse zusammengehalten werden. Nirgends zeigt sich deutlicher, wie wichtig es ist, das Mediennutzungsverhalten der Menschen zu kennen, die man ansprechen will.

- Die Online-Medien erweitern die Mittel und Methoden der Medienarbeit. Sie fordern dazu auf, vernetzt im Sinne von „Crossmedia" zu denken, verdrängen die herkömmlichen Medien aber nur langsam. Stattdessen erweisen sie sich als teilweise faszinierende Ergänzung.

- Ordnung ist das halbe Leben – zumindest der halbe Erfolg in der Medienarbeit. Eine sauber und aktuell geführte Adressdatei erleichtert den laufenden Kontakt mit den Redaktionen und Journalisten und schafft die Voraussetzungen für jegliche Erfolgskontrolle.

---

103 So geschehen im Institut für Landmaschinentechnik der Fachhochschule Köln im Sommer 1981. Der Autor leitete seinerzeit die FH-Pressestelle.
104 Hruska, Verena: Die Zeitungsnachricht, Bonn 1993.
105 Meyn, Hermann: Massenmedien, a.a.O.
106 Jürgen Wilke / Bernhard Rosenberger: Die Nachrichtenmacher, a.a.O.
107 Nach einer Erhebung von „news aktuell" und der Hamburger PR-Agentur „Faktenkontor", März 2007.
108 Medientenor – Forschungsbericht Nr. 140, Januar 2004.
109 Zitiert nach Diana Ingenhoff, „Erfolgsfaktoren für professionelles Kommunikationsmanagement", in: Public Relations Forum 2/2003.
110 Umfrage der Münchener Agentur electronic promotion, Oktober 2003.

ZWEITER TEIL
INSTRUMENTE, MASSNAHMEN UND
HANDWERKSZEUG

I WELCHE INSTRUMENTE UND MITTEL FÜR DIE ZIELE DER MEDIENARBEIT ZUR VERFÜGUNG STEHEN

Agierende und reagierende Medienarbeit

Wie an anderer Stelle schon erwähnt, sind etwa zwei Drittel der Medienberichte auf Anstöße aus den Pressestellen von Unternehmen, Ämtern, Institutionen und Verbänden zurückzuführen. Den größten Anteil daran haben Informationen, die von den Pressestellen offensiv für die Medien bereitgestellt wurden. In solchen Fällen sprechen wir von *agierender* (oder aktiver) Medienarbeit. Im Folgenden werden die Instrumente vorgestellt, die dafür zum Einsatz kommen. Dabei wird zwischen Informationsmitteln und Dialogischen Mitteln unterschieden:

Mittel der agierenden Medienarbeit:

Informationsmittel	*Dialogische Mittel*
• Pressemitteilungen	• Pressekonferenz
• Exklusiv-Veröffentlichungen	• Pressegespräch, Presse-Empfang
• Fotografien und Grafiken	• Pressefahrt/Journalistenreise
• Pressemappe	• Redaktionsbesuch
• Pressedienste und Newsletter	• Presseworkshop/Journalistenseminar
• PR-Anzeigen	• Medien-Events

Wenn Journalisten einen Sachverhalt von sich aus aufgreifen und als Fragesteller an eine Organisation herantreten, ist *reagierende* (oder passive) Medienarbeit notwendig. Natürlich reagieren Pressestellen und PR-Stäbe bisweilen mit rasch einberufenen Pressekonferenzen, in aller Eile werden Pressemitteilungen getextet – aber das ist kennzeichnend für eine krisenhafte Entwicklung, in der eine Organisation alle Register ziehen muss. Die klassischen Instrumente reagierender Medienarbeit sind nicht sehr zahlreich: *Richtigstellung, Antwort auf Presseanfragen und Leserbrief.*

Die aktiven Formen besitzen eine Menge Vorteile: Zeitpunkt, Inhalt, Umfang und Form des Informationsangebotes kann der Absender bestimmen – die Pressestelle ist also Herrin des Verfahrens. Das Angebot wird auch als Bereitschaft verstanden, mit der Öffentlichkeit zu kommunizieren, und signalisiert den Willen zum Dialog. Das kommt bei den Medien positiv an.

Wenn das Informationspaket zudem professionell gepackt ist, d.h. den Erfordernissen und Erwartungen der Medienleute entspricht, kann ein kollegiales Klima zwischen den Mitarbeitern in der Pressestelle und denen in den Redaktionsbüros entstehen.

Ein solch professionelles Verhältnis zwischen Lieferanten und Verbreitern von Informationen kann im Prinzip auch durch die stets prompte, authentische, kompetente und ausführliche Beantwortung von Anfragen entstehen. Aber ausschließlich passive Medienarbeit wirft Fragen auf:

- Wenn die Pressestelle auf alles eine Antwort weiß, warum lässt sie sich erst bitten?

- Warum musste einem Journalisten erst einmal auffallen, dass es noch offene Fragen gibt?

- Warum unterhalten die überhaupt eine Pressestelle, die nur arbeitet, wenn einer anruft?

- Was vertuschen die eigentlich?

Reagierende Medienarbeit ist ein wichtiger Bestandteil des Service-Angebots „Information". Die Dienstleistungsfunktion einer Pressestelle wird niemals deutlicher als in dem Moment, wenn es die eilige und kritische Frage eines recherchierenden Journalisten zu beantworten gilt. Man muss das Selbstverständnis vieler Journalisten ernst nehmen, die sich nicht mit vorgefertigten Info-Angeboten zufrieden geben, sondern darin allenfalls einen Anlass für weitergehende Nachfragen sehen. Und darauf erwarten sie präzise und ehrliche Antworten.

Wichtig ist aber ein Mischungsverhältnis zwischen aktiven und passiven Formen, das die Wirkung von Medienarbeit im Sinne ihres Auftraggebers optimiert:

- 100 Prozent agierende Medienarbeit bedeutet letztlich, dass es kein eigenständiges öffentliches Interesse an der Sache gibt;

- 100 Prozent reagierende Medienarbeit zeigt eine vollständige Abhängigkeit von dem rasch wechselnden Interesse der Medien.

Medienarbeit als Bestandteil eines umfassenden Kommunikationskonzepts muss sich Optionen schaffen, um den Informationstransfer zu steuern. Darum wäre ein ausgewogenes Mischungsverhältnis zu wenig – 50 : 50 führt im Einzelfall zur Beliebigkeit, wie die Medienberichte zustande kommen. Ein deutliches Übergewicht der aktiven Rolle hat sich bewährt: 70 : 30 geben dem Absender die Kraft, seine Interessen am Medienmarkt zu behaupten und geben auf der anderen Seite ausreichend Spielraum für die Neugier und den kritischen Impuls der Journalisten.

Dieser Wert entspricht nicht zufällig in etwa dem Verhältnis von PR-gestützten und unabhängig davon recherchierten Medienberichten. Vermutlich lassen sich die Relationen nicht sinnvoll weiter verschieben, ohne das Kommunikationssystem als Ganzes zu gefährden. Wenn es kein ausreichendes „Droh-Potential" gäbe, um Unternehmen und Organisationen im Bedarfsfall die publizistischen Giftzähne zu zeigen, würde das öffentliche Vertrauen in die Glaubwürdigkeit der Medien zerrüttet.[111]

1 Informationsmittel

Die Pressemitteilung

Schriftliche Aussendungen an die Redaktionen von Presse, Hörfunk und Fernsehen sind die häufigste und meistverbreitete Art, die Medien zu informieren. Es gibt unterschiedliche Formen der Pressemitteilung, die für verschiedene Zwecke entwickelt wurden und am besten auch ihren ursprünglichen Intentionen zugeordnet bleiben. Gemeinsam ist ihnen, dass sich die Medienleute aus vorgefertigtem, schriftlichem Material bedienen können, das bereits nach journalistischen Kriterien aufbereitet wurde. PR-Leute arbeiten also beim Texten von Pressemitteilungen im Grundsatz genauso wie Journalisten, die für ein spezifisches Medium schreiben.

Daraus ergibt sich logisch, dass derselbe Sachverhalt möglicherweise unterschiedliche Pressemitteilungen erfordert, weil die verschiedenen Medien nur die Informationsinteressen ihrer jeweiligen Nutzergruppen abdecken.

So richtet sich eine spezifische Pressemitteilung mit einer Fülle technischer Detailbeschreibungen an eine kleine Gruppe von Fachjournalen, um über ein neu entwickeltes Fahrrad zu informieren. Ein zweiter Text ist feuilletonistisch aufgefasst und soll sportlich interessierte Leser von Magazinen und Illustrierten auf das neue Rad aufmerksam machen. Eine dritte Mitteilung hebt die wirtschaftlichen Erwartungen in den Vordergrund, die der Hersteller mit dem Produkt verbindet – geschrieben für die

Wirtschaftsredaktionen. Und ein vierter Text fasst Aussagen über die Zahl der durch das neue Fahrrad gesicherten Arbeitsplätze in der Region für die Lokalzeitung am Unternehmensstandort zusammen.

Stilistisch folgen Pressemitteilungen gängigen journalistischen Darstellungsformen. Wie man sich diese Formen für die eigene Textarbeit erschließt, davon handeln ausführlich die Abschnitte II und III (ab Seite 258 bzw. 310). Hier genügen ein paar systematische Hinweise.

• Die Pressemeldung

Die üblichste und am besten akzeptierte Form der Pressemitteilung folgt dem Nachrichtenstil: Das Wichtigste, Neueste oder Nützlichste steht in den ersten Zeilen, die weiteren Informationen folgen in der Reihe abnehmender Wichtigkeit, Neuigkeit und/oder Nützlichkeit. Die Sprache ist nüchtern und einfach. Ihr Stil entspricht exakt den Gewohnheiten von Nachrichtenagenturen. Der Text enthält nur das Wesentliche. Nach 1.000 bis maximal 1.200 gespeicherten Zeichen[112] ist Schluss.

Auch die *Überschrift („Headline")* enthält bereits eine wesentliche Information. In den ersten drei bis vier Zeilen erfährt der Leser alle wichtigen Antworten auf die Fragen *Wer, Was, Wann* und *Wo:*

Milliardenauftrag für Kraftwerksbauer

„Drei Wasserkraftwerke mit einer Gesamtleistung von über 1000 Megawatt soll die XY AG in der ehemaligen Sowjetrepublik Tadschikistan errichten. Baubeginn soll im Jahr 2011 sein. Einer Mitteilung des Musterstädter Anlagenbauers zufolge beträgt der Auftragswert insgesamt rund 1,2 Milliarden Euro."

Wie in jeder professionellen Nachricht ist ein weiteres „W", nämlich die Frage nach der Quelle *(„woher")* der Information, in den Text so integriert, dass die gesamte Pressemitteilung wirkt wie ein bereits in der Redaktion für die Zeitung verfasster Artikel: „Einer Mitteilung des Unternehmens zufolge ..." oder ähnlich geht der Text weiter.

Im weiteren Verlauf der nächsten vielleicht 20 Zeilen könnten Details und Hintergründe aufgedeckt werden – die Fragen nach dem *Wie* und *Warum* werden beantwortet.

Und schließlich ist ein Nachrichtentext frei von jeglicher Wertung – eine aus der Sicht vieler Marketingexperten unverständliche Einschränkung. Die gute Pressemeldung verzichtet nämlich auf alle Eigenschaftswörter, die typisch für die Verkaufsförderung sind: *innovativ, formschön, markant, exklusiv, beliebt, bekannt, sexy* und alle Verwandten. Gerade durch den Verzicht auf lobende und werbende Textteile erreichen Nachrichten ihre hohe Glaubwürdigkeit.

Journalisten lieben diese Form der Pressemitteilung, weil sie selbst schon nach wenigen Zeilen wissen, worum es geht. Das erleichtert die Selektion bei der Durchsicht der Menge zugesandter Materialien. Gut geschriebene Meldungen können von den Redaktionen ohne jede Änderung als Kurzartikel übernommen werden, weil sie kaum Arbeit machen. Und sie eignen sich bestens als Vorspann für einen längeren Text, wenn es einem Redakteur gefällt, sie als Anregung für eigene Recherchen zu nutzen.

Fazit: unbedingt empfehlenswert!

Exkurs I: „Boiler Plates"

In etlichen Organisationen ist es üblich, in jeder Pressemitteilung einen Absatz über das eigene Haus mit einigen kennzeichnenden Daten zu veröffentlichen. Dass es einen anglo-amerikanischen Fachbegriff dafür gibt, *„boiler plate"*, suggeriert eine Bedeutung, die solch ein stereotyper Zusatz nicht besitzt. In den USA ist das Verfahren übrigens nicht mehr gebräuchlich, weil es wenig Erfolg einbrachte. Und das ist plausibel: Gesetzt den Fall, ein Unternehmen ist noch nicht lange am Markt und will die Journalisten durch die zusätzlichen Zeilen besser über den Absender informieren – dann streichen die Redakteure den Text als irrelevant für den Leser. Nehmen wir an, die Firma sei bereits bekannt, dann wird der Zusatz noch schneller als überflüssig für den Leser identifiziert.

Es schadet gewiss keiner Pressemitteilung, wenn an ihrem Ende ein paar Zeilen allgemeinerer Information über den Absender stehen. Wer jedoch die Aufmerksamkeit der Redakteure immer wieder neu wecken will, sollte sich ein paar Variationen einfallen lassen. Umsatz, Personalentwicklung, Filialnetz, Außendienst – kurz alles, was in den vergangenen Pressemitteilungen schon einmal als Neuigkeit verbreitet wurde, eignet sich als Futter für ein paar Ergänzungen. Wenn so etwas am Schluss steht, wird es wahrscheinlich oft gestrichen werden. Doch auch dann hat es seinen Sinn erfüllt, denn manche Redakteure können keinen Text akzeptieren, und sei er noch so gut formuliert, wenn sie nichts daran verändern. Dann soll man ihnen etwas zum Wegstreichen geben.

Exkurs II: Juristische Absicherungen

In jüngster Zeit übernehmen immer mehr Unternehmen eine Idee, die ursprünglich von Pharma-Herstellern in den USA kommt – genauer gesagt von deren Hausjuristen. Am Ende einer beliebigen Presseinformation steht ein Text wie in diesem Beispiel aus dem Hause Bayer AG:

„Zukunftsgerichtete Aussagen

Diese Presseinformation kann bestimmte in die Zukunft gerichtete Aussagen enthalten, die auf den gegenwärtigen Annahmen und Prognosen der Unternehmensleitung des Bayer-Konzerns bzw. seiner Teilkonzerne oder Servicegesellschaften beruhen. Verschiedene bekannte wie auch unbekannte Risiken, Ungewissheiten und andere Faktoren können dazu führen, dass die tatsächlichen Ergebnisse, die Finanzlage, die Entwicklung oder die Performance der Gesellschaft wesentlich von den hier gegebenen Einschätzungen abweichen. Diese Faktoren schließen diejenigen ein, die Bayer in veröffentlichten Berichten beschrieben hat. Diese Berichte stehen auf der Bayer-Webseite www.bayer.de zur Verfügung. Die Gesellschaft übernimmt keinerlei Verpflichtung, solche zukunftsgerichteten Aussagen fortzuschreiben und an zukünftige Ereignisse oder Entwicklungen anzupassen."

Wenn Journalisten so freundlich sind, diese juristischen Klimmzüge zu tolerieren, ist das ein Glücksfall. Die Zeilen eigenen sich aber auch vorzüglich, eine bissige Glosse über die Bestimmtheit von Firmenaussagen zu schreiben. Ganz sicher aber ist durch einen solchen Text nicht zu verhindern, dass Unternehmen beim Wort genommen werden – und das wollen sie doch auch, oder? Im Zweifel wird ein Redakteur sich an die vollmundigen Aussagen und Versprechungen einer Firmenmitteilung erinnern und darüber berichten, wenn der Absender plötzlich ganz andere Dinge verlauten lässt; und niemand und nichts kann ihn daran hindern. Erst recht nicht so ein Anhang aus der Feder von „Dr. Vorsichtl", dem Hausjuristen.

- **Die Presse-Erklärung / Der Statement-Text**

Einem einleitenden Satz mit der einzigen Information darüber, wer sich hier zur Sache äußert, folgt ein ausgedehntes Zitat. Diese Form ist in der Politik verbreitet. Die Mitteilungen aus den Parteizentralen oder Fraktionen gleichen sich zum Verwechseln:

Piepenbrink: „Krawattensteuer ist Unsinn"

Der stellvertretende finanzpolitische Sprecher der ABC-Bundestagsfraktion, Dr. Heinrich Piepenbrink, nimmt zu dem jüngsten Vorschlag des Finanzministers, eine Krawattensteuer einzuführen, wie folgt Stellung:

„Selten war die Not der Bundesregierung so groß, ..."

Eigentlich ist es überraschend, dass ausgerechnet die Politik-Profis diese Methode der Selbstdarstellung deutlich favorisieren. Die Medien erhalten auf diese Weise in der Regel viele Antworten auf gar nicht gestellte Fragen. Sie werden mit langen Monologen konfrontiert. Solche Texte haben den Nachteil, dass sich die Journalisten in den Redaktionen beliebig aus der Textmenge bedienen können. Viele Formulierungen werden bewusst unklar gehalten. Für Anfänger im journalistischen Fach ist es dann nicht leicht, die wichtigen Teile eines solchen Statements zu erkennen. Und selbst für alte Hasen in der politischen Berichterstattung haben sie den Nachteil, dass man reichlich Arbeit damit hat, solche Texte zu einem journalistischen Artikel zu formen. Ein einziger Vorteil – für die Politiker nämlich – ist denkbar: Jede von der Presse zitierte Aussage ist nahezu zwangsläufig „aus dem Zusammenhang gerissen". So dementiert es sich leichter.

Fazit: kaum zu empfehlen.

- Die „Infotainment"- Pressemeldung

Während die klassische Nachricht sofort zur Sache kommt, nähern sich manche Texte auf intelligenten Umwegen ihrem informellen Kern. So beginnt eine Pressemitteilung der Kölner Verkehrsbetriebe im saloppen Tonfall:

„Viele Wege führen in die Kölner Innenstadt. Und wer dazu sein Auto benutzt, muss blechen: Zwei Euro pro Stunde ist der Einheitstarif für einen Parkplatz. Dagegen bleibt eine Fahrt zum Dom mit Bahnen und Bussen konkurrenzlos billig, auch wenn die Kölner Verkehrsbetriebe die Preise für ein Ticket um durchschnittlich fünf Prozent anheben müssen, wie jetzt KVB-Chef Fritz Gautier ankündigte ..."

Dieser Stil ist für weite Teile der Magazinpresse üblich, deshalb formulieren viele Schreiber in Pressestellen und PR-Agenturen ebenso. Heraus kommen dabei informierende Texte mit einem unterhaltenden Touch – nett formuliert, wird das vom durchschnittlichen Zeitungs- und Magazinkäufer gerne gelesen. Die Profis sprechen vom „anfeaturen" (plump eingedeutscht: anfietschern).

Aber: Keine der drei Kölner Tageszeitungen hat den Text aus der KVB-Pressestelle übernommen, aus gutem Grund. Denn die drei Blätter konkurrieren um Leser – wie vertrüge sich damit, wenn identisch formulierte Artikel in den jeweiligen Lokalteilen stünden? „Anfeaturen" ist ein kreativer Akt, den sich die Solisten bei den Medien nicht gerne vormachen lassen.

Andererseits enthalten viele Zeitschriften und Magazine keine Nachrichten im klassischen Sinne, auch der kürzeste Text hängt an einem Appetithappen, der zum Lesen verführen will. Diese Erscheinung folgt einem Trend, der von Fernsehen und Hörfunk unter dem Schlagwort „Infotainment" eingeführt wurde. Wer vor allem unterhaltende und nah am herrschenden Zeitgeist gemachte Medien mit Informationen beliefert, trifft mit originell „aufgehängten" Nachrichten deren Tonfall. Das fällt dort unter Umständen leichter auf und hat damit eine bessere Chance als der nüchterne Stil einer Meldung. Allerdings bleibt das Problem bestehen, dass am Markt konkurrierende Medien solche Texte umschreiben müssen – und damit ist ein Redakteur mitunter gezwungen, eine gelungene „Feature-Idee" durch zweite Wahl zu ersetzen.

Fazit: eingeschränkt empfehlenswert

• Der Pressebericht

Eine ausführliche Presseinformation sprengt oft den Rahmen der Nachricht. Detailbeschreibungen, Hintergründe, Vorgeschichte oder notwendige Interpretationen fordern mehr Platz als die klassischen 20 oder 25 Zeilen. Damit verschieben sich die Gewichte – die Hauptrolle spielt nicht mehr eine konkurrenzlos wichtige Kernnachricht. Der Textaufbau muss auch nicht zwingend vom Wichtigsten zum weniger Wesentlichen voranschreiten, sondern folgt möglicherweise sogar chronologisch den Ereignissen. So entsteht ein Bericht.

In den Medien erscheinende Berichte weichen im Sprachstil häufig stark ab von dem Nachrichtenduktus – bis hin zu schlussfolgernden und ironisierenden Formulierungen. Das darf für Berichtstexte aus Pressestellen und Agenturen kein Vorbild sein – hier beginnen die unveräußerlichen Rechte der Medienleute. Aber ein origineller, möglicherweise unterhaltender Einstieg erfüllt die vielfach zum „Infotainment" tendierenden Gewohnheiten – wenn die Medienzielgruppe diesen Stil benutzt.

Es spricht jedoch nichts gegen einen Bericht, der nüchtern und sachlich Fakten schildert, Schlussfolgerungen und Bewertungen als Zitate eindeutig bestimmten Personen zuordnet. Wenn in der Redaktion jemand damit seine Informationen erhält, steht ihm jede Stilbearbeitung frei.

Am liebsten sehen es Journalisten, wenn einem Pressebericht eine kurze Pressemeldung im Nachrichtenstil beigefügt oder möglicherweise vorangestellt wird. Dann haben sie mit einer Kurz- und einer Langfassung unterschiedlich ausgedehntes Material zur Hand und können selbst entscheiden, in welchem Umfang sie davon Gebrauch machen.

Längere Berichte brauchen Zwischentitel und andere Gliederungshilfen, zum Beispiel sollten die meisten Zahlen und Messwerte aus einem solchen Text in Tabellen oder Grafiken ausgelagert sein. Journalisten erkennen sofort, dass sich ein Absender so um eine bessere Lesbarkeit bemüht hat.

Fazit: empfehlenswert

• Waschzettel, Factsheets, Datenblätter

Woher der merkwürdige Name „*Waschzettel*" rührt, ist nicht eindeutig geklärt. Seit dem 19. Jahrhundert werden jedenfalls kurze, geraffte Inhaltsangaben von Büchern so genannt. Im PR-Sprachgebrauch des späten 20. Jahrhunderts sind „Waschzettel" knappe Faktensammlungen, die kunstlos und unverbunden die wichtigsten Sachinformationen enthalten. Zum Beispiel die technischen Daten eines Produkts oder die wichtigsten Stationen im Lebenslauf eines Menschen.

Als alleinige Presseinformation sind Waschzettel nicht üblich. Sie ergänzen einen ausformulierten Text, ein Foto oder eine Grafik.

Exkurs III: Brauchen Pressemitteilungen ein Begleitschreiben?

Presseinformationen sind für Journalisten im Idealfall ein mehr oder weniger willkommenes Arbeitsmittel. Die Texte werden in der Erwartung ausgeschickt, dass sie von möglichst vielen Medien verbreitet werden – am besten ohne jede Änderung.

Wenn ein Pressetext etwas Interessantes mitteilt und mediengerecht geschrieben ist, sind die Chancen für eine Veröffentlichung recht gut. Einer guten Pressemitteilung muss kein freundliches Begleitschreiben beiliegen; und einen schlechten Text macht kein netter Brief besser. In den größeren Redaktionen landen Anschreiben bei der Poststelle, im Sekretariat oder bei der Redaktionsassistenz. Der eigentliche Adressat sieht davon unter Umständen nichts.

Wenn einer als E-Mail ausgesandten Pressemitteilung ein paar freundliche Worte vorangestellt werden, schadet das nicht. Aber es sollte bei Anrede, Kurztext und Grußformel bleiben – ein guter Text braucht keine Deutungshilfe. Viele Begleitschreiben bewirken das Gegenteil dessen, was sich der Absender erhoffte. Im Brief steht meistens, warum die

Mitteilung so wichtig ist und warum sie unbedingt veröffentlicht werden sollte. Wenn der Pressetext selbst nicht überzeugen kann, wirken solche Anpreisungen peinlich. Ein deutsches Unternehmen von Weltgeltung versah bis vor kurzem seine Pressetexte mit zwei Unterschriften, als handele es sich um Auftragsbestätigungen oder Zahlungserinnerungen.

Anders verhält es sich, wenn eine Presseaussendung Bezug auf ein zuvor geführtes Telefonat nimmt. Auch wenn sich Absender und Adressat gut kennen, sind ein paar Grußzeilen gewiss üblich.

Exkurs IV: Was ist die beste Versendeform?

Wer sicher sein will, ob er richtig handelt, sollte mit der nächsten Aussendung einen kurzen Fragebogen verschicken, damit die Redakteure durch Ankreuzen ihre Präferenz nennen können. Die E-Mail ist aber heute der weitaus gebräuchlichste Weg, um die Presse zu informieren. Genaueres dazu siehe Seite 240 f.

Exkurs V: Wie wichtig sind Überschriften für Presse-Aussendungen?

Es kommt selten vor, dass die Überschrift einer Pressemitteilung zur Headline in einem Medium wird. Dafür gibt es zwei hauptsächliche Gründe:

- Die Titelei in den Zeitungen und Zeitschriften folgt individuellen Gesetzen, die vor allem von gestalterischen Überlegungen abhängen.
- Es verletzt die „Schreiberwürde", einem übernommenen Text nicht wenigstens mit der Headline ein Stück Eigengeruch zu geben.

Dennoch braucht jeder Pressetext eine Überschrift – und zwar eine gute. Der erste Leser jeder PR-Aussendung ist besonders kritisch, denn er ist ein journalistischer Profi: In der Redaktion bekommt jeder Text seine Titelzeilen; es gibt keine journalistische Darstellungsform, die ohne auskommt. Auch eine Fotostory bekommt ihre einladende Überschrift, selbst die Fünf-Zeilen-Meldung hat eine, möglicherweise ein einziges Wort. Gute Titelzeilen kennzeichnen den Absender als jemand, der sich im Metier auskennt:

- Sie verdichten eine Kernnachricht auf wenige Wörter
  Stadtluft macht krank

- Sie verzichten häufig auf Hilfsverben und Artikel
  Börsengang erfolgreich

- Sie stehen meist im Präsens und vermitteln damit Nähe
  Pfeifenraucher tauchen Pforzheim in würzige Nebel

- Sie animieren zum Lesen des Textes
  Wie treiben es die Schnecken miteinander?

Der erste Leser – der Redakteur – muss genauso wie der „Endverbraucher", der Medienkunde, zum Lesen angeregt werden. Jeder gutgemeinte Rat kann also nur lauten, bei der Formulierung von Überschriften nicht zu sorglos zu sein. Sie sind womöglich entscheidend, ob ein Text eine Chance zur Veröffentlichung hat.

Exklusiv-Veröffentlichungen

Nicht immer ist es sinnvoll, über Pressemitteilungen eine Information möglichst breit zu streuen. Gezielte Veröffentlichungen in ausgewählten Einzelmedien sind manchmal die bessere Wahl. Dann kommt es darauf an, das richtige Medium anzusprechen und der Redaktion den Nutzen zu erklären, den ein exklusiver Artikel für das Blatt und seine Leser hätte.

Ein Neubau für die 17 technischen Fachbereiche der Fachhochschule Köln war selbstverständlich Gegenstand einer langen Serie von Pressemitteilungen, die das Baugeschehen von den ersten Planungen bis zur Einweihung begleiteten. Als der Studienbetrieb auf vollen Touren lief und die ersten Büsche und kleinen Bäume die Spuren der jahrelangen Bautätigkeit überwachsen hatten, war zufällig eine neue Ausgabe des Reise- und Kulturmagazins „Merian" über die Stadt Köln im Entstehen. Eine Absprache mit der Redaktion hatte zur Folge, dass der Pressereferent der Fachhochschule einen Beitrag über Köln als Bildungsmetropole mit sieben Hochschulen und insgesamt über 100.000 Studierenden schrieb – wobei optisch und textlich der jüngste FH-Neubau natürlich eine Rolle spielte. Noch nach Jahren erreichten die Pressestelle der Fachhochschule Anfragen aus dem In- und Ausland, die sich auf diesen Merian-Artikel bezogen.

Natürlich ist dieses Kunststückchen nur gelungen, weil der Autor einen sachverständigen Fachartikel geschrieben hatte, in dem die 600-jährige Universität die Hauptrolle spielte und in dem Köln als die Stadt mit den meisten Hochschulen beschrieben wurde. So hatte das Heft eine Geschichte zu bieten, die eine unerwartete Seite der Stadt zeigte. Einen plumpen Werbetext für seinen eigentlichen Arbeitgeber hätte die sehr auf Seriosität bedachte Merian-Mannschaft auch gar nicht akzeptiert.

Besonders Fachzeitschriften sind gerne bereit, über nur für sie geschriebene Fachartikel mit sich reden zu lassen. Diese Medien sind ja daran interessiert, unter ihren Autoren die besten Köpfe zu versammeln, die sich in einer Fachdisziplin bewegen. Der Autor muss nicht unbedingt druckreif formulieren können – wenn er in der Fachwelt etwas zu sagen hat, sind die Fachmedien an seinen Texten interessiert. Für die endgültige Textfassung sorgt entweder die Redaktion selbst, oder – und das ist die bessere Lösung – die Pressestelle der Organisation, für die der Autor tätig ist.

Auch zu leichter fassbaren Themen lassen die Medien gerne Außenstehende schreiben. Die PR-Leute müssen dann im Bedarfsfall einen Text perfektionieren, und sie müssen den Kontakt zu den geeigneten Medien herstellen. Der Personalvorstand eines Großunternehmens könnte sich in einem Bericht für die „Wirtschaftswoche" bestimmt kompetent und imagewirksam darum sorgen, wie schwer es geworden ist, qualifizierte Facharbeiter zu finden und wo er die Ursache sowie Lösungsmöglichkeiten für dieses Problem sieht. Der Jungunternehmer schreibt für die „Welt am Sonntag" seine Ideen auf, wie man es mutigen jungen Leuten mit Gründerimpuls leichter machen könnte. Der Finanzvorstand erläutert in „Capital" die Gründe, warum er so viel vom Euro erwartet. Der Außendienstler beschreibt in „Werben & Verkaufen", wie schwer das Verkaufen ist. Der Monteur schildert für das „Süddeutsche Magazin" das Leben im Baucontainer.

Eine häufige Darstellungsform für exklusive Zwecke ist das Interview oder die daraus abgeleitete Interviewstory. Solche Texte schreiben die Medienleute in der Regel selbst. Vorgefertigte Interviews aus der Feder von Pressesprechern gelten als etwas degoutant. Aber vermittelt werden die Gesprächspartner selbstverständlich auf PR-Initiative, auch bei „Spiegel" oder „Focus". Nur eine Minderheit der dort veröffentlichten Interviews kommt auf Initiative der Redaktionen zustande.

Was für das gedruckte Wort gilt, ist bei Hörfunk und Fernsehen nicht viel anders. Nur geht es dort um das Expertengespräch oder das Live-Telefonat mit einem Sachverständigen. Bei den Fernsehsendern gibt es das Kurzinterview zu aktuellen Themen in Nachrichtensendungen oder Magazinen. Die nüchterne Diskussionsrunde ist gewiss der bessere Ort, sich in ernstzunehmender Weise einem Fernsehpublikum zu präsentieren, als die zahllosen Talkshows.

Über die Besetzung all dieser Gesprächs-Sendeformen befinden Redaktionsstäbe. Die sind ansprechbar – und häufig dankbar, wenn sie nicht immer wieder auf die bekannten Gesichter zurückgreifen müssen. – Allerdings: Nicht jeder ist ohne mentale Vorbereitung in der Lage, vor laufender Kamera zu sprechen. Professionelle Medientrainer können helfen, das Lampenfieber zu besiegen.

Fazit: empfehlenswert

Themenexposés

Eine Möglichkeit, gleich bei mehreren Medien anzuklopfen, ob sie an einer ausführlichen und individuellen Information interessiert sind, ist das Verschicken von Themenvorschlägen. Ein Kurztext schildert den Sachverhalt und dessen möglichen Publizierungsnutzen für eine Gruppe von kontaktierten Medien.

Ein Kongress behandelte Probleme im Rettungswesen. Ein Exposé thematisierte, dass ohne Zivildienstleistende (häufig Fahrer von Notarzt- und Krankenwagen) der Rettungsdienst zusammenbräche. Dies widerspricht dem Gesetz, das einen zentral wichtigen Einsatz von Zivis verbietet. Diese „Skandalmeldung" schickte der Kongressausrichter den Redaktionen von Nachrichten- und TV-Magazinen zu. Ähnlich verfuhr er mit etwa 20 weiteren Themen-Exposés, die auf überregionale Tagespresse, Fachmagazine, Jugendzeitschriften, Kirchenorgane etc. zugeschnitten waren. Wenige Tage nach der Aussendung der Exposés begann eine telefonische Nachfrage bei den belieferten Medien, ob sie Interesse an ausführlichen Informationen, Interviews mit Sachkundigen, vorgefertigten Berichten, Fotos oder Ähnlichem hätten.

Der Aussendung von Exposées müssen telefonische Nachfragen folgen – das macht sie zu einem schwer einschätzbaren Instrument. Sie können faszinierende Möglichkeiten bieten, wenn der Absender ein Gespür für das aktuelle öffentliche Interesse hat. Wenn das fehlt, werden Themenexposés zu einem teuren und für alle Mitarbeiter frustrierenden Flop.

Fazit: bedingt empfehlenswert

Fotos und Grafiken

Der Bildanteil in den gedruckten Medien nimmt ständig zu, und die Bilder werden zunehmend farbig. Neu entstandene Blätter wie „Gala" oder „GQ" zeigen den Trend besonders deutlich. Altgediente Magazine wie der „Spiegel" folgen notgedrungen. Die größeren regionalen Tageszeitungen investieren gewaltige Beträge in neue Vierfarben-Druckmaschinen, auch wenn die Farbfotos auf dem groben Zeitungspapier kaum recht zur Geltung kommen.

Dementsprechend groß ist die Sehnsucht der Printmedien nach Bildern – Fotos, Grafiken, hand- oder computergezeichnet. Bisweilen ist ein Foto oder eine Grafik mit ein paar erläuternden Zeilen für eine Veröffentlichung besser als eine Pressemitteilung. Voraussetzung dafür ist aber eine professionelle Bildqualität; im Zweifel ist das Honorar für einen Fotografen gut angelegt.

Ein amerikanisches Maschinenbau-Unternehmen hat sich auf die Herstellung von hydraulischen Pressen spezialisiert, mit deren enormen Kräften zum Beispiel Autowracks zu handlichen Paketen geformt werden. Ein mehrseitiger Artikel in der angesehenen Illustrierten „New Yorker" stellte acht kunstvolle Fotos, die Andy Warhol gemacht hatte, neben nur 48 Zeilen Text. Einige der Fotografien wurden weltweit nachgedruckt. In den USA und Kanada stieg der Bekanntheitsgrad des Unternehmens bei den Entscheidern in kommunalen und privaten Entsorgungsunternehmen enorm an.

Wer will, kann auch auf kommerzielle Foto-Anbieter zurückgreifen. Es gibt in Deutschland zahlreiche Bildagenturen, die unzählige Motive bereithalten. Daneben gibt es Grafik- und Kartendienste, die für jeden Bedarf etwas in ihren Sammlungen vorrätig halten oder extra fertigen. – Ausdrücklich zu warnen ist vor Zufallsfunden und Amateur-Schnappschüssen. Die Medien erwarten professionelle Bildqualität.

Checkliste zur Bildqualität

- erstklassige technische und fotografische Qualität
- Bildformat mindestens 13 x 18 Zentimeter
- hochglänzend
- farbig und/oder schwarz-weiß
- ausformulierte Bildunterschrift/Bildlegende
- Copyright-/Urheberangaben
- evtl. Digitalfassung auf CD-ROM (mindestens 600 x 600 dpi) oder im Internet zum Herunterladen, am besten als JPEG-Format und mit genauer www-Adresse

Die *Bildlegende* sollte es zweimal geben: Sie klebt einmal auf der Bildrückseite, eine Kopie des Textes wird an das Bild geheftet. So kann diese Bilderklärung in die Texterfassung gehen, während das Bild zur Druckvorlage verwandelt wird. Der Rückseitentext erlaubt dann wieder eine eindeutige Zusammenführung.

Medien in besonders anspruchsvoller Machart benötigen beste Bildvorlagen, am besten Großbilddias im Hasselblad-Format (6 x 6 cm) oder noch größer (9 x 9 cm ist das gängige Format stationärer Studiokameras). Aber auch unterhalb des Kunstdruckniveaus schadet es der PR-Absicht, unscharfe Kleinbilddias oder Polaroids auszugeben; auch die Bilddiskette aus dem Schnäppchenmarkt-Scanner ist nicht gut genug.

Fazit: unbedingt Qualität anbieten

Pressemappen

Eine „Pressemappe" darf eine Falttasche, ein kunstvoll bedruckter Schuber, ein Diplomatenköfferchen oder ein Pappendeckel sein – heute sind auch handliche CD-ROM, DVD oder USB-Sticks als „elektronische Pressemappen" (EPK = *„Electronic Press Kit"*) gebräuchlich. Es kommt vor allem auf den Inhalt an. Pressemappen sind kein eigenständiges Informationsmittel, sie dienen dazu, eine sinnvolle Zusammenstellung verschiedener Mittel einem Journalisten als gut geordnetes Info-Päckchen an die Hand zu geben, meist im Zusammenhang mit einer Veranstaltung, zum Beispiel Pressekonferenzen, Messeauftritten oder bei Redaktionsbesuchen.

Es lohnt sich, solche Mappen anfertigen zu lassen – aus stabilem Karton oder Kunststoff, bedruckt mit den Farben, dem Schriftzug und dem Logo von Firma oder Institution. Irgendwo innen oder außen sollte eine Visitenkarte anzubringen sein. Die steckt jeweils derjenige dazu, der die Mappe überreicht – das macht die dauerhafte persönliche Kontaktpflege leichter.

In eine ordentliche Pressemappe gehören:

- ein Inhaltsverzeichnis
- aktuelle, anlassgebundene Pressemeldung
- dazu erweiterter Pressebericht
- dazu passendes Factsheet
- Hintergrundmaterial (Statistiken, Umfragen, Marktanalysen etc.)
- Waschzettel zu beteiligten Personen
- Fotografien und/oder Grafiken mit Bildtexten
- Statement-Texte oder Redetexte (immer mit dem Hinweis: „Es gilt das gesprochene Wort!")
- Datenblatt mit den wichtigsten Angaben über das Unternehmen
- eventuell der jüngste Geschäftsbericht
- Hinweiszettel, ob Profidias, Bilddisketten oder Ähnliches angefordert werden können, wo und bei wem

Viele Unternehmen legen zusätzlich ein Formblatt bei, mit dem sich Journalisten Anreisekosten (z.B. zu einer Pressekonferenz) erstatten lassen können. Um den Anschein eines Korrumpierungsversuchs zu vermeiden, sollte solch ein Erstattungsbogen immer die Einschränkung enthalten: „ ... wenn diese Kosten nicht von Ihrer Redaktion oder einer anderen Stelle übernommen werden.“

Pressemappen dienen nicht dazu, Papier zu entsorgen – alt gewordene Prospekte und Broschüren haben darin nichts verloren. Ebenso wenig, was nichts mit dem konkreten Anlass zu tun hat. Kein Journalist benötigt anlässlich der Vorstellung eines neuen Fahrrads zwei Kilo Prospekte über alle interessanten Leistungen des Unternehmens und noch ein Kilo Firmengeschichte dazu. Auch Werbung ist tabu.

Pressedienste, Korrespondenzen und Newsletter

Nachrichtentexte, Interviews, farbige Features und Statistiken – manche Pressestellen geben sich viel Mühe, in regelmäßigen Rundbriefen die Medien über Neues zu unterrichten. Insbesondere Verbände verbinden Neuigkeiten aus ihrem Arbeitsgebiet gerne mit aktuellen Stellungnahmen ihrer Spitzenleute.

Vielfach ähneln die Pressedienste anspruchsvollen Zeitschriften. Sie kombinieren ihre Informationen in einem ausgefeilten Seitenlayout. Das sieht gefällig aus, kann aber gegen die beabsichtigte Wirkung laufen: Pressedienste sind dazu gedacht, dass die Medien sie ausschlachten; je ähnlicher sie kommerziellen Zeitschriften werden, desto undeutlicher wird diese Absicht.

Sinnvoller ist es, eine Sammlung einzelner Artikel nur an einer Ecke zu heften, oder zu einem Block zu binden, dessen einzelne Seiten an einer perforierten Linie abzutrennen sind. So wird der dienende Charakter dieses Informationsmittels wieder deutlich. Neben Abbildungen stehen sinnvollerweise die Bezugsquellen, wo und zu welchen Bedingungen die Bildmotive in Repro-Qualität erhältlich sind, denn die gedruckten Bilder taugen nicht zum erneuten Abdruck.

Selbstverständlich sind nur mediengerecht ausformulierte Texte in einem Newsletter oder einem ähnlichen Produkt sinnvoll. Gegen saftige Polemiken wehren sich die Redaktionen durch Missachtung. Gerne genommen werden *Statistiken, Umfrageergebnisse, zitierfähige Prognosen und Bewertungen.*

Fazit: unbedingt Qualität anbieten

PR-Anzeigen

Medienarbeit bemüht sich im Regelfall, die Redaktionen zu überzeugen, die angebotenen Informationen zu veröffentlichen, weil sie ihre Leser, Hörer oder Zuschauer interessieren. Ihr Metier ist das „Umwerben" der Medien, damit die ihre Botschaften in ihren Artikeln und Beiträgen verbreiten.

Anzeigen hingegen gelten prinzipiell als die Domäne der Werbung. 2008 machte die deutsche Werbewirtschaft 30,67 Milliarden Euro Umsatz, indem sie Platz auf den Seiten der Zeitungen, Zeitschriften und Plakatflächen bzw. Zeit bei den Sendern verkaufte. In diesem Segment der Kommunikationsbranche geht's klar zu – für Platz wird bezahlt.

Aber auch für PR-Zwecke sind Anzeigen üblich. Sie dienen nicht dazu, Produkte zu verkaufen, sondern wollen informieren, aufklären, Missverständnisse aufheben.

Der „Initiativkreis Ruhrgebiet" kauft regelmäßig Doppelseiten in den überregionalen Tageszeitungen oder Nachrichtenmagazinen, um Vorbehalten gegenüber den Städten im ehemaligen Industriegebiet entgegenzutreten. Die Informationen über die lebendige Kulturszene, den hohen Freizeitwert, die attraktiven Einkaufsmöglichkeiten oder die High-Tech-Arbeitsplätze sollen den Imagewandel der Ruhr-Städte unterstützen sowie Unternehmen und Arbeitskräfte anlocken. Natürlich wird das die Anzeige allein kaum erreichen – vielleicht kann sie aber die Neugier auf mehr Infos anregen, die mit einem Coupon angefordert werden können.

Anzeigen können auch das letzte Mittel sein, mit dem eine Organisation noch die Chance hat, mit ihren eigenen Worten gehört zu werden. In Krisenfällen reagieren Unternehmen völlig richtig mit einer Anzeige, wenn die Redaktionen offensichtlich nicht mehr an einer fairen Berichterstattung interessiert sind.

Als die „Brent-Spar-Affäre" ihren Höhepunkt erreicht hatte, veröffentlichte die Deutsche Shell AG einen Offenen Brief als Anzeige parallel in über 100 deutschen Tageszeitungen. Die Emotionen waren auch in den Redaktionsstuben so überhitzt, dass der Brief zu diesem Zeitpunkt keine Chance auf einen sinngemäßen Abdruck gehabt hätte. Jedes Statement von Shell wäre höhnisch kommentiert, verstümmelt und zu Polemiken genutzt worden. In dieser aufgeladenen Situation bot eine breit gestreute Anzeigenaktion die einzige Möglichkeit für das Unternehmen, gegenüber der Öffentlichkeit selbst zu Wort zu kommen.

Leserbriefe

Leserbriefe reagieren auf Veröffentlichungen. Wenn sie gedruckt werden, sind sie selbst ein häufig beachteter Lesestoff: Etwa ein Drittel der Medienkonsumenten liest sie. Und sie bieten Dritten oftmals Anlass, jetzt erst recht selbst an die Tastatur zu eilen. Leserbriefe können ein hilfreiches Mittel der Medienarbeit sein, weil sie ohne großes Feldgeschrei etwas richtig stellen können, was falsch in der Zeitung gestanden hat. Oder sie können einen Umstand kommentieren, ohne dafür Schlagzeilen zu beanspruchen.

In den Redaktionen werden Leserbriefe und -anrufe sehr beachtet. Sie sind neben den Verkaufsziffern oft der einzige Maßstab für die Wirkung der eigenen Arbeit. Wer einem Journalisten einen Recherchefehler nachweist und sich dann mit ihm auf einen richtigstellenden Leserbrief einigt, erhält die Freundschaft. Dann lässt sich im zweiten Zug viel leichter darüber verhandeln, wann denn der Artikel geschrieben wird, der alles wieder gerade rückt.

2   Dialogische Mittel

Das Gespräch ist die beste Möglichkeit, Informationen zu übertragen: Es bietet unmittelbar die Chance, die Botschaft erneut, diesmal anders formuliert oder aufgebaut, anzubieten, wenn der Zuhörer durch seine Reaktion erkennen lässt, dass er offenbar noch nicht alles verstanden oder akzeptiert hat. Wenn ein Sachverhalt ein wenig komplizierter wird, reicht der einmalige Informationsstoß selten aus – dann ist die Einladung, Fragen zu stellen, fast immer notwendig.

Der Dialog mag langwierig und schwer zu führen sein, aber der stete Wechsel von Angebot, Reaktion und ergänzendem Angebot macht ihn zum Königsweg der Kommunikation. Es kann darum nicht verwundern, dass dialogische Kommunikationsformen von den Anfängen her zu den klassischen Mitteln der Public Relations gehören. Innerhalb der Medienarbeit gehören sie zu den wirkungsvollsten Methoden. Wann das erste vertrauliche Hintergrundgespräch mit einem Kreis von Journalisten stattfand, ist nicht bekannt. Aber aus dem April 1899 weiß man von einer ersten Pressekonferenz.

Die Pressekonferenz

Seit vor über hundert Jahren die „Advertisements Agency N.W. Ayers & Son" zum ersten Mal die Journalisten der Zeitungen aus mehreren amerikanischen Bundesstaaten nach Pittsburgh einlud, um sie über den Erfolg ihres Auftraggebers in einem Rechtsstreit zu informieren, ist die „PK" ein zentrales Instrument aller Public-Relations-Arbeit.

Eine erfolgreiche Pressekonferenz adelt. Wenn es einem jungen, noch weitgehend unbekannten Unternehmen, einer Organisation oder einer Einrichtung gelingt, Medienleute an einem zentralen Ort zu einer Informationsveranstaltung zu sammeln, ist der Gastgeber ein Stück weit etabliert. Unabhängig von dem objektiven Informationswert einer solchen Veranstaltung: Wenn sie gut besucht ist, hat dieser Umstand eine eigene Kraft, die auf die Zahl der Berichte in den Medien wirkt.

Das hat sich herumgesprochen – und deshalb werden viel zu häufig Pressekonferenzen angesetzt. Die sind häufig überflüssig wie ein Kropf. In den Redaktionen insbesondere der Leitmedien wären die Mitarbeiter an vielen Tagen des Jahres vollauf damit beschäftigt, wenn sie den zahlreichen Einladungen folgen würden.

Eine Pressekonferenz braucht einen Anlass, der zu komplex ist, um in einem versendeten Text dargestellt zu werden. Die Möglichkeit nachzufragen ist ja der eigentliche Witz einer solchen Veranstaltung – also sollte man nur einladen, wenn man nicht allzu Offensichtliches mitteilen möchte. Aus gutem Grund laden viele Unternehmen nur einmal im Jahr ein, wenn sie ihre Jahresbilanz präsentieren. Andere beschränken sich auf Pressekonferenzen oder Journalistenempfänge am Rande der für sie wichtigsten Messen, um ihre neuen Produkte zu präsentieren. Natürlich sind spontane Pressekonferenzen darüber hinaus immer ein wichtiges Mittel, wenn eine Einrichtung ins öffentliche Interesse gerückt ist, zum Beispiel in turbulenten Krisenfällen, wenn rasche Stellungnahmen gefordert sind.

In ruhigen Zeiten sind neben der Bilanzpressekonferenz – oder dem Jahresbericht, wenn es um eine Institution oder einen Verband geht – nur wenige Anlässe wichtig genug, Journalisten zu einer zeitraubenden Veranstaltung zu bitten. Dazu zählen wirkliche Neuigkeiten über Produkte oder Herstellungsverfahren, runde Firmenjubiläen, wichtige Veränderungen in der Unternehmensstruktur (z.B. Übernahmen oder Aufteilungen, Umbenennungen), Kooperationen, besonderes Engagement als Mäzen oder Sponsor, Wechsel an der Führungsspitze oder unangenehme Neuigkeiten (z.B. Werksschließungen, rechtliche Streitfälle).

Für den Erfolg einer Pressekonferenz ist es daneben entscheidend, die „richtigen" Medien einzuladen. Bei der Vorstellung eines neuen Produkts, dessen Raffinesse vor allem in seiner neuartigen Technik liegt, werden sich Wirtschaftsjournalisten langweilen. Und mit der ausgreifenden Vision des Firmenvorstands über die Eroberung der antarktischen Märkte werden Lokalreporter überfordert. Auch wenn ein Profi-Radsportler sich dafür gewinnen ließ, das neue Herrensportrad der Öffentlichkeit vorzustellen, ist das keine Veranstaltung für Sportjournalisten, sondern interessiert eher die Special-Interest-Magazine und möglicherweise die Publikumspresse.

Es hat sich nicht bewährt, in einem großen Rundumschlag die wirtschaftlichen, technischen und lokal wirksamen Aspekte eines Sachverhalts zugleich zu thematisieren und dementsprechend ganz unterschiedlich interessierte Medienleute zu mischen. Besser ist es dann, eine PK auf den Themenkomplex zu beschränken, der voraussichtlich die meisten Fragen auf sich zieht. Die anderen Mediengruppen sind vermutlich mit Pressetexten zufrieden.

Eine zunehmende Unsitte wird von vielen Journalisten beklagt: Sie bekommen immer weniger Gelegenheit, ihre Fragen zu stellen. Insbesondere größere Unternehmen bieten immer öfter nur ihre Top-Leute mit ein paar vorgefertigten Statements auf – und wenn die vorgetragen wurden, bricht der Pressesprecher die Konferenz ab. Das kann nicht der Sinn einer Pressekonferenz sein. Wer nur verkünden will, kann das billiger haben und sollte Presse-Erklärungen verschicken. Wer zur PK einlädt, muss sich Fragen stellen und Antworten parat haben.

Als ursächlich für diese Entwicklung gelten Verhaltensweisen in der Politik, die sich in der „Ära Kohl" eingespielt haben und von Kohls Nachfolgern fortgeführt werden. Beispielfälle in der Wirtschaft haben zudem zahlreiche Firmenführer sehr vorsichtig gemacht. Hilmar Koppers „Peanuts"-Entgleisung geschah genau wie Ferdinand Piëchs verbale Kriegführung während der Lopez-Affäre, nachdem in überfüllten Pressekonferenzen mit einer Fülle von Fragen die Konzentration und Selbstbeherrschung gelitten hatten. Die schlechten Vorbilder wirken nun nach.

Großunternehmen mit mehreren Standorten können Pressekonferenzen auch dezentral veranstalten, wenn das Thema nicht tagesaktuell im ganzen Land die Medien erreichen soll. Eine Folge von fünf Presse-Veranstaltungen, die innerhalb einer Woche in Frankfurt, Hamburg, Berlin, München und Düsseldorf stattfinden, kann für die Zeitungen der jeweiligen Region aus zwei Gründen interessanter als eine Mammutshow sein. Zum einen ist der Zeitaufwand geringer, weil die Fahrwege kurz bleiben, zum anderen kann das veranstaltende Unternehmen spezifische Informationen zu jedem seiner fünf Standorte als regionalen Aufhänger ausbauen.

Die folgende Checkliste kann dabei helfen, bei der Planung, Durchführung und Nachbereitung einer Pressekonferenz typische Fehler zu vermeiden.

Das meiste davon ist im Übrigen genauso wichtig und richtig bei der Vorbereitung eines *Medien-Events*.

Checkliste 3: Die Pressekonferenz

1. Inhaltliche Planung

- Was haben wir mitzuteilen?

- Für welche Medien eignet sich das Thema?

  Bundesweite Bedeutung (Agenturen, überregionale Zeitungen, Magazine, TV, Hörfunk)
  Regionale Bedeutung (regionale Zeitungen, Anzeigenblätter, Lokalfunk)
  Bedeutung für bestimmte Zielgruppen (Fachpresse, Wirtschaftspresse)
  Prominenz, schöne Bilder (Publikumszeitschriften, TV)
  Human Touch (Publikumszeitschriften, Boulevardpresse, Yellow Press usw.)

- Welche Medien sind für uns und das Thema besonders wichtig?

- Wie viele und welche Referenten sollen sprechen? Wer leitet die PK?

- Worüber sollen die einzelnen Referenten sprechen?

- In welcher Reihenfolge und wie lang?

- Welche Technik wird für die Referate benötigt?

  Flipchart, Overhead-Projektor
  Diaprojektor, Tonbildprojektoren, Leinwand
  Videogerät
  PC/Notebook plus Beamer (Software, Internetzugang)
  Modelle, Muster, Prototypen

- Welches Give away passt zum Thema der Veranstaltung?

- Welche Fragen könnten die Journalisten haben?

- Antworten vorbereiten („Question and Answer, Q&A")

- Welches zusätzliche Daten- und/oder Hintergrundmaterial könnte benötigt werden?

- Welche kritischen Einwände sind vorhersehbar? Antworten darauf?

2. Materialien für die Journalisten

– Pressemappe

　　Pressemitteilungen (Kurz- und Langfassung, evtl. deutsch und
　　englisch)
　　Textfassung der Referate
　　Datenblatt zum Veranstalter
　　Waschzettel über die Referenten
　　Fotos und Grafiken (Produkt, Referenten, Statistiken, Abläufe,
　　Organigramme)
　　Bildtexte
　　CD-ROM, DVD oder andere AV/TV/Multimedia-Träger
　　weitere schriftliche Informationen (z.B. Geschäftsbericht, Image-
　　broschüre)

– Schreibblock und Kugelschreiber

3. Zeitplanung

– Welcher Termin wäre für uns ideal? Ersatztermine?

　　Abgleich mit Messeterminen (AUMA)
　　Abgleich mit konkurrierenden Veranstaltern (regional: IHK,
　　Presseclubs, überregional: DIHT, BDI, dpa/vwd)
　　Abgleich mit den für uns wichtigsten Medien (Media-Daten,
　　Zimpel-Termine)
　　Abgleich mit Reiseverbindungen
　　Interner Abgleich mit allen Beteiligten

– Beste Wochentage: Dienstag, Mittwoch, Donnerstag

– Beste Uhrzeiten: Frühestens 10:00 Uhr, bei längeren Veranstaltun-
　gen mit anschließendem Mittagessen, längstens bis 13:00 Uhr; aus
　aktuellem, wichtigen Anlass auch zu anderen Zeiten

– Dauer: Einzelreferate nicht länger als 10 Minuten, maximal fünf
　Referenten. Anschließende Fragerunde maximal 1 Stunde, Gesamt-

dauer maximal 2 Stunden, mit nachfolgendem Essen/Empfang auch 3 Stunden.

- Einladungen: Fachpresse bis zu zwei Monate im Voraus; monatlich erscheinende Medien vier Wochen vorab; Tages- und Wochenpresse, Agenturen, TV und Hörfunk: vierzehn Tage, aus wichtigem, aktuellem Anlass auch kurzfristig und nur telefonisch.
- Schriftliche Einladungen mit Antwortfax oder Antwortkarte verschicken

- Ich komme gern
- Ich bin verhindert, gebe die Einladung aber dem Kollegen XY
- Ich kann leider nicht kommen, bitte schicken Sie mir die Pressemappe

- Einladungen mit Wegbeschreibung und/oder Anfahrtskizze
- Das Einladungsschreiben enthält: Thema der Konferenz, Ort, Zeit, Programmübersicht, Namen der Referenten und möglicher Gäste
- Einige Tage vor dem Termin telefonisch bei den Eingeladenen nachfassen, die nicht geantwortet haben.

4. Ablaufplanung

- Welcher Ort ist geeignet?

    bei bundesweiter Anreise: zentral gelegener, gut erreichbarer Ort
    Ort des Firmensitzes
    Ort einer Niederlassung oder Produktionsstätte
    Eigenes Haus oder Hotel/Tagungsstätte

- Location überprüfen

    Raumgröße und -zuschnitt
    Bestuhlung und Tischanordnung (parlamentarisch, U-Form)
    Lichtverhältnisse, Beleuchtungs- und Verdunkelungsmöglichkeiten
    Raumakustik, evtl. Verstärkeranlage und Mikrofone

Technische Geräte überprüfen, Ersatz bereithalten
Stellorte für Fernsehkameras freihalten

- Gastraum für Empfang/Mittagessen, Bewirtung?
  Auswahl der Bewirtung
  Give aways bereithalten

- Ausreichende Parkfläche blockieren

  Wegweiser zum Veranstaltungsort
  Namensschilder für Referenten und Moderator
  Hostessen oder Boys für Begrüßung, Türkontrolle und Service
  Teilnehmerliste vorbereiten

- Wird ein Fotograf benötigt?

- Wird ein Dolmetscher benötigt?

- Ist ein Schreibbüro mit PCs, Telefonen und Faxgeräten nötig?

- Festlegen der Verantwortlichen für die Organisation

  Bestimmen der Einzelverantwortlichkeiten
  regelmäßiges Checkup zum Stand der Vorbereitungen
  Briefing der Referenten
  Testlauf, ob der Zeitplan stimmt

5. Nachbereitung

- Auftrag an ein Ausschnittbüro zur Auswertung des Presse-Echos
- Versand der Pressemappen an alle eingeladenen Journalisten, die
  nicht erschienen sind, aber Interesse bekundet haben
- Kritische Diskussion des Ablaufs zur Vermeidung von künftigen
  Fehlern

• Technik

Es kann niemals schaden, einen Vortrag visuell zu unterstützen – ob eine Folie aufliegt oder eine anspruchsvolle PowerPoint-Präsentation abläuft, ist nicht entscheidend. Auch die bühnenreife Enthüllung eines Prototyps oder ein Hostessenschwarm, der kleine Modelle des neuen Cabriolets an die Anwesenden verteilt, verringert den Abstraktionsgrad.

Damit das nicht zur peinlichen Pannenshow wird, muss die Funktionstüchtigkeit aller technischen Hilfen gewährleistet sein. Im Zweifel entlarvt 30 Minuten vor der Veranstaltung der letzte Check die Lampe des Projektors als defekt – gut, wenn dann jemand rechtzeitig an Ersatz gedacht hat.

- Give aways

Es geht nicht um teuere Geschenke, sondern um eine originelle Aufmerksamkeit, die gute Laune verbreiten hilft und ein Andenken sein soll. Die kleinen Geschenke sollten zum Thema und zum Veranstalter passen. Wer bei der Vorstellung eines Sport-Fahrrades gelbe Trikots an die Journalisten verteilt, macht gewiss keinen Fehler. Bei Non-Profit-Einrichtungen, die sich von der PK eine Steigerung des Spendenaufkommens für ihre Zwecke erhoffen, wäre schon eine Kleinigkeit zuviel.

Ein Sozialträger, der von staatlichen Zuwendungen abhängt, musste der Presse mitteilen, dass die Zuschüsse weiter eingeschränkt werden würden. Die PK fand kurz vor Weihnachten statt, der Veranstalter hatte dennoch das richtige kleine Geschenk für die Journalisten gefunden: Sie fanden auf ihren Plätzen eine Karte mit Festtagsgrüßen vor, daran hing ein kleines Kunststoffsäckchen mit einigen Büroklammern. Der Text auf der Karte lautete: „Gerade in schlechten Zeiten müssen wir zusammen halten."

- Kritische Fragen und Einwände

Geschickte PR-Fachleute denken im Vorfeld darüber nach, welche Fragen – insbesondere solche kritischen Inhalts – gestellt werden könnten. Sie erstellen einen „Question and Answer"-Katalog (Q&A), den sie mit den Gastgebern der Pressekonferenz durchspielen. Ein geschickter Moderator sorgt dafür, dass immer genügend Zeit bleibt, auch auf überraschende Fragen nicht hilflos zu reagieren.

In manchem Ratgeberbuch kann man lesen, bekanntermaßen kritisch eingestellte Journalisten solle man gar nicht erst einladen. Oder sie während der Fragerunde einfach „übersehen". – Beides ist wenig empfehlenswert. Wer sich ausgeschlossen sieht, wird dadurch gewiss nicht freundlicher, umstimmen wird es ihn erst recht nicht. Es ist geschickter, Kritiker ernst zu nehmen und ihnen mit wohlüberlegten Antworten zu begegnen. Dabei schadet es nicht, auch Zugeständnisse an deren Argumentation zu machen. Wenn ein skeptischer Kopf merkt, dass jemand auf seine Einwände plausibel reagiert, kann eine unsachliche und polemische Atmosphäre kaum entstehen. Unrichtige Behauptungen und falsche Interpretationen kann man sachlich zurückweisen. Wenn ein Kritiker gar keine Ruhe geben will und immer wieder nachhakt, werden ihn die eigenen Journalistenkollegen anfauchen, weil er ihnen die Zeit stiehlt.

• Anreise

Schon bei der Terminplanung ist daran zu denken, wie die Gäste zum Veranstaltungsort kommen können. Wenn zu einer bundesweit interessierenden PK im Frankfurter Raum eingeladen wird, sind Fahrzeiten auf den Autobahnen, aber auch mit der Deutschen Bahn zu recherchieren. Teilnehmer aus Hamburg, Berlin, Dresden oder München müssen vermutlich ein Flugzeug nehmen – wie sehen die Flugpläne der Abflughäfen aus, gibt es freie Kapazitäten?

Insbesondere in der kalten Jahreszeit verzichten viele Journalisten gerne aufs Auto, sie sind nicht unvernünftiger als andere Menschen. Deshalb ist in einer Wegbeschreibung oder Anfahrskizze auch auf öffentliche Verkehrsmittel oder Taxistände hinzuweisen.

• Bewirtung

Während der PK sollten nur Wasser, Säfte, Kaffee und Tee angeboten werden. Nach einer 30-minütigen Konferenz muss man auch keinen anschließenden Imbiss anbieten, doch suchen viele Journalisten gerne ein Einzelgespräch mit einem Referenten oder auch einem der anwesenden Kollegen, um spezifische Zusatzfragen zu klären oder sich auszutauschen. Das ist bei ein paar Häppchen und einem Getränk deutlich lockerer einzurichten.

Wer nach zwei Stunden – im wahrsten Wortsinn erschöpfender – Präsentation und Fragerunde nebenan zu Tisch bittet, sollte ein kleines, maximal dreigängiges Menü anbieten. Alles darüber hinaus interpretieren die meisten Journalisten als Freiheitsberaubung.

Alkoholische Getränke müssen nicht sein. Zu einem feierlichen Anlass wie einer Produktpräsentation passt aber ein Glas Sekt recht gut. Es sollten aber zumindest alkoholfreie Getränke als Alternative bereitstehen. Schwere Weine oder sogar Spirituosen sind ganz unüblich – es sei denn, sie sind das Produkt oder das Vorzeige-Erzeugnis des Veranstalters, dann gehört eine Verkostung dazu.

Das Pressegespräch

Während eine Pressekonferenz auf möglichst viele Teilnehmer hofft, ist ein Pressegespräch eine intime Veranstaltung für einen exklusiven Kreis von Gästen. Das kann eine abendliche Runde im Séparée eines Restaurants sein, also ein Presse-Empfang oder ein Arbeitsessen auf einigem Niveau. Für Pressegespräche eignet sich aber genauso der Konferenzraum am Firmensitz, wo die Diskussion im Vordergrund steht.

Der Charakter einer solchen Veranstaltung ermöglicht auch über Dinge zu reden, die nicht spektakulär sein müssen, aber einiges zur besseren Einschätzung eines Sachverhalts beitragen. Die wenigsten Inhalte sind zur Veröffentlichung bestimmt, und sowohl der Gastgeber wie seine Gäste wissen das. Das gilt spätestens, wenn der beteiligte Pressesprecher des Unternehmens darauf hingewiesen hat, man spreche hier „Unter Dreien" miteinander – der Informant, der Journalist und der liebe Gott. Die Journalistenehre verbietet es dann, über die Quelle der Information etwas zu verraten.

Solche Gespräche sind auch im Rahmen eines Pressestammtischs üblich, die es in vielen Städten gibt. Von PR-Leuten oder Chefredakteuren eingerichtet, dienen sie dem regelmäßigen Gedankenaustausch in der regionalen Medienszene. Auch die Presseclubs in einigen Großstädten laden gerne Vertreter von Unternehmen, Verbänden und anderen Einrichtungen zu sich, um Gespräche zu führen.

Pressefahrt und Pressereise

Reisen bildet, wusste Goethe. In manchen Fällen reicht eine Pressekonferenz nicht aus, um den Medienleuten die Augen zu öffnen. Dann lädt ein Veranstalter eine gut ausgesuchte Anzahl von Journalisten zu einer mehr oder minder ausgedehnten Reise ein und erläutert ihnen vor Ort, was aus seiner Sicht berichtenswert ist.

Die Rheinische Braunkohlenwerke AG, ein Tochterunternehmen des Energieriesen RWE, führt Journalisten immer wieder in die Tagebau-Landschaft des rheinischen Braunkohlereviers westlich von Köln und Düsseldorf. Die bis zu 500 Meter tiefen und kilometerbreiten Abbau-Areale erinnern Besucher an den Grand Canyon. Die gewaltigen Bagger hier – und nebenan die eindrucksvoll rekultivierten Flächen mit Wäldern, Äckern und Badeseen – präsentiert das Unternehmen als sichtbaren Beweis für die Anstrengungen, die seit Jahrzehnten sowohl zur Energiesicherung als auch für den Umweltschutz unternommen werden.

Das angeführte Beispiel steht für eine „Pressefahrt", die ohne großen Aufwand die Medienvertreter per Bustransfer zu Werksbesichtigungen oder Produktionsstandorten bringt. Ähnlich würde man es mit anderen interessierten Besuchergruppen tun. Journalisten erwarten allerdings einen informierten und auskunftsbereiten Führer, keinen routinierten Plauderer. Pressefahrten sind besonders sinnvoll:

- als Ergänzung von Pressekonferenzen
- für die Standortpresse
- für Fachjournalisten
- für Volontärskurse und Journalistenschulen

Pressereisen, oft auch Journalistenreisen genannt, sind hingegen aufwendig zu organisieren und recht teuer. Es geht in der Regel darum, einen kleinen, ausgewählten Kreis von Journalisten zu einer Fernreise einzuladen, die exklusiven Informationszwecken dient:

Im Frühjahr 2004 lud das Olympische Komitee Griechenlands eine ausgesuchte internationale Journalistenschar ein, den Fortschritt beim Bau der Sportstätten in Athen und im ganzen Land zu bestaunen. Daraus wurde nichts – die meisten Reporter äußerten sich skeptisch, ob bis zum Beginn der Spiele im August alles fertig werden würde. Allerdings hätte ihnen die perfekt durchorganisierte Rundreise die Ahnung vermitteln können, dass die Griechen sich lieber in der Ägäis ertränken würden, als halbe Sachen zu machen.

Das bekannteste Beispiel für Pressereisen sind die Auslandsbesuche von Kabinettsmitgliedern, die immer von einer Schar Journalisten begleitet werden. Im Flugzeug des Ministers darf allerdings nur eine kleine, handverlesene Schar von Medienleuten mitfliegen; die sind zum Teil auch bei den offiziellen Anlässen der Reise unmittelbar dabei. Wir alle kennen die Fernsehbilder und können am nächsten Tag in den Zeitungen recht intime Beobachtungen dieser journalistischen Begleiter lesen.

Viele Fachjournalisten und die Redaktionen der Leitmedien erreichen weitaus mehr Einladungen als sie wahrnehmen können. Mancher ist auch schon etwas gelangweilt von den immer gleichen Arrangements und schimpft über den „Lebenszeit-Diebstahl". Wer über die Sinnhaftigkeit einer Pressereise nachdenkt, muss acht geben, nicht in erster Linie ein „Event" zu planen – ein solches Erlebnismoment sollte sich logisch aus dem Informationszweck der Reise ergeben.

Die Deutsche Bahn AG lädt ein nach China, zu einer Reise in einem historischen Luxuszug – um den Journalisten zu erklären, wie und wo künftig der ICE in China verkehren wird. Thema ist also eigentlich ein Exporterfolg des deutschen Unternehmens. Die Spannung zwischen Nostalgiefahrt und Zukunftsprojekt macht die Fahrt zum Erlebnis.

Noch stärker als bei Pressekonferenzen gilt für Reisen, dass es einen vernünftigen Anlass dafür braucht. Wenn es am Zielort wenig zu sehen, riechen, fühlen – letztlich zu erfahren gibt, fühlen sich die Journalisten zu Recht verschaukelt. Neue Produktionsstätten, exotische Arbeitsplätze, kreative Projekte, interessante Objekte von Sponsoring oder Mäzenatentum – alles, was nur durch Augenschein und andere persönliche Eindrücke „erfahrbar" ist, macht eine Pressereise zu einer spannenden Variante, wie man Journalisten guten Stoff für ihre Arbeit bieten kann.

Checkliste 4: Pressefahrt/Pressereise

- Pressereisen brauchen einen Anlass, der weder schriftlich noch durch eine Pressekonferenz dargestellt werden kann

  Beispiel: VW unterstützt die Europa-Tournee von Eric Clapton und lädt zur Auftaktveranstaltung nach London ein. – Auch ein gelungenes Beispiel, wie sich ein „Event" für die Journalisten zwanglos aus dem Informationszweck ergeben kann.

- Gerade in unseren Zeiten der Globalisierung und „Fusionitis" finden sich für viele Unternehmen und andere Organisationen Themen, die für eine Pressereise tauglich wären.

  Beispiel: Der Daimler Chrysler-Konzern lud noch vor seiner Vermählung nach New York, weil die New Yorker Börse neuer Handelsplatz für die Aktien des Stuttgarter Unternehmens wurde.

- Die Veranstaltung sollte im Rahmen der gesamten Unternehmenskommunikation stimmig sein und nicht den Verdacht wecken, mit Speck die Mäuse zu locken zu wollen.

  Beispiel: Die Saarberg-Fernwärme GmbH positioniert sich als international tätiger Spezialist für die Versorgung von Geschäftsbauten und Wohnvierteln mit industrieller Abwärme – und lädt nach Polen ein, wo mehrere Städte im oberschlesischen Steinkohlerevier einen Vertrag über einen Fernwärmeverbund unterzeichnen, den die Saarländer aufbauen.

- Pressereisen sind exklusive Angebote an ausgewählte Journalisten. Dementsprechend sollte alle Planung so ausgerichtet sein, dass sie ihre Arbeit unter besten Voraussetzungen problemlos und ohne Behinderungen tun können.

- Ihre Gesprächspartner müssen Top-Informationen liefern können, deshalb ist die Anwesenheit von Führungskräften unerlässlich. Es schadet auch nicht, prominente Personen – z.B. einen gesponserten Spitzensportler oder Künstler – in einem Programm als Interviewpartner oder zu einem Fototermin einzuplanen.

- Wer TV-Macher einlädt, muss mit Bildern aufwarten können. Das setzt manchmal Vor-Besuche voraus, um geeignete Standorte zu finden.

- Die Betreuung muss optimal sein, vom Gepäckträger bis zum Schreibservice, vom individuellen Telefon in der Telekom-Wüste bis zum folkloristischen Bildprogramm für Fernsehleute etc.

- Für Veranstaltungen im Ausland sind möglicherweise lange Vorlaufzeiten einzuplanen, wegen Einreisepapieren, Impfvorschriften etc.

- Ein guter und erprobter Dolmetscher ist Gold wert.

- Die Orte von Unterbringung und zentraler Veranstaltung müssen nicht identisch sein: Transfer ist zu organisieren.

- Eine Journalistenreise gewinnt an Intensität, wenn die Reisegruppe klein bleibt: Zehn, vielleicht fünfzehn gut ausgewählte Teilnehmer sind genug. Hinzu kommt ohnehin ein Tross von weiteren Teilnehmern aus den eigenen Reihen.

- Pressereisen brauchen einen Dreh- und Angelpunkt. Entweder ist das eine Veranstaltung, die als Anlass der Reise dienen kann *(z.B. eine feierliche Ehrung, eine Grundsteinlegung, eine Übergabe, eine Eröffnung etc.)* oder ein Pressegespräch mit hochrangigen Partnern auf Seiten des Veranstalters.

- Das Programm muss dicht und kurz gehalten sein, darf die Teilnehmer nicht überfordern und muss Raum für Erholung lassen.

- Pressereisen müssen kurz sein: Reiseangebote von einer Woche gelten bereits als extrem – sind aber denkbar, z.B. als Einladung der *„US Press-Organization"* an ihre europäischen Kollegen, die Arbeit von Lokalredaktionen in mehreren ausgewählten US-Staaten kennenzulernen.

- Die ideale Pressereise (innerhalb Europas!) dauert nicht mehr als anderthalb Journalisten-Arbeitstage, beginnt am späten Vormittag und endet offiziell vor 18 Uhr.

- An- und Abreise zu/von einem zentralen Startort sollten zwei Stunden nicht überschreiten. Wer z.B. eine Veranstaltung in Mallorca plant und Journalisten aus Nord-, West- und Süddeutschland einlädt, muss Flugpläne der Airports von Hamburg, Düsseldorf, Köln/Bonn, Frankfurt, Stuttgart und München durchsehen, um sinnvoll buchen zu können.

- Längere Busfahrten lassen sich gut nutzen, um Videos oder Monitor-Präsentationen zu zeigen – vorausgesetzt, der gecharterte Bus ist mit entsprechender Technik ausgerüstet.

- Neben den wichtigen Informationen sollte ein eher entspannendes Element zur Pressereise gehören. Ob das ein Gelage wird, eine kulturell hochstehende Veranstaltung oder ein Abend auf dem Oktoberfest, hängt vom Ort ab. Wer z.B. nach New York einlädt und nicht die aktuellen Angebote der Metropole auf geeignete Dinge durchforstet, lässt seine Gäste allein in einer unüberschaubaren Stadt – das wird niemand professionell finden.

- Die *Kostenübernahme* ist ein heikles Kapitel. Pressereisen beruhen prinzipiell auf Einladungen. Doch lehnen manche Redakteure es ab, sich einladen zu lassen; sie wittern den Versuch, sich durch großzügige Arrangements eine freundliche Berichterstattung zu sichern und fürchten um ihren Ruf als unbestechliche Chronisten. – Darum sollte der Einladung ein Formblatt beiliegen, auf dem wahlweise angekreuzt werden kann, ob jemand die Kosten mit seiner Redaktion abrechnet oder nicht.

- Zur *Nachbereitung* von Pressefahrten und Pressereisen gehört unbedingt die Auswertung des Presse-Echos; nicht nur in den Medien der beteiligten Journalisten – wenn die für „Leitmedien" tätig waren, ist mit zahlreichen Folgeveröffentlichungen landauf, landab zu rechnen.

Pressefahrten und -reisen bringen mit großer Sicherheit das erwartete Echo in den eingeladenen Medien – es sei denn, mangelnde Vorbereitung führt zu Pannen. Dann richtet sich der Aufwand gegen den Veranstalter, denn die Journalisten werden genüsslich beschreiben, was ihnen widerfuhr. Wer die Pannen vermeidet, investiert sein Geld gut in dieses inzwischen klassische Instrument der Medienarbeit.

Das Presseseminar/Der Journalisten-Workshop

Eine weitere Form von Veranstaltungen exklusiv für Medienleute dient deren Weiterbildung. Wo ein Thema weder durch eine Fragestunde noch durch Anschauungsunterricht plastisch werden kann, sind Seminare, Trainings und Workshops das Mittel der Wahl.

Als Mitte der achtziger Jahre klar wurde, welche Dimension die Verbreitung des Aidsvirus hat, setzte die Bundeszentrale für gesundheitliche Aufklärung einen Etat von 50 Millionen Mark für die Entwicklung ihrer Anti-Aids-Kampagne ein. Bestandteil des Konzepts waren auch Seminare für Journalisten verschiedenster Medien, die mit den medizinischen Erkenntnissen über die Übertragungswege der Infektion und ihre Vermeidung vertraut gemacht wurden. Damit wurden Artikel verhindert, die womöglich Panik und Übergriffe auf HIV-Positive hätten auslösen können.

Die Deutsche Bundesbank und europäische Institutionen boten interessierten Wirtschaftsjournalisten schon lange vor dessen physischer Einführung Seminare über den Euro und seine möglichen Folgen an. Im Ergebnis gab es unter den Fachjournalisten nur wenig Skepsis gegenüber der neuen Währung.

Ziel solcher Maßnahmen ist immer, die meinungsbildende und meinungsstützende Kraft der Medien zu verstärken. Die Artikel und Sendungen der Journalisten von falschen Annahmen und Deutungen frei zu halten, kann die öffentliche Diskussion entscheidend beeinflussen. Geeignet als Gegenstand eines Seminars oder Workshops sind allerdings nur Themen von einer gewissen Brisanz und weitreichender Bedeutung. Eine Veranstaltung, die Journalisten über die Vorzüge eines Produkts schlau machen will, wird viele Gäste durch ihr Kaffeefahrtniveau verärgern.

Redaktionsbesuche

Auch der Weg in die Redaktionsräume ist eine Möglichkeit, den Dialog zu eröffnen. Allerdings beginnt das Gespräch ungewöhnlich, denn der Gast lädt sich selbst ein. Das macht Redaktionsbesuche zu einem umstrittenen Mittel. Viele Journalisten mögen es gar nicht, an ihrem Arbeitsplatz heimgesucht zu werden.

Natürlich gilt: niemals ohne Anmeldung und Terminvereinbarung. Dennoch kommt es vor, dass der Tag anders begonnen hat als vorhersehbar; Journalisten leben nun einmal von aktuellen Veränderungen. Und dann stört er wieder, der ahnungslose Gast.

Dennoch sind zu bestimmten Anlässen und in einigen Medienbereichen Redaktionsbesuche üblich. Zu den besten Anlässen, die regionalen Pressevertreter an ihrem Arbeitsplatz kennenzulernen, zählt sicher die Vorstellungsrunde eines neuen Verantwortlichen für Medienarbeit. Das gleiche gilt für Besuche bei den wichtigsten Fachmedien.

In der Gruppe der Frauen- und Modezeitschriften sind ständig PR-Damen unterwegs, die mit viel Gepäck reisen. Fotos der neuen Kollektion und Stoffmuster, neue Kosmetikartikel und Accessoires gehören dazu, neben Pressetexten und Produktbeschreibungen. So manches von den hübschen Sachen bleibt bei der besuchten Redakteurin liegen.

Ein Mitbringsel ist in jedem Fall zu empfehlen: eine handfeste Information oder eine gute Idee für eine exklusive Absprache.

Medien-Events

Dieser Begriff wird häufig missverständlich gebraucht, entweder a) für eine Pressekonferenz in etwas gelockertem Rahmen oder b) für eine Publikumsveranstaltung, auf der den Medien lediglich die Rolle von Statisten zugewiesen wird.

Ein Event soll aber einen deutlichen Erlebnischarakter haben. Egal ob es sich um die Journalistenwanderung mit dem Zweck der Tourismusförderung handelt oder um die Eröffnungsgala in der neuen Konzerthalle, wo die Musik-Fachjournalisten einmal die Plätze mit den Orchestermitgliedern tauschen – mit der Aufforderung, gemeinsam „Hänschen klein" zu intonieren. Presse-Events sollten also interaktive Elemente enthalten, wenn möglich neben dem Verstand auch die Sinne ansprechen.

Prinzipiell sind alle Veranstaltungen, zu denen unter anderem auch Pressevertreter geladen werden, für die Medien gemacht. Das gilt für den Tag der Offenen Tür wie für die Firmenfeier zum 60. Geburtstag des Vorstandschefs. In vielen Fällen aber werden solche Veranstaltungen von vornherein so angelegt, dass die Medien ihr „Futter" bekommen. Dann ist einem Veranstalter ein Trick gelungen, der aus einem schwer vermittelbaren, vielleicht sogar etwas langweiligen Sachverhalt eine Nachricht macht.

Um die Spendenbereitschaft für die Unterstützung von Erkrankten zu steigern, hat man den 1. Dezember eines jeden Jahres als „Welt-Aids-Tag" gewählt. Das Datum erreichte ziemlich rasch das öffentliche Bewusstsein, weil es mit spektakulären Medien-Events ins Rampenlicht trat. So wurde 1988 Köln als zentraler Veranstaltungsort und Kunstmetropole gewählt: 1000 Kölner Bürger, darunter viele TV-

Prominente und zahlreiche renommierte Künstler, malten Bilder zum Thema Aids auf Leinwand, die eine PR-Agentur zur Verfügung gestellt hatte. Die Kunstwerke wurden zu einem 500 Meter langen Band vernäht, das über eine Rheinbrücke gespannt werden konnte. Die Fotos und Fernsehbilder gingen ins ganze Land und sogar darüber hinaus, begleitet von Artikeln und Kommentaren, die den Anlass bekannt machten. Die einzelnen Bilder wurden schließlich zugunsten der Aids-Stiftung versteigert – darunter waren immerhin einige, die zeitgenössische Maler von Rang abgeliefert hatten. Am besten verkauften sich allerdings die Werke von der Hand Alfred Bioleks, von Willy Millowitsch oder Tina Turner. Die turbulente Auktion war das zweite Medien-Großereignis. Und als einige Zeit später der Gesamterlös der Spenden an diesem Tag – natürlich wieder in Köln – der Schirmherrin und damaligen Gesundheitsministerin Rita Süßmuth als symbolischer Scheck überreicht wurde, waren die Medien ein drittes Mal dabei.

In diesem Beispiel für eine erfolgreiche Kette von Veranstaltungen wirkten die Güte der Idee, der Medienstandort Köln und die Mitwirkung vieler Prominenter zusammen. Entscheidend dabei ist, dass der Erfolg planbar ist. Eine präzise Analyse hatte zur entscheidenden Idee der Aktion, dem Malwettbewerb in der dafür geeignetsten deutschen Stadt, geführt. – Als im Jahr darauf für den gleichen Zweck Kleider versteigert wurden, die prominente Frauen zur Verfügung gestellt hatten, war Düsseldorf als deutsches Modezentrum der einzig vernünftige Ort.

Journalistenpreise

Im Sport werden schon seit längerem Wettkämpfe und Entscheidungsspiele ausgerichtet, die den Namen der hauptsächlich sponsernden Firma tragen. Auch die „Bambi"-Verleihung ist untrennbar mit dem Verlagshaus Burda verbunden, ebenso wie die „Goldene Kamera" mit dem Axel-Springer-Verlag.

Medienpreise dienen einem ähnlichen Zweck. Sie sollen möglichst viele Journalisten motivieren, über einen abgegrenzten Sachverhalt zu schreiben, Rundfunk oder Fernsehen zu machen. Davon erhofft sich die ausschreibende Institution mehr Öffentlichkeit für ein Thema. Prämiert werden regelmäßig nicht die Versuche, sondern ausschließlich Arbeiten, die bereits publiziert wurden. Damit sichern sich die Veranstalter eine ausreichende Qualität.

Das Journalistenportal www.journalismus.com weist Anfang Dezember 2009 auf zehn Preise hin: Von „Meiers Weltreisen" bis zur „Deutschen-Rheuma-Liga", von der „Spiele-Autoren-Zunft" bis zur „Interessenvertretung Friseurprodukte" werben Anbieter um die Bereitschaft von Journalisten, sich mit ihren Themen zu befassen.

Es finden sich fast immer Journalisten, die nicht nur das Preisgeld interessiert, sondern die sich wirklich Mühe geben, eine qualitätvolle Arbeit zu leisten.

Presseanfragen

Wer auf eine telefonisch geäußerte Journalistenfrage nicht reagiert, macht einiges falsch. Auch wenn die Frage einem eher unangenehmen Sachverhalt gelten sollte: Die Anfrage zeigt Interesse, das ist schon der halbe Erfolg.

Wenn die Anfrage einer Zusatzauskunft gilt, weil ein Redakteur mit einer Pressemitteilung allein nicht zufrieden ist, hat dieser Text bereits den ganzen Erfolg. Denn der Anruf ist der Beweis, dass der Fragesteller an einer Veröffentlichung arbeitet. Aus diesem simplen Grund braucht er schnell eine brauchbare Antwort. Wenn man die nicht selbst weiß, sollte man sich möglichst umgehend die benötigte Information besorgen, damit ein rascher Rückruf erfolgen kann.

Wenn es um exakte Daten und Zahlen geht, ist eine schriftliche Antwort immer der sichere Weg. Wenn aus der Anfrage ein regelrechtes Telefon-interview wird, darf man ruhig darum bitten, dessen Manuskriptfassung noch einmal gefaxt zu bekommen, bevor der Text gedruckt wird. Besonders bei etwas schwierigeren Fachfragen werden Redakteure diese Bitte selten abwehren, denn sie haben auch kein Interesse an einer fehlerhaften Darstellung in ihrem Blatt.

Wenn aufgrund einer Veröffentlichung oder in einem Fall von gesteigertem Interesse mit vielen Presseanfragen zu rechnen ist, kann es sinnvoll sein, eine Info-Hotline einzurichten. In Krisenzeiten, nach Störfällen im Unternehmen oder in der gleichen Branche, bei Tarifauseinandersetzungen, Rechtsstreit oder Veränderungen der Gesetzeslage, bei Gerüchten über wichtige Veränderungen im Unternehmen ist die Neugier der Medien geschärft. Eine Info-Hotline bedeutet, dass ein Kreis von sachverständigen Fachleuten ständig gesprächsbereit ist. Die auflaufenden Anfragen sollten aber in jedem Fall zunächst bei der Pressestelle ankommen, dort geprüft und dann dem richtigen Fachmann zugeordnet werden. Sonst nützt der Aufwand wenig.

3 Medienarbeit online

E-Mail, Diskussionsforen, eine eigene Homepage – was noch Mitte der 90er Jahre des vorigen Jahrhunderts fast exotisch anmutete, ist heute die selbstverständlichste Sache der Welt. In zunehmender Zahl tauschen auch Großeltern mit ihren Enkeln per Mail und SMS Neuigkeiten und Nichtigkeiten aus – die neuen Kommunikationstechnologien überzeugen inzwischen alle Generationen. Erst 1993 stellten der Brite Tim Berners-Lee und der Amerikaner Marc Andreessen die notwendige Software für das *World Wide Web* bereit. Seitdem ist „www" die bedeutendste Abkürzung, die je hervorgebracht wurde. Und was früher noch fundierte Programmierkenntnisse erforderte, ist heute dank nutzerfreundlicher Software mit wenigen Klicks gestaltet und online.

Den Überblick über die rasanten Entwicklungen zu behalten fällt nicht leicht. Im ersten Jahrzehnt eines neuen Jahrtausends bestimmen völlig neue Schlagworte bzw. die dahinter stehenden Technologien die Online-Kommunikation: *Web 2.0, Blogs, Podcasts, Social Software* – wir haben davon schon im ersten Teil dieses Buches gehört. Hier geht es nun um den praktischen Nutzen, den Medienarbeiter aus den neuen Möglichkeiten ableiten können. Aber auch die „klassische" Online-Kommunikation – die Homepage oder der elektronische Newsletter – behalten ihre Bedeutung: Vor allem bei der Webseitengestaltung gibt es nach wie vor viel Ungereimtes. Das kann jeder Internetnutzer feststellen, wenn er nach dem Zufallsprinzip die Webauftritte von Unternehmen oder Organisationen unter die Lupe nimmt. Zudem gilt eine alte Weisheit: Man muss nicht alles machen, nur weil man es machen könnte.

Auf den folgenden Seiten geht es um Instrumente der Online-*Medienarbeit* und nicht um Online-*PR*, um es deutlich abzugrenzen. Öffentlichkeitsarbeit mit den Möglichkeiten des World Wide Web umfasst wesentlich mehr als das hier Dargestellte.[113] Dennoch lohnt es, die Besonderheiten der Online- im Vergleich zur Offline- Kommunikation einleitend kurz zu beleuchten.

Kommunikationsstrukturen in der Online-Welt

Die Entwicklung der Computertechnik hat auf die Medien besonders starke Auswirkungen. Wie fast überall hat der Siegeszug von PC, Netzwerken und Internet das Arbeiten verändert und auch bei den Medienleuten viel Umdenken gefordert. Die neue Technik vernichtet Arbeitsplätze, andererseits schafft sie neue und damit auch neue Berufe innerhalb der Medienbranche. Gut ausgebildete Online-Redakteure und Screen-Designer sind Mangelware und werden gut bezahlt.

Das Internet hat innerhalb kurzer Zeit einen zusätzlichen Informationsmarkt geschaffen, der anderen Gesetzen gehorcht als die herkömmlichen Medien:

- Das Internet ist dialogfähig, es erlaubt den direkten Kontakt mit den Nutzern. Online-Öffentlichkeitsarbeit kann dabei den Zweck haben, wie mit herkömmlichen PR-Medien zu informieren. Ihren besonderen Reiz bekommt sie aber durch die vielfältigen Möglichkeiten des Dialogs, bis hin zur echten Interaktion mit der erwünschten Teilöffentlichkeit.

- Das Internet ist einerseits Massenmedium, eignet sich jedoch gleichermaßen für die individuelle und personalisierte Kommunikation.

- Der Nutzer entscheidet selbst, wann und welche konkrete Information er abruft, bestimmt deren Umfang und seinen zeitlichen Aufwand.

- Er kann nach Belieben tiefer in den Informationspool eindringen und muss dazu nicht das Medium wechseln.

Für die Medienarbeit im Netz ist das nicht unwichtig: Ein Unternehmen oder eine Organisation kann über das Internet mit Redakteuren Kontakt aufnehmen oder umgekehrt. Das kann persönliche Begegnungen oder Gespräche am Telefon nicht komplett ersetzen, aber sinnvoll ergänzen. Dabei ist eine Kommunikation zwischen einem Sender und einem Empfänger (die persönliche E-Mail) ebenso möglich, wie zu mehreren Empfängern (die digitale Presseaussendung oder eine Rechercheanfrage, die ein Journalist parallel an mehrere Unternehmen schickt). Der Dialog kann asynchron stattfinden (wiederum die E-Mail) oder synchron (Expertenchats oder virtuelle Pressekonferenzen).

Unternehmens-Webseiten sind Informationsangebote an Journalisten, damit diese jederzeit darauf zugreifen können. Der Journalist ist flexibler bei seinen Recherchen. Dabei kann auch ein Newsdesk-Redakteur, der sowohl für On- als auch Offline-Medien arbeitet, auf einer einzigen Seite ganz unterschiedlich aufbereitete Informationen finden – Texte,

Grafiken, Ton- und Bildmaterial gleichermaßen. Hierin besteht eine weitere Besonderheit – die Angebote bedienen die verschiedensten Bedürfnisse der Redaktionen. Ob Presse, Radio oder Fernsehen: Das Informationsangebot der Medien kann durch die Möglichkeiten, die das Internet bietet, aktueller und breiter werden.

Der Journalist als „Online-Worker"

Wie so oft ist auch in der Online-Kommunikation weniger manchmal mehr; allein aus diesem Grund muss nicht alles, was technisch machbar ist, auch umgesetzt werden. Wer dies täte, würde sein Online-Budget zum Fenster hinaus werfen. Und wie überall in der Öffentlichkeitsarbeit muss sich auch die Online-Kommunikation an den Bedürfnissen der Zielgruppe – in unserem Fall also den Vertretern der Medien – messen lassen. Zunächst gilt es also, diese Bedürfnisse kennenzulernen: Was erwartet ein Journalist eigentlich von einer Unternehmens-Website? Nimmt er Presseaussendungen per Mail überhaupt wahr, oder gehen die mit großer Sorgfalt formulierten Texte in einer Flut von *Spam* unter? Es gibt einige Studien, die hierüber Auskunft geben.

Journalisten können inzwischen als klassische „Online-Worker" gelten. Für Unternehmen ist das eine Chance, ihre Pressearbeit in Teilen zu vereinfachen, sei es durch den unkomplizierten und kostengünstigen Versand von Presseinformationen per E-Mail oder indem sie professionell aufbereitete Informationen auf ihrer Website zur Verfügung stellen.

Der Stellenwert und die Umsetzung der Online-Pressearbeit hängen vor allem vom Nutzungsverhalten der Journalisten ab. Umfragen haben ergeben, dass Journalisten intensive Internetnutzer sind, die pro Tag bis zu drei Stunden online sind.[114] Journalisten schätzen dabei vor allem die hohe und permanente Verfügbarkeit von Informationsangeboten, der recherchierende Journalist ist nicht mehr allein auf die Erreichbarkeit eines Unternehmenssprechers angewiesen und erhält Informationen auch außerhalb der üblichen Bürozeiten. Per DSL oder UMTS kann er von fast jedem Ort der Welt und rund um die Uhr Recherchen durchführen. Da Zeitdruck oftmals ein kritischer Faktor im Arbeitsalltag von Journalisten ist, kann ihm das Internet die Arbeit erheblich erleichtern. Voraussetzung dafür ist, dass Unternehmen oder Organisationen leicht im Netz zu finden sind und ihre Angebote medientauglich aufbereiten.

Wer technische Neuerungen in der Unternehmenskommunikation einsetzen will, sollte deren Akzeptanz als Instrument der Pressearbeit kennen. Nutzen Journalisten *„Live-Streams"* oder *„Corporate Weblogs"* denn tatsächlich? Umfragen belegen, dass die Bereitschaft nur langsam wächst: Lediglich 12 Prozent halten Weblogs für ihre tägliche Arbeit für wichtig oder sehr wichtig, gut 18 Prozent sagen dies über Soziale Netzwerke. Nach Web-2.0-Anwendungen befragt, geben gut 6 Prozent an, Twitter zu nutzen, 22 Prozent verwendet RSS, immerhin 39 Prozent hören Podcasts.[115] Eine weitere Umfrage untersuchte das Rechercheverhalten von Fachjournalisten: 17,4 Prozent recherchieren in Blogs, 10,3 Prozent in Podcasts oder Videoblogs, 15,2 Prozent haben einen RSS-Feed abonniert.[116]

Sicher ist dies zum Teil durch Zeitmangel zu erklären: Jeder Mensch und so auch jeder Journalist kann nur eine begrenzte Menge von Quellen nutzen bzw. Informationen aufnehmen. Hinzu kommen Gewohnheiten – neue Methoden probieren, die sich eventuell als zeitaufwendiger herausstellen, auch wenn sie mehr Nutzen versprechen, ist nicht jedermanns Ding. Vielleicht hat es auch mit der Qualität der angebotenen Inhalte zu tun. Digitales Bild- und Tonmaterial kann mehr sein als nur das lustige Filmchen bei *YouTube*. Ein Bewusstsein dafür muss sich allerdings erst entwickeln.

Ist der Einsatz neuer Technologien und Verbreitungskanäle also lediglich eine kosten- und zeitaufwendige Spielerei? Natürlich ist es immer auch eine Image-Frage, ob sich eine Organisation der neuesten technischen Möglichkeiten bedienen will. Dies kann aber durchaus wichtig sein für die Positionierung als innovativ und fortschrittlich. Zudem ist zu erwarten, dass sich das Nutzungsverhalten der Journalisten in den Redaktionen schnell verändern wird. Auch die Crossmedia-Strategien der Verlage werden dazu beitragen. Dann ist es von Vorteil, wenn ein Unternehmen oder eine Organisation in der Medienarbeit der Nachfrage einen Schritt voraus ist.

Instrumente für die „digitale Pressearbeit"

Interaktivität, Personalisierung, Schnelligkeit – dies sind einige der Vorteile, die das Internet bietet. Für den Einsatz in der Medienarbeit im Netz eignet sich jedoch nur ein relativ kleiner Teil dessen, was technologische Entwicklungen ermöglichen.

- E-Mails

Das Kapitel zu den Instrumenten der Online-Pressearbeit beginnt mit einem „Klassiker" – der E-Mail. Das mag auf den erster Blick banal wirken, doch auch hier gilt es einige Besonderheiten zu beachten. Mails zeigen eine strukturelle Nähe zu einem Brief, nutzen jedoch die Technologie des Internets und erfordern daher einen anderen Aufbau; zudem ist es wichtig, etwas über die Akzeptanz dieses Kanals zu wissen:

Pressemitteilungen per E-Mail oder die „digitale Pressemappe"

Da heute Zeitungen und Zeitschriften unmittelbar am Computerbildschirm entstehen, zahlreiche Redaktionen als Newsdesks zusammengefasst sind und Redakteure nicht mehr allein für ein Print- oder ein Online-Medium arbeiten, ist der Versand von Pressemitteilungen per Mail generell unproblematisch.[117] Wer den Königsweg gehen will, erfragt, wie Kontaktpersonen in den Redaktionen Pressetexte erhalten möchten. Bei kleinen Verteilern und etablierten Kontakten, z. B. in der Regionalpressearbeit, ist dies einfach. Denn es gibt durchaus Redakteure, die es nach wie vor bevorzugen, wenn sie Zusendungen per Telefax bekommen. Häufig genannter Grund: Ihre Mail-Postfächer werden geradezu überschwemmt, es wird immer schwerer, den Überblick zu behalten. Wenn der Presseverteiler von einem Dienstleister geliefert wird und die E-Mail-Adressen der Redaktionen bzw. der Journalisten enthält, spricht wohl nichts gegen die Zusendung per Mail.

Nicht zu unterschätzen ist die *Spam-Problematik:* bei Massenaussendungen kann es passieren, dass Pressemitteilungen im Spamfilter einer Redaktion hängenbleiben. Eine Medienresonanz-Analyse (siehe Seite 385ff) kann hier zumindest ansatzweise als Indikator dienen, ob Mails die Empfänger in den Medienhäusern auch tatsächlich erreichen.

Den Mail-Versand von Pressetexten kann jeder selbst übernehmen oder einen Dienstleister beauftragen, wie z. B. die dpa-Tochter news aktuell. Das Unternehmen hat unter Tageszeitungs- und Rundfunk-/Agentur-Redakteuren einen Resonanzcheck zur Akzeptanz seines Original Text Service (ots) durchgeführt, der diesem Dienst eine relativ hohe Akzeptanz in den Redaktionen bestätigt.[118]

Versandart

Sollte eine Presseinformation als Mail-Anhang (z.B. PDF) verschickt werden oder steht der Text besser direkt in der Mail selbst? Anlagen sind immer einen Klick weiter vom Leser entfernt als der E-Mail-Text. Umfragen[119] bestätigen, dass auch Presseinformationen direkt in die E-Mail geschrieben bzw. hineinkopiert werden sollten. Wer einen Anhang bevorzugt, muss beachten: Ein PDF darf auf keinen Fall kopiergeschützt sein – der Journalist muss den Text aus der Datei extrahieren können. Eine Word-Datei sollte keine außergewöhnlichen Hausschriften enthalten, auch wenn das Corporate Design diese verlangt. Schriften, die auf dem Empfängerrechner nicht installiert sind, werden in eine Standardschrift konvertiert, wodurch sich Layout und Umbrüche erheblich verändern können. Bei der Einstellung von E-Mail-Optionen sollte man darauf verzichten, die Meldung mit „Wichtigkeit hoch" zu versenden oder eine Lesebestätigung anzufordern. Dies wirkt aufdringlich. Außerdem sollten Mails immer an unsichtbare Verteiler (Bcc.), niemals an für alle sichtbare Empfängeradressen geschickt werden.

Betreffzeile

Was gehört in die Betreffzeile? Redakteure wollen bei der Fülle zugesandter Informationen lesen, was auf den ersten Blick informiert und ihre Aufmerksamkeit weckt. Die Betreffzeile einer E-Mail entscheidet oft darüber, ob eine Pressemitteilung sofort im Papierkorb landet oder nicht. Sie sollte daher so informativ und aussagekräftig wie möglich sein, ohne dass sie zu lang wird, und die Neugier des Lesers wecken. Um den Informationskern auf den ersten Blick deutlich zu machen, empfiehlt sich die klassische Schlagzeile („Universität Hamburg erhält Stiftungsprofessur"). Enthält der Presseverteiler keine persönlichen Mail-Adressen, sondern lediglich allgemeine Sammeladressen (was nicht der ideale Weg ist!), sollte in die Betreffzeile ggf. das zuständige Ressort für eine zügige Weiterleitung ergänzt werden („Kultur: Universität Hamburg ...")

Teaser	*Warum ist der nachrichtliche Stil auch hier wichtig?* Fast 70 Prozent der Journalisten wünschen sich am Anfang der Mail ein bis zwei Sätze zum Inhalt der Presseinformation.[120] Wer nachrichtlich formuliert, hat diese Bitte bereits eingelöst. Ein Anschreiben, das womöglich noch um ein Belegexemplar bittet, ist jedoch hier genau wie beim „klassischen" Printversand völlig unnötig.
Text	*Wie soll ich schreiben?* Textaufbau und Sprache werden im Abschnitt III dieses Teils behandelt; die Regeln sind selbstverständlich unabhängig davon gültig, ob die Pressemitteilung auf Papier oder elektronisch verschickt wird. Der klare Vorteil der E-Mail ist die Möglichkeit, Links einzubauen. So kann aus einem einfachen Text schnell und kostengünstig ein Angebot von Texten mit verschiedenem Tiefgang, unterschiedlichen Schwerpunkten oder für verschiedene Medientypen entstehen. Es wird sogar möglich, eine digitale Pressemappe aufzubereiten, etwas, wofür man ansonsten eine Mappe aus Karton, mehrere Textdokumente, Fotos als Abzüge oder auf einem Datenträger, A4-Briefumschläge und das entsprechende Porto benötigen würde.
	In einer Mail hingegen können auf den aktuellen Text Links folgen, die auf relevante Seiten im Internet verweisen, z. B. auf ein allgemeines Unternehmensporträt, auf Bilddatenbanken (s. u.) oder andere ergänzende Materialien.
Bilder und Grafiken	*Welches Bildmaterial kann ich elektronisch versenden?* Printredaktionen benötigen hochauflösendes Bildmaterial, je nachdem ob Tageszeitung oder Hochglanzmagazin empfehlen sich 300 bis 1.200 dpi. Für Online-Veröffentlichungen ist eine Auflösung von 72 dpi ausreichend. Bei den heute gängigen Bandbreiten ist auch der Mail-Versand von hohen Auflösungen mit entsprechend großem Datenvolumen (bis ca. 2,5 Megabyte) in der Regel unproblematisch. Falls diverse Fotos

zur Auswahl stehen, bietet sich jedoch als Alternative ein Link auf die Unternehmenswebsite an, auf der Bilder zum Download bereitstehen können. Gängige und akzeptierte Dateiformate sind .jpg oder .tif. Bilder brauchen eine *Bildunterschrift* oder *Bildlegende*. Sie sollten als Textdateien beigefügt und dem entsprechenden Bild eindeutig zuzuordnen sein.

Zur Übertragung von Metadaten mit einer Bilddatei haben die Weltverbände der Nachrichtenagenturen und Zeitungen *(International Press Telecommunications Council* und *Newspaper Association of America)* einen Standard entwickelt, IPTC-NAA-Standard oder auch Information Interchange Model (IIM) genannt. Nachrichtenagenturen und andere Medien nutzen ihn zur Verwaltung ihrer umfangreichen Bilddatenbanken. Der Standard legt fest, wie über die Datei-Informationen Metadaten wie Copyright-Hinweis, Fotograf, Bildunterschrift, Schlagworte etc. in der Bilddatei mit gespeichert werden sollten (diese Möglichkeit gibt es auch in Software-Programmen für Textverarbeitung, für Video oder Audio-Dateien). Eine Umfrage unter Bildredakteuren, CvDs und Ressortleitern aus dem Jahre 2005 hat ergeben, dass die Befragten sich mehrheitlich eine derartig standardisierte Beschriftung von Bildmaterial wünschen.[121]

Signatur/Sender *Wie sollte der Absender aussehen?* Eine E-Mail für die Presse muss eine eindeutige Absenderadresse tragen. Und wie bei jeder Pressemitteilung gilt: Für Rückfragen nicht die genauen Kontaktdaten und Ansprechpartner für die Presse vergessen.

• RSS/RSS-Feed (Really Simple Syndication)

RSS hat sich mit der steigenden Anzahl von *Weblogs* weit verbreitet, die Technologie findet sich aber inzwischen auch auf den meisten *Newsportalen* und zahlreichen anderen Internetseiten. Der Nutzer kann per RSS die neuesten Einträge bzw. Nachrichten auf einer Webseite abonnieren und dabei manchmal auch eine Themenselektion vornehmen. Die Beiträge werden zeitnah zur Veröffentlichung auf dem eigenen Rechner angezeigt. Dieser Automatismus ist es, der *RSS* von einem *Newsletter* unterscheidet. Bei einem hochfrequenten Aussand von mehreren Pressetexten pro Woche bietet es sich durchaus an, diese den Redakteuren auch als RSS-Feed zur Verfügung zu stellen. Voraussetzung sollte eine gut aufbereitete Presseseite auf der Unternehmenshomepage sein, auf die der Feed verlinkt.

Städte und Gemeinden berichten täglich über eine Vielzahl von Themen aus Politik, Verwaltung, Wirtschaft oder Kultur. Die „rk – rathaus-korrespondenz" ist „die kommunale Nachrichtenagentur" der Stadt Wien. Jährlich verschickt die Stadt rund 4.000 Meldungen über die Austria Presse Agentur (APA). Auf der Website unter www.wien.gv.at/pid/service-journalisten.html können diese Texte jedoch auch per RSS abonniert werden und erreichen so ohne Umweg den interessierten Journalisten bzw. Internetnutzer. Alternativ gibt es außerdem den rk-Newsletter regulär per E-Mail.

- Newsletter

Newsletter bieten Internetnutzern eine gute Möglichkeit, um Informationen zu filtern: Der User erhält regelmäßig Nachrichten nur von den Unternehmen oder zu den Themen, die ihn interessieren. Im Vergleich zu jeglicher unerwünschten (E-)Post kann man davon ausgehen, dass Newsletter aufmerksamer gelesen werden, da die Nutzer ihn abonnieren müssen – in der Regel kostenfrei, aber immerhin.

Laut media studie 2002 empfangen 70 Prozent der befragten Journalisten pro Tag bis zu zehn elektronische Newsletter, 20 Prozent bekommen sogar bis doppelt so viele.[122] Inhaltlich bieten sich neben der reinen Presseinformation auch aufbereitete, themenspezifische Newsletter an, die Hintergrundinformationen, Interviews u. ä. enthalten können. Der Mitteldeutsche Rundfunk MDR beispielsweise hat seine Newsletter sehr differenziert gestaltet[123]: Interessenten haben eine Vielzahl von Auswahlmöglichkeiten je nach Thematik (auch ein Presse-Newsletter ist dabei) und können sich News entweder per Mail oder per SMS zuschicken lassen.

Die Aufbereitung des Newsletters ist letztlich Geschmackssache. Folgende gängige Optionen bieten sich an:

- Reine Text-Newsletter ohne grafische Aufbereitung. Je nach Umfang ist es empfehlenswert, nur mit Überschriften und Teasertexten zu arbeiten und Hyperlinks auf die Unternehmenswebsite zu setzen, die die vollständigen Artikel optisch aufbereitet enthält; reine Text-Newsletter sind für das Auge wenig ansprechend.

- Grafisch gestaltete HTML-Newsletter, auch hier ggf. mit Teasern und Links. Je nach Mail-Programm und Einstellungen beim Empfänger kommen HTML-Newsletter nicht immer so an wie gewünscht (z. B. ohne Bilder und Grafiken); teilweise werden HTML-Mails sogar von Empfängersystemen blockiert und erreichen den Leser gar nicht. Im Abo-Formular sollte daher auf jeden Fall neben der HTML-Version der pure Text als Alternative angeboten werden.

- Newsletter als PDF im Mail-Anhang, wobei im Mailtext selbst eine Inhaltsübersicht oder Kapitelhighlights als Leseanreiz aufgenommen werden können. Eine dem Corporate Design einer Organisation entsprechende Aufbereitung ist so leicht umzusetzen. Da PDF-Newsletter nicht unbedingt ausgedruckt, sondern oft auch am Bildschirm gelesen werden, sollten Texte auf jeden Fall einspaltig formatiert sein.

Der Einsatz dieses Instruments für die Pressearbeit hängt letztlich vom Nachrichten- bzw. Themenaufkommen in einem Unternehmen ab. Wenn es für die Journalisten keinen Mehrwert gibt oder die Frequenz für den Versand bei weniger als vier bis sechs Ausgaben pro Jahr liegt, sollte man von einem Newsletter absehen.

Für den Versand von Newslettern gilt es, einige rechtliche Vorgaben zu beachten: Wie alle Publikationen unterliegen auch Newsletter der Pflicht, verantwortliche Personen zu nennen. Alternativ zu einem vollständigen Impressum am Ende des Newsletters kann auch ein eindeutiger Link auf die Impressumsseite der Homepage gesetzt werden.

Das Impressum muss umfassen:
- Name des Herausgebers/Inhabers,
- Geschäftsführer/Redaktionelle Verantwortung,
- Anschrift, Telefon, Fax, E-Mail,
- Registergericht/Register-Nummer (z.B. Handels- oder Vereinsregister), Umsatzsteuer-Identifikationsnummer (Ust-ID-Nr.).

Auch eine Abbestellmöglichkeit ist rechtlich vorgeschrieben.

Die Nutzung von Newslettern für die Medienarbeit kann aber auch in die andere Richtung funktionieren: indem nämlich *Newsletter-Redaktionen* in den eigenen Presseverteiler aufgenommen werden. Es gibt zahlreiche unternehmensübergreifende Publikationen, die von Verbänden, Vereinen oder anderen Organisationen oder über Portalseiten zu bestimmten Themen herausgegeben werden. Die meisten Tourismus- und viele Sportverbände haben beispielsweise eigene Newsletter, es gibt zahlreiche PR- oder Marketing-, Gesundheits-, Existenzgründer- oder IT-Portale. Zahlreiche Newsletter werden auch von Freien Journalisten oder Journalistenbüros herausgegeben. Immer vorausgesetzt, dass eine Pressemitteilung zum jeweiligen Newsletter-Konzept passt, sind die Chancen gut, dass sie ihren Niederschlag in dem Newsletter finden wird. Bei der Recherche nach diesen Online-Publikationen helfen zum Beispiel die Internetportale *newsletterverzeichnis.de* oder *newslettersuchmaschine.de*.

• Presseportale

Ein weitgefasster Begriff „Presseportale" kann sowohl kostenpflichtige als kostenfreie Angebote von Dienstleistern, Agenturen oder auch Verbänden bündeln. Auch auf diesen Seiten werden meist Newsletter-Abos oder RSS-Feeds angeboten, die individuell konfiguriert werden können und zeitnah – in der Regel täglich – die neuesten Informationen über ausgewählte Themen verbreiten. So können Journalisten die Seiten zu ihrer zielgerichteten Themenrecherche nutzen, indem sie ausschließlich die Texte abbonieren, die für ihr Ressort von Interesse sind.

Wer Pressetexte auf Portalseiten stellt, kann außerdem einen weiteren Vorteil für sich nutzen: Einige Portale sind mit *Google News* verknüpft, was wiederum Auswirkungen darauf hat, wie leicht ein Nutzer auf diese Art von Informationsangeboten stößt, weil die meistgenutzte Suchmaschine ihn leitet. Es lohnt sich also, die verschiedenen Möglichkeiten auszuschöpfen.

– *Kostenpflichtige Dienstleister*

Wenn die dpa-Tochter news aktuell als Dienstleister auftritt, werden Text und Bildmaterial auch in deren Presseportal im Internet *www.presseportal.de* veröffentlicht. Unternehmen können dort virtuelle Pressemappen mit Bild- und Tonmaterial etc. hinterlegen.

- *Kostenlose Presseportale*

Kostenlos kann man seine Pressetexte bei diversen Portalen platzieren. Dabei sollte niemand dem Trugschluss verfallen „Was nichts kostet, bringt nichts". Die Veröffentlichung eines Pressetextes auf kostenfreien Portalen kann Suchmaschinen durchaus positiv beeinflussen. Es ist teils überraschend zu sehen, wo Pressetexte über diesen Umweg im Netz wieder auftauchen; dabei ist jede Verlinkung vorteilhaft für die Suchmaschinenplatzierung. Vor allem die bei *openPR* eingestellten Pressemitteilungen verbreiten sich sehr gut, aber es gibt zahlreiche weitere Portale, die sich in ihrer Machart erheblich unterscheiden. Letztlich bleibt einem Presseverantwortlichen nichts anderes übrig, als diese Angebote zu sichten und die für die eigenen Ziele geeigneten auszuwählen.

Einige kostenlose Presseportale:

Portal	URL
ArtikelWeb	www.artikelweb.de
Businessportal24 (für zahlreiche europäische und außereuropäische Länder)	www.businessportal24.com
firmenpresse	www.firmenpresse.de
Live-PR	www.live-pr.com
news4press.com	www.news4press.com
openPR	www.openpr.de
Portal der Wirtschaft	www.globalewirtschaft.de
prcenter.de	www.prcenter.de
Pressehof	www.pressehof.de
Pressemeldungen (österreichische Domain)	www.pressemeldungen.at
pressnetwork	http://open.pressnetwork.de
pr-inside.com (deutsch und englisch)	www.pr-inside.com/de

- *Netzwerke*

Einige Organisationen oder Verbände bieten ihren Mitgliedern ebenfalls die Möglichkeit, Pressetexte auf ihren Webseiten zu veröffentlichen. Teils ist dies für jeden User kostenfrei möglich, teils ist es an die Mitgliedschaft gekoppelt oder kann als Dienstleistung eingekauft werden.

Auch hier können Journalisten zielführend recherchieren. Beispiele für themen- bzw. branchenspezifische Seiten sind der *Informationsdienst Wissenschaft* (www.idw-online.de), der online und per täglichem Newsletter Presseinformationen aus Wissenschaft und Forschung veröffentlicht. Oder das Portal *Perspektive Mittelstand* (www.perspektive-mittelstand.de), das die Presseinformationen kleiner und mittelständischer Unternehmen auf seiner Website publiziert.

– PR-Agenturen

Agenturen betreiben oftmals als zusätzlichen Service unter der Agentur-URL eine Presseseite, auf der sie die Pressetexte ihrer Kunden veröffentlichen und zum Abo anbieten. Wenn diese gut aufbereitet ist, greifen auch Journalisten gerne darauf zurück. Bei der Auswahl und Zusammenarbeit mit einer Agentur lohnt es, sich danach zu erkundigen.

Ein Beispiel für eine solche Seite ist das Pressezentrum der Möller Horcher Public Relations GmbH. Die Startseite zeigt neben einer alphabetisch sortierten Kundenliste die aktuellen Presseinformationen in chronologischer Reihenfolge. Dies ist übersichtlich und rückt keinen der Kunden in den Vordergrund. Wer auf ein Unternehmen klickt, erhält ein Porträt, die Kontaktdaten der zuständigen Ansprechpartner für die Presse in der Agentur als auch im Unternehmen sowie einen Link auf eine weiterführende Seite mit Bildmaterial, dem Pressetext-Archiv und Hintergrundinformationen. (www-moeller-horcher.de/pressezentrum/)

• Der Pressebereich der Unternehmens-Homepage

Konzeption, Gestaltung, Programmierung und Verbreitung von Internetauftritten ist ein Thema für sich, das hier nicht ausführlich behandelt werden kann. Aber Professionalität einzufordern ist auch in aller gebotenen Kürze möglich: Es gibt nach wie vor zahlreiche untaugliche Webseiten im Internet, die unübersichtlich, optisch wenig ansprechend oder schlecht getextet sind. Zwar bietet inzwischen jeder Provider Baukastensysteme zur Webseitengestaltung an, mit denen jeder Laie es fertig bringt, eine eigene Website zu erstellen und zu publizieren. Eine professionelle Unternehmenswebsite, individuell und unter Berücksichtigung der Corporate Identity, insbesondere des Corporate Designs aufbereitet, ist mit diesen Werkzeugen für den Hausgebrauch jedoch kaum zu erstellen.

Der Internetauftritt ist heute eines der wichtigsten Aushängeschilder eines Unternehmens, er ist oftmals die erste Anlaufstelle, an der sich die User über Dienstleistungen, Produkte oder Kontaktmöglichkeiten informieren. Laut Nielsen Netratings liegt die durchschnittliche Verweildauer auf einer Seite weit unter einer Minute[124]; das Prinzip des entscheidenden ersten Eindrucks wird so noch schlagkräftiger: Was bei einem flüchtigen Blick nicht anspricht, wird weggeklickt und bekommt selten eine zweite Chance. Entsprechende Sorgfalt sollte darum jeder in die Planung und Umsetzung seiner Homepage investieren. Eine professionelle Webgestaltung zahlt sich aus.

Uns muss nur ein Teil eines Internetauftritts verstärkt interessieren: der für die Medien gemachte Bereich. Dass Medienvertreter mit Unternehmenswebseiten selten zufrieden sind, bestätigt die „Trendumfrage" von Maisberger Whiteoaks: Auf einer Skala von „1 = sehr zufrieden" bis „4 = sehr unzufrieden" vergaben die befragten Fachjournalisten im Durchschnitt eine 2,5.[125] Allerdings geben in oben genannter Umfrage dennoch fast 95 Prozent der befragten Fachjournalisten an, das Internet sei für sie die wichtigste Recherchequelle (gefolgt von persönlichen Kontakten mit fast 90 Prozent bei Mehrfachnennungen).

Eine erste Überlegung bei der Konzeption von Medienseiten ist die Zugänglichkeit: Ist der Pressebereich eine für jeden User offene Seite oder sind die Inhalte nur mit einem Passwort abzurufen? Was die Presse interessieren soll, ist in der Regel ohnehin an die Öffentlichkeit gerichtet – wieso also Presseseiten verschlüsseln? Vorabinformationen für die Presse lassen sich alternativ auch als *News-Abos* oder durch den zeitversetzten Versand von Pressemitteilungen realisieren. Hauptgrund für eine Registrierung ist vermutlich, dass sie eine gewisse Exklusivität suggeriert, die den Medienvertretern schmeichelt; so müssen Journalisten sich tatsächlich für die (volle) Nutzung der Presseseiten bei einigen, vor allem großen Unternehmen akkreditieren, genauso wie sie dies für den Besuch von Messen oder anderen Veranstaltungen tun müssen. Sehr beliebt ist dies jedoch nicht. Das kann jeder nachvollziehen, der über Dutzende Passwörter und PIN-Nummern verfügen soll. Die notwendige Akkreditierung wirkt also durchaus als eine Hürde, deren Bau wohlüberlegt sein will.

Vor der Umfirmierung von DaimlerChrysler zur Daimler AG war der komplette Pressebereich des Unternehmens für den „normalen User" unzugänglich – er war akkreditierten Journalisten vorbehalten. Heute gibt es auf den neuen Daimler-Seiten einen inhaltsreichen „Newsroom". Eine Registrierung ist nur für Zusatzfunktionen notwendig, allerdings ist diese mit wenigen Klicks erledigt, ohne dass der Konzern beispielsweise einen Presseausweis oder Ähnliches einfordert. Im Rahmen der Registrierung werden Themenschwerpunkte abgefragt, so dass Journalisten nach einem Login eine personalisierte, the-

Ein weiterer wichtiger Aspekt der Online-Kommunikation ist die kontinuierliche Pflege der Website, insbesondere auch des Pressebereichs. Hierfür sollte ein Content Management System (CMS) zur Verfügung stehen, das die zuständigen Öffentlichkeitsarbeiter einfach und flexibel auch ohne detaillierte HTML-Kenntnisse nutzen können. Sämtliche Pressetexte und andere relevante Daten müssen zeitnah eingepflegt sein. Ein Pressebereich, in dem die letzte aktuelle Meldung bereits mehrere Monate alt ist, wird von einem recherchierenden Redakteur garantiert mangels Aktualität nie wieder besucht. Es verwundert, auf wie vielen Websites genau dieser Mangel immer noch vorzufinden ist. Eine Webseite ist keine Broschüre, die in hoher Auflage gedruckt und danach über Jahre – zumindest bis zur nächsten Neuauflage – nicht verändert wird. Im Internet sind aktuelle Angebote nicht nur möglich, sondern ein Muss!

Konzept und Aufbau

Wie bei der Webseiten-Gestaltung generell, sind auch für das Funktionieren interaktiver Pressearbeit Mehrwert, Aktualität, Design und Navigation wesentlich. Journalisten haben wenig Zeit, daher sollte der Aufbau des Internetauftritts so klar sein, dass jeder auf den ersten Blick die gesuchten Informationen bzw. den Weg dorthin finden kann. Eine gängige Faustregel lautet: Mit zwei Klicks zum Ziel.

Für die Homepage einer Organisation bedeutet dies, dass ein eigener *Navigationspunkt* „Presse" oder „Medien" vorgesehen werden sollte, und zwar nicht versteckt in einem Untermenü – beispielsweise als Unterpunkt zu „Aktuelles" oder „Kontakt" –, sondern in der Hauptnavigation. Für die Gestaltung der Unterseiten gilt es, die Bedürfnisse der Zielgruppe zu kennen: Welche Inhalte möchten Medienvertreter auf einer Unternehmenswebsite finden?

Umfragen geben Gewissheit über das eigentlich Naheliegende. Erwünscht sind vor allem Kontaktdaten des Pressesprechers bzw. der PR-Verantwortlichen, aktuelle Pressemitteilungen und Bildmaterial.[127] Welche weiteren Inhalte angeboten werden, hängt letztlich auch stark von der Größe und dem Angebot eines Unternehmens bzw. einer Organisation ab – die Presseseite eines kleinen, mittelständischen Unternehmens muss gar nicht viel mehr enthalten als die drei Elemente Kontakt, Text und Bild. Doch gibt es gerade für größere Unternehmen zahlreiche Möglichkeiten, mit einer gut aufbereiteten Presseseite bei den Medien zu punkten.

Welche (weiteren) Inhalte sollte oder kann eine gute Presseseite also enthalten?

Checkliste 5: Empfehlungen für Presseseiten im Netz

Nachrichten/Pressemitteilungen

In der Regel ist dies die Startseite eines Pressebereichs. Hier gibt es die aktuellen Pressetexte, der jüngste immer am Seitenanfang.

Die weitere Aufbereitung dieser Seite(n) hängt vom Nachrichtenaufkommen ab. Werden im Wochen- oder gar Tagesverlauf regelmäßig mehrere Texte veröffentlicht, muss die Seitenstruktur entsprechend übersichtlich sein: Datum der Veröffentlichung, Überschrift, kurzer Teaser bzw. Zusammenfassung und Link auf den vollständigen Text auf einer Unterseite. Auf dieser Unterseite können zum Text gehörendes Fotomaterial oder Grafiken verlinkt werden, vielleicht gibt es ergänzende Hintergrundinformationen oder Kontaktdaten eines besonderen Ansprechpartners/Experten für das spezielle Thema.

Ein Text kann in mehreren Versionen für verschiedene Zielmedien aufbereitet und zum Herunterladen angeboten werden (z. B. Produktinformationen für die Fachpresse und für sonstige Medien). Eventuell bietet sich sogar eine Strukturierung der Einstiegsseite nach Zielmedien bzw. Ressorts an. Ein Beispiel hierfür liefert die Startseite des Pressebereichs der ThyssenKrupp AG, die drei Kategorien vorsieht: nämlich Texte für die Wirtschafts-, Fach- und Tagespresse.

Archiv

Für recherchierende Journalisten unabdingbar ist ein Archiv, in das sämtliche Pressetexte nach einem festzulegenden Zeitraum wandern. Die Datenbank sollte eine Recherche nach Datum bzw. Zeitraum, Thema und per Schlagwort ermöglichen.

Ansprechpartner

Pressekontakt mit E-Mail, direkter Durchwahl, Faxnummer und Foto; letzteres ist unternehmenspolitisch nicht immer gewünscht, macht aber die Seite optisch ansprechender (das Internet ist ein visuelles Medium!) und den Kontakt persönlicher und ist daher zu empfehlen.

Gibt es im Unternehmen mehrere Presse- und PR-Verantwortliche (z. B. Pressesprecher, Leiter Konzernkommunikation, Investor Relations, Interne Kommunikation etc.), sollten diese bei einer klaren Darstellung der Zuständigkeiten komplett aufgeführt werden. Der Journalist findet so schnell den richtigen Ansprechpartner für sein Ressort oder Thema.

Wichtig: Alle genannten Ansprechpartner sollten auch tatsächlich für die Medienvertreter gut erreichbar, Reaktionszeiten entsprechend kurz sein. Was wie eine Selbstverständlichkeit klingt, ist längst nicht immer der Fall, wie beispielsweise der monatliche „Pressestellen-Check" des pr magazin zeigt, der hier regelmäßig teils eklatante Defizite in der Unternehmenskommunikation aufzeigt.

Fotos/Grafiken

Ob kleinere Fotoauswahl oder umfassende Bilddatenbank – wichtig ist auch hier eine klare Struktur bzw. Suchfunktion und die Bereitstellung von Bildmaterial in unterschiedlichen Auflösungen für unterschiedliche Zielmedien. Neben einem Bild-Icon sollte das Motiv zumindest in zwei Auflösungen (72 und 300 dpi) zum Download angeboten werden. Kategorien für eine Bilddatenbank können sein: Geschäftsleitung/Vorstand, Produkte, Unternehmensgelände/Standorte, Mitarbeiter u. Ä.

Wie beim Versand von digitalem Bildmaterial per E-Mail gilt: Bildunterschrift nicht vergessen und ggf. Bildquelle/Fotograf nennen. Dateien sollten zudem einen aussagekräftigen Namen erhalten, der benennt, wer oder was auf dem Foto zu sehen ist (z. B. gf_rainer-bauer.jpg oder oebb-zentrale_wien.jpg). Die von Digitalkameras automatisch vergebenen Dateinamen sind nicht geeignet. Zum einen ist dies wichtig für die Bildersuche – ein Foto von Geschäftsführer Rainer Bauer wird von Suchmaschinen eher erfasst, wenn es entsprechend benannt ist. Zum anderen sind die Fotos nach einem Download leichter einzuordnen, vor allem wenn in den Metadaten der Datei noch zusätzliche

Informationen wie die Bildunterschrift, der Unternehmensname oder die Foto-URL gespeichert sind.

Audio-/Videomaterial

Dank Digitalisierung, Streaming-Technologie und den inzwischen weit verbreiteten Breitbandanschlüssen ist das Internet heute auch für die Verbreitung von audio-visuellen Beiträgen geeignet. Viele größere Unternehmen stellen daher auf ihren Presseseiten auch sogenanntes Footage-Material für den Rundfunk bereit. Fertig vorproduzierte Berichte oder Interviews für TV oder Hörfunk können die Medienvertreter herunterladen und weiterverwenden. Mitschnitte als Download oder Live-Übertragungen von Pressekonferenzen oder anderen Veranstaltungen (Fachkonferenzen o. Ä.) sind inzwischen leicht zu realisieren und gehören zum Standard auf vielen Presseseiten.

Allgemeine Informationen

In diesen Bereich gehören Konzerndaten, Beteiligungsstrukturen, Beiträge zur Unternehmensgeschichte u. Ä. Viele Websites enthalten den Bereich „Über uns", mit dem diese Seite verlinkt sein kann.

Hintergrundinformationen

Reden, Fachartikel/White Papers, Studienergebnisse, Case Studies zu Produktionsbereichen oder Forschungsberichte können den Journalisten interessante Themen liefern.

Publikationen

Geschäftsberichte, Produkt-Folder, Image-Broschüren oder Datenblätter können hier gebündelt und übersichtlich strukturiert zum Download angeboten werden.

Termine

Eine eigene Rubrik für Termine (Pressekonferenzen, Workshops, Vorträge, Werksbesichtigungen) bietet sich nur dann an, wenn regelmäßig etwas stattfindet. Einzelne Veranstaltungen sind bei aktuellen Presseinformationen unter dem Schlagwort „Terminankündigung" gut untergebracht.

News-Abo

Presseinformationen im Abo als RSS-Feed, Newsletter oder per SMS.

Ein anschauliches Beispiel für den Online-Pressebereich eines großen Konzerns ist die Seite der weltweit agierenden BASF AG. Die Seite ist über einen direkten Link „News & Media Relations" in der oberen Navigation der Homepage schnell zu finden, über einen weiteren Klick werden die Kontaktdaten sämtlicher Sprecher des Unternehmens in übersichtlicher Darstellung, mit Zuständigkeitsbereich, Foto, Telefon und Fax sichtbar. Ein breites Angebot an Audio- und Videomaterial ist ebenso vorhanden, wie Foto- und Textarchive (http://corporate.basf.com/de/presse)

So sieht der weitere Aufbau des Pressebereichs aus:

Presse-Informationen

Pressekonferenzen
TV-Interviews

TV-Service
Aktuelles
Standorte weltweit
Branchen und Anwendungsgebiete
Klimaschutz und Energieeffizienz

Pressefotos
Pressfoto-Datenbank

Podcasts
Archiv: Chemie der Innovationen
Archiv: Der Chemie Reporter

Publikationen

Wissenschaft populär
Archiv

Pressesprecher
Standort Ludwigshafen
BASF-Gruppe weltweit
Europa
Nordamerika
Südamerika
Asien, Pazifischer Raum
Allgemeine Anfragen

Ausgezeichnete Websites: In einer Umfrage unter Wirtschaftsjournalisten[128] wurden die Internetpräsenzen einiger Unternehmen als besonders nützlich für ihre Arbeit hervorgehoben und können bei der Planung als Ideengeber dienen:

- http://konzern.lufthansa.com
- www.daimler.com
- www.siemens.com
- www.deutschepost.de
- www.db.de/unternehmen.html
- www.telekom.com

Exkurs I: Darf eine Website einen Pressespiegel wiedergeben?

Zahlreiche Unternehmen stellen auf einer Webseite Veröffentlichungen aus Zeitungen oder Zeitschriften als PDF bereit und bieten die Texte als Download an. Eine derartige Weiterverwendung publizierter Texte ist nur mit einer direkten Genehmigung des Urhebers, also des Autors oder seines Verlags, erlaubt! Die Verwertungsgesellschaft Wort (VG Wort) erhebt für eine Weiterverwendung Gebühren und leitet sie an die Autoren weiter. Wer seine digitalen Abdruckbelege („Clippings") über einen Dienstleister bezieht, kann die Rechte für eine Weiterverwertung gegebenenfalls mitbuchen. Ohne Genehmigung des Urhebers dürfen lediglich kurze Ausschnitte aus einem Text veröffentlicht werden, wenn sie eindeutig als Zitat gekennzeichnet und mit einer Quellenangabe versehen werden.

Exkurs II: Wie wird mein Text besser gefunden?

Ein recherchierender Journalist möchte seine Informationen möglichst schnell finden. Wenn er nicht speziell nach einem Unternehmen, sondern beispielsweise nach einem Experten für ein bestimmtes Thema sucht, kann womöglich das Unternehmen den Fachmann stellen, dessen Seite in der Suchmaschine weit oben steht. Generell ist die Suchmaschinenoptimierung in der Online-PR immens wichtig, also auch für die Pressearbeit. Das Thema ist zu komplex, um hier ausführlich dargestellt zu werden; letztlich prägen mathematische Algorithmen den Erfolg. Es empfiehlt sich, Experten für Suchmaschinenoptimierung oder -marketing (Search Engine Marketing = SEM) hinzuzuziehen. Erste Tipps und Hinweise gibt es auch bei www.google.com/support/webmasters oder www.suchmaschinentricks.de. Ein paar Empfehlungen:

- Die Wörter „Presse" oder „Medien" sollten sowohl in Überschriften als auch Texten vorkommen – Suchmaschinen bewerten Seiten auch nach den Bezügen zwischen den einzelnen Seitenelementen.

- Zentrale Begriffe sollten durchgängig beibehalten werden: „Pressemitteilung" heißt es regulär in Deutschland, in Österreich wird „Presseaussendung", in der Schweiz „Medienmitteilung" als Suchwort häufiger gebraucht.

- Für das Unternehmen wichtige Schlagworte sollten immer wieder in den Pressetexten bzw. Teasern auftauchen. Auch Zwischenüberschriften mit dem jeweiligen Schlagwort sind sinnvoll.

- Auf die einheitliche Schreibweise der Suchbegriffe achten, wenn z. B. eine Schreibweise mit oder ohne Bindestrich möglich ist.

- Verlinkungen auf weiterführende Seiten sollten nicht mit dem allgemeinen Wort „mehr" oder „weiter" erfolgen, sondern eine explizite Ergänzung „mehr zu XY" erhalten, um auch hier wieder einen Suchbegriff unterzubringen.

- Verlinkungen auf Unterseiten oder Sprungmarken sollte man nur sparsam einsetzen, weil eine Suchmaschine dies als sogenanntes „Link-Spamming" werten und die Seite ausschließen könnte.

- Pressemitteilungen sollten in einem Presseportal eingestellt werden, das mit Google News verknüpft ist. Es ist auch ratsam, mehrere der kostenfreien Presseportale zu nutzen – die Anzahl von Verlinkungen ist für den Page Rank mit ausschlaggebend.

- Pressemittelung 2.0

Im Mai 2006 stellte eine Agentur aus San Francisco die „Social Media Press Release (SMPR)" vor.[129] Gute sechs Monate später fand sie als sogenannte „Pressemitteilung 2.0" angeblich ihre erste Anwendung in Deutschland.[130] In Blogs und Foren gab es seitdem immer wieder einmal Diskussionen über diesen Verbreitungskanal, in der Praxis durchgesetzt hat er sich jedoch bislang noch nicht. Allerdings haben manche Unternehmen oder Versanddienstleister Elemente der „Pressemitteilung 2.0" inzwischen in ihre Pressebereiche integriert. Was steckt dahinter?

„Social Media Press Release" ist ein Template, das Webseiten-Redakteure kostenlos herunterladen und als Schablone für die Erstellung einer „erweiterten" Pressemitteilung verwenden können. Ein Template ist also eine Art digitale Vorlage, ein Baukastensystem, das die Grundstruktur vorgibt und dann individuell mit Inhalten gefüllt werden kann. Neu daran ist, dass zusätzliche Angebote den reinen Text ergänzen und so eine multimedial aufbereitete Webseite zu einer einzelnen Pressemitteilung entsteht. Verschickt wird also nicht mehr der Pressetext, der als interaktives Element maximal am Ende die URL der Unternehmenswebsite mitteilt. Stattdessen erscheint die anlassbezogene Pressemitteilung als eigene Webseite im Unternehmensauftritt. Die Vorlage der SMPR erlaubt dabei die Verknüpfung mit MP3 bzw. Podcasts, also Audio-Dateien, aber ebenso mit Videos, Fotos und Grafiken, Links und Hintergrundinformationen. Zudem ist die SMPR an die Social Bookmarks bei del.icio.us oder die Tags bei der Blog-Suchmaschine von Technorati angebunden. Verbreitet wird das ganze Datenpaket über einen RSS-Feed. – Statistiken über die tatsächliche Nutzung dieser Angebote durch Journalisten gibt es noch nicht.

Beispiele für SMPRs gib es im kostenlosen Presseportal Pressehof, das auch anbietet, Info-Material zur „Pressemitteilung 2.0" aufzubereiten. Allerdings mangelt es hier noch ein wenig an Übersichtlichkeit; auch das Presseportal von *news aktuell* ist als digitale Pressemappe aufbereitet.

Der Vorteil dieser neuen Technik kann gleichzeitig zum Nachteil werden: Wo eine Nachricht den Journalisten erreichen soll, erhält er plötzlich eine Vielzahl an Informationen, die er eventuell gar nicht benötigt oder will. Das Überangebot kann so auch leicht zur Ablehnung führen. Andererseits finden Newsdesk-Redakteure, die sowohl für die gedruckte Zeitung als auch das dazugehörige Online-Medium schreiben, auf einer Seite alle Informationen in allen denkbaren Kanälen aufbereitet.

Um diesem wachsenden crossmedialen Anspruch von Redaktionen gerecht zu werden, ist nicht zwangsläufig die SMPR-Software aus den USA notwendig. Ebenso gut funktionieren manuelle Verknüpfungen zu anderen Seiten des Pressebereichs, die einen Text ergänzen, z. B. mit separat abgelegtem Audio- und Videomaterial oder zu einem allgemeinen Unternehmensporträt. Ob dafür der Begriff „Pressemitteilung 2.0" taugt oder nicht – eines steht fest: Multimedia wird auch in der Pressearbeit mehr und mehr zum Standard, die Unternehmenswebsite wird zur digitalen und allzeit verfügbaren digitalen Pressemappe.

- Online-Pressekonferenzen

Ob Hauptversammlung, Modenschau oder Messeauftritt – ein Journalist muss schon seit einigen Jahren nicht mehr am Ort des Geschehens sein, um eine Presseveranstaltung miterleben zu können. Per Telefon- oder Videokonferenz kann er sich zuschalten lassen, oder er kann sich eine Aufzeichnung oder einen Live-Mitschnitt der Veranstaltung im Internet ansehen. Letzteres bietet den Vorteil, dass der Journalist die Pressekonferenz zu jeder beliebigen Zeit und an jedem beliebigen Ort abrufen und das Unternehmen sie in einem Video-Archiv dauerhaft verfügbar halten kann. Es gibt jedoch einen klaren Nachteil: Der Journalist kann sich nicht aktiv beteiligen, er kann seiner Hauptaufgabe nicht nachkommen, Fragen zu stellen.

Das Web 2.0 und virtuelle Welten bieten hier neue Dialogmöglichkeiten. Journalisten können Sachverhalte hinterfragen, sich an Diskussionen beteiligen oder Kritik äußern. Gerade international oder dezentral aufgestellte Unternehmen erhalten so die Chance, Mitarbeiter, Kunden und auch die Medien ohne großen Planungs- und Reiseaufwand an denselben Tisch zu bringen.

Während in der realen Welt Vor-Ort-Termine an Bedeutung verlieren, weil Redakteure kaum noch außer Haus recherchieren, werden Online-Pressekonferenzen womöglich innerhalb der nächsten fünf bis zehn Jahre immer häufiger werden. Neben der Weiterentwicklung der Technologie spielt dabei vor allem eine Rolle, dass in den Redaktionen eine Journalistengeneration nachrückt, die mit dem PC aufgewachsen ist und diesen mit der größten Selbstverständlichkeit nutzt. Neue Technologien bieten dabei gegenüber Videomitschnitten schon jetzt die Möglichkeit der Interaktion.

- Pressekonferenzen in virtuellen Welten

Second Life (SL) ist ein Beispiel für eine virtuelle Welt. Seit dem zunehmenden Erfolg in den Jahren 2006/2007 haben die Medien viel über SL geschrieben, die viele faszinierende Nebenwelt aber häufig als Online-Spiel verkannt. Das eigens für die Veröffentlichung und Vermarktung gegründeten US-Unternehmen *Linden Lab* programmierte die virtuelle Welt im Jahr 1999. Bald wollte jeder dabei sein – mit einem virtuellen Alter ego, dem so genannten *Avatar,* oder mit einem virtuellen Firmensitz. Zahlreiche Unternehmen investierten in die 3D-Welt, errichteten Shops, Ausstellungs- und Konferenzräume, Teststrecken für die neuesten Automodelle. Medienhäuser publizierten Zeitungen und entsandten Korrespondenten, PR-Agenturen öffneten Filialen. Wohlgemerkt: alles in einer virtuellen Umgebung und für virtuelle Nutzer. Waren Wettbewerber in SL präsent, geriet ein Unternehmen unter Zugzwang, um nicht den Stempel „innovationsresistent" aufgedrückt zu bekommen. Der Hype war nicht beständig, mittlerweile haben zahlreiche Unternehmen ihre virtuellen Niederlassungen wieder aufgegeben: der Betreuungsaufwand erschien zu hoch, die Besucherzahlen zu niedrig.

Mit Blick in die Zukunft sollten Kommunikationsfachleute diese Technologie dennoch nicht aus den Augen verlieren. Mit besseren Grafikkarten, schnelleren Prozessoren und steigenden Übertragungsraten sowie noch komfortablerer Handhabung für die User werden Plattformen wie *SL*, *There* oder *Active Worlds* – um weitere zu nennen – zunehmend für den Einsatz in der Unternehmenskommunikation oder im Marketing interessant sein.

- Social Media-Pressekonfrenzen: das Beispiel Vodafone

Anfang Juli 2009 sorgte das Mobilfunkunternehmen Vodafone mit der ersten interaktiven Pressekonferenz zum Marken-Relaunch und der neuen Kampagne „Es ist Deine Zeit" für Schlagzeilen. Das Unternehmen hatte Journalisten zwar wie üblich eingeladen, stellte die Pressekonferenz aber per Live-Stream direkt ins Internet – ohne Akkreditierung oder Login frei und sofort für jeden sichtbar. Die eigentliche Besonderheit war jedoch eine Facebook-Anbindung, über die Online-Nutzer Kommentare oder Fragen senden konnten.

Dieses Angebot wurde als Bereitschaft zu einem öffentlichen Diskurs unter Einsatz von Social-Media-Anwendungen durchaus positiv gewertet. Den Mut und den Versuch, sich auf die Spielregeln des Web 2.0 einzulassen, lobten zahlreiche Blogger und Journalisten, so Thomas Knüwer: „Das ist eigentlich eine tolle Grundlage und – wie so viele – gratuliere ich dem Konzern für seinen Mut."[131]; oder Björn Sievers in seinem Blog PRlen: „Offenbar hat da ein Unternehmen verstanden, wo die eigenen Kunden unterwegs sind."[132]

Dennoch fiel die Aktion ins Wasser: Die Journalisten kritisierten vor allem, Vodafone habe die klassischen Regeln der Presse- und Medienarbeit nicht befolgt. Sie entdeckten zu viel Werbliches, zu wenig Informationsgehalt, zu viele Anglizismen und „Buzzwords". Und die wurden nicht einmal flüssig vorgetragen, sondern von unsicher wirkenden Rednern. Harte Worte gab es für eine mittelmäßige Präsentation und eine schlecht getextete Pressemitteilung, die Thomas Knüwer in seinem oben zitierten Blogbeitrag Satz für Satz auseinandernahm ...

Der gutgemeinte Social-Media-Ansatz verfehlte seine Wirkung, weil die Macher auf die Facebook-Fragen nur kurz ganz am Ende eingingen. Mitzuverfolgen war die parallel laufende Online-Diskussion für die Teilnehmer der Pressekonferenz offensichtlich nicht. Ein Moderator las einige Fragen erst vor, nachdem der offizielle Teil mit Präsentation und Journalistenfragen beendet war. Interaktivität zwischen On- und Offline-Teilnehmern gab es somit so gut wie nicht.

Die Blogosphäre diskutierte die Pressekonferenz und die Kampagne sehr kontrovers und vielfach auch sehr unsachlich und beleidigend (Twitter-Hashtags #vodafail oder #lobofone). Damit muss eine Organisation rechnen, die sich auf diese Art des Kontaktes zu den Internetnutzern einlässt. Kritik gab es u.a. an der Verwendung der Bezeichnung „Generation Upload" für die neue Vodafone-Zielgruppe; vor allem aber auch daran, dass Web-2.0-Größen wie Sascha Lobo und Ute Hamelmann (mit Baby) sich als Testimonials für die Kampagne zur Verfügung gestellt und damit ihre Unabhängigkeit in den Augen vieler Blogger dem Kommerz geopfert hatten.

Lobo ging mit den teils groben Anfeindungen sehr souverän um – er hatte sich auch lediglich stumm für einem Werbespot filmen lassen, während Ute Hamelmann einen Text auf dem Vodafone-Blog veröffentlichte, der einem Werbeheftchen für die Zielgruppe „Blondinen"entnommen sein könnte:

„Seit drei Monaten habe ich ein neues Handy, das HTC Magic mit Internetanschluss. Tolles Ding, mit wenig Knöpfen dran, das ist äußerst praktisch. Mein altes Handy hatte viel zu viele Knöpfe. Zu viele Knöpfe sind nicht gut, da gibt es für mich zu viele Möglichkeiten, versehentlich an ein Knöpfchen zu kommen. Mit dem neuen Handy geht das alles zum Glück leichter, ich erwische immer das richtige Knöpfchen und ich kann die Fotos sogar direkt auf die Plattform Flickr ins Internet hochladen und in mein Blog stellen. So geht mir nichts mehr verloren und meine Handyrechnung beschert mir seitdem auch keine böse Überraschung mehr."[133]

Für jede Organisation, die darüber nachdenkt, Social-Media-Komponenten in der externen Kommunikation zu nutzen, lohnt es sich, die über 200 Kommentare zu diesem Beitrag zu lesen. Solch massive öffentliche Kritik ist nicht leicht zu verdauen. Aber sie liefert einen sehr anschaulichen Beleg dafür, dass Online-Nutzer konkrete Inhalte und echten Dialog erwarten und keine Werbebotschaften. Viele monieren das niedrige Niveau der Diskussionen, den manchmal beleidigenden Tonfall: Die Blogosphäre sei asozial, ist zu hören. Aber wohl nicht härter als das wirkliche Leben. Macht es einen Unterschied, dass hier nicht eine kleine Runde am Stammtisch Meinungen kundtut, ohne ein Blatt vor den Mund zu nehmen, sondern eine Diskussion in aller Öffentlichkeit geführt wird? Hier sind es eben nicht nur einige Journalisten, die zaghaft vorsichtige Fragen formulieren, um keinen Ärger mit der Anzeigenabteilung im eigenen Verlag zu bekommen. Öffnet ein Unternehmen eine Medienveranstaltung durch die Integration von Live-Streams, Chat, Twitter etc., mischt sich die (potentiell globale) Öffentlichkeit ein, um mitzureden – bisweilen rau und gar nicht unbedingt herzlich; wie am Stammtisch eben ...

- ## Weblogs in der Medienarbeit

Als Instrumente der Pressearbeit sind Weblogs (bislang) nur bedingt bzw. eher indirekt von Interesse. In der Online-PR kommen sie jedoch bereits in vielen Unternehmen zum Einsatz. In firmeneigenen Intranets werden Weblogs im Rahmen des Wissensmanagements genutzt oder dienen einem eher informellen Austausch unter den Mitarbeitern. Als öffentliche sogenannte *Corporate Blogs* geben sie einem Unternehmen ein Gesicht, einen persönlichen Anstrich, ob es nun einige Mitarbeiter oder der CEO sind, die bloggen. Ein professionell gemachtes, nicht werbliches und vor allem regelmäßig geführtes Weblog kann zu einer interessanten Recherchequelle für Journalisten werden. Ein Unternehmen kann sich als innovativ präsentieren und Experten positionieren, die als Blog-Autoren Fachbeiträge verfassen.

Vorsicht ist beim Versand von Pressemitteilungen an Blogger angebracht. Zwar fordern Beobachter der neuen Entwicklungen, dass Blogs und Blogger in die strategischen Überlegungen zum Kommunikationsmanagement besser einbezogen werden als bisher;[134] sie sprechen in diesem Zusammenhang von *„Blogger Relations"*. Weblog-Autoren können aus dem Blickwinkel einer Organisation Unterstützer, Meinungsträger oder Multiplikatoren sein. Deren Selbstverständnis deckt sich jedoch nicht mit dem pragmatischen Denken der professionellen Journalisten, denen es nur auf die Qualität von Informationen und die Seriösität der Quellen ankommt.

Blogger verstehen sich häufig als kundige Lotsen durch die Informationsfluten, für sie sind Informationsangebote nicht neutral, und sie lassen sich nicht gerne instrumentalisieren. Wenn unternehmerische Macht und wirtschaftliche Interessen sichtbar werden, reagieren sie deutlich sensibler als traditionelle Medien. Neue Kommunikationskonzepte müssen darauf Rücksicht nehmen. Weblog-Autoren, zu denen kein persönlicher Kontakt besteht, sollten nicht einfach in einen Presseverteiler aufgenommen werden. Sonst passiert es leicht, dass in die „Blog-Schlagzeilen" gerät, wer unaufgefordert seine Pressematerialien verstreut. Eine Welle von Negativkommentaren über die „Manipulationsversuche" könnte sich über ein Unternehmen ergießen. Bedingt durch die zahlreichen Verlinkungen der Weblogs untereinander, würden die Suchmaschinen diesen Seiten noch vor der eigenen Homepage die ersten Ränge einräumen.

– *Themenkarrieren in Weblogs: Blog-Monitoring*

Wichtig ist daher die systematische Einbindung des Blog-Monitoring in das Instrumentarium der Medienbeobachtung und -auswertung, denn die Themenkarrieren in Weblogs können rasant sein und sich bis in die klassischen Medien fortsetzen. Blog-Suchmaschinen wie *Technorati* machen ein Monitoring relativ einfach, und per RSS kann man selber eine bestimmte Anzahl von Blogs gut im Auge behalten – vorausgesetzt, es ist bekannt, wo potentielle Kritiker schreiben. So hat die MLP AG sicherlich die Einträge auf *mlpwatchblog.com* abonniert. Für einen Gesamtüberblick bieten inzwischen allerdings viele Dienstleister ein professionelles Monitoring an und senden Online-Clippings zeitnah zu.

Das Tückische an Weblog-Einträgen ist, dass sie mit einer permanenten URL versehen sind und jeder einzelne Beitrag daher dauerhaft im Internet verfügbar bleibt. Gerät ein Unternehmen erst in eine Online-Krise, ist es fast unmöglich, die Negativschlagzeilen wieder in den Hintergrund zu drängen. Wo ein Beitrag in einer Tageszeitung, im Radio oder

TV schnell auch wieder vergessen ist, bleibt er im Internet auch nach Jahren präsent und leicht auffindbar:

Als im „Spreeblick"-Blog im Dezember 2004 ein launiger Text über unlautere Praktiken des Klingeltö-nerherstellers Jamba erschien, verbreitete sich die kritische Information so rasch, dass Suchmaschinen nur wenig später zunächst auf diese Dokumente stießen, wenn jemand im Internet Informationen über Jamba suchte. Daraufhin überschwemmten Mitarbeiter den kritischen Blog mit positiven Gegendarstellungen. Dummerweise registrierte der Computer, dass immer der gleiche Jamba-Server hinter den gutgemeinten Posts steckte. Jetzt wurden auch Fernsehen und Presse aufmerksam, es gab Berichte im NDR-Fernsehen oder im „Spiegel", Jamba geriet in eine gefährliche Unternehmenskrise. Im August 2009 findet sich der „Spreeblick"-Beitrag bei Eingabe des Unternehmensnamens in Google immer noch auf der ersten Ergebnisseite.

Wie aber als Unternehmen auf kritische Beiträge in Weblogs reagieren? Abmahnungen oder Klagen lassen die Wellen eher noch höher steigen und führen nur zu weiteren Einträgen und Verlinkungen. „Aussitzen" scheint hier oft die bessere Strategie. Unter der Voraussetzung, dass der Absender transparent ist, können Unternehmen jedoch durchaus in einen Dialog mit den Bloggern treten und in einem sachlich gehaltenen Kommentar ihre Sicht der Dinge schildern.

• Pressearbeit mit Twitter

Ob Twitter ein für die Medienarbeit geeignetes Instrument ist, richtet sich letztlich danach, ob Journalisten dieses Tool nutzen. Eine Schweizer Studie bescheinigt zumindest den dortigen Medienschaffenden bislang noch eine große Zurückhaltung[135]. Die „Deutsche Twitterumfrage 1.0" hingegen sagt über die aktiven Twitter-Nutzer: „Jeder zweite stammt aus der Medien- oder Marketingbranche"[136]. Und wer selber twittert, der verfolgt auch die Tweets anderer Nutzer – das liegt auf der Hand.

Eine Organisation sollte regelmäßig etwas zu berichten haben, bevor sie Twitter als Kommunikationsinstrument in Erwägung zieht. Wer in dieser Szene nur dann und wann etwas beisteuert, verliert rasch an Interesse. Dabei muss allerdings klar sein, dass Tweets nicht nur und vor allem nicht ausschließlich an Medienschaffende gerichtet sein können. Das ist jedoch grundsätzlich unproblematisch – der Pressebereich einer Unternehmenswebsite ist auch für jeden Interessierten einsehbar. Wichtig ist ein schlüssiges Twitter-Konzept, statt einfach drauflos zu tippen:

- Erst einmal eine Weile mitlesen, um ein Gespür dafür zu bekommen, wie Twitter funktioniert.

- Zielgruppen und Ziele definieren: wer sollte unbedingt zum Follower werden, wer wird es vielleicht außerdem noch? Ist die Zielsetzung eher auf eine schnelle Informationsweitergabe ausgerichtet, auf die Betonung von Innovationsfähigkeit, auf Vernetzung und Wissensaustausch, auf die Vermittlung von Unternehmensdaten oder Expertenwissen oder geht es darum, einer Organisation ein Gesicht zu geben, indem der Chef aus seinem Arbeitsalltag plaudert?

- Ein strategisches und inhaltliches Konzept erarbeiten – und dies fängt an bei der Wahl des Account-Namens, der Frage, ob eine Marke oder eine Person twittert, der optischen Gestaltung.

- Und schließlich: die Ressourcen planen – knüpft das Konzept an die allgemeine Pressearbeit an, an Wissens- oder Issues-Management? Wie werden möglichst effektiv Themen geschaffen?

Eines der meistgelesenen Unternehmens-Accounts im deutschsprachigen Raum betreibt die Deutsche Lufthansa (Lufthansa_DE) mit über 10.000 Followern, Stand Dezember 2009[137]. Ein Blick auf die Tweets – zwei bis vier am Tag von Montag bis Freitag – zeigt schnell die unterschiedlichen Themen und Zielgruppen, die das Unternehmen bedient: „Wir freuen uns, als erste deutsche Fluglinie das TÜV-Zertifikat für transparente Preisgestaltung erhalten zu haben" (24.07.2009), ist eine Nachricht, die sowohl Wirtschaftsjournalisten als auch qualitätsbewusste Fluggäste interessieren mag. „Rumpf, Tragfläche, Triebwerk, Cockpit, Leitwerk, Fahrwerk: Warum das und was noch für ein Motorflugzeug wichtig ist" (03.08.2009), spricht technikbegeisterte Menschen und Journalisten an. Über den Re-Tweet „10 of the Most Expensive Hotel Rooms in the World" (06.08.2009) freuen sich vielleicht Redakteure der Tourismusfachmedien. Und Last-Minute-Angebote – teils exklusiv für Follower – twittert sicherlich die Marketingabteilung.

In anderen Unternehmen oder Organisationen ist ganz explizit die Pressestelle Absender der Tweets; dies bietet sich vor allem für große Konzerne an, die einen hochfrequenten Presseaussand oder zumindest viele Themen mit Nachrichtenwert haben. Google liegt mit gleich zwei Accounts unter den Top 4 der twitternden Pressestellen[138]: Google-Pressesprecher Stefan Keuchel (frischkopp) liegt mit über 4.000 Followern hinter den sap̈news. Auf den Plätzen drei und vier folgen die Accounts vodafone.de und GoogleDE. Ist ein Account in dieser Form positioniert, sollten Tweets tatsächlich im Ton nachrichtlich sein. Es gelten die Grundsätze des journalistischen Schreibens, wenn auch komprimiert auf 140 Zeichen; Tweets, die sich wie Werbebotschaften lesen, wirken wie pures Gift; auch hier.

- Business-TV

Business TV etabliert sich zunehmend als Element der Unternehmens-kommunikation. In Deutschland setzen bisher rund vierzig Firmen das Unternehmensfernsehen ein, um Mitarbeiter zu schulen, Produktin-formationen zu verbreiten, Kunden beim Händler oder die Standortbe-völkerung am Sitz der Produktion zu erreichen. Damit wird das Unter-nehmens-TV zu einem Medium der externen Öffentlichkeitsarbeit, ähn-lich einem Kundenmagazin. Eine deutliche Tendenz wurde durch die Folge von Wirtschaftskrisen seit dem Platzen der New-Economy-Blase im Jahr 2000 verlangsamt, aber nicht gestoppt.

Betriebliches Fernsehen beschäftigte einzelne Optimisten bereits An-fang der achtziger Jahre. Dieses Mittel der Kommunikation ist in Deutschland bisher nur den größten Unternehmen vorbehalten – ob-wohl die Produktions- und Betriebskosten geringer sind, als viele zunächst glauben. Unternehmensfernsehen spielt sich heute noch na-hezu ausschließlich über interne TV-Kabelnetze oder Intranet – seit flächendeckenden Breitbandanschlüssen und Streaming-Technologie teils auch im Internet – ab.

Die Kaufhof AG beschäftigt 25 Mitarbeiter in eigenen Studios in Frechen bei Köln, um rund 100 Sen-dungen pro Jahr fertig zu stellen. Per Satellit gehen die Programme an die 140 Häuser des Konzerns. Ein eigenes Jugendmagazin wendet sich an die Auszubildenden, in einem anderen Format stellen Mit-arbeiter ihre Filiale vor. In der Konzernleitung rechnet man vor, dass durch die Schulungsprogram-me die Kosten für externe Fortbildungen und Seminare entfallen, so dass sich das Firmen-TV sogar rechnet.

In Einzelfällen nutzt man hierzulande das Medium bereits als Standort-Fernsehen, das in regionale Kabelnetze eingespeist wird. So ist das für die BASF-Mitarbeiter gemachte Programm für alle Nutzer des „Rhein-Neckar-Fernsehens" verfügbar – also auch für ihre Familien, Nachbarn, Freunde im Raum Ludwigshafen / Mannheim / Heidelberg. Die Digitali-sierung der TV-Übertragungstechnik macht es prinzipiell jedoch schon heute möglich, Business-TV via Satellit flächendeckend zu übertragen und damit von der internen Kommunikation auf die externen Arbeitsfelder von Public Relations auszudehnen. Bislang scheitert eine raschere Ausbreitung an der Skepsis der Satelliten- und Kabelnetzbetreiber; eine Ausnahme ist beispielsweise das frei empfangbare Bahn.TV.

Erfahrungen in den Vereinigten Staaten und in Deutschland zeigen übereinstimmend, dass Business-TV große Ähnlichkeit mit herkömmlichem Fernsehen haben muss, wenn es Zuschauer finden soll. Gängige Magazin- und Nachrichtensendungen liefern das glaubwürdigste Vorbild für eigene Produktionen. Die Nutzer erwarten auch eine Professionalität in Studio und Technik, wie sie es von den Sendern her gewohnt sind – Selbstgestricktes reicht nicht aus.

Noch stärker als für Mitarbeiter- oder Kundenzeitschriften gilt für ein Firmen-TV, dass es nicht die Ansichten der Unternehmensleitung zum Maßstab seiner Berichte machen darf. Fernsehen wird viel stärker als andere Medien als manipulativ empfunden. Darum müssen unabhängig arbeitende Produktionsteams die Beiträge für die Sendungen machen und frei im Unternehmen recherchieren und drehen dürfen. Auch diese ungewohnte Transparenz macht es in Deutschland wohl noch auf einige Zeit schwer, Business-TV ähnlich wie in den USA zu einem Standardinstrument der internen Kommunikation und darüber hinaus zu entwickeln.

Zusammenfassung

- Es ist kein Zufall, dass verschiedene Medien die gleichen Nachrichten veröffentlichen. Es gibt feststehende Auswahlkriterien, die sich an den Erwartungen der Mediennutzer orientieren. Dadurch kommt ein erstaunliches Maß von Objektivität in der Auswahl zustande.

- Es ist sogar möglich, über die Leitmedien eine breite Diskussion über ein Thema anzustoßen und bis in die Wortwahl hinein einen Disput zu steuern. Voraussetzung dafür ist aber ein profundes Verständnis von den Abläufen in den Medien und ein vertrauensvolles Verhältnis zu ihren Machern.

- Es gibt Spielregeln im Umgang mit den Medien und ihren Machern – halten Sie sich daran. Journalisten und Öffentlichkeitsarbeiter stehen in einem wechselseitigen Abhängigkeitsverhältnis. Darum gibt es Empfindlichkeiten auf beiden Seiten; für Missverständnisse und Vorurteile darf kein Platz sein.

- Medienarbeit ist leichter, wenn sie offensiv angegangen wird. Wer auf Medienberichte reagieren muss, ist von vornherein in einer schlechteren Position.

- Das Instrumentarium der Medienarbeit ist weit entwickelt und differenziert. Für den Erfolg ist mitentscheidend, welche Mittel eingesetzt werden. Am sichersten sind alle Formen, die sich nah an journalistische Gepflogenheiten anlehnen – wer Erfolg haben will, sollte lernen, zu denken und zu arbeiten wie ein Journalist.

- Die interaktiven Möglichkeiten des Web 2.0 erweitern den Kreis der Informationsanbieter um ernst zu nehmende Blogger und Teilnehmer an Communities und Wikis. Wer differenziert vorgeht und sowohl nach die Regeln journalistischen Arbeitens wie auch den Gepflogenheiten des Web 2.0 kennt und beherrscht, hat die größten Chancen, sich zu behaupten.

---

111 Lothar Rolke, „Journalisten und PR-Manager", in: Public Relations Forum 2/98.

112 Leerschritte zählen mit, Titelzeilen nicht. In der Printversion soll der Text nicht breiter als zehn Zentimeter sein, damit ausreichend Raum für eventuelle redaktionelle Anmerkungen bleibt.

113 Ruisinger, Dominik: "Online Relations. Leitfaden für moderne PR im Netz". Stuttgart 2007.

114 IAM-Bernet-Studie Journalisten im Internet 2009. Eine repräsentative Befragung von Schweizer Medienschaffenden zum beruflichen Umgang mit dem Internet, Guido Keel / Marcel Bernet, Juli 2009 (www.iam.zhaw.ch).

115 Ebd.

116 Trendumfrage „Rechercheverhalten von Fachjournalisten. Zentrale Ergebnisse 2007", München, Maisberger Whiteoaks.

117 Rund 80 Prozent von 91 in einer Studie im Jahr 2007 befragten Fachpressejournalisten geben an, Pressemitteilungen bevorzug per E-Mail zu erhalten. „Rechercheverhalten von Fachjournalisten. Zentrale Ergebnisse 2007". München, Maisberger Whiteoaks (PDF-Datei).

118 www.newsaktuell.de/de/ueber_na/resonanzchcck/1/resonanzcheck_1.htx und www.news-aktuell.de/de/ueber_na/resonanzcheck/2/resonanzcheck_1.htx, April 2008.

119 www.ecin.de/marketing/onlinejournalisten/ und www.journalistenstudie.de/Journalisten-studie_2007.pdf, April 2008.

120 www.ecin.de/marketing/onlinejournalisten/ (Abruf: 15.04.08).

121 http://www.presseportal.de/story.htx?nr=759619&firmaid=6344, April 2008.

122 http://www.newsaktuell.de/de/mediaevents/mediastudien/2002/ms2.html

123 http://www.mdr.de/newsletter/

124 www.nielsen-netratings.com/press.jsp?section=pr_netv&nav=3, April 2008.

125 Trendumfrage „Rechercheverhalten von Fachjournalisten". Zentrale Ergebnisse 2007, München, Maisberger Whiteoaks.

126 In der Fachjournalisten-Umfrage von Maisberger Whiteoaks wurde auch die Frage nach der Bereitschaft gestellt, sich zu registrieren. 62 Prozent (von 87 Befragten) gaben an, dass sie sich registrieren würden, rund 38 Prozent sind dazu nicht bereit.

127 www.journalistenstudie.de/Journalistenstudie_2007.pdf

128 „Wirtschaftsjournalisten und Internet" (2005), Dr. Doeblin Gesellschaft für Wirtschaftskommunikation mbH.

129 http://pr-squared.blogspot.com/2006/05/social-media-press-release-debuts.html

130 http://www.pr-kloster.de/2006/12/12/erste-pressemitteilung-20-in-deutschland/

131 http://www.indiskretionehrensache.de/2009/07/vodafone-und-die-Generation-Mix-it-baby/ (Abruf am 05.12.2009)

132 http://prlen.de/2009/07/08/vodafone-sucht-die-generation-upload/ (Abruf: 01.08.2009).

133 http://blog.vodafone.de/2009/07/20/twittermom/ (Abruf: 01.08.2009)

134 Zerfass, Ansgar: Weblogs als Meinungsmacher, a.a.O.

135 IAM-Bernet-Studie Journalisten im Internet 2009, a.a.O.

136 http://twitterumfrage.de vom März 2009 (Abruf: 08.08.2009).

137 Siehe http://www.talkabout.de/twitter-rankings/deutsche-marken-auf-twitter/ für eine umfassende Liste von Unternehmen, NPOs, Medien, Agenturen etc., die Twitter nutzen.

138 Ebd. (Abruf 08.08.2009).

II WAS UND WIE MAN SCHREIBEN SOLLTE, DAMIT DIE MEDIEN ES DRUCKEN UND VERBREITEN

> „Wer einen klaren Gedanken hat, kann ihn auch klar ausdrücken."
>
> MICHEL EYQUEM SEIGNEUR DE MONTAIGNE (1533 – 1592)

Überblick

- Stilistische Formen für Pressemitteilungen
- Vernachlässigte journalistische Textformen in der Öffentlichkeitsarbeit: Bericht und Feature, Umfrage und Portrait
- Interview:
  zentrales Mittel für ausführliche Information
- Meinungstexte:
  die Grundlage für glaubwürdige Positionsbestimmungen
- Online-Texte:
  andere Textorganisation für ein anderes Medium

Texte für die Medien

In der Medienarbeit geht es darum, druckende und sendende Medien mit Informationen zu versorgen mit dem Ziel, dass möglichst viel davon ohne inhaltliche Veränderungen verbreitet wird. Um es ganz deutlich zu machen: Wer Medienarbeit für eine Organisation macht, will etwas bei den Medien erreichen, wozu die ohne seine Überzeugungskraft nicht unbedingt von sich aus bereit wären. Darum erwarten die Medien zu Recht, dass sie möglichst wenig Arbeit damit haben, wenn sie uns diesen Gefallen tun. Media Relations gehört zu den Service-Aufgaben der Öffentlichkeitsarbeit. Sie sind eine Dienstleistung für die Redaktionen von Presse, Radio, Fernsehen und Online-Medien. Dort erwartet man vorgefertigte Informationsangebote, die für die jeweiligen Nutzer interessant sind.

Prinzipiell sind dafür alle Darstellungsformen denkbar, die auch von den Medien selbst eingesetzt werden. In der Praxis hat sich aber erwiesen, dass Texte strikt informativen Charakters eine Hauptrolle spielen. Neben der Nachricht sind dies der Bericht und die Reportage. Dabei muss Infotainment kein Schimpfwort sein. Wie man Nachrichtentexte „anfeatured" und Texte im Magazinstil formuliert, ist eine Variante, wie Journalisten ihre Informationsaufgabe erfüllen.

1 Informierende Texte

Neutralität hat Vorrang

Die Publizistik spricht von *„Nachrichtenelementen"* und meint damit inhaltliche Aspekte. Zu den klassischen Nachrichtenelementen gehören die Glaubwürdigkeit und Plausibilität einer Meldung.

Der Begriff *„Nachricht"* selbst meint in der Regel eine Stilform, die unverkennbar die schnell zu erfüllende Informationsabsicht eines Textes herausstellt. Darum sind Hinweise auf die Quelle der Information im Nachrichtentext nötig – und ein Stil, der Meinungen und Wertungen ausschließt.

Im Informationsmarkt achtet man auf strikte Neutralität in der Aussage und spürbare Distanz zu den Sachverhalten. Diese Haltung ist stark geprägt von den angelsächsischen Zeitungen und Sendern und fiel in Deutschland auf einen besonders fruchtbaren Boden, nachdem während der NS-Herrschaft auch die kleinste Meldung auf Parteilinie getrimmt worden war.

Um dem Vorwurf des Positivismus zu begegnen: Natürlich kann die Auswahl der veröffentlichten Informationen ein subtiler Kommentar sein:

Wenn die Düsseldorfer „Rheinische Post" (Untertitel: „Christliche Zeitung für Düsseldorf und den Niederrhein") ein ganzseitiges Interview mit dem Kölner Kardinal Meisner abdruckt, in dem der konservative Kirchenfürst die „Abtreibungspille" Mifegyne mit dem Vernichtungsgas Zyklon B vergleicht, bezieht sie Position – ebenso wie der als liberal geltende „Kölner Stadt-Anzeiger", der zuvor das Interview-Angebot des Erzbischofs ignoriert hatte.

Die strikte Trennung von Information und Meinung hat völlig unterschiedliche Textformen zur Folge. Die deutschen Zeitungen und Sender halten sich flächendeckend an die Norm, jede Meinungsäußerung in informierenden Texten zu vermeiden.

Das gilt auch – entgegen allen Behauptungen – für die Boulevardpresse. Nachrichten über prominente Sterbefälle enthalten kein „leider", lang erwartete frohe Botschaften kein „endlich" – beide harmlosen Wörter wären eine unzulässige Meinungsäußerung. So eng sehen das die Journalisten. Die Schlagzeilen von Bild & Co. lauten in solchen Fällen „Ganz Deutschland trauert – Moshammer tot" oder „Glück perfekt: Charles heiratet Camilla".

Manche Magazine, Illustrierte und andere Zeitschriften weichen von diesem Grundsatz ab, ebenso wie einige Sendeformen, die ganz gezielt eine süffisante Gemengelage aus Information und Meinung produzieren. Notorisch geworden ist der spezifische „Spiegel"-Stil, der keine Chance zu Sarkasmus und Ironie auslässt. Ähnliches galt für das WDR-Magazin „ZAK" und seinen Moderator Friedrich Küppersbusch, der mit seinen flapsigen Sprachspielen auf Kosten seiner Studiogäste zeitweilige Berühmtheit erlangt hatte. Bemerkenswert: „ZAK" wurde eingestellt, als Zuschauerbefragungen ergaben, dass der unterhaltende Wert der Sendungen deutlich vor dem Informationsrang lag – kein gutes Zeugnis für ein politisches Magazin. Und die Redakteure des „Spiegel" pflegen einen deutlich zurückhaltenderen Schreibstil, seit es Konkurrenz auf dem Markt der Nachrichten-Magazine gibt.

Erster Problemfall: Produktinformationen

Besonders schwer fällt es Textern von Produktinformationen, Bewertungen zu vermeiden. Sie nähern sich häufig der Sprache der Werbung – nicht von ungefähr, denn natürlich sollen auch die PR-Texte den Verkaufserfolg stützen. Ohne Unterlass ist von *„innovativen, zukunftsweisenden, bahnbrechenden, intelligenten"* Lösungen die Rede, von *„imponierenden, süchtig machenden, lang erwarteten"* Neuzugängen auf dem Markt, von *„sensationellen"* Entwicklungen und *„markanten"* Merkmalen. Solche Texte haben nur geringe Chancen, gedruckt zu werden, weil sie offensichtliche Verkaufsabsichten signalisieren und werbliche Aussagen machen.

Wer über neue Produkte informieren muss und nicht bei einer nüchternen Beschreibung von Material, Form, Farbe, Oberfläche etc. stehen bleiben will, muss bewertende Aussagen medientauglich machen. Wer subjektive Eindrücke beispielsweise über Bedienungskomfort, Geschmack, Formschönheit, Wert oder ähnliches berichtenswert machen will, braucht „Zeugen", die sich dazu äußern und zitieren lassen.

In Musterstadt setzt man auf Aluminium. Deutlich oberhalb der Mittelklasse siedelt die Auto AG ihre neue Modellreihe an, in der Stahl nur noch eine Nebenrolle spielt. „Wir sehen die Zukunft im Autobau nicht in immer kleineren Autos, um Kraftstoff zu sparen. Wir haben uns entschlossen, große Autos leichter zu machen, um den gleichen Effekt zu erreichen." So fasst Entwicklungschef Hubert Winter die Idee in Worte, Stahl und Eisen durch Legierungen des Leichtmetalls Aluminium zu ersetzen ...

Auf diese Weise wird die gewagte und noch zu beweisende Zukunftsfähigkeit der Idee einem Sprecher zugewiesen. Damit ist sie nachrichtentauglich geworden – und ergänzt auf seriös-zurückhaltende Weise die Produktwerbung, die ähnliche Inhalte transportiert, jedoch plakativ verkürzt und sinnlich aufgeladen.

Zweiter Problemfall: Meinung als Nachricht

Pressemitteilungen von Verbänden und Interessengruppen leiden oft darunter, dass sie ihre Stellungnahmen und Meinungen in einem nicht mediengemäßen Stil versenden. Die strengen Schreibregeln der Journalisten verlangen: Jede Meinungsäußerung muss vom Leser unmissverständlich einer Quelle zugeordnet werden können. Wenn ein Redakteur selbst einen Kommentar verfasst, zeichnet er ihn mit seinem Namen. Die meisten Blätter machen Meinungstexte überdies durch ein spezielles Layout kenntlich.

Keine Zeitung und kein Studio macht sich Meinungen zu eigen, die als Pressemitteilung die Redaktion erreicht haben. Allenfalls werden solche Vorlagen redaktionell bearbeitet und gedruckt oder gesendet, wenn der Absender und seine Meinungsäußerung von einigem öffentlichen Interesse sind. Solche Texte können dann auch ruhig als Statement formuliert sein, sie werden von den Journalisten wie ein „Steinbruch" genutzt, um einen in der Redaktion entstandenen Bericht mit Zitaten zu würzen.

Viele Verbände und Standesvertretungen überschätzen jedoch dramatisch das Interesse der Öffentlichkeit an ihren Streitigkeiten, Besitzständen und Partikularinteressen und sind erstaunt, dass ihre saftigen Statements von den Medien kaum zur Kenntnis genommen werden.

Die zahlreichen Interessenverbände am Regierungssitz versorgen auch die dort tätigen Journalisten mit ihren vielen Presseerklärungen und Stellungnahmen. Das meiste davon landet im Papierkorb, weil sich unbelegte Behauptungen mit massiven Forderungen abwechseln, Drohungen und Schimpfkanonaden sich seitenlang ausbreiten. Darum zitieren die Journalisten notgedrungen immer wieder die gleichen Verbände, von denen mediengerecht aufbereitetes Material kommt. Eine fundierte, sachliche und nüchterne Darstellung mit plausiblen Rechenbeispielen, warum zum Beispiel der „Bundesverband der Wirtschaftsjunioren e.V." Einwände gegen Teile der Steuerreform hat, hätte gute Chancen, veröffentlicht zu werden.

Wer Bewertungen und Meinungen nachrichtentauglich wiedergeben will, muss einen Trick beherrschen, der nach ein wenig Übung nicht schwer fällt: Der Autor solcher Texte muss zu seiner Meinung auf Distanz gehen und sich selbst zitieren. So wird aus einer subjektiven Meinungsäußerung eine objektive Nachricht über eine Meinung. Ein Beispiel:

Die Steuerreform der Bundesregierung wird den Mittelstand teuer zu stehen kommen. Diese Meinung vertreten die Wirtschaftsjunioren, ein Zusammenschluss junger Unternehmer. Ein Sprecher erklärte gestern in Köln am Rande der Jahrestagung seiner Organisation, die Senkung der Körperschaftssteuer und anderer Unternehmenssteuern könne die zusätzlichen Belastungen durch die Ökosteuer und die Neubewertung von Rückstellungen und Verlustzuweisungen nicht auffangen ...

Wohlgemerkt: Das ist nicht der Zeitungsartikel, sondern der Text der Pressemitteilung – bereits so formuliert, wie ein Redakteur einer Zeitung es selbst machen würde. So erspart man den Journalisten unnötige Arbeit, weil der Text prinzipiell reif für den Druck ist. Und zeigt sich als Profi, der die Kunst des „Nachrichtenmachens" versteht.

Die Nachricht

„Nachrichten sind journalistisch aufbereitete Informationen über aktuelle Ereignisse. Sie verbreiten etwas Neues, Bedeutsames oder Ungewöhnliches. Der Wert einer Nachricht wird mitbestimmt durch das Medium, den Leserkreis und das Nachrichtenangebot des Zeitraums, den das Medium durch seine Erscheinungsfrequenz abdeckt. Die Nachricht beantwortet die sechs W-Fragen (Wer? Wie? Was? Wann? Wo? Warum?) und nennt ihre Quellen. Sie soll sachlich sein, so objektiv wie möglich, also vorbehaltlos und korrekt über wesentliche Sachverhalte und wichtige Details informieren. Die Nachricht darf nicht kommentieren."
Merkheft, Akademie für Publizistik, Hamburg

Pressemitteilungen im Nachrichtenstil sind die gebräuchlichste und nützlichste Form von Texten für die Medien. Ob Ankündigung, Mitteilung über personelle Veränderungen oder Kurzbericht über aktuelle Geschehnisse – die Nachricht ist die klassische Form der Pressemitteilung.

Das Prinzip ist denkbar einfach: Der Autor fällt am besten mit der Tür ins Haus. Keine Einleitung, keine Hinführung zum Thema, sei es noch so kompliziert. Wer Nachrichten schreibt, formuliert auch Fachthemen so, dass die Neuigkeit den Leser mit den ersten Wörtern des Textes erreicht:

Die Frühzeit unseres Universums ist möglicherweise deutlich anders verlaufen, als Astronomen und Astrophysiker bisher geglaubt haben. Darauf deuten Daten und Beobachtungen hin, die mit Hilfe des Weltraum-Telekops „Hubble" gewonnen wurden. In Pasadena erklärte gestern ...

Jede Nachricht sollte die W-Fragen beantworten und die *Quelle der Information* nennen. Dabei ist es vom Informationsgehalt der Nachricht abhängig, in welcher Reihenfolge die W-Fragen abgearbeitet werden – es kann der Ort, der Zeitpunkt, die Hauptperson, das wichtigste Detail sein, womit man einen Nachrichtentext beginnt. Es kann auch spannend sein, mit dem Zweck *(Warum?)* oder mit den besonderen Umständen *(Wie?)* eine Nachricht aufzunehmen:

Stadtkindern ein Naturerlebnis vermitteln will das Kinder- und Jugendzentrum im badischen Lahr. Vom 10. bis zum 15. August organisiert das Zentrum gemeinsam mit der Naturparkverwaltung Taubergießen die Ferienspaßaktion „Dschungel vor der Stadt".

Die Angabe einer Informationsquelle entspricht nicht nur den Regeln journalistischer Sorgfaltspflicht. Der Leser soll erfahren, wer die Neuigkeit mitteilt. Denn die Quellenangabe steigert die Glaubwürdigkeit. Welcher Nachricht glaubt der Leser eher?

Der große Film, das Meisterwerk des noch nicht dreißigjährigen Regisseurs, überwältigt mit Bildern von nie gesehener Dramatik ...

Hans Hauser habe einen „großen Film" gemacht, begeistert sich Produzent Bernd Eichinger. Es sei ein Meisterwerk mit Bildern von nie gesehener Dramatik. Eichinger „Ich bin überwältigt!" ...

Nachrichten entstehen in der Redaktion und in der Pressestelle nach den gleichen Regeln: Meinung, Lob oder Tadel haben in einem Nachrichtentext nichts verloren. Wenn aber direkt oder indirekt eine Meinung als Zitat in der Nachricht erkennbar ist, meldet der Text dem Leser lediglich, dass jemand eine Bewertung vorgenommen hat. Dieser „Jemand" im Text ist eine Quelle: ein Entwickler, ein Mitarbeiter, ein zufriedener Kunde, ein optimistischer Marketingchef.

Es gibt keinen stilistischen Unterschied zwischen einer Pressemitteilung und einem Zeitungsartikel in Nachrichtenform. Darum sind Quellenangaben in einer Pressemitteilung so formuliert, wie es ein Redakteur des empfangenden Mediums auch machen würde:

ARD erklärt Selbstverpflichtung

Die ARD geht weiter von einer Erhöhung der Rundfunkgebühren zum Jahresbeginn aus. Allerdings müssten auch das ZDF und die Länder strukturelle Einsparungen leisten. Diese würden sich aber erst mittel- bis langfristig auswirken, so der ARD-Vorsitzende Jobst Plog gestern in Frankfurt. Vor allem die Landesmedienanstalten könnten sparen.

Die ARD-Intendanten hatten Ende März Richtlinien für eine programmatische Selbstverpflichtung verabschiedet, die künftig alle zwei Jahre abgegeben werden muss ...

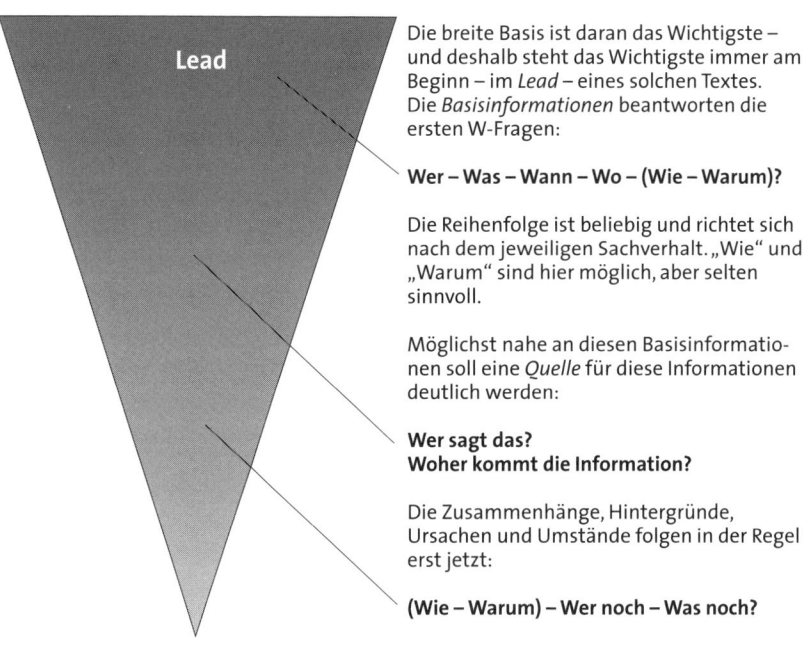

Die breite Basis ist daran das Wichtigste –
und deshalb steht das Wichtigste immer am
Beginn – im *Lead* – eines solchen Textes.
Die *Basisinformationen* beantworten die
ersten W-Fragen:

Wer – Was – Wann – Wo – (Wie – Warum)?

Die Reihenfolge ist beliebig und richtet sich
nach dem jeweiligen Sachverhalt. „Wie" und
„Warum" sind hier möglich, aber selten
sinnvoll.

Möglichst nahe an diesen Basisinformationen soll eine *Quelle* für diese Informationen
deutlich werden:

Wer sagt das?
Woher kommt die Information?

Die Zusammenhänge, Hintergründe,
Ursachen und Umstände folgen in der Regel
erst jetzt:

(Wie – Warum) – Wer noch – Was noch?

Als Erinnerungshilfe für den klassischen Nachrichtenaufbau entwickelten amerikanische Redakteure in den dreißiger Jahren das Bild
der *„inverted pyramide"*, der „umgekehrten Pyramide":

Die breite Basis ist daran das Wichtigste – und deshalb steht das Wichtigste immer am Beginn – im Lead – eines solchen Textes. Die Basisinformationen beantworten die ersten „W-Fragen":

Wer – Was – Wann – Wo – (Wie – Warum)?

Die Reihenfolge ist beliebig und richtet sich nach dem jeweiligen Sachverhalt. *„Wie"* und *„Warum"* sind hier möglich, aber selten sinnvoll.

Möglichst nahe an diesen Basisinformationen soll eine Quelle für diese
Informationen deutlich werden:

Wer sagt das? Woher kommt die Information?

Die Zusammenhänge, Hintergründe, Ursachen und Umstände folgen in der Regel erst jetzt:

(Wie – Warum) – Wer noch – Was noch?

Wenn nun ein so aufgebauter Text entstanden ist, kann er problemlos von hinten Stück für Stück verkürzt werden – im Extremfall bis auf einen Satz. Die wichtigsten Informationen bleiben immer stehen – und es bleibt immer eine Pyramide, auch wenn ihr die Spitze fehlt.

Die Pressemitteilung muss eine animierende *Überschrift,* eine *Headline* haben, die eine sofortige Orientierung für den empfangenden Redakteur über Inhalt und Bedeutung des Textes erlaubt. Diese Titelzeile wird nur in seltenen Fällen von den Medien übernommen – dafür gibt es Gründe, zum Beispiel die sehr unterschiedliche Art der Zeitungen und Magazine, Überschriften zu machen. Dennoch ist die Arbeit an einer guten Schlagzeile nicht vergebliche Mühe. Durch sie wird der Text als wichtig erkannt, im Idealfall macht sie neugierig:

Wechseljahre sind nicht nur Frauensache

Diese *Headline* kann auch durch eine Unterzeile, eine „Subline" ergänzt werden, die erläuternden Charakter hat oder auf einen zweiten Aspekt zielt:

Jeder zweite Mann über 45 ist betroffen

Natürlich muss der Text einlösen, was die Überschrift verspricht. Eine reißerische Titelzeile über einer Mitteilung ohne Wert ist Betrug am Leser – der als Redakteur solche schlechten Erfahrungen mit einem Absender dadurch strafen wird, dass er weitere Meldungen aus diesem Haus ignoriert.

Eine Nachricht ist kurz. Die Textlänge hängt nicht von der Bedeutung und von der Komplexität einer Information ab. Wer sich entschieden hat, eine Nachricht zu schreiben, muss nach spätestens 25 Textzeilen einen Schlusspunkt setzen. Wer mehr zu sagen hat, dem stehen andere Textsorten zur Verfügung. Bewährt hat sich die Methode, neben einer kurzen Nachricht über einen Sachverhalt weitere Texte zu versenden, die Einzelaspekte ausleuchten. Aus diesem Material kann der empfangende Journalist dann einen Bericht oder eine andere Langform zusammenstellen.

Checkliste 6: Für Nachrichtenschreiber

1. Tragen Sie alle verfügbaren Informationen in Stichworten zusammen; recherchieren Sie, bis Ihr Material vollständig ist. Das ist dann der Fall, wenn Sie alle W-Fragen beantworten können (wer – was – wann – wo – woher – wie – warum). Unter Umständen gibt es mehrere Antworten auf eine W-Frage – zum Beispiel, wenn mehrere Personen im Zentrum einer Neuigkeit stehen.

2. Überprüfen Sie den Stoff auf Attraktivität für die Zielgruppe (die „Endverbraucher" Ihrer Zielmedien). Die Kriterien dafür sind die „Nachrichtenelemente" (Faktizität – Aktualität – öffentliches Interesse mit seinen Unterelementen Folgenschwere, Nähe, Betroffenheit, Nutzen, Streit, Prominenz, Emotionalität, Fortschritt, Ungewöhnlichkeit).

3. Sortieren Sie die Antworten auf die W-Fragen nach der Rangordnung von Attraktivität/Bedeutung/Nutzen für den Leser.

4. Formulieren Sie den „Lead", den Einstieg in die Nachricht. Sie sollten dafür nicht mehr als einen oder zwei kurze Sätze brauchen, maximal vier Zeilen. Beantworten Sie darin die wichtigsten W-Fragen (die Neuigkeit: wann war was; wer tat was; was geschah wo; wo war wer; worum geht es; wer sagte was; wie geschah es; warum dies; was überrascht daran?)

5. Schreiben Sie anschließend in wenigen kurzen Sätzen die Ergänzungen auf, die sich direkt auf diesen Kern der Nachricht beziehen (wo ist wo; wer ist wer; was ist was; wann genau; wie genau; warum genau; was war ursächlich?)

6. Schreiben Sie danach die weiteren Fakten auf, die den Kern der Nachricht einordnen helfen (weniger wichtige Einzelheiten, weitere Personen, weitere Handlungen, Vorgeschichte, Vorgeschichte der Vorgeschichte). Nach maximal 25 Zeilen müssen Sie alles gesagt haben.

7. Zuletzt schreiben Sie darüber die Headline: animierend, aufs äußerste verkürzt, der Kern der Nachricht – im Schlagzeilenstil, im Präsens, schnörkellos und nüchtern, in maximal acht Wörtern.

Der Bericht

Eindeutig definiert ist der Begriff „Bericht" weder in der publizistischen Fachliteratur noch in der Praxis. Man kann sehr unterschiedliches über diese Sorte informierender Texte lesen, je nachdem wo man nachschlägt – oder wo man seine Erfahrungen sammelt. In jedem Fall ist der Bericht mehr als „der große Bruder der Nachricht" – die Textmenge ist sicher nicht das entscheidende Kriterium.

Einig sind sich alle, dass ein Bericht nicht unbedingt aktuelle Geschehnisse abbildet, sondern sie lediglich als *Aufhänger* benötigt. Gegenstand des Berichts sind Detailinformationen, Hintergrundwissen, das *Analysieren von Sachverhalten und das Herstellen von Zusammenhängen.*

Daneben herrscht Harmonie dahingehend, dass es kein Thema gibt, das diese Textform ausschlösse. So finden wir Berichte quer durch alle Medien und längs durch die gesamte Themenvielfalt. In der Fachpublizistik steht er zunehmend gleichberechtigt neben dem traditionellen Original-Aufsatz. Eine Pressemitteilung kann also auch ein Bericht sein. Darüber hinaus sind Berichtsformen in selbst verantworteten Publikationen die Regel.

Unumstritten ist auch, dass der Bericht ebenso wie die Nachricht alles für den Leser Wichtige betont: Information hat Vorrang. Während zum Beispiel der wissenschaftliche Aufsatz von der Formel zehrt *„Es konnte gezeigt werden, dass ...",* dreht der Bericht den Spieß herum *„Ein lauter Knall war das erwartete Ergebnis, als die beiden Substanzen miteinander reagierten."*

Der Bericht ist ein längerer, farbig und interessant geschriebener Text informierenden Charakters. Er vermeidet Wertungen und überlässt Interpretationen den Zeitzeugen, die er zitiert. Die Inhalte werden sachlich und klar, dabei aber detailreich und eingebettet in eine Textdramaturgie dargeboten.

Je umfangreicher der Bericht werden soll, desto wichtiger ist eine *klare Gliederung* des Inhalts. Während der Aufsatz immer die Abschnitte „Einleitung – Hauptteil – Schluss – Ausblick" besitzt, setzt der Bericht bewusst *Höhepunkte* und sorgt so für anhaltende *Spannung.* Jede neue Wendung, jede neue Sachfrage bietet dem Schreiber Ansatzpunkte, den Bericht immer wieder mit solchen Spannungsmomenten aufzuladen. Man spricht nicht ohne Grund von einer „Inszenierung" des Textes und seiner „Dramaturgie".

Der *Aufbau* führt deshalb nicht zwingend vom Neuen zum Bekannten, vom Wesentlichen zum weniger Wichtigen wie in der Nachricht, sondern kann sogar chronologischen Abläufen folgen. Entscheidender als die Wertigkeit der beschriebenen Sachverhalte ist das alsbaldige Aufdecken von Zusammenhängen und Hintergründen. Die präzise Schilderung von Prozessen und Geschehnissen, auch das gesprochene Wort von im Text vorkommenden Personen – alles dient der glaubhaften und nachprüfbaren Wahrhaftigkeit des Berichts. Und es kann manchmal eine eher atmosphärische Erzählung sein, die den Bericht einleitet und so attraktiv für den Leser macht:

Der liebe Gott hat ihr eine stämmige Figur gegeben, mit kurzen Armen, kräftigen Beinen und einem fassförmigen Rumpf. Des Herrn Hebelgesetze verlangen weniger Kraft, wenn die Proportionen stimmen. Längst nicht jede Frau kann ein Dutzend Maßkrüge aus dickwandiger Keramik, jede gefüllt mit einem Kilo Bier, hundert Schritte weit tragen. Schwester Maria-Sibylla macht das nun schon dreißig Jahre, und wenn sie nicht das Bier zu den durstigen Seelen trägt, arbeitet sie in der klostereigenen Brauerei ...

Je ausführlicher der Bericht, desto sinnvoller ist eine nachrichtlich geformte Zusammenfassung am Beginn des Textes. Dies gilt verstärkt, wenn der Bericht nicht mit dem Wesentlichen beginnt, sondern den Leser anders zum Kern der Sache führen will. Der nachrichtliche Vorspann liefert dann die wesentlichen Informationen in aller Kürze. Tatsächlich machte auch der Bericht über die Klosterbrauerei durch Überschrift und Vorspann neugierig auf den Rest:

Der Herr hat's gegeben

Ein Kloster versorgt die Bewohner eines fast vergessenen Winkels in Oberösterreich mit allem, was der eigene Hof nicht hergibt. Denn der nächste Supermarkt ist weit.

Einwände, dann läsen die Leute vielleicht den Bericht nicht mehr, oder die mühsam aufgebaute Spannung sei futsch, wenn die Eingangsnachricht schon die Pointe erzählt, sind nicht schlüssig. Der nachrichtliche Kerngehalt teilt sich eiligen Lesern rasch mit – damit ist die wichtigste Information schon bei den meisten angekommen. Wer sich daraufhin entscheidet, den ganzen Bericht zu lesen, zeigt sein Interesse an den Hintergründen und Details – erweist sich also als williger Leser. Und der wartet auch nicht auf Pointen, sonst würde er ein Witzblatt vorziehen.

Wer einen Bericht schreibt, hat zwar genügend Raum für Hintergründe und Nebenaspekte. Der Text soll aber nicht geschwätzig wirken und sich streng auf das Mitteilenswerte beschränken. Eben weil ein Bericht ein langer Text sein kann, muss er klar in seiner Struktur und einfach in der Sprache sein – sonst steigt der Leser auf halber Strecke aus. Zur Strukturierung können Zwischenüberschriften und typographische Mittel hilfreich sein.

Wichtiger aber ist die Vorüberlegung, welche Gliederung und formale Aufbereitung das Thema auf die geeignete Weise für den Leser verständlich macht. Über längere Strecken Sachverhalt an Sachverhalt zu reihen, ermüdet. Eingeflochtene Zitate machen den Text lebendiger. Einzelne Aspekte des Themas sollten in einem Abschnitt ausgelotet werden, Beschreibungen mit chronologisch berichtenden Passagen im Wechsel stehen. Szene- (szenische Beschreibung) und Atmosphäre-Schilderungen, wörtliche Zitate, beschreibende Stellen, Rückblicke und Erläuterung, indirekte Rede, Erzählung – die Stilmittel sind vielfältig. Je mehr der Bericht davon enthält, desto mehr Abwechslung bietet er seinen Lesern:

„Mit so vielen Zuhörern hatte das Frauen-Netzwerk in Reutlingen nicht gerechnet. Rund 100 Mitarbeiter hatten die Frauen erwartet und einen kleineren Saal reserviert. Doch das war ein Irrtum. Als schließlich 300 auf der Anmeldeliste standen, gab es nur einen Ausweg: ab in die große Kantine. Alle wollten Arbeitsdirektor Tilman Todenhöfer hören. Sein Thema: Die Anforderungen an Führungskräfte in einem internationalen Unternehmen.

Der Arbeitsdirektor hatte erst einmal Lob für die Frauen, die das Ereignis organisiert hatten, und auch für die Fortschritte bei der Frauenförderung. Er anerkenne, „dass wir hier ein gutes Stück vorangekommen sind." Doch er mahnte auch, dass noch vieles zu tun bleibe. Todenhöfer: „Noch immer gibt es zuwenig Frauen in führenden Positionen."

Wie ein roter Faden zog sich Ermunterung für die Mitarbeiter durch die Rede. Todenhöfer appellierte an die Zuhörer, sich kritisch und konstruktiv an der Entwicklung des Unternehmens zu beteiligen und Verantwortung zu übernehmen. Unternehmerisches Denken müsse bereits in kleineren Teams und Projektgruppen beginnen. „Auch hier werden Leistungen erbracht, die den vitalen Interessen des ganzen Unternehmens dienen."

(aus der Mitarbeiter-Zeitung „Bosch-Zünder", März 1999)

Arbeitshilfen für den anschaulichen Bericht

Lebendige Texte liefern dem Leser mehr als Sachinformationen. Sie helfen ihm, sich ein Bild zu machen. Beschreibende Elemente befriedigen eine natürliche Neugier aller Menschen:

Wie sieht der Mensch aus, von dem die Rede ist – der Interviewpartner, zum Beispiel? Was hat er an? Welches Gesicht macht er bei kniffligen Fragen?

Wie sieht der Ort aus, an dem der Berichtende sich bewegt? Was spielt sich ab? Wie reagieren die Menschen dort? Was gibt's zu essen?

Solche „Visualisierungen" sind nicht für jeden Bericht zwingend erforderlich – aber sie sind mehr als überflüssige Verzierung. Gerade wenn ein Thema spröde ist und die Sachverhalte kompliziert, helfen sie, den Leser in den Text hineinzuziehen, ihn an die Lektüre zu fesseln, Informationen leichter aufzunehmen und zu verarbeiten.

Die Reportage als journalistische Textgattung lebt von diesem Effekt. Sie macht anschaulich, was den Blicken des Lesers vielfach verborgen bleibt – zum Beispiel nimmt die gute Reisereportage den Leser mit, wohin der Reporter es will. Ein Bericht kann von diesen Methoden nur profitieren.

Wer beschreiben will, muss Hinschauen lernen

Beobachten ist eine Kunst, die nicht jeder von vornherein beherrscht, die sich aber lernen und trainieren lässt. Beteiligt daran sind alle Sinne – wir reden vom genauen Beobachten, gemeint ist aber auch hören, fühlen, riechen und schmecken, möglicherweise sogar der berühmte sechste Sinn, die Ahnung. Drei Grundregeln:

- Bei Interviews oder Veranstaltungen nicht nur auf das gesprochene Wort achten, sondern die Aufmerksamkeit bewusst auch auf den äußeren Rahmen richten: Wie sieht es hier aus? Den Redner oder Gesprächspartner systematisch beobachten: Gestalt, Kleidung, Mimik, Gestik, Körpersprache können wichtig sein.

- So viele Details wie möglich erfassen – meistens weiß der Beobachter vor Ort noch nicht genau, was er später brauchen wird, um ein lebendiges Bild zu liefern.

- Alles in Stichworten notieren – Profis verlassen sich nicht auf ihr Gedächtnis. Wer sich erst beim späteren Schreiben fragt, ob die Rednerin blaue, grüne oder braune Augen hatte, hat eine Chance verpasst.

Detailfülle ist nicht alles

Lebendiges Beschreiben lebt vom Detail – aber vom sorgfältig ausgewählten, nicht unbedingt von der Detailverliebtheit. Einer der häufigsten Anfängerfehler ist übergroße Genauigkeit. Langatmige Beschreibungen langweilen:

Der Konzertflügel zeigte 88 weiße und schwarze Tasten, die weißen in regelmäßiger Folge, die schwarzen zu zweien und dreien gruppiert, wozwischen je zwei weiße Tasten ihren Platz hatten. Die weißen waren überdies etwa doppelt so breit und ein gutes Drittel länger als die schwarzen, die sich gut einen Zentimeter hoch über das Niveau der weißen Tasten erhoben ...

Eine Klaviertastatur lohnt nicht die Beschreibung, jeder Musikinteressierte kennt das. Die Detailschilderungen über eine Person oder Sache müssen vor allem treffsicher sein. Es sind die Details, welche die Phantasie des Lesers in Gang setzen. Bei der Auswahl sollte der Schreiber sich bewusst sein, dass er an bereits vorhandene Bilder und Vorstellungen im Kopf des Lesers appelliert – im TV-Zeitalter hat jeder von uns eine Unzahl davon vorrätig, sie wollen nur abgerufen werden. Es geht nur ausnahmsweise darum, etwas noch nie Gesehenes/Erlebtes zu beschreiben.

Die Tricks der Regisseure: Schnitte und Szenenwechsel

Längere, beschreibende Szenen brauchen den Wechsel, damit sie nicht langweilig werden. Es geht um *„Kopfkino"* – um eine Abfolge von Bildern in der Phantasie des Lesers. Diese unterliegt ähnlichen Gesetzen wie das Kino: Schnitte, Perspektivwechsel und unterschiedliche Einstellungen müssen sein.

So kann die Beschreibung einer Person mit einer Nahaufnahme beginnen – zum Beispiel die Hände. Dann ein paar Schritte zurück: Wie sitzt die Person in dem Stuhl? Was teilt die Körperhaltung mit? Der Filmemacher würde von einer „Halbtotalen" sprechen. Das Auge des Berichterstatters richtet sich dann auf den gesamten Raum, beschreibt ihn, um schließlich wieder auf die Hauptperson zu blicken:

Die Enden des Seiles tragen dicke Knoten, und sie schwingen wie Glockenklöppel vor dem braunen Mönchsgewand hin und her. Ihr Rhythmus folgt den weiten Gesten, die Bewegung gibt dem Pater die Suggestivkraft eines großen Dirigenten. Den ausholenden Armen folgen die Blicke der Reisegruppe völlig synchron. Fünfzehn alte Damen aus Deutschland stehen und staunen, ihre Handtaschen und Schirme fest an sich gepresst, im Kreuzgang des Klosters von Monte Oliveto hören sie Pater Anselmo zu, der die Fresken von Sodoma und Luca Signorelli mit der Lebensgeschichte des heiligen Benedikt erklärt. Irgendwie kennt man Anselmo, er ähnelt Pavarotti, und auch seine Erzählweise in akzentreichem Deutsch gleicht einem Gesang ...

Eine gute Beschreibung ist ein gekonntes, durchdachtes Arrangement unterschiedlicher Blickweisen auf eine Szene. Die Kunst liegt vor allem darin, den Leser zum Zuschauer zu machen.

Die Reportage

Reportagetexte gelten zu Recht als Hohe Schule des Journalismus. Prinzipiell handelt es sich um eine besondere Form des Berichts. Dabei ist der Autor immer selbst Zeuge, manchmal sogar Bestandteil der Geschehnisse, über die berichtet wird. Man spricht von einem *individualitätsgebundenen Informationstext*". Historische Vorläufer sind die Berichte reisender Kaufleute, später die scharfsinnigen Beobachtungen reisender Schriftsteller, zum Beispiel die „Harzreise" Heinrich Heines oder der Frontbericht Goethes von der „Kanonade bei Valmy".

Eine Reportage will jedoch mehr als ein Bericht. Sie blickt tiefer hinter die Kulissen und deckt die unbekannten Seiten eines Themas auf, sie entlässt den Leser mit einem deutlichen Aha-Erlebnis. Ein Reportageschreiber steigt tief in sein Thema ein und hat schließlich viele Geschichten zu erzählen, die er durch die aktuellen Beobachtungen, durch die authentischen Zitate miteinander verknüpft. Menschen und ihre Handlungen, Meinungen, Erlebnisse und Erzählungen spielen die Hauptrolle. Sie bilden den Rahmen für viel Hintergrund, teilweise sind sie auch die Träger des Insiderwissens, das sie in Zitaten und Kurzinterviews vor dem Leser ausbreiten.

Diese ungemein journalistische Darstellungsform ist für PR-Leute besser zu nutzen, als vielen bewusst ist: die *Insiderreportage*" von der neuen Fertigungsstraße, der distanzierte Blick auf die Arbeit eines Material-Einkäufers, der Alltag eines Außendienstlers. Diese Beispiele deuten nur an, welche Möglichkeiten die Reportage für Mitarbeiter- oder Kundenzeitschriften bietet. Reportagen können geradezu sinnliche Eindrücke aus dem Inneren eines Unternehmens oder einer Organisation liefern, die hohe Aufmerksamkeit garantieren. Es muss auch nicht unbedingt ein unternehmensbezogenes Thema sein, das zu einer Reportage führt. Es können die außergewöhnlichen Freizeitbeschäftigungen von Mitarbeitern sein, die eine Serie einzelner Reports rechtfertigen. Mehrere Produktionsstandorte eines Unternehmens fordern geradezu heraus, dass jemand die Städte und Regionen durchstreift und in Reportagen niederlegt, was ihm bekannt wurde und aufgefallen ist. Und es gibt noch mehr gute Ideen:

Ein führendes Bankhaus verwöhnt seine umsatzstarken Kunden mit einer anspruchsvollen Zeitschrift, die viele Tipps rund um sinnvolle Kapitalanlagen enthält. Ausgesuchte freie Autoren schreiben regelmäßig hintergründige Reportagen über Themen, die von der elitären Kundschaft goutiert werden: zum

Beispiel Einblicke in die Bastelstuben der handwerklich gefertigten Luxusuhren aus der französischen Schweiz; oder in die Welt der Kunst- und Antiquitätensammler.

Etliche Kunden- und Mitarbeiterzeitschriften veröffentlichen regelmäßig Reportagen, die von den kommerziellen Medien gerne als Anregung aufgenommen werden.

In der Medienarbeit sind Reportagen und andere anspruchsvolle Berichte ein Spielfeld für Exklusivabsprachen zwischen Redaktion und Pressestelle. Ob ein Mitarbeiter des Mediums oder ein PR-Mitarbeiter die Reportage schreibt, ist eine Frage von Können, Lust und Vereinbarung.

Die Reportage lebt vom Zusammenwirken frischer Beobachtungen und hintergründiger Information – darum ist sie immens aufwendig in der Recherche. Zudem erfordert es viel Geschick und Sprachgefühl, die Bemerkungen eines Arbeiters zu seiner neuen Maschine mit den Elementen zu verknüpfen, die von der technischen Dokumentation der Maschinenkonstrukteure in den Text einfließen sollen, um beispielhaft nur eine Schwierigkeit zu erwähnen. Viele Mitarbeiterzeitschriften und Kundenmagazine haben die Reportage bereits als spannende Textsorte schätzen gelernt. Zeitaufwand und Unsicherheiten beim Texten hindern aber viele PR-Mitarbeiter daran, mit Redaktionen über Exklusiv-Reportagen zu sprechen.

Checkliste 7: Für Bericht und Reportage

- *Halten Sie sich an die Gegenwartsform (Präsens)*
  Bilder sind immer unmittelbar gegenwärtig. Das verträgt sich nur schlecht mit der Zeitform Vergangenheit. Lebendiges Erzählen erfordert das Präsens – das sollte schon die Schule lehren.

- *Formulieren Sie so konkret wie möglich*
  Bilder können sich schlecht an Abstraktionen festmachen. Beschreibende Sprache muss deshalb immer so konkret wie möglich sein. Schreiben Sie nicht einfach „ein Baum", wenn es um eine Trauerweide geht. „Ein Hund" wird in der Vorstellung Ihrer Leser ein ziemlich unbestimmtes Geschöpf bleiben – wenn Sie „ein Spitz" schreiben, wird man ihn förmlich kläffen hören; „Pudel" macht aus jedem Hund ein nervöses Schoßtier. Und ein „Doberman" erscheint vor dem inneren Auge des Lesers sofort mit seinem gefährlichen Gebiss und den kraftstrotzenden Muskeln.

- *Formulieren Sie einfach*
  Einfachheit von Satzstrukturen ist besonders wichtig bei längeren Texten: Nominalstil, Passiv, Schachtelsätze, Klemmkonstrukte und Ähnliches sind absolut tabu!

- *Zitate lockern den Text auf*
  Sie müssen sich freilich der gewählten Stilebene anpassen. Zitieren Sie wörtlich (Anführungs- und Abführungszeichen nicht vergessen!), vermeiden Sie nach Möglichkeit die indirekte Rede.

- *Achten Sie auf das „Tempo" der Sprache*
  Eine Abfolge sehr kurzer Sätze kann den Eindruck von Dynamik und Hektik vermitteln. Das eignet sich besonders gut, um darzustellen, dass etwas geschieht, dass Bewegung im Spiel ist. Längere, getragene Sätze vermitteln eine ruhige Stimmung, sie eignen sich besonders für statische Situationsschilderungen.

- *Achten Sie auf Rhythmus und Klang der Sätze*
  Lange und kurze Silben, helle und dunkle Vokale, weiche und harte Konsonanten – alles dies bestimmt die Lautqualität und den Rhythmus unserer Sprache und erzeugt Wirkungen. „Dumpfes Donnergrollen" – unsere Vorfahren haben hingehört und den Lauten unserer Sprache ihre Gestalt gegeben. Die richtigen Worte zu finden zeichnet den begnadeten Schreiber aus. Aber jeder kann ein Stück weiter kommen in dieser Kunst. Am ehesten bekommen Sie ein Gefühl dafür, wenn Sie Ihren Text laut lesen.

- *Nutzen Sie bewusst die lautmalerischen Qualitäten von Wörtern*
  z.B.: quietschen, knirschen, piepsen, brummen, dröhnen, rattern, scheppern

- *Suchen Sie starke, aussagekräftige Verben*
  Vermeiden Sie blasse, schwache, bedeutungsarme, unkonkrete Begriffe. Für „sagen" gibt es Dutzende andere Möglichkeiten, die dem Leser ein viel konkreteres Bild vermitteln: äußern, betonen, unterstreichen, bezweifeln, begrüßen, zuflüstern, schmeicheln, erwägen, kundtun, mitteilen – und viele andere mehr.

- *Benutzen Sie Bilder und Vergleiche*
  Wir reden von Metaphern – sie können problematisch sein. Sie dürfen nicht zu abgegriffen sein („der Leimener" – so durfte man

den jugendlichen Boris Becker nennen, nicht mehr den Liebling des internationalen Jet Set) und sie müssen stimmen: Wer seinen Helden „auf dem Gipfel des Erfolgs schwimmen" lässt, hat mit dem Einsatz von Sprachbildern ein Problem.

- *Entschlacken Sie die Texte von allem Unwesentlichen*
  Darunter ist mehr zu verstehen als die Forderung, auf Füllwörter zu verzichten. Alles, was den Fortgang der Beschreibung hemmt, ist überflüssig. Dazu gehören häufig Einleitungen: Direkt in eine Szene hineinzugehen ist viel besser. Überleitungsfloskeln sind oft so entbehrlich wie Überblendungen im Film: hart aneinander geschnittene Bilder und Szenen sind die Regel.

Featuretechniken

„Aber das darf man doch nicht!" Der Ausruf der jungen Seminarteilnehmerin klang ehrlich besorgt. Gerade noch hatte sie gelernt, dass man beim Formulieren von Nachrichten für die Presse mit der Tür ins Haus fallen soll. Und nun sollten dem harten, nachrichtlichen Kern süffige Einleitungssätze vorangestellt werden? – Man darf eben doch, nämlich dann, wenn man ein *„Feature"* schreibt ...

Der vorangehende Absatz ist so formuliert, wie ein Feature über ein Journalismus-Seminar eingeleitet werden könnte. Diese Stilform weicht von den strengen Regeln der Nachricht ab und erfreut sich zunehmender Beliebtheit in allen Printmedien. Vermutlich ist das eine Folge des Konkurrenzdrucks, dem die Zeitungen und Zeitschriften durch das „Infotainment" der Hörfunk- und Fernsehsender ausgesetzt sind. Ein Kenner der Materie sprach von der raschen „RTLisierung" aller Medien, und er meinte das nicht anerkennend.

Aber die Sprachtechnik des Features und des „anfeaturen" hat Sinn: Es geht darum, dass Texte in einer Zeit der allgemeinen Reizüberflutung besser wahrgenommen werden können.

„Wie Medizin durch Zucker und Aromastoffe schmackhaft wird, so wird hier durch den leckeren Einstiegshappen Lust auf den nahrhaften Informations-Hauptgang gemacht. Das geschieht vor allem mit Textteilen, die wir aus der Reportage kennen: Beschreibung von Erlebnissen und Menschen, Atmosphäre und Szenen, dazu Anekdoten, Zitate, Philosophisches, Amüsantes, Spannendes, kurz alles das, was die Distanz zwischen dem zu vermittelnden Stoff und dem Leser aufhebt. (...) Dass der Leser durch das „an-

featuren" Nachrichten mittels Appetithappen schluckt, die er sonst nicht beachtet hätte, gehört zu den fairen Verführungskünsten des Journalismus."

So beschreibt die Bonner Journalistin Verena Hruska[139] diesen Weg zum „leichteren" Text. Eine Sammlung gängiger Einstiegstechniken des Features ist auch für Verfasser von Pressetexten eine wertvolle Hilfe. Aber nicht vergessen: Auch der Feature-Einstieg muss schnell zum nachrichtlichen Kern hinführen, darf nicht ein Gag um seiner selbst willen sein.

Klassische Einstiege zum „anfeaturen" benutzen vor allem vier Grundmuster:

- Action

Wie beim Schlussverkauf stürzt sich die Menge auf die angebotene Ware, alle machen sich breit und drängeln, um ein Exemplar zu ergattern. Der Geschäftsbericht von XY ist vielleicht die gefragteste Neuheit auf der diesjährigen Cebit ...

(Sachthema: Bilanzbericht)

- Szenische Details

Die Zungenspitze fliegt zwischen den Mundwinkeln hin und her. Mit glänzenden Augen und geröteten Wangen sitzen zwanzig Mittvierziger fluchend und johlend vor den PC-Monitoren und lassen Zweifel daran aufkommen, ob Männer jemals erwachsen werden. Dass die großen Jungs sämtlich Mitglieder des gehobenen Managements sind, zeigt sich erst wieder, als ihre Testfahrt mit der neuen Simulator-Generation von XY beendet ist ...

(Sachthema: Messebericht)

- Atmosphäre

Eine kräftige Böe kämmt die wuchtigen Kastanien und streift eine Schar altgewordener Blätter von den Zweigen. Gelb, rot und braun segeln sie herunter auf blankgescheuerte Tische, die Sonne bekommt zunehmend freien Blick auf die proppevoll besetzten Holzbänke in dem Biergarten. Aber sie schafft es nicht mehr, das Bier in den Maßkrügen und Gläsern zu wärmen, denn es ist Herbst geworden im Voralpenland.

(Sachthema: Herbsturlaub in Bayern)

- Personalisierung

Petra S. ist verlegen. Den Fragebogen haben die Krankenkassen eingeführt, hat ihr die Sprechstundenhilfe erklärt, sie soll die Zeit im Wartezimmer nutzen und das Blatt ausfüllen. Aber Petra S. kann weder lesen noch schreiben. Sie gehört zu der gar nicht kleinen Gruppe Analphabeten in unserem Land.

(Sachthema: Analphabetismus in Deutschland)

Das setzt genaue Beobachtungen von Handlung, typischen Details, Atmosphäre, Personen voraus – oder eine fundierte Phantasie. So muss es aber nicht sein – Feature-Schreiber benutzen jede Chance, um einen interessanten und originellen Aspekt aufzutun:

- Schlagzeile
- Zitat (aktuell, historisch, literarisch)
- Sprichwort
- Wortspiel
- Reim
- Philosophisches (Hypothese, Erkenntnis)
- Vergleich
- Kontrast
- Rhetorische Fragen
- Provokationen
- Scherze
- Lautmalerei

Diese zweite Gruppe von Möglichkeiten setzt ein breites Allgemeinwissen, bestenfalls literarische Kenntnisse voraus – oder schnell verfügbare Nachschlagewerke und einen Wegweiser durch Berge von Literatur. Hier sind auch Kreativität und Phantasie gefragt, denn diese Einstiegstypen lassen sich miteinander verbinden. Bei Einstiegen mit Metaphern, Wortspielen und Zitaten soll eine Mischung aus Unterhaltung und Spannung entstehen, die den Leser fesselt und in den Text zieht.

Dabei darf man allerdings nicht übertreiben. Faustregel: Je mehr *„human interest"*, je weniger *„hard news"*, desto weiter kann man sich vom streng nachrichtlichen Einstieg entfernen, desto phantasievoller darf man sich um die Aufmerksamkeit des Lesers bemühen.

Anfeaturen meint: interessanter, leichter, lockerer machen. Aber redlich muss man bleiben – gewarnt sei vor *Euphemismen*. Immer mehr Journalisten durchschauen den billigen PR-Trick, durch Kunstworte die Dinge schönfärben zu wollen. Die ganze Branche ist von einigen *„Faktenveredlern"* in den PR-Abteilungen von Politik, Parteien und Großgewerbe ins Gerede gebracht worden, die den Journalisten eine Sprachregelung aufnötigen wollten:

Abfall	*Wertstoff*
Atomenergie	*Kernkraft*
Altenheim	*Seniorenresidenz*
Staatsverschuldung	*Ausgabenüberschuss*
Steuererhöhung	*Abgabenanpassung*
Stagnation der Wirtschaft	*Nullwachstum*

Der erste Bericht der Bundesregierung über das „*Waldsterben*" (1987) wurde ein Jahr später zum „*Waldschadensbericht*" und wird heute als „*Waldzustandsbericht*" veröffentlicht. Als in der Rezession massenhaft Arbeitnehmer entlassen und ganze Werke stillgelegt wurden, war von „*Freisetzung*" und „*schlanker Produktion*" die Rede. Und als die Treuhand sich nicht länger nachsagen lassen wollte, dass sie Unternehmen „*abwickelt*", sollte das Wort „*Rekonstruktion*" für den Vorgang durchgesetzt werden. Das ging selbst den recht zahlreichen Zynikern im Journalistenberuf zu weit – daraus wurde nichts.

Der entscheidende erste Satz

Wer ein Bücherfreund ist, kennt sich aus. Wir stehen in der Buchhandlung inmitten unzähliger Neuerscheinungen, gebunden oder Paperback. Ein unentschlossener Griff gilt einem interessanten Einband. Wir lesen den Klappentext, er ist langweilig, und wir legen das Buch wieder zurück auf den Tisch. Ein zweiter und ein dritter Band teilen dieses Schicksal. Diese Bücher wird man ein Jahr später zu Sonderpreisen verramschen, um das Lager zu räumen.

Ein viertes Buch gefällt uns wegen seiner schlichten Aufmachung. Der Klappentext verspricht einen beliebigen Schmökerband, den Namen des Autors kennt man nicht. Und dann lesen wir den ersten Satz des Romans:

„Während die meisten jungen Schotten seines Alters Röcke lüpften, Furchen pflügten und die Saat ausbrachten, stellte Mungo Park dem Emir von Ludamar, Al-Hadsch' Ali Ibn Fatoudi, seine bloßen Hinterbacken zur Schau."
Tom Coraghessan Boyle, „Wassermusik"

Solche Beispiele sind es, die Journalisten und Schriftsteller neidisch machen. Ein einziger Satz – ein ziemlich zynischer – schafft Interesse, reizt zum Weiterlesen, öffnet die Bereitschaft, auch fünftausend weitere Sätze durchzuhalten. Wer bringt so schnell die ganze Welt des folgenden Romans, der auf sechshundert Seiten Erotik und Exotik,

Humor und Tiefsinn miteinander vereint, auf den Punkt? Der Roman wurde ein internationaler Verkaufserfolg und machte T.C. Boyle zum Kultautor.

Alle Schreiber müssen tagtäglich hohe Hürden nehmen, die jedem, der publiziert, im Wege stehen. Sie wachsen sogar noch. Dreitausend Informationsreize pro Tag erreichen den durchschnittlichen Bundesbürger. Mit dem Werbe-Geplärre aus dem Radiowecker beginnt es; über die morgendliche Zeitungslektüre und die Plakatflächen auf dem Weg zur Arbeitsstätte geht es weiter, auch das Firmensignet auf dem heute benutzten Kugelschreiber setzt Kaskaden von Informationen frei, die wir bereits gespeichert haben.

In diesem Info-Dschungel erkennbar zu bleiben und Flagge zu zeigen wird immer schwerer. Besonders dann, wenn unsere Informationen mit dem ganzen Rummel ehrlicherweise nicht konkurrieren können:

- Welchen Nachrichtenwert hat ein gutgemeinter Text über den südwestdeutschen Urologen-Kongress in Heidelberg ohne für ein Laienpublikum erkennbare Höhepunkte, wenn zeitgleich der Vorsitzende des Hartmannbundes die Gesundheitsministerin anmault?

- Was macht den Sportschuh der Firma X so interessant – sind es wirklich die hochgezogene Fersenlasche und „das Star-Trek-Design"?

- Warum soll die Öffentlichkeit sich für die Bilanz-Pressekonferenz des Automobilzulieferers aus Villingen-Schwenningen interessieren, wenn die Zahlen genau im Trend der gegenwärtigen Wirtschaftsentwicklung liegen?

Alle Printmedien stehen heute in einer ständigen Konkurrenz zu Radio, TV und Internet. Der Textanteil ist auf dem Rückzug, zunehmend erobern Bilder und Grafiken den knappen Raum. Selbst in Fachzeitschriften mit hundertjähriger Tradition finden solche Neuerungen ihren Platz – Hand aufs Herz: das meiste davon macht diese Blätter besser. Und viele neuentwickelte Zeitschriften sind von vornherein als Träger von Werbeseiten und Image-Artikeln konzipiert. Die klassische Nachricht in ihrer unumstößlichen Form hat Konkurrenz bekommen. Viele Magazine und Lifestyle-Zeitschriften bereiten auch „hard news" als Featuretexte auf.

Das vorige Kapitel zeigte die Akzeptanzprobleme, auf die Presseaussendungen im Infotainmentstil stoßen können. Das „Anfeaturen" ist und bleibt eine Domäne der Journalisten in den Medienredaktionen – aber es ist zugleich ein Stilmittel erster Wahl für alle selbstverantworteten Publikationen. Das gilt auch und gerade für Texte, die von Online-Redaktionen verbreitet werden und so wiederum zur Quelle für traditionelle Medien werden.

Neben den vier Grundmustern und einigen Empfehlungen, woher die Ideen für einen Featuretext kommen könnten, gibt es noch andere Tipps für gute Einfälle.

- Der tragende Gedanke knüpft an eine kollektive Erfahrung in der Zielgruppe an, die sich von dem Textinhalt angesprochen fühlen soll:

„Einen sprechenden Computer hat die Fix-Unternehmensgruppe gestern der Öffentlichkeit auf der Cebit in Hannover vorgestellt ...“ So könnte ein klassischer Nachrichtentext beginnen – und so sollte auch eine Pressemitteilung des Fix-Konzerns eingeleitet werden, denn ein sprechender Computer hat einen hohen Nachrichtenwert und braucht deshalb eigentlich keine Schminke.

Ein Featuretext aus dem Hause Fix könnte ganz anders beginnen:

C-3PO, den redseligen Roboter in goldglänzender Rüstung, der in George Lucas' Kinoserie „Krieg der Sterne" eine tragende Rolle spielt, haben viele ins Herz geschlossen. Ebenso „R2D2", den Arbeitsroboter, der stark an einen vergrößerten Salzstreuer erinnert. Im Herbst kommen die beiden Publikumslieblinge wieder ins Kino. Schon Monate zuvor stellt sich morgen „F-27", der erste sprechende Computer, dem internationalen Cebit-Publikum selber vor ...

Das Beispiel verdeutlicht ein Prinzip vieler PR-Texte. Der Texter hat seine Leser fest im Auge: Leute zwischen 30 und 50, die mit der Kinolegende „Star Wars" vertraut sind und heute zur Generation der Entscheider gehören, die im Zweifel die Investition in eine neue Computer-Generation beschließen müssen. Das Beispiel ist übertragbar und führt zur zweiten Empfehlung:

- Die Informationsinhalte werden in Erfahrungswelten eingebettet, die der Zielgruppe zugänglich sind – wobei eine Portion Sarkasmus nicht schadet:

Scheidungsrichter kennen die Gründe: schon manches Glück scheiterte an der Art, wie die Eheleute mit der Zahnpasta-Tube umgingen. Der eine rollte sie jahrelang sorgsam von hinten auf, die andere legte sie jedes mal unverschlossen und unförmig verquetscht zurück auf die Konsole. Toothie räumt auf mit diesem Scheidungsgrund – die neue Zahnpasta aus dem Hause X & Y kommt in einem Pumpspender aus flexiblem Polyethylen auf den Markt ...“

Die sachliche Neuigkeit ist hier nicht gerade sensationell, eine Zahncreme in neuer Verpackung. Erst die Verknüpfung mit einer Erfahrung, die viele kennen – Beziehungen zerbrechen an der Trivialität des Alltags –, macht die Nachricht aus.

Die Zielgruppenorientierung verbietet gegebenenfalls hochsprachliche Textfassungen. Dann sind Jargon und umgangssprachliche Wendungen nicht nur erlaubt, sondern notwendig, wenn spezifische Sprachgewohnheiten eine Zielgruppe kennzeichnen. Gemeint ist hier nicht ein spezifischer Fachwortgebrauch, sondern die veränderte Umgangssprache, zum Beispiel von Jugendlichen: Dort ist das Wort „Kleidung" offenbar verpönt – man redet von „Anziehsachen", oft verkürzt zu „Klamotten". So anfechtbar dieser Jargon ist – Achtzehnjährige erreicht man damit.

- Sparsam angewandt können Provokationen neugierig machen und den Leser für den Text öffnen. Dann ist sogar ein modischer Jargon erlaubt. Die grammatischen und orthographischen Regeln müssen aber gewahrt bleiben.

„Linker, ungewaschener Steineschmeißer sucht Stelle als Vorstandsmitglied" – mit diesem ungewöhnlichen Stellengesuch hatte ein seit Jahren arbeitsloser Deutschlehrer Erfolg. Firmenvorstand wurde er zwar nicht, aber eine Werbeagentur fand den 38jährigen so kreativ, dass sie ihn als Texter einstellte. Die Probezeit hat der zweifache Vater schon hinter sich ..."

Den unterhaltenden Ton zu finden, ist ein anspruchsvoller kreativer Akt – deutlich schwieriger, als eine nüchterne Nachricht zu schreiben. Jeder erfahrene Autor kennt den *„horror vacui"*, die Hirnlähmung vor dem leeren Blatt Papier. Eine Analyse hilft meistens, das Ziel wiederzufinden, das der Text treffen soll:

a) *Welche Kernbotschaft will ich mitteilen?*
   - Was ist daran das Ungewohnte, Unerwartete, Bizarre, Dramatische etc.?
   - Was ist daran das Atmosphärische, Poetische, Emotionale?

b) *Wen will ich informieren? Wer ist der Endverbraucher/Leser?*
   - Was darf ich an Vorwissen, Interesse, Abstraktionsvermögen voraussetzen?
   - Was davon kann ich nutzen?
   - Welche Sprache benutzt und versteht mein Leser?

Die größte *Gefahr* liegt darin, in den Tonfall der Werbung zu verfallen. Fast genauso groß ist das Risiko, über dem Spaß am eigenen Einfall den informativen Zweck der Botschaft zu vernachlässigen. Vielleicht entdeckt der Autor im etwas abgelagerten Text hohle Superlative und nichtssagende Adjektive: *modischer Schick, wegweisende Innovation, edles Ambiente, noble Gestaltung, unschlagbares Preis-Leistungs-Verhältnis, zukunftsweisende Bedeutung etc.*

Solche aufgeblasenen Worthülsen haben das Image der PR-Branche bei den Journalisten geprägt – in den Papierkörben vieler Redaktionsmitarbeiter landen Tag für Tag Dutzende von Presseinformationen ohne Chance, jemals veröffentlicht zu werden. Wie schon erwähnt, erwarten tagesaktuelle Medien und die meisten anderen ohnehin strikt nachrichtlich aufbereitetes Material – die werfen solche Texte gleich in den Papierkorb. Die Magazin-, Illustrierten- und Lifestyle-Redaktionen können mit Feature-Meldungen mehr anfangen, bekommen aber Probleme mit ihrer eigenen Anzeigenleitung, wenn Werbebotschaften redaktionell verwurstet werden, statt bezahlte Annoncenseiten zu erbringen.

Der Spaß am eigenen Einfall macht das Drumherum zum Zentrum der Bemühungen, die Nachricht verkümmert unter den spritzigen Ideen. Erkennungszeichen: drehbuchartige Szenenbeschreibungen, die kein Ende finden. Nach zehn Textzeilen weiß der Leser immer noch nicht, warum er diesen Artikel eigentlich liest – wenn er denn versehentlich gedruckt wurde. Was jedem Redakteur peinlich klar gemacht wird, wenn sich die Blattmannschaft zur Kritikrunde trifft.

Das Portrait

Die tragischen Beispiele Lady Di und Rudolf Moshammer sind nur die spektakulärsten Belege für das große Interesse, das Menschen und Medien dem menschlichen Einzelschicksal entgegenbringen. Personen der Zeitgeschichte spielen dabei eine herausragende Rolle. Aber das Prinzip *human touch* funktioniert auch im Provinziellen und Lokalen: jene Zeitungsartikel über Goldene Hochzeiten und hundertste Geburtstage sind der tägliche Beweis.

Jeder Mensch ist interessant – als Nachbar, Kollege, Vereinsbruder, Mitbürger. Je weitreichender das soziale Gebinde, desto anonymer werden die Mitmenschen; aber umso interessanter wird dann der eine, der auf beliebige Art und Weise auffällt.

Das Portrait rechnet mit der Neugier der Lesenden. Vom Portrait oder der *„Personality Story"* erwarten die Leser Information über Sachverhalte und Hintergründe, die nicht offensichtlich sind. Was empfindet der Ex-Vorstand, wenn er seinen Nachfolger reden hört? Kann der Tournee-schauspieler seine Kollegen nach 350 Aufführungen noch riechen? Was macht Heinz Schuster, seit 25 Jahren Pförtner beim Fix-Konzern, nach Feierabend?

Es geht auch um Gefühle – nicht nur des Portraitierten, auch die des Lesers. Der Text darf den Leser zum Lachen oder zum Weinen bringen, er darf ihn auch nachdenklich machen. Nur eines sollte er nicht: langweilen. Das gilt umso mehr, als sich die Textgattung mehr und mehr den Menschen von nebenan zuwendet, die ebensoviel Interesse verdienen wie die „öffentlichen" Menschen aus Showbizz, Politik, Sport und Kultur. 50 oder 100 Zeilen über den Werkmeister in der Endfertigung, die Chefsekretärin oder den Außendienstler können enorm spannend sein. Es geht darum, das Interessante herauszuarbeiten und die Informationen prägnant zu formulieren. Das gelingt nur durch sorgfältige Vorbereitung.

Die Vorbereitung

Ein Gespräch mit dem Portraitierten ist unerlässlich. Zuvor sollten aber schon viele Informationen über diesen Menschen vorliegen, z.B. durch vorangegangene Interviews mit Dritten, durch Beobachtungen, eigene oder vermittelte Eindrücke, Veröffentlichungen und anderes mehr. Nur dann werden Fragen möglich sein, die bisher unbekannte Seiten der Persönlichkeit betreffen. Nur wer gut vorbereitet in ein Gespräch geht, ist aufmerksam genug für die Zwischentöne, die vermeintlich nebensächlichen Details; nur der wird Widersprüche erkennen und ein lebendiges Frage-Antwort-Spiel entwickeln, statt seine vorbereiteten Standardfragen abzuspulen.

Alle wesentlichen Daten und Fakten zum Lebenslauf, berufliche Stationen, Herkunft, Schulbildung usw. können das Gerüst für Fragen bilden – sie müssen nicht Gegenstand des Portraits sein. Das alles ist nicht unwichtig, im Zweifel aber banal und austauschbar. Aber wenn der Fragesteller bemerkt, dass sein Gesprächspartner bei der Erinnerung an seine Schulzeit auflebt, Episoden und Anekdoten nur so sprudeln, dann lohnt es sich, dem nachzugehen. Offenbar war das eine Lebensphase, in der viel geschehen ist, was dem Portraitierten wichtig geblieben ist.

Beschreiben, nicht behaupten

Was für die Reportage gilt, kennzeichnet auch das gelungene Portrait: wenn möglich, auf jede Behauptung zugunsten einer klaren Beschreibung verzichten. *„XY wirkt resolut und freundlich zugleich"* – das orientiert sich stark an den subjektiven Eindrücken des Schreibers. Was macht aber den Eindruck aus? Sprechweise, Wortwahl, Mimik, Gestik, Körperhaltung, Kleidung – präzise Beschreibung kann den behaupteten Eindruck des Schreibers viel deutlicher vor dem Auge des Lesers wieder erstehen lassen.

Ein Portrait ist der Ehrlichkeit verpflichtet. Also sind auch die nicht leuchtenden Seiten einer Persönlichkeit möglicherweise Bestandteil eines guten Portraittextes. Aber hier will genau abgewogen sein. Wie viel davon ist nötig, um die Figur plastisch zu schildern? Zurückhaltung vor dem allzu Privaten ist im Zweifel empfehlenswert.

Nüchterne, exakte Beschreibung enthält natürlich keine Bewertungen. Ein Portrait ist kein Lobgesang und keine Anklageschrift. Es geht immer darum, das besonders Mitteilenswerte, das Individuelle hervorzuheben. Es gibt kein biographisches Pflichtprogramm. Nicht bestandene Prüfungen, gescheiterte Ehen, missratene Kinder oder ähnliches sind nur dann erwähnenswert, wenn sie für das gegenwärtige Leben des Portraitierten wichtig wären. Auch die traumhaften Abiturnoten oder andere Glanzleistungen helfen dem Informationsbedürfnis des Lesers nur dann weiter, wenn sie für das Hier und Jetzt eine Bedeutung haben.

Ein Leitgedanke, ein „sprechendes Detail", etwas für den Portraitierten besonders Typisches sind der beste Weg, einen Personentext zu beginnen:

Wer über Johannes Heesters schreibt, muss auch über Frack, Zylinder und weiße Schals schreiben. Kein anderer verkörperte den stets gut gelaunten, immer eleganten Müßiggänger wie er. Wer den Menschen Heesters meint, muss aufpassen, dass er ihn nicht mit dem Schauspieler in seiner bekanntesten Rolle verwechselt ...

Der Einstieg ist der Appetithappen, der Lust auf das ganze Textangebot machen soll – ähnlich wie in der Reportage soll ein Portrait unmittelbare Nähe vermitteln. Der Einstieg sollte darum im Präsens stehen und die Gegenwart sollte den roten Faden des gesamten Textes liefern, auch wenn Exkurse in die Vergangenheit stattfinden.

Zu guter Letzt: das Portrait soll über den geschilderten Menschen informieren, über sein Tun und Lassen, Denken und Bitten. Die Figur des Schreibers ist dabei völlig nebensächlich. Darum ist das „Ich" nur in seltenen Ausnahmefällen sinnvoll; etwa dann, wenn eine Gesprächsatmosphäre ohne die Gegenwart des Autors nicht möglich gewesen wäre, z.B. weil man in Streit miteinander geraten ist. Im Regelfall aber hat die Ich-Form in der Textgattung Portrait – wie in allen anderen journalistischen Formen – keinen Platz.

Das Interview

Interviews sind Vertrauenssache – auf beiden Seiten des Schreibtischs. Jeder Fragesteller wird erleben, dass die meisten Menschen ganz gerne reden, und dann verschließen sie sich plötzlich, weil sie eine Frage als zu weit gegangen empfunden haben.

Im PR-Alltag bekommen Interviews eine mehrfache Bedeutung. Zum einen sind sie ein handwerkliches Mittel für die eigene Arbeit, vor allem bei der *Recherche*. Zum zweiten sind sie ein *Stilmittel*, das in eigenen Publikationen nicht vernachlässigt werden sollte. Zum dritten sind Pressesprecher und andere PR-Leute selbst gefragte *Interviewpartner* für Journalisten. Schließlich sind aber die Vorstände und Geschäftsführer für die Medien noch interessanter – dann haben PR-Fachleute die Aufgabe, die Interviewsituationen so gut wie möglich zu steuern und ihre Chefs in internen *Medientrainings* eingehend darauf vorzubereiten.

Das wird erkennbar immer wichtiger: Das Fernsehen erschließt sich zusehends den regionalen Raum, darum müssen Führungskräfte aus Politik, Verwaltung und Wirtschaft viel häufiger damit rechnen, dass sie sich gegenüber einem regionalen TV-Sender äußern sollen. Darüber hinaus machen immer mehr Regionalzeitungen Fernsehen in ihren Online-Versionen. Viele Verlage haben ihre Redaktionen bereits angewiesen, zu einem Interviewtermin gleich Kamera, Mikrofon und Schminkköfferchen mitzunehmen. So können Szenen gleich für die TV-Wiedergabe im Internet aufbereitet werden. Auch mittelständische Firmen, Kommunalverwaltungen, größere Kliniken oder ähnliche Einrichtungen bekommen so eine „fernsehgemäße" Bedeutung (über TV-gerechtes Verhalten: siehe Seite 352ff).

Wenn zwei gleich starke Gesprächspartner im Interview zusammentreffen, haben alle Beteiligten das meiste davon. Und es gibt immer einen „Beteiligten", dessen Anwesenheit niemand vergessen sollte: der Leser, Hörer, Zuschauer:

These 1: *Das Interview ist kein Gespräch, keine Plauderei, keine Diskussion und erst recht kein Streit unter zweien,*
sondern entspricht einem Dreiecksverhältnis:
Der Interviewer fragt stellvertretend,
der Gesprächspartner antwortet dem Fragesteller stellvertretend
für Leser, Zuhörer oder Zuschauer.

Der Interviewer muss sich zwingen, in einer dienenden Rolle für sein Medium und seine Nutzer zu bleiben. Umgekehrt gilt das auch für den Gesprächspartner – er spricht mit einem Journalisten, tatsächlich aber mit seiner Zielgruppe in der Öffentlichkeit. Er darf nicht vergessen, welche Wirkungen seine Antworten dort haben.

Ex-Bundeskanzler Helmut Kohl fand den Umgang mit Journalisten immer anstrengend. Er gab ungern Interviews, schon gar nicht Journalisten, die seiner Person und Politik gegenüber kritisch eingestellt waren. Nach einer vielbeachteten Interviewrunde im Sommer 1998 sanken Kohls ohnehin geringe Sympathiewerte in der Bevölkerung noch weiter ab. Er hatte sich mit der WDR-Chefredakteurin Marion von Haren eine gute Stunde lang ein gereiztes Wortgefecht geliefert („Also, Gnädigste, Ihre Fragen werden immer dümmer!"), in das sich zuletzt auch der bis dahin kanzlertreue Co-Redakteur im Studio, Sigmund Gottlieb, mit spitzen Kontern einmischte.

Ein Interview ist weder eine Bedrohung noch ein zweckfreier Small-Talk. Es kann zu einem der wirkungsvollsten PR-Instrumente werden. Allerdings kann ein verpatztes Interview langfristigen Imageschaden anrichten.

Die Vorbereitung

Unter Journalisten gilt die Faustregel, dass ein kluger Interviewer 60 Prozent der Antworten auf seine Fragen kennen sollte. Dann gebietet es die Fairness, wenn sich die Gesprächspartner ebenso gut vorbereiten.

a) Fragen zum Gegenüber:
• Wer ist der Fragesteller?
• Wie stehe ich zu ihm?
• Was ist sein Interesse?
• Kenne ich seine Position/die Position seines Mediums?
• Wie gut kenne ich sein Medium und dessen Nutzer?

b) Fragen an sich selbst:
- Was kann und darf ich sagen? Wo endet meine Kompetenz?
- Wen will ich überzeugen?
- Worauf reagiere ich empfindlich?

c) Fragen zum Inhalt:
- Welche Fragen sind vorhersehbar?
- Was könnte man uns vorwerfen?
- Welche Probleme, Defizite, Mängel gibt es tatsächlich?
- Was will ich unbedingt dem Publikum mitteilen?
- Wo sind wir stark und kompetent?
- Welche Fakten, Daten, Zahlen gehören zum Thema und sollten präsent sein?

Zum Kern der Vorbereitung gehört, mögliche kritische Fragen zu überlegen und eine plausible Argumentation festzulegen. Ganz wichtig ist es, eigene Empfindlichkeiten zu erkennen und zu trainieren, wie man die Ruhe bewahrt. – Eine zweite wichtige Ebene sind die Botschaften, die unbedingt „rüberkommen" sollen. Damit es dabei nicht zu Pannen kommt, sind schriftliche Stichworte erlaubt. Aber:

- Keine vorbereiteten Statements vom Blatt ablesen!

Ein Interview gelingt umso besser, desto spontaner die Beteiligten das Wechselspiel von Fragen und Antworten gestalten.

Das Vorgespräch

Niemand sollte sich überrumpeln lassen: Auch unter großem Zeitdruck muss es möglich sein, eine Stellungnahme zu überlegen und mit dem Interviewer zusammen den groben Rahmen abzustecken. Inhaltliche und formale Fragen müssen geklärt werden, ein „Kaltstart" führt zu Missverständnissen und unnötiger Anspannung.

- welches Medium?
- welche Zielgruppe?
- wie viel Zeit?
- welcher Zweck? Dient das Interview der Recherche für einen Bericht oder soll es als Interview veröffentlicht werden?
- welche Rolle: Experte, Angeschuldigter, Betroffener?

- welcher Anspruch: Unterhaltung, Erhellung von Hintergrund oder Skandal-Berichterstattung?
- welcher Rahmen: Steht das Interview für sich oder ist es Bestandteil einer umfangreichen Berichtsfolge?

Natürlich wissen erfahrene Interviewer, dass ein solches Vorgespräch dazu dient, nicht in Fallen zu laufen. Andererseits kann man darauf bauen, dass die wenigsten Fragesteller ein Interesse daran haben, jemanden bloßzustellen – das schafft man am besten selbst durch unzureichende Vorbereitung.

In einem Fernsehfeature trat eine Dame auf, die Konkurs anmelden musste, weil ihre Bank eine Aufstockung ihrer Kredite abgelehnt hatte – wegen „mangelnder Bonität". In einer Interviewsequenz wurde der Pressesprecher der Bank gebeten, den Maßstab für „Bonität" doch einmal fürs Publikum zu erläutern. Er scheiterte in drei Anläufen – die Kamera fing einen verlegen grinsenden Bankensprecher ein (der sich übrigens nur noch kurze Zeit in seinem Job halten konnte).

Im Vorgespräch sollte auch geklärt werden, wer an dem Gespräch teilnimmt. Wenn ein Fotograf während des Gesprächs seine Arbeit macht, kann das auf einen unvorbereiteten Teilnehmer sehr irritierend wirken. Wenn an einem Interview mit dem Vorstandschef auch der Pressesprecher teilnimmt, weiß der fragenstellende Journalist, dass ein Profi-Kollege unfaire Versuche unterbinden wird.

Schließlich sollte vorab die Frage geklärt werden, welche Revisionsmöglichkeiten es gibt. Bekommt der Gesprächspartner eine schriftliche Fassung des endgültigen Interviews, um es abzusegnen? Ein Recht darauf gibt es nicht – allerdings hat sich in der Praxis eingebürgert, so zu verfahren. Es ist zu empfehlen, bei telefonischen Interviews grundsätzlich eine Textkontrolle zu vereinbaren – weniger wegen brisanter Inhalte, sondern weil Hör- und Übertragungsfehler zu falschen Zahlen- und Datenangaben führen können.

Die Frage-Antwort-Runde

Interviewsituationen sind immer von großer Konzentration geprägt. PR-Leute wissen, wie wichtig die Chance ist, in einem Medium direkt zum Publikum zu sprechen. Und Journalisten wissen, dass ihnen viele Gesprächspartner nicht allzu häufig exklusiv zur Verfügung stehen.

These 2: *Ein Interview ist unwiederholbar*
und fordert deshalb gründliche Vorbereitung
und volle Konzentration.

Stellen wir uns vor, ein Interview läuft bereits eine halbe Stunde, als der Interviewer feststellt, dass sein Aufzeichnungsgerät versagt hat. Diese 30 Minuten sind nicht wiederholbar – der Gesprächspartner kennt die Fragen, der Interviewer kennt die Antworten; beide werden daran herumfeilen.

Es gibt unterschiedliche Fragearten mit verschiedenen Zwecken. Beispiele aus einem fiktiven Interview machen es deutlich:

Offene Fragen benutzt man am Beginn eines Interviews, um dem Gesprächspartner zu signalisieren, dass niemand ihn einengen will. Er soll frei antworten können und so umfangreich, wie er es für nötig hält.

Herr Rohfelder, die Bornstaedter Actien-Brauerei hat sich zu einer Kooperation mit einem belgischen Partner entschlossen. Wie kam es zu dieser Entscheidung?

Gründe-Fragen sind eine Variante der offenen Frage:

Ihr neuer Partner DeKluis gehört nicht zu den Großen in der Branche. Welche Gründe gab es, sich gerade mit diesem Unternehmen zu verbinden?

Geschlossene Fragen fordern den Gesprächspartner auf, sich festzulegen, sie schränken also die Antwortmöglichkeiten ein. Davon gibt es einige Varianten.

Alternativ-Fragen geben mehrere mögliche Antworten vor, zwischen denen sich der Gesprächspartner entscheiden soll:

Ist die Zusammenarbeit für Sie in erster Linie wichtig als Schritt zur Internationalisierung, oder waren Sie vor allem an den Lizenzen für spezielle Brauverfahren interessiert?

Bestätigungsfragen sind so angelegt, dass ein „Ja" oder „Nein" als Antwort genügen würde – auch wenn eine weniger einsilbige Antwort die Regel ist:

Es gehen Gerüchte um, die Lizenzen hätten sich die Belgier teuer bezahlen lassen, es ist von rund 15 Millionen Euro die Rede. Können Sie diese Zahl bestätigen?

Skalafragen fordern dazu auf, sich auf einer Stufenfolge einzuordnen:

Sie sagen, die Summe sei niedriger gewesen: Wie groß war sie denn – lag sie näher bei 10 oder näher bei 15 Millionen, oder war es noch weniger?

Alle Spielarten der geschlossenen Fragen dienen also dazu, dass der Gesprächspartner präzise und detailgenau antwortet. Wenn das Interview schlecht läuft und zwischen Fragesteller und Befragtem kein Vertrauen heranwächst, führen geschlossene Fragen nicht weiter: Statt informativer Antworten gibt's kleine Happen, damit der lästige Interviewer endlich von seinem Opfer ablässt.

Empfehlenswert ist eine gute Mischung aus offenen und geschlossenen Fragen. Die einen lassen dem Antwortenden einen großen Spielraum. Er kann mit einem geschickten „Trick" sogar die nächste Frage dahin lenken, wie er sie hören möchte: indem er in seine Antwort bewusst unklare Aussagen oder Reizwörter einflicht, auf die der Fragesteller anspringen wird.

Geschlossene Fragen grenzen die Antwortmöglichkeiten ein und helfen so, den Interviewverlauf zu strukturieren. Bestätigungsfragen sind zum Beispiel gut geeignet, mit einem herausgeforderten „So ist es." einen Themenkomplex abzuschließen – bevor man mit einer offenen Frage die nächste Runde eröffnet.

Balkonfragen helfen, Zeit zu sparen. Der Fragesteller stellt der Frage kurz zusammengefasste Informationen voran. Damit kann man vermeiden, dass eine Antwort bei Adam und Eva ansetzen muss, um notwendige Zusammenhänge aufzuzeigen:

Herr Rohfelder, die Braubranche ist insgesamt in Schwierigkeiten. Die Umsätze sinken seit Jahren. Die Bundesregierung plant, möglicherweise die Werbung für alkoholhaltige Getränke einzuschränken. Glauben Sie, diesem Trend können Sie durch die Kooperation entkommen?

Suggestivfragen legen eine Antwort im Sinne der Frage nahe:

Ist es nicht vielmehr so, dass der Lizenzkauf jegliche Gewinnerwartung illusorisch werden lässt?

Fangfragen lassen dem Befragten kaum die Wahl zwischen unangenehmen Zugeständnissen:

War das Kooperationsangebot an DeKluis der berüchtigte Griff nach dem letzten Strohhalm, oder hatten Ihre Braumeister keine eigenen Ideen für neue Produkte?

Suggestiv- wie Fangfragen gelten als Fallenstellerei und sind verpönt. Wenn Interviewer damit arbeiten, darf man solche Fragen und Unterstellungen in ruhigem, aber bestimmtem Ton zurückweisen.

Mehrfachfragen reihen Fragen verschiedenen Inhalts aneinander:

Öffnen Sie mit der Kooperation nicht die Hintertür für die belgischen Brauer? Wissen Sie, wie die Branchenpresse reagiert hat, und was sagt eigentlich der Deutsche Brauerbund dazu? Oder ist die BAB dort gar kein Mitglied?

Solche Fragestellerei zeugt von Unerfahrenheit. Auf welche Frage soll der Gesprächspartner denn antworten? Im Zweifel kann er sich den Teil aussuchen, der ihm am bequemsten die Möglichkeit gibt, seine „Botschaft" zu transportieren.

Warnung vor Irrtümern

Die Erfahrung „Wer fragt, der führt" ist für normale Gesprächssituationen richtig. Im Interview steht die Rollenverteilung aber fest – der Journalist stellt die Fragen, sein Gesprächspartner antwortet. Wer den Spieß herumzudrehen versucht und mit ständigen Gegenfragen den Interviewer aus dem Konzept zu bringen versucht, sorgt für eine gespannte bis feindselige Atmosphäre, in der kein brauchbares Interview gelingen kann. Wenn ein so verlaufendes Gespräch auch noch gesendet werden soll, wirkt der Befragte durch den Rollentausch arrogant und aggressiv – kein guter Beitrag zum Image seiner Organisation.

Es macht auch keinen guten Eindruck, die Journalisten zu korrigieren, zu beschimpfen oder bloßzustellen. Besonders Politiker haben sich das angewöhnt:

„Die Frage ist völlig falsch gestellt." (Helmut Kohl)"

„Sagen Sie, haben Sie überhaupt Abitur?" (Franz-Josef Strauß)

„Lernt man das heute nicht mehr in Ihrem Beruf?" (Hans-Jochen Vogel)

Das sollten keine Vorbilder sein. Öffentlich-rechtliche Fernsehredakteure lassen sich das aus übergeordnetem Interesse offensichtlich gefallen. Typischerweise reagieren Journalisten auf solche Zumutungen ganz normal menschlich, sie schnappen ein. Die Gesprächsatmosphäre wird vergiftet.

Keine gute Taktik wäre es auch, nach der Methode zu antworten: Solange ich rede, kann ich nicht gefragt werden. Zum einen muss jeder Mensch Luft holen – diese Atempause wird ein geschickter Interviewer nutzen, den Redefluss durch eine Frage zu stoppen. Zum zweiten liegt in der Geschwätzigkeit die Gefahr, Antworten auf gar nicht gestellte Fragen zu geben. Zum dritten wirken solche redseligen Partner in Radio- und TV-Interviews unglaubwürdig und überdreht. Es gibt keinen Grund für Weitschweifigkeit. Kurze Antworten sind auch viel verständlicher als langatmige Erklärungen.

Antworten sollten wahrheitsgemäß erfolgen – aber nur auf die gestellten Fragen. Ausflüchte und Scheinantworten wird ein guter Interviewer schnell durchschauen und durch ein Feuerwerk geschlossener Fragen zunichte machen. Im Zweifel ist davon auszugehen, dass ein Fragesteller gut informiert in ein Gespräch hineingeht und es merken wird, wenn man ihn mit Halbwahrheiten abspeisen will.

Umgekehrt gibt es keinen Grund, sich von einem naseweisen Heißsporn in ein Streitgespräch ziehen zu lassen. Manchmal verwechseln unerfahrene Interviewer ihre Aufgabe mit einer Mission. Sie versuchen ihr Gegenüber zu belehren, statt zu fragen. Darauf reagiert man am besten leicht belustigt bis irritiert:

„Waren Sie nicht gekommen, um mir Fragen zu stellen? Sie scheinen ja schon mehr zu wissen, als ich Ihnen sagen könnte."

Es muss sich auch niemand vorführen lassen, zum Beispiel durch die wiederholte Aufforderung, genaue Zahlen zu präsentieren. Ein kluger Interviewer weiß, dass abstrakte Zahlenwerte dem Publikum nicht viel sagen. Wer dennoch danach verlangt, will offenbar die Sachkompetenz seines Gesprächspartners in Zweifel ziehen. Dem kann man begegnen:

„Wenn Sie über Zahlen reden wollen, dann bitte über alle, die in diesem Zusammenhang auf den Tisch müssen. Ich fürchte, das wird dann für Ihr Publikum ziemlich langweilig. Ich schlage vor, wir sprechen darüber, wie man die Zahlen bewerten muss."

Die Nachbearbeitung

Jedes Interview, das nicht live über einen Sender geht, wird nachbearbeitet. Darum ist es wichtig, jede Antwort so zu formulieren, dass die wichtigste Aussage sofort an die Frage anschließt. In gesendeten Interviews kann man so fast immer vermeiden, dass wichtige Botschaften weggeschnitten werden, das Publikum würde den Bruch merken. Wer seine Antwort so beginnt: *„Bevor ich Ihre Frage beantworte, möchte ich doch die Gelegenheit wahrnehmen ...",* fordert geradezu auf, diesen Teil und leider auch die wichtigen Teile der Antwort rauszuschneiden.

Gedruckte Interviews ändern häufig die zeitliche Abfolge von Frage-Antwort-Komplexen. Natürlich bleiben Frage und dazugehörende Antwort beieinander – alles andere wäre üble Manipulation. Aber es kann für die Wirkung auf Leser wie Hörer und Zuschauer wichtig sein, dem Interview eine neue Dramaturgie zu geben. Darum rutscht eine erst am Schluss gestellte Frage womöglich an den Beginn des fertigen Interviews, weil die Antwort spannend ist und die Aufmerksamkeit des Publikums steigert.

Über *Revisionsmöglichkeiten* hieß es bereits zu Beginn dieses Abschnitts, dass man darüber *vor* dem Interview mit dem Fragesteller einig werden muss, denn einen presserechtlich verbindlichen Anspruch darauf gibt es nicht. Allerdings ist die übliche Nachbereitung des Interviewtextes ein gutes Argument für die Bitte, den Text „absegnen" zu können, bevor er veröffentlicht wird. Nur in Ausnahmefällen wird diese faire und verständliche Bitte verweigert. Allerdings mögen es die Journalisten nicht, wenn dadurch Interviews „verwässert" werden. Wer wichtige und eindeutige Aussagen später nicht mehr gemacht haben will, untergräbt seine Glaubwürdigkeit. In vielen Redaktionen herrscht die Regel, solche „kastrierten" Interviews nicht mehr ihrem Publikum zuzumuten.

Die *Sprache* im Interview muss alle guten Vorsätze für Einfachheit, Verständlichkeit, Klarheit und Kürze beherzigen. Das gilt insbesondere für gesendete Fragerunden – die kann niemand nachlesen, also muss sich das Gesagte sofort einprägen. Einfache und gebräuchliche Wörter sollen die Antworten prägen, kein Fachchinesisch oder anderes Kauderwelsch. Der Satzbau muss einfach sein, die Sätze kurz. Aussagen trifft man so konkret wie möglich, Bewertungen müssen eindeutig sein. Wer seinem Publikum einen weiteren Gefallen tun will, gliedert seine Antworten:

erstens, zweitens, drittens ...

Zum einen, zum anderen; einerseits – andererseits ...

Zahlenwerte muss man in eine verständliche Sprache übersetzen, sie prägen sich sonst nicht ein. Es hilft schon, wenn man nicht sagt „30 Prozent", sondern „ein knappes Drittel". Bildhafte Vergleiche müssen so angelegt sein, dass das Publikum mit der Metaphorik etwas anfangen kann.

Die Interviewstory

Interviews müssen nicht immer in Frage-Antwort-Form wiedergegeben werden. Die Alternative: Über das Interview berichten. Der Interviewbericht – die Story über ein tatsächlich geführtes Gespräch – hat erhebliche Vorteile:

- er ist freier in der Auswahl von Aussagen,

- er ermöglicht eine gut gewählte Dramaturgie,

- er lässt es zu, freier zu zitieren.

Charakteristisch für die Sonderform der Interviewstory ist ihr leichter und lockerer Ton. Alles Komplizierte und schwer Erklärbare wird vermieden.

Als Einstieg dient ein zentrales, möglichst fesselndes Zitat – erst danach rückt die Person ins Bild:

„Manchmal bin ich wirklich selten dämlich" Bis heute kann es Elmar Hörig, 51, Radio-Plaudertasche vom Dienst, sich nicht verzeihen: Bei einer Fete stand der „größte lebende John-Lennon-Fan", wie er sich selber nennt, eine geschlagene Stunde neben Julian, dem Sohn seines Idols. „Ich hab's einfach nicht gemerkt." Dabei ist „Elmi", wie seine meist jugendlichen Fans ihn nennen ...[140]

Auch im weiteren Ablauf besteht der Text aus einer freien Montage von Aussagen. Dabei wechseln wörtliche Zitate – in An- und Abführungszeichen – mit der paraphrasierten Wiedergabe von Äußerungen:

„Mein Kater Solo hat mir den Psychiater erspart." Die Katze trug Elmi meistens unter dem Pullover mit sich herum, erzählt er. „Das sah aus, als sei ich schwanger."

Den roten Faden bestimmt der Schreiber – er muss nicht unbedingt eine logische Abfolge zeigen. Auch assoziative Übergänge sind möglich und verleihen solchen Texten häufig erst den richtigen Witz und Tempo:

Geld ist ihm wichtig, gibt er offen zu. Schließlich kommt er aus kleinen Verhältnissen, in die er nicht zurück möchte. „Neulich hab' ich mir vor einem Auftritt an einer Tür den Schädel eingehauen. Da war es aus mit dem Auftritt und dem Honorar." Das hat ihm die Gefahren freiberuflichen Schaffens vor Augen geführt. Gefahren sucht er nur noch auf dem Surfbrett, am liebsten vor der französischen Atlantikküste.

Die Interviewfragen verschwinden ersatzlos aus der Interviewstory. Hin und wieder kann eine der Fragen helfen, um in der Textdramaturgie einen Spannungsmoment zu setzen oder um zu einem anderen Thema überzuleiten:

Schon damals kostete ihn ein dummer Witz seine Karriere als Messdiener. Ob er ein gläubiger Mensch ist? „Ich verdanke der Kirche und dem Glauben sehr viel ..."

Die Form der Interviewstory geht also recht frei mit dem Wortlaut des Interviews um – allerdings niemals entstellend oder manipulativ. Sie kann äußerst unterhaltsam gestaltet werden, eignet sich aber nicht für alle Inhalte. Schwerlastige Sachthemen verträgt sie nicht.

Am ehesten ist diese Form geeignet, eine Person vorzustellen – als eine Art nicht allzu tief schürfendes Portrait. Dabei kann sie angereichert werden mit beschreibenden Elementen:

„Manchmal bin ich wirklich selten dämlich." Elmar Hörig, 51, Radio-Plaudertasche vom Dienst, wird auf der Couch ganz klein und streicht sich nachdenklich durch das schüttere Haupthaar ...

Wenn die erzählenden, beschreibenden und zitierten Passagen deutlich in die Tiefe gehen und einen Menschen möglichst vollständig auszuloten versuchen, nähert sich die Interviewstory immer deutlicher dem Portrait; in großen Momenten gelingt vielleicht sogar eine *Personen-Reportage*.

2 Meinungstexte – Räsonieren mit Niveau

Meinungsartikel haben im Journalismus eine lange Tradition – und ihre Wirkungen haben Geschichte gemacht. Als Émile Zolá 1898 in der von Georges Clémenceau herausgegebenen Zeitung *L'Aurore* unter dem Titel *„J'accuse"* seinen Kommentar zum Prozess gegen den angeblichen Landesverräter Alfred Dreyfus veröffentlichte, leitete er damit dessen Rehabilitierung ein und brachte die französische Regierung zum Sturz. Allerdings musste Zola fünf Jahre im englischen Exil verbringen, bis seine Meinung offizielle Anerkennung gefunden hatte. Henri Nannen musste dergleichen nicht mehr fürchten, als er 1968 dem amtierenden Staatsoberhaupt Heinrich Lübke im „stern" vorwarf: *„Herr Bundespräsident, Sie sind kleinkariert!"* Die Geschichte des Kommentars ist die Geschichte der Pressefreiheit.

Ein weit verbreiteter Irrtum

Public Relations und die Teildisziplin Presse- und Medienarbeit gelten völlig zu Unrecht als schlechtes Arbeitsfeld für Kommentatoren. Das gilt nur insoweit, als Pressemitteilungen und andere Texte, die den Redaktionen zur Veröffentlichung offeriert werden, am besten neutral als Nachricht durchkommen.

Schon die *Statement-Pressemitteilung*, wie sie in der Politik überwiegt und von vielen Verbänden praktiziert wird, transportiert Meinungen. Bei allen dialogischen Formen der Medienarbeit steht die Meinung gleichberechtigt neben der Information. Wann immer Statements gefordert werden, oder wenn es um die Verteidigung gegen Vorwürfe geht, erwarten die Medien nicht nur Information, sondern auch eine eindeutige Position.

In all diesen Fällen geht es um eine zentrale Aufgabe von Public Relations: *Interessenvertretung* in einer von widerstreitenden Kräften geprägten pluralistischen Gesellschaft. Die Behauptung von eigenen Standpunkten ist ein Generalthema in diesem Beruf. Niemand erwartet von einem Unternehmen oder einer Organisation, dass sie sich zweckfrei in die Karten schauen lassen: Wie in der Nachrichtenauswahl durch die Medien liegt auch in dem Informationsangebot durch Wirtschaft, Behörden und Verbände schon eine Kommentierung – was wichtig ist, wird hier wie dort von Menschen mit Meinungen entschieden, nicht von Naturgesetzen.

Natürlich sind alle selbst verantworteten *Publikationen wie Mitarbeiter- und Kundenzeitschriften, Produktbeschreibungen, Imagebroschüren etc.* ein Tummelplatz für den argumentativen Text. Dass den Meinungsäußerungen Grenzen gesetzt sind, ist nachvollziehbar: Kein Unternehmen könnte dulden, dass in der Mitarbeiterzeitung Angriffe auf die Geschäftsführung gedruckt werden. In einem Kundenmagazin haben lobende Worte über die Konkurrenzprodukte keinen Platz.

Doch selbstverständlich kann ein Broschürentext die Frage kontrovers diskutieren, warum ein Möbelhersteller keine Tropenhölzer verwendet. In einem Branchendienst kann der amtierende Vorstand Vorwürfe kommentieren und zurückweisen, ein Leserbrief als Reaktion auf eine Veröffentlichung kann eine zupackende Glosse sein.

Meinungsartikel als PR-Instrument gewinnen an Boden, seit das Internet es ermöglicht, direkt mit vielen Informationshungrigen zu kommunizieren, ohne Umweg über die Medien. Diese technische Entwicklung räumt wohl in kurzer Zeit endgültig mit dem Irrtum auf, PR und Meinungsjournalismus schlössen sich aus.

Meinungsartikel sind subjektive Interpretationen von Fakten. In der Publizistik kommt ihnen die Funktion zu, Orientierungshilfen zu bieten. Der Leser, Zuhörer oder Zuschauer soll sich mit ihrer Hilfe eine eigene Meinung bilden können. Meinungstexte haben also eine dienende Funktion – es geht nicht um Klugscheißerei; und schon gar nicht um die eitle Betonung, dass der Autor mehr weiß als sein Publikum.

Der Kommentar

Der moderne Journalismus macht dem Leser/Zuhörer schon durch den prinzipiellen Textaufbau deutlich, ob es sich um einen informierenden Text oder um einen Meinungsartikel handelt. Nachrichten und Berichte folgen dem Prinzip abnehmender Informationsdichte – das Wichtigste steht vorne, Details folgen. Auch „angefeaturete" Soft-News benutzen das Nebensächliche nur als „Schmankerl", um möglichst rasch zur Sache zu kommen. Meinungen erscheinen allenfalls zitiert.

Meinungstexte hingegen machen von der ersten Zeile an deutlich, dass hier ein Journalist etwas anderes vorhat. Es geht nicht um die nüchterne Darlegung von Fakten und Prozessen, sondern um deren Bewertung. Ein Kommentator mag zunächst die Sachverhalte noch einmal darlegen, um die es geht – aber er macht das bereits zielgerichtet, indem er die Kern-Nachricht wiederholt und sogleich eine Wertung damit verbindet.

„Die Gewinn-Erwartungen von Daimler-Chrysler sind also zurückgeschraubt worden, eine Nachricht, die für scharfsinnige Beobachter nicht überraschend kam. Wer erwartet hatte, dass die sehr verschiedenen Unternehmenskulturen über der Managerfreundschaft zwischen Detroit und Stuttgart schon bald zusammenwachsen werden, hat keinen Gedanken ans menschlich-allzu-Menschliche verwendet ..."

Und dann geht's völlig anders weiter, als wir es von berichtenden Texten gewohnt sind. Der Autor von Meinungstexten schöpft aus dem Fundus seines Wissens über die Fakten und darf seine umfassendere Informiertheit ins Feld führen. Er interpretiert, zieht Vergleiche, zitiert, erinnert sich, schlägt Brücken, argumentiert linksherum und rechtsherum, erwägt und verwirft, fordert und klagt an, lamentiert und glorifiziert. Im Meinungstext ist der Journalist gefordert, seinen Informationsvorteil in weitgehend freier Gestaltung zu nutzen. Er muss sich nicht um auf den Kopf gestellte Pyramiden kümmern, er muss keinen „Lead" schreiben, ist frei in der Themenwahl, darf formal und sprachlich Grenzwege beschreiten und die Klaviatur der Bosheiten akkordgesättigt ausspielen ... halt, das wäre ein Irrtum!

• Meinungsartikel dienen zum geringsten Teil der Lust des Autors – Eitelkeit ist verpönt. Das Vorverständnis des Lesers/Zuhörers ist wichtiger. Kommentatoren, Leitartikler, Kolumnisten etc. werden bei ihrem Publikum nur Kopfschütteln hervorrufen, wenn sie sich nicht auf deren Verständnisebene, Informationsstand und Sprache einstellen, sondern selbstverliebte Klugscheißerei betreiben.

Es genügt nicht, dass es bereits Veröffentlichungen zum Thema gegeben hat. Und im Zweifel ist „Orientierungshilfe" nur erreichbar, wenn Form und Sprache der Meinungsäußerung dem Verständnisniveau des Publikums gleichen. Die Erfahrungen der Publizistik zeigen, dass bei allen Lesern – seien es Akademiker oder solche ohne Schulabschluss – Textaufbau, Abstraktionsgrad und Sprachniveau immer deutlich bescheidener ausfallen müssen, als man als Angehöriger der gleichen Gruppe glauben mag. Das mag erstaunen, ist aber vielfach nachgewiesen.

- Gute Kommentare, Leitartikel, Glossen etc. zeichnen sich deshalb durch Zurückhaltung und Nähe zum Publikum aus. Können zeigt sich nicht in Kapriolen, sondern in intelligenter, zielgruppengerechter Gedankenführung und Sprache.

Kommentar und Interpretation

Wenn die Ressortchefs einer Tageszeitung oder eines Senders beschließen, das Thema *„Risse im Kernreaktor"* solle von der Wirtschaftsredaktion behandelt werden – ist die Stellung des Artikels im Blatt dann nicht ein Kommentar? Sagt die Redaktion damit doch, dass die Neuigkeit vor allem wirtschaftliche Fragen berührt, z.B. für das betreibende Energie-Unternehmen; und darüber hinaus eventuell Folgewirkungen für die ganze Branche oder für den Technikbereich haben könnte.

Das gleiche gilt für die Selektion von Nachrichten allgemein. Journalisten wählen aus einer immer größer werdenden Fülle von Informationen aus, was für ihr Publikum wichtig sein könnte. Auch wenn sich die Hauptnachrichten in allen aktuellen Medien nur wenig unterscheiden: im Detail zeigen sich die Unterschiede.

Journalisten entscheiden nach Nachrichten-Kriterien – nach Glaubwürdigkeit der Quelle, Aktualität und öffentlichem Interesse. Aber was interessiert die spezifischen Öffentlichkeiten, die als Abonnenten, Zuhörer und Zuschauer greifbar werden? So werden die „Risse im Kernreaktor" für die „taz" zum Aufmacher auf Seite eins, die „F.A.Z." berichtet im Wirtschaftsteil und die „Frankfurter Rundschau" veröffentlicht drei Tage später eine halbseitige Dokumentation über Störfälle in KKW.

Selbst schlichteste Nachrichten werfen die Frage auf, ob sie die Faktenlage nicht kommentieren. Welche der „W-Fragen" beantwortet die Meldung zuerst? Wenn der Regierungschef und der Oppositionsführer sich am selben Ort in einer Veranstaltung zum selben Thema geäußert haben: Über wessen Stellungnahme wird ein Artikel aufgemacht, wessen Name wird häufiger genannt? Wie kurz oder lang kommen die beiden Positionen zu Wort? Ganze Stäbe in den Parteizentralen und Staatskanzleien wachen über die „Ausgewogenheit" der Öffentlich-rechtlichen und schreiben böse Briefe an die Redaktionen der Privatsender und Printmedien.

Auch Hintergrundartikel – z.b. über Parteitage, Messen, große Pressekonferenzen oder bedeutende Kongresse – sind häufig in persönlicher Weise verfasst. Der Autor verbreitet sich über schnurrige Details, zitiert scheinbar Belangloses, formuliert teilweise flapsig. Wenn er es so schafft, die authentische Atmosphäre der Veranstaltung nachzuzeichnen, ist dies ein gelungener Report – aber noch längst kein Kommentar.

Auswahl und Stellung von Nachrichten sowie Breite, Opulenz und Formulierung sind Kommentierungen „höherer Ordnung". Sie werden vom subjektiv verstandenen Informationsauftrag des Mediums und/oder einzelner Journalisten geprägt. Meinungsartikel im eigentlichen Sinn sind an bestimmte Formen gebunden.

Formales zum Kommentar

Thematisch sind dem Kommentar prinzipiell keine Grenzen gesetzt – von den Werten des Abendlandes über aktuelle Ereignisse bis hin zur nur betriebsintern geführten Diskussion. In den Medien gibt es Meinungstexte in allen Ressorts – nicht nur im politischen Teil. Im Feuilleton sind das keineswegs nur Kritiken und Rezensionen, sondern häufig handfeste Stellungnahmen zur lokalen oder überregionalen Kulturpolitik. Wirtschaftsteil und Wissenschaftsbeilage, Lokalseiten und Sonderveröffentlichungen bilden gleichermaßen den Spielraum für den Kommentator.

Kommentare wollen:

- die Diskussion über ein Thema eröffnen,
- eine neue Wendung aufzeigen,
- komplexe Sachverhalte und Zusammenhänge verdeutlichen,
- ein Geschehen bewerten.

Die meisten Publikationen trennen den Nachrichten- vom Meinungsteil, z.B. indem sie eigene Meinungsseiten oder -spalten haben. Nicht selten hat die Meinung ihren Stammplatz im Blatt.

Sehr häufig werden Kommentare in einen Kasten gesetzt, verwenden eine andere Schriftart und speziell gestaltete Headlines. Und meistens steht ein exakt festgelegter Raum für den Kommentar zur Verfügung. Man räsoniert nicht beliebig lange vor sich hin, sondern fasst sich zeitgenössisch kurz.

In der Regel sind Kommentare mit dem Namen des Autors versehen. Die Leser wollen wissen, wer da seine Meinung sagt. Nicht selten ist sogar der Name des Autors der Hauptgrund, warum ein Kommentar überhaupt gelesen wird. Immer an gleicher Stelle wiederkehrende Meinungstexte von demselben Autor sind eine Kolumne, der Schreiber ein Kolumnist. Diese Spielart des Meinungstextes schafft einen hohen Wiedererkennungswert und trägt zu einer Verstärkung der Leser-Blatt-Bindung bei. Daran sollten Herausgeber von Kunden- und Mitarbeiterzeitschriften denken.

Der Zeitungswissenschaftler Emil Dovifat[141] unterschied ein halbes Dutzend Arten von Kommentaren:

- den *kämpfenden*,
  der angreift, fordert, hinreißt und selbst ins Geschehen eingreift;

- den *Stellung nehmenden und begründenden*,
  der überzeugen möchte mit treffenden Argumenten und zwingender Logik;

- den *erläuternden und unterrichtenden*,
  der eine Sache klarlegt, schwierige Zusammenhänge transparent macht;

- den *rückschauenden*,
  der ins Bewusstsein zurückruft, woran man sich zur rechten Bewertung eines Geschehens erinnern soll;

- den *voraus schauenden*,
  der glaubhaft und ohne Prophetenpathos sagt, wie es kommen wird;

- den *betrachtenden*,
  der dem Besinnungsaufsatz nahe steht, wenn er schlecht ist und zum brillanten philosophischen Essay werden kann, wenn er gelingt.

Walter von LaRoche[142] unterscheidet nur drei Arten von Kommentaren:

- den *Argumentations-Kommentar:* „Kommentieren heißt in der Regel argumentieren. Wer eine Meinung vertritt, möchte im Kommentar überzeugen. Also wird der Autor seine Gründe anführen und sich mit anderen Standpunkten auseinandersetzen."

- den *Geradeaus-Kommentar*: „Je nach Anlass, Thema und Temperament des Autors wird ein Kommentar auch einmal aufs Argumentieren verzichten und einfach begeistert loben oder verärgert schimpfen."

- den *Einerseits-andererseits-Kommentar*: „Auch eine Gedankenführung, die sich darauf beschränkt, zwischen mehreren Alternativen im Sinne von „einerseits/andererseits" abzuwägen und sich nur zögernd oder gar nicht für eine der Alternativen entscheidet, ist Kommentar, wenn der Kommentator damit die Schwierigkeiten oder die Vielschichtigkeit des anstehenden Problems ausdrücken will."

Das letztgenannte Modell ist häufig in den Kommentaren der öffentlich-rechtlichen Sender zu beobachten. Der dort weithin übliche Eiertanz und das Lavieren mit unverdächtigen Worten hat diesen Beiträgen allerdings einen denkbar schlechten Ruf beschert. Wer immerzu darauf achtet, dem Rundfunkrat nur ja keine Gelegenheit zur Abmahnung zu verschaffen, verliert nicht nur den Stachel, sondern büßt auch seine Glaubwürdigkeit ein. LaRoche hat vielleicht selbst zu lange beim Bayerischen Rundfunk gearbeitet, sonst hätte er diese Einschränkung seines Modells selbst vorgenommen.

Die Glosse

Die Lexika sagen Verschiedenes zur Glosse:

> „Von altgriechisch γλωσσα,: Zunge, Sprache; lateinisch glossa: schwieriges, erklärungsbedürftiges Wort. Erklärung eines Begriffs, oft als Randbemerkung in mittelalterlichen Handschriften. Früh erläuternden, im Spätmittelalter auch skeptischen Gehalts. Eine Glosse bedeutet heute meist, auch im wörtlichen Sinne, ein mit (spitzer) Feder geschriebener, oft ironischer, boshafter und kritischer Kurzkommentar zu einem aktuellen Anlass ..."

Meyers PC-Lexikon, 4. Auflage 1998

> „Publizistik: knappe Meinungsäußerung, Kurzkommentar kritischer, zugleich feuilletonistischer Art in Presse, Hörfunk und Fernsehen."

Großes Brockhaus Lexikon, 19. Auflage 1991

Als die staunenden Mönche im frühen Mittelalter das Wissen der Antike neu entdeckten, dienten ihre Randbemerkungen der Erläuterung und Erklärung für den unkundigen Leser; eine wichtige Quelle für Historiker, die daran den Stand der kulturellen Entwicklung ablesen. Später häufen sich Randnotizen voller Ironie – Anzeichen, dass irgendwann das mittelalterliche Weltbild Sprünge bekam. Nach der großen Pestepidemie von 1347/48 wollten die Skriptoren zum Beispiel die Frage Thomas von Aquins, wie viele Engel auf einer Nadelspitze tanzen könnten, nicht länger ernst nehmen. Hier liegen die Wurzeln für die moderne Glosse.

Walter E. Süskind, Nestor des deutschen Nachkriegsjournalismus, schreibt über dieses Genre[143]:

„Grundregel, ganz elementar: Jede Glosse ist ein Kommentar, aber nicht jeder Kommentar ist eine Glosse. In dieser kleineren Form ist der Kommentar noch ausdrücklicher, was sein Name besagt: erläuternde, interpretierende Anmerkung zu einem allgemein bekannten und diskutierten Sachverhalt ... Der Kommentar bleibt stärker an seinen Gegenstand gebunden als die Glosse. Er ist Anmerkung, die Glosse dagegen – und die kleine Wortvariante macht den Unterschied groß – ist Randbemerkung.“

Wer glaubt, die Glosse sei weniger ernst zu nehmen, weil sie – statt lange zu argumentieren und zu gewichten – einfach zubeißt, der unterliegt einem Irrtum. Deshalb verschließt sich ihr kein Thema von Politik bis Sport, von Wirtschaft bis Kultur. Sie ist in der deutschen Medienlandschaft deutlich im Aufwind. Der abwägende, aufklärende, fordernde, ernste – kurz: der deutsche – Kommentar bekommt zunehmend Gesellschaft durch seine spielerische Verwandte.

Ein Begabungsfach

Allerdings ist das Ergebnis nur im Idealfall von der Leichtigkeit und geistvollen Anmut, die eine gute Glosse auszeichnet. Die Annäherung an dieses Optimum ist schwierig, und manche Schreiber kommen nie so weit.

Die Glosse schreibt sich nicht grundlos mit zwei „s“: Sie ist oft scharf und spitz, manchmal spöttisch und fast immer ironisch. Alles Eigenschaften, die nur in feiner Dosierung zur besten Wirkung kommen, jede Übertreibung wäre von Schaden.

Jedes Spiel mit Wörtern, dem man anmerkt, dass es dem Autor vor allem um die Darstellung seiner Belesenheit ging, ist Koketterie. Jeder Vergleich, der allzu weit hergeholt erscheint, wird die Verständlichkeit der Glosse eher senken. Jede Überspitzung, die das Maß verliert, führt auch zu Verlusten an Wirkung. Und die Grenzen des guten Geschmacks gelten auch für Glossenschreiber.

In der Glosse fällt jede lasche Metapher besonders auf, jeder bemühte Witz ist besonders langbärtig. Satire und Ironie sind sensible Kunstformen, die von ihrer Mehrdeutigkeit leben. Je eindeutiger die satirische Absicht, desto flacher wird der Text. Und das Ganze bitte in aller Kürze: Eine gute Glosse ist ein knapp gehaltener Text, fünfzig Zeilen sind schon fast die Obergrenze. Darum ist auch nur jedes dritte oder vierte „Streiflicht" in der Süddeutschen Zeitung eine Glosse – in der Mehrzahl bleibt es bei einer mehr oder minder starken Annäherung an die Form.

Anschleichen, springen, zubeißen

Die Glosse nähert sich ihrem Thema eher beiläufig. Das Nebensächliche, das Unauffällige, die Randerscheinung im täglichen Geschehen liefern ihr den Einstieg. Das erste Textdrittel dient nur dem leisen Anschleichen. Bis der Autor losspringt und beherzt zubeißt. Eine gute Glosse ist das beste Mittel, um einen Sachverhalt oder Gegenstand in grelles Scheinwerferlicht zu tauchen. Wen die Glosse beißt, der kommt nicht unbeschädigt davon. Deshalb haben Autoren auch eine Verantwortung dafür, ob dieses Stilmittel gerechtfertigt ist.

Dies alles zusammen macht das Glossenschreiben schwierig. Diese Textgattung erfordert ein hohes Maß an Einfühlungsvermögen, Sprachgefühl, Intellekt, Geschmack und Charakter. Es überrascht gewiss niemanden, dass die „Bild-Zeitung" keine Glossen veröffentlicht.

Und es kommt nicht von ungefähr, dass die Glosse im angelsächsischen und französischen Sprachraum viel verbreiteter ist als hierzulande. Es geht eben um so undeutsche Tugenden wie *enlightment* und *esprit*, nur schwerfällig übersetzbar mit „heitere Aufgeklärtheit" und „geistvolle Gewitztheit". Ein gewisser Hang zur Bosheit schadet jedenfalls nicht ...

Für die Mitarbeiter-Zeitung der Saarberg-Fernwärme GmbH (SFW) fand ein Autor[144] sein Thema für eine Glosse sozusagen auf der Straße:

Das Auto ist unbestritten der Deutschen liebstes Kind. Schreckensmeldungen von fehlgeschlagenen Elchtests und parteiprogrammatisch postulierte Benzinpreiserhöhungen können begeisterte Autofahrer nur kurzzeitig irritieren. Doch bleibt eine Not das ganze Fahrerleben lang: die Sorge um den Parkplatz.

Die ist den Mitarbeitern von SFW abgenommen. Denn sie gehören zu den Glückseligen, für die ihr Arbeitgeber Parkfläche angemietet hat. Doch wo Licht ist, ist auch Schatten, welcher in unserem Fall tiefdunkel auf dem Parkplatz liegt.

So verwandelt sich das Gelände bei Regenwetter in eine Seenplatte, die nur mit der Geschmeidigkeit und Sprungkraft einer Gazelle trockenen Fußes zu überqueren ist. Wer ausgreifende Hüpfer zurück zur einzi-

gen Ein- und Ausfahrt vermeiden will, steht vor einer neuen Herausforderung. Den Platz umgürtet eine solide Balkenschranke, die ihn vor Schwarzparkern schützt. Wer im Hochsprung ungeübt ist, muss sich tief unter den Balken hindurch bücken, wenn er den Platz verlassen will. Dies führt unweigerlich zu hohen Reinigungskosten für verschmutzte Mäntel und einer bemerkenswerten Zahl von Bandscheibenvorfällen, was den Krankenstand bei SFW erklären könnte. Genaueres wird eine Reihenuntersuchung klären.

Anfragen und Bitten an den Betreiber, eine Pforte einzurichten, blieben ungehört. So kam es zu Sägeattentaten, die von der Parkflächengesellschaft umgehend mit neuen Umfriedungsarbeiten beantwortet wurde. Bekennerschreiben der „Revolutionären Parkplatz-Zellen (RPZ)", aus deren hartem Kern laut Staatsanwaltschaft die sägenden Aktivisten stammen, machen Wiederholungstaten wahrscheinlich.

So führt die Ideologisierung der Frage: „Durchlass oder kein Durchlass" zu der symbolbehafteten Situation, dass sich viele unserer Mitarbeiter ihrem Arbeitsplatz in demutsvoll gebeugter Haltung nähern. Rund um den Firmensitz hält sich das Gerücht, das sei eine Forderung der Ruhrkohle AG gewesen, bevor sie einer Fusion mit den Saarländern zustimmte. Was hiermit widerlegt werden konnte, nicht wahr?

Die Saarbrücker Zeitung fand den Artikel so gut, dass sie ihn als Ausgangspunkt für einen eigenen Beitrag nahm, der sich mit Firmenparkplätzen im Saarland beschäftigte – mit sehr lobenden und imagefördernden Worten für die Unternehmen des Saarberg-Ruhrkohle-Konzerns.

3 Online-Texte – Lesen am Bildschirm

Textaufbau im Internet

Auch bei steigender Popularität von Online-Videos oder Podcasts bei einigen Internetnutzern verläuft der überwiegende Teil der Online-Kommunikation nach wie vor *monomedial*, also über geschriebene Sprache. Das sichtbare Wort beherrscht die Webseiten. Jeder PC-Benutzer wird aus eigener Erfahrung wissen, dass Lesen am Bildschirm etwas anderes ist, als eine Zeitung oder Zeitschrift zu lesen. Das liegt zum Teil an dem kaum merklichen Flimmern des Monitors, das dennoch schneller ermüdet.

Eine weitere Ursache liegt in dem ungewohnten Format: Während wir in Zeitungen und Zeitschriften den Text in schmalen Spalten auf einer hochformatigen Seite angeordnet finden, liegt Online-Text in der Regel in breit laufenden Zeilen auf einem Querformat vor unserem Auge. Und schließlich liest man einen Text vom PC-Bildschirm in einer eindeutigen „Arbeitshaltung", nicht in einen gemütlichen Sessel gekuschelt oder auf einer sonnenüberstrahlten Parkbank. Dies ist der Grund dafür, dass es auf vielen Internetseiten eine Druckoption gibt, damit der Text als normale DIN-A4-Seite ausgedruckt werden kann. Alternativ stehen Inhalte teilweise auch als PDF-Download bereit, ebenfalls im klassischen DIN-A4-Format zum Ausdrucken.

Andererseits sind Lesegewohnheiten genau das: Gewohnheiten – und die können sich mit der Zeit ändern. Mit zunehmender und ganz alltäglicher Nutzung von Endgeräten wie Laptop, Mini-Computern oder Mobiltelefonen für den Abruf von Informationen aus dem Netz, wächst eine Generation heran, die auch längere Texte am Bildschirm mit der gleichen Selbstverständlichkeit liest wie Printtexte. Ob auch mit der gleichen Aufmerksamkeit, ist eine Frage, die kommunikationswissenschaftliche Studien beantworten werden.

Beim Texten für Webseiten gilt es, die entscheidenden Unterschiede im Textaufbau von Zeitungs- oder Zeitschriftenseiten gegenüber Online-Seiten zu kennen und zu berücksichtigen. 15 bis 20 Zeilen bilden einen Textausschnitt, wie er üblicherweise auf dem Bildschirm erscheint. Wer mehr sehen will, muss den Text scrollen – ein Mehraufwand gegenüber dem optischen Erfassen der Textabschnitte auf einer Zeitungsseite.

Modularer statt linearer Textaufbau

Wer sich über den gesamten Inhalt eines Dokuments orientieren will, kann im Buch oder in einer Zeitschrift schnell das Inhaltsverzeichnis aufschlagen. Oder der Leser orientiert sich anhand eines oder mehrerer Register. Beides ist innerhalb eines Textdokuments für den Bildschirm nicht unbedingt gegeben.

Online-Medien sind für den Print-gewohnten Leser zunächst eine Herausforderung. Deshalb gilt als wichtigster Ratschlag für alle, die Online-Texte formulieren:

* Online-Texte dürfen nur halb so lang sein wie die gedruckte Version.

Wer für den Bildschirm schreibt, muss Textmengen anders organisieren als für gedruckte Formate. Das Lesen am Monitor verlangt eine neue Ordnung:

* Texte für den Bildschirm folgen nicht einem linearen, sondern einem *modularen* Aufbau;
* die einzelnen Textmodule müssen in einer *plausiblen Hierarchie* zueinander stehen;

- jedes Textmodul besitzt einen *eigenen Informationsschwerpunkt* und dadurch eigenen Leseanreiz;
- der *Zusammenhang* zwischen den Textmodulen muss jederzeit hergestellt werden können.

Diese Aufbauprinzipien stellen im Wesentlichen keine ganz neuen Anforderungen an Schreiber. Sie folgen den Stufen zunehmender Differenzierung und empfehlen eine Vorgehensweise, die von Journalisten häufig für längere Berichte angewandt wird: Ein erster Absatz fasst die wesentlichen Fakten in gedrängter Weise zusammen, die folgenden Kapitel beschreiben einzelne Aspekte, danach kommen detailliert ausgebreitete Hintergrundinformationen, schließlich wird deren Vorgeschichte und Einbettung in größere Zusammenhänge deutlich, und am Schluss steht möglicherweise noch ein Absatz über Erwartungen, Hoffnungen, Nutzanwendungen.

Allerdings erwarten die Internetnutzer in jedem Textabschnitt einen unabhängig von anderen Textteilen verständlichen Inhalt – im Fachjargon *Content* genannt –, wenn sie sich zum Beispiel über ein Unternehmen informieren möchten. Es gilt also, das logische Aufbauprinzip mit journalistischen Mitteln so auszugestalten, dass alle Textmodule einen eigenen Informationswert bekommen. Dadurch lässt es sich nicht immer vermeiden – anders als in einem gedruckten Text –, manche Information in einer Online-Darstellung mehrfach zu geben. Wer dabei mit Textvarianten arbeitet, vermeidet Langeweile bei Lesern, die sich das gesamte Dokument anschauen. Dazu eignen sich prinzipiell die Textformen der Nachricht, des Berichts, des Features und des Interviews.

Darüber hinaus können im Internet grafische Elemente, Fotos, Podcasts, Videos und Animationen in einen Text integriert werden – parallel angeordnet oder verlinkt. Online-Texte können deshalb kurz sein und auf die bewegten Bilder oder Töne als Hauptträger der Informationslast verweisen.

Regeln im Chaos schaffen Textlogik und eine geschickte Regie mittels übersichtlicher Navigation. Sinnvoll sind Hyperlinks, die es dem Leser erlauben, die weiterführenden Inhalte bei Bedarf abzurufen. Darum ist die Forderung so wichtig, jedes Teilstück solle seinen eigenen Informationswert haben. Wer seinen Bildschirmleser nicht überfordern will, muss ihn sinnvoll durch die Informationsmodule führen, wobei es ausdrücklich empfehlenswert ist, die stilistischen Ebenen zu mischen – von sachlich-nüchtern über unterhaltsam geschriebene Teile bis zu farbigen Detailbetrachtungen.

Die Verlinkungen erfolgen dabei über die Hauptnavigation, über eine spezielle Kapitelnavigation sowie über hervorgehobene Schlagworte im Text oder Links auf Bildern und Grafiken. Der Klick stellt jeweils die Verbindung zu einem anderen Textabschnitt her. Dabei können sich die weiterführenden Texte entweder auf einer (in der Hauptnavigation angezeigten) Unterseite befinden, oder aber es handelt sich um sogenannte Sprungmarken, die auf einen Textabschnitt weiter unten auf der gleichen Seite verweisen, zu dem man ansonsten scrollen müsste.

Im Detail könnte ein Aufbau bei einer Haupt- und mehreren Unterseiten wie folgt aussehen:

- Eine erste Überblickseite enthält lediglich Stichwörter, Überschriften oder kurze Teaser als Inhaltsangabe, die sämtlich als Links zu den Unterseiten funktionieren.

- Jeder Abschnitt braucht eine eigene Überschrift und möglicherweise eine Nummerierung – als Hinweis darauf, in welcher Reihenfolge die Textmodule am besten gelesen werden.

- In einer Navigation am Bildschirmrand lässt sich der Aufbau ebenfalls nachvollziehen.

- Die Dramaturgie folgt am besten dem *nachrichtlichen* Aufbau.

- Das erste Textmodul von 15 – 20 Zeilen ist strikt nachrichtlich aufgebaut und teilt alles Wesentliche in komprimierter Form mit.

- Die Folgeseiten greifen Einzelteile der Information heraus und stellen sie ebenfalls in nachrichtlicher Weise vor.

- Vorgeschichten und historische Rückblenden werden als eigenständige Texte erzählt; die einzelnen Zeitebenen müssen deutlich erkennbar sein.

- Ein Interview lässt einen Beteiligten zu Wort kommen und seine Einschätzung abgeben.

- Personen/Interviewte werden durch Kurzbiografien mit Foto vorgestellt.

- Fotos und Grafiken, die man schon allein zur Auflockerung der Seiten nutzen sollte, bekommen einen kurzen Begleittext, ausführliche Bilderklärungen erreicht der Nutzer durch Links.

Nichtlineares Erzählen und das nichtlineare Lesen der User unterliegen neuen Gewohnheiten, besitzen aber keine eigene Logik. Wir sind daran gewöhnt, von außen nach innen einen Sachverhalt zu erforschen. Dementsprechend folgen Homepages wie Internetzeitungen und -magazine am besten einem hierarchischen Aufbau. Der Leser bewegt sich mit Hilfe der Links von einem Einstiegstext in vertiefende Module und kann – je nachdem wie tief er sich einlesen möchte – weitere Verästelungen ansteuern. Verwobene Aufbauten, die von jedem Textteil den Sprung zu einem beliebigen andern ermöglichen, sind für informierende Websites nicht empfehlenswert.

Eine spezifische *Online-Sprache* gibt es nicht. Es sind Texte, die je nach Website von so unterschiedlichen Zielgruppen wie pubertierenden Jugendlichen, Kunden, Aktionären oder Fachjournalisten gelesen werden sollten. Allein das andere Medium Internet suggeriert, wir hätten es mit etwas Neuem zu tun. Weil das Lesen am Bildschirm aber für alle eine größere „Anstrengung" bedeutet als die Lektüre einer Zeitschrift, gelten alle Regeln für die Mediensprache sogar in zugespitzter Weise.

Texten, um gefunden zu werden

Jeder Texter sollte bedenken, dass er auch für die Suchmaschinen schreibt. Eine Webseite kann noch so professionell gestaltet sein – wenn sie niemand über Suchanfragen findet, ist sie wertlos. Jeder Texter sollte sich also stets überlegen, über welche Schlagworte ein Unternehmen und seine Produkte gefunden werden oder gefunden werden sollen, um sie dann gezielt in die Texte einfließen zu lassen. Dabei ist auch wichtig, dass eine inhaltliche Entsprechung zwischen Überschrift und Text besteht, sich Schlagworte also in beiden Elementen wiederfinden. Einige Tipps zur Suchmaschinenoptimierung finden sich im ersten Kapitel dieses Buchteils, Abschnitt „Medienarbeit online", Seiten 248/249.

Zusammenfassung

- Die Medien erwarten von den Pressestellen und PR-Stäben in erster Linie Informationen. Darum müssen Pressemitteilungen und andere Materialien für die Presse sich in der Regel frei von Wertungen präsentieren.

- Meinungen sind die Sache von Individuen, deshalb verlangen die Medien für jede Meinungsäußerung eine konkrete Quelle, die sie zitieren können. Am leichtesten akzeptieren sie Texte, die schon so formuliert sind, wie sie in der Zeitung stehen könnten.

- Die Checklisten zu Nachricht, Feature und Interview können helfen, mediengerecht zu texten und zu handeln. – Prägen Sie sich die wenigen Stichwörter und Regeln gut ein.

- Wenn die Medien Meinung erwarten – zum Beispiel in Statements oder Interviews –, fährt man am besten mit den gleichen Formen, in der auch Journalisten ihre Meinung sagen. Ein guter Kommentar zeigt aufgeräumte Gedanken, eine gelungene Glosse mit ihrer zugespitzten Kritik macht dem Leser Spaß.

- Wer für Online-Medien schreibt, muss seinen Texten eine Struktur geben, die das Lesen am Monitor erleichtert – egal, welchen Zweck er mit seinem Text verfolgt.

139 Hruska, Verena: Die Zeitungsnachricht, Bonn 1993.
140 Die Zitate stammen aus „PZ", bis 1999 ein Jugendmagazin aus der Bundeszentrale für politische Bildung. Autor der Interviewstory ist der Freie Journalist Michael Bechtel, Bonn.
141 Emil Dovifat / Jürgen Wilke: Zeitungslehre (kommentiertes Standardwerk von 1931), de Gruyter – Sammlung Göschen, Berlin 1976 ff.
142 Walter von LaRoche, Einführung in den praktischen Journalismus, München 1982/1996.
143 Zitiert nach Walter von LaRoche, Einführung ... a.a.O.
144 Peter Ney in der SFW-Mitarbeiterzeitung „InfoSchiene", Ausgabe 2/98.

III WARUM DIE LESER ES LEICHTER HABEN, WENN DIE SCHREIBER ES SICH SCHWER MACHEN

> „Man muss kompliziert denken und einfach sprechen –
> nicht umgekehrt!"
>
> FRANZ-JOSEF STRAUSS

Überblick

- Grundübereinstimmung zwischen Journalisten und Öffentlichkeitsarbeitern:
  unsere Sprache pflegen und sorgsam gebrauchen
- Die häufigsten Sprachmängel
- Die wichtigsten Faktoren für einen guten Stil
- Die Sprache der Medien
- Die Schreibkonventionen der Journalisten

Sprache als Handwerkszeug

Wir alle haben lesen gelernt. Je mehr wir diese Fähigkeit anwenden, desto schneller und müheloser gelingt es uns unter bestimmten Voraussetzungen, auch umfangreiche und komplexe Texte rasch zu verstehen. Entweder:

1. der Inhalt interessiert uns, weil wir ihn lernen müssen. Das betrifft Gebrauchsanweisungen und Bedienungsanleitungen, aber auch viele Fachartikel und die meisten Lehrbücher in Schule, Universität und Abendkolleg. Prüfungserfolge und Lebensläufe können davon abhängen, ob der Stoff „sitzt". – Der Grad unseres Interesses lässt uns über viele Schwächen solcher Texte hinwegsehen, und wir empfinden zu Recht das *Lesen als Arbeit*.

2. der Inhalt interessiert uns, weil das Thema uns zum Spielen reizt, unsere Neugier weckt, Emotionen hervorruft, unsere Sinne anspricht. Von der seichten Illustrierten über den Lore-Roman bis hin zur großen Literatur und Poesie reicht die Palette der Texte, die solchen Ansprüchen gerecht werden. Der Leser vertreibt sich die Zeit damit, empfindet das *Lesen als Vergnügen*.

3. der Inhalt interessiert uns, weil er die Kommunikation mit unserer Umwelt erleichtert. Wer mitreden und ernst genommen werden will, muss aktuell informiert sein. Zeitungen und Zeitschriften leben ebenso wie alle Massenmedien davon, dass Lesen als *soziale Notwendigkeit* in allen entwickelten Gesellschaften und in fast allen ihren Schichten eine zentrale Rolle spielt.

Es geht um den Lesenutzen: im Arbeitserfolg, im Vergnügen oder in der Dialogfähigkeit. Ein Text wird nicht gelesen – oder nur zum kleinsten Teil – wenn der Schreiber

- keinen Druck auf den Leser ausüben kann,

- nichts mitzuteilen hat, worüber der Leser ein Gespräch führen möchte,

- so schreibt, dass es keinen Spaß macht, seinen Text zu lesen.

Wenn der Leser einen mehrfachen Nutzen aus seiner Lektüre ziehen kann, erreicht ihn der Schreiber am leichtesten. Es kann also kaum falsch sein, die unterschiedlichen Nutzungsarten von Texten sinnvoll zu kombinieren.

- Wenn wir einen Text schreiben, mit dem gearbeitet werden soll, sorgen wir dafür, dass es eine leichte Arbeit wird. Möglicherweise macht es sogar Spaß, den Anweisungen und Ratschlägen zu folgen. Gut gemachte Fachartikel und Bücher, Anwenderbroschüren und Betriebsanleitungen kombinieren erprobte Methoden moderner Didaktik mit solchen der Massenmedien und machen dadurch auch spröde Themenfelder zu spannenden Landschaften, die der Leser gern durchstreift.

- Ein guter Text lässt sich mit Freude lesen und enthält zugleich wichtige und interessante Informationen, die sich so dem Leser auf leicht merkfähige Weise darbieten. Dabei spielt der Autor mit Mitteln, die immer aufs Neue die Aufmerksamkeit des Lesers wach halten. So verstandenes *Infotainment* ist keine unseriöse Sache. Fragwürdig wird es erst dann, wenn der Spaß zum Selbstzweck gerät.

- Wer Informationen komplexer Art so darzubieten versteht, dass sie mühelos verstanden werden können und so dem Leser ein „Aha-Erlebnis" verschafft, hat mehr als nur ein Lesevergnügen erreicht. Ein leicht und gut verstandener Text macht den Leser zum Verbündeten und Multiplikator, der seinen Informationsgewinn gerne im Gespräch oder in eigenen Texten weiterreicht.

Der häufig gehörte Einwand, komplexe Sachverhalte seien mit einer leichten und einfachen Sprache nur unzureichend zu beschreiben, ist ein Irrtum. Dahinter steht vielfach die Weigerung, sich beim Schreiben eines Textes so lange zu plagen, bis er die einfachste Form bekommen hat. Bisweilen sonnt sich der Autor eines schwer genießbaren Fachjargons auch in dem Gefühl, weit über des Volkes Masse zu siedeln – wir wollen nicht ausschließen, dass manch einer seine Sprachpirouetten aus reiner Eitelkeit dreht.

Viele Fachartikel und technische Ausführungen sind notwendigerweise angefüllt mit Fachbegriffen und standardisierten Formulierungen. Umso wichtiger ist es, dass der schwierige Wortschatz in einfach gebauten Sätzen angeboten wird. Und es gibt nie einen Grund, mehr zu schreiben als unbedingt erforderlich. Die Volksweisheit *„In der Kürze liegt die Würze"* fordert nicht dazu auf, Robert Musils *„Mann ohne Eigenschaften"* in fünf Sätzen zu erzählen, sondern bitte zum Punkt zu kommen, ohne mit vielen leeren Worten zu langweilen. Eine Grundregel lernen Amerikaner schon auf dem College und fassen es in ein amüsantes Kürzel: *„keep it short and simple – kiss (kiss-Regel)"*.

Wer so schreiben will, dass sein Text gern gelesen wird, muss seine Sprache auf Zumutbarkeit abklopfen. Das gilt für die formale und inhaltliche Gliederung über die Satzstruktur bis hin zum Gebrauch zumutbarer Wörter – ja sogar Silben. In besonderem Maße gilt dies, wenn der Leser selbst ein Profischreiber ist, der alle Schwächen erkennt und missbilligt: Mitarbeiter in PR-Stäben, Pressestellen und PR-Agenturen haben es mit solchen kritischen Lesern zu tun – sie schreiben, damit Redakteure und andere Journalisten ihre Texte in die jeweiligen Medien übernehmen.

1 Die häufigsten Sprachmängel

Der Journalist Wolf Schneider, langjähriger Leiter der Hamburger Henri-Nannen-Journalistenschule und Autor zahlreicher Sachbücher zum Thema Sprache, beklagt, dass es hierzulande zwar eine „Stiftung Lesen" gibt, die sich um die Förderung der Lesekultur bemüht, nicht jedoch eine „Stiftung Schreiben". Er gibt auch den Deutschlehrern an unseren Schulen eine deutliche Mitschuld, dass es nur wenigen Menschen gelingt, ein mühelos lesbares, verständliches und dennoch niveauvolles Deutsch zu Papier zu bringen. Jeder kann sich diesem Ziel schrittweise nähern, wenn er die häufigsten Sprachmängel vermeidet:

1. Anlauf

Viele Sätze verbrauchen eine Menge sinnlose Wörter, bevor sie etwas zu sagen haben.

Beispiel: *Wie in den vergangenen Jahren schon, hat die Auto AG auch auf dem aktuellen Genfer Automobilsalon viel Aufmerksamkeit auf ihre neuen Modelle mit Elektroantrieb lenken können.*

Besser: *Viel Aufmerksamkeit fanden die Auto AG-Modelle mit Elektroantrieb bei den Besuchern des diesjährigen Genfer Automobilsalons.*

2. Passiv

Die „Leideform" unterdrückt häufig die Information über handelnde und verantwortliche Personen. Dahinter kann auch Faulheit bei der Recherche stecken

Beispiel: *Es wird gefordert, die Lohnfortzahlung im Krankheitsfall weiter zu senken.*

Besser: *Einzelne Funktionäre der Arbeitgeberverbände fordern, die Lohnfortzahlungen ...*

Manchmal steht das handelnde Subjekt sogar im Satz – dann ist eine Passivkonstruktion besonders auffällig und stört.

Beispiel: *Besonders montags wird die Geschäftsstelle von vielen Ratsuchenden angerufen.*

Besser: *Besonders montags rufen viele Ratsuchende bei der Geschäftsstelle an.*

3. Geschwätzigkeit

Warum soll ein Leser mehr lesen als unbedingt nötig?

Beispiel: *Die schon seit Monaten wuchernden Gerüchte über Fusionsabsichten entbehren nach Aussage eines Unternehmenssprecher vollständig jedweder Grundlage.*

Besser: *Gerüchte über Fusionsabsichten sind einem Unternehmenssprecher zufolge grundlos.*

4. Nominalstil – die „Hauptwörterei"

Wenn Verben wuchern ...

Beispiel: *Er ist mit der Leitung der Filiale beschäftigt.*

Besser: *Er leitet die Filiale.*

5. Mangelnde Konkretheit

Wer informieren will, muss klare Aussagen treffen.

Beispiel: *Als international tätiges Unternehmen in einem wachsenden Markt eröffnet die Computer AG nun auch eine Niederlassung auf dem fünften Kontinent.*

Besser: *Die Computer AG unterhält bereits Filialen in Frankfurt, London, New York und Tokyo. Jetzt kommt eine Niederlassung in Australien dazu.*

6. Fremdwörterei

Merksatz: Mehr als 70 Prozent der Einwohner unseres Landes haben keinerlei Kenntnisse einer Fremdsprache!

Beispiel: *Die narrative Kompetenz des Autors ist unbestritten.*

Besser: *Niemand bestreitet die erzählerischen Fähigkeiten des Autors.*

7. Wortungetüme

Mark Twain spottete über die „Buchstabenprozessionen" in der deutschen Sprache.

Beispiel: *Geschäftsführungsleitlinien*

Besser: *Leitlinien für die Geschäftsführung*

8. Schachtelsätze

Vier Schichten muss der Leser freilegen, wenn er den folgenden Satz verstehen will.

Beispiel: *Der Kandidat verwirrte, indem er mit immer längeren Gebilden, die in tiefste Grammatikschluchten, von deren Verästelungen seine Zuhörer bisher nichts geahnt hatten, eindrangen, das Phänomen des deutschen Schachtelsatzes ausleuchtete, die Prüfungskommission.*

Besser: *Der Kandidat verwirrte die Prüfungskommission, als er das Phänomen des deutschen Schachtelsatzes ausleuchtete. Mit immer längeren Gebilden drang er in tiefste Schluchten der Grammatik ein, von deren Verästelungen seine Zuhörer bisher nichts geahnt hatten.*

9. Redundanz

Um sicher zu gehen, baut man auf das massive Fundament eine solide Basis, damit der Satz eine feste Grundlage bekommt ...

Beispiel: *Die herrschaftlichen Schlossgebäude wurden von der Stiftung neu renoviert.*

Besser: *Die Stiftung ließ das Schloss renovieren.*

10. Falsche Beziehungen

Lesen soll doch Spaß machen, heißt es – also bitte ...

Beispiel: *Die Ehrenämter des Vorstandsvorsitzenden an dieser Stelle wiederzugeben ist ebenso unmöglich wie die Gästeliste.*

Besser: *Die Ehrenämter des Vorstandsvorsitzenden an dieser Stelle aufzuzählen ist ebenso wenig möglich, wie alle Namen der Gästeliste zu nennen.*

2 Die Faktoren für eine medientaugliche Sprache

Besondere Regeln für die Sprache in den Medien gibt es nicht, Journalisten und andere Medienleute haben auch keine eigenen Spielregeln für den Gebrauch von Sprache im Allgemeinen entwickelt. Zwar gibt es Unterschiede in der Nachrichtensprache, je nachdem, ob sie gedruckt oder gesendet wird. Hier folgt das gesprochene Wort weitgehend den uralten Gesetzen der Rhetorik – gleichfalls nichts Neues. Aber auch die Sprache von Erzählungen und Romanen, also literarischen Gattungen, die nichts mit rascher Information zu tun haben, folgt den gleichen Normen wie die Sprache der Medien. Und wenn wir den zahllosen Stilfibeln und Ratgeber-Veröffentlichungen folgen, die Schülern beim Verfassen von Aufsätzen helfen sollen, Sekretärinnen bei ihrer Geschäftskorrespondenz und Wissenschaftlern bei ihren Gutachten, schält sich bald eine breite Übereinkunft der Autoren heraus, was Sprachqualität ausmacht. Gute Mediensprache folgt hierzulande einem weitgehenden gesellschaftlichen Konsens über stilsicheres und verständliches Deutsch.

Breiteste Anerkennung haben die Hamburger Psychologen Inghard Langer, Friedemann Schulz von Thun und Reinhard Tausch 1974 mit einer Veröffentlichung[145] gefunden, die das Phänomen Verständlichkeit auf vier Normen reduziert. Prominente Zitatgeber können die Arbeit der Wissenschaftler gut stützen:

1. Einfachheit

„Was man sagen kann, lässt sich klar sagen."

Ludwig Wittgenstein, Sprachphilosoph

2. Kürze und Prägnanz

„Ein Satz ist vollkommen, wenn kein Wort überflüssig ist."

Arthur Schnitzler, Dramatiker

3. Gliederung und Ordnung

„ ... und sagt es klar und angenehm, was erstens, zweitens, drittens käm'."

Wilhelm Busch, Poet und Humorist

4. Stimulanz

„Bedenke wohl die erste Zeile!"

Johann Wolfgang von Goethe, genialer Vielschreiber

Daraus lassen sich Regeln ableiten: Sie helfen, Texte leicht verständlich und attraktiv für den Leser zu machen. Unser Interesse gilt vorrangig der optimalen Sprache, mit der wir Pressetexte für Presse, Funk und Fernsehen formulieren – doch gelten diese Regeln weit darüber hinaus immer dann, wenn es der Leser leicht damit haben soll. Also auch für Medien, die wir in eigener Regie produzieren, für Mitarbeiter- und Kundenzeitschriften, für Informationsbriefe und Faltblätter, Plakatbotschaften und Aufrufe, Broschüren und Geschäftsberichte.

Auch Materialien für den Unterricht, Erklärungstexte für Grafiken und Tabellen, Bildlegenden und Gebrauchsanweisungen folgen den gleichen Regeln – 90 Prozent aller Texte, die aus jedwedem alltäglichen Anlass geschrieben werden, profitieren davon. Nur wer militärische Befehle gibt, Liedtexte schreibt oder andere Formen der Poesie abarbeitet – den gehen die Regeln nur wenig an.

Die meisten Schriftsteller halten sich an den dünnen Kanon und verletzen die Normen nur, wenn sie auch sprachlich ausdrücken wollen, dass eine literarische Figur zum Beispiel verwirrt und nicht imstande ist, klar zu denken. Oder wenn es um den unablässigen Fluss assoziativer Gedanken geht, die einer Frau beim Wäschebügeln durch den Kopf gehen – zum Beispiel Molly Bloom im Schlusskapitel von James Joyce's genialem Roman „Ulysses" (Übersetzung von Hans Wollschläger):

„Ja weil er so was noch nie gemacht hat bis jetzt dass er sein Frühstück ans Bett haben will mit zwei Eiern seit dem City Arms Hotel wo er immer so getan hat wie wenn er wegen seiner kranken Stimme das Bett hüten müsste und den feinen Lackaffen spielte alles bloß um sich bei der alten Ziege interessant zu machen Misses Riordan von der er dachte er hätte einen dicken Stein im Brett bei ihr und dabei hat sie uns keinen roten Heller hinterlassen alles für Messen weg für sie selber und ihre blöde Seele also so was von Geizkragen das gibt's nicht noch mal wieder ..."

So geht das 75 Seiten lang, nach 940 vorangegangenen. Der Roman gilt als literarischer Wendepunkt und Vorbild vieler wichtiger Werke der Gegenwartsliteratur – dass er leicht zu lesen sei, hat noch niemand behauptet.

Regeln für die Mediensprache

Die Sprache der Medien

- ist eine Reduktion auf das Wesentliche und Interessante,
- ist ein Transportmittel für Informationen und Meinungen,
- ist präzise und hält Distanz,
- ist am eiligen Mediennutzer orientiert,
- ist selten von literarischem Wert.

Die Forderung, es dem Leser so leicht wie möglich zu machen, mündet keineswegs in eine Art Kindersprache, bei der kein Satz mehr Wörter haben darf als Finger an der Hand sind. Es ist nicht viel, was ein Autor berücksichtigen muss, um seine Texte leserfreundlich zu machen.

Verständlich schreiben!

Die Sprache der Wissenschaft geht bisweilen eigene Wege, besonders in Deutschland. Das fiel vor gut 150 Jahren englischen Fachkollegen auf, die versuchten, die epochemachenden Arbeiten von deutschen Philosophen wie Kant, Hegel oder Feuerbach zu übersetzen. Es fiel ihnen sehr schwer, denn die deutschen Kollegen schrieben in einem Stil, der auch für ihre Landsleute kaum verständlich ist. Das führte die Briten zu dem – ironischen – Urteil, die Deutschen seien „das Volk der Dichter und Denker". Ein Beispieltext zeigt, was die Briten wunderte:

„Das Wesen eines realen Seienden ist das Sosein der Idee dieses Seienden. Als solches konnte es definiert werden als der Inbegriff der in einer bestimmten Zusammenstimmung gegebenen primären Bestimmung mit Ausnahme des Daseins, das einem Seienden in eben dieser Zusammenstimmung als nicht zu nehmendes Sein ..."

Das Zitat entstammt der Dissertation eines ehemaligen deutschen Ministerpräsidenten. Das muss niemand weiter kümmern, denn solche Texte sind selten für eine breitere Öffentlichkeit bestimmt. Ärgerlich wird es, wenn ein Text auf ein breites Publikum schielt und dennoch völlig unverständlich bleibt:

„Berlin ist den Autoren Hexenkessel und die hoffnungslose Ruhe vor dem Sturm zugleich, ist die Einöde, der Aberwitz, die Auflösung und längst mehr als das und nur diese Stadt: im Abschnappuniversum einer der Orte, in dem das große Aus schärfere Schatten wirft, Ohnmacht und Willkür besonders sorgfältig geordnet und aufgeräumt sind."

So ein Auszug aus einer Verlags-Pressemitteilung. Was will uns der Autor sagen? Über ein Abschnappuniversum, über den Hexenkessel Berlin, über die hoffnungslose Ruhe? Kündigt man so einen Roman an, der ein Bestseller werden soll? Er wurde es nicht.

Wenn Verständlichkeit das Ziel ist, heißt das, mit den Worten der Leser zu schreiben. Die paar Individuen, die sich von einem Text wie dem zitierten angesprochen fühlen, darf man getrost vernachlässigen. Wer schreibt, wendet sich in der Regel an eine bestimmte Leserschaft, gleich ob „Bild" oder die „Naturwissenschaftliche Rundschau" seinen Text veröffentlichen sollen, ob Meldungen, Berichte, Storys, Reportagen dabei herauskommen. Wer publizieren will, muss seine Leser kennen. Je größer das Publikum, desto einfacher muss die Sprache sein. Das ist das Erfolgsgeheimnis der „Bild-Zeitung".

Deshalb muss man auch Kompliziertes einfach ausdrücken können. Dazu gehört der Verzicht auf Fremdwörter, für die ein gleichwertiges deutsches Wort zur Verfügung steht. Das gilt auch und gerade für Fachveröffentlichungen: gerade weil unter Ärzten von Inflammationen statt *Entzündungen* die Rede ist, muss es nicht auch noch Antibiotika geben, die solche *inhibieren*, sondern *hemmen*. Einige Wortbeispiele aus Pressemitteilungen – muss jemand lange nachdenken, um ein völlig gleichwertiges deutsches Wort zu finden?

akkurat – eruieren – dominieren – initiieren – honorieren – kreieren – resümieren – Akzeptanz – Kriterium – Novität – Resonanz ... usw.

Akademisch gebildete Menschen wollen manchmal nicht glauben, dass die meisten Menschen kaum Fremdwörter gebrauchen und auch nur wenige richtig deuten. Solchen Zweiflern verhilft ein simpler Versuch schnell zum erwünschten Aha-Erlebnis:

Schreiben Sie Wörter wie „initiieren" oder „Insolvenz", vielleicht noch „Bonität" und „jovial" gut lesbar auf Karteikärtchen, gehen Sie damit in einen Supermarkt und bitten Sie Personal und Kunden, diese Wörter zu erklären.

Nach diesem Test sind alle Beteiligten klüger als zuvor – das macht ihn so wertvoll.

Fachausdrücke und Abkürzungen müssen immer erklärt werden, wenn sie der Leser-Zielgruppe (noch) nicht gebräuchlich sind:

Als 1986 ein Atomreaktor in Tschernobyl den GAU auslöste, entstand für die Medien ein akuter Bedarf, Fachbegriffe und Abkürzungen zu erklären. Wir alle lernten damals die Einheit „Becquerel" (bcq) kennen, mit der man die Strahlungs-Intensität radioaktiver Niederschläge misst. Als nach einem Regenguss angstmachende 90.000 Becquerel pro Quadratmeter in der Kölner Innenstadt gemessen worden

waren, war auch den einfachsten Menschen schnell klar, welche verhängnisvollen Folgen der Atomun-
fall hatte.

Weitgehend unbekannte Begriffe schreibt man bei ihrem ersten Auftauchen im Text aus und stellt die gebräuchliche Abkürzung in Klammern
dahinter, also zum Beispiel „Institut der deutschen Wirtschaft (iw)".
Wenn diese Forschungsstätte später im Text noch mehrmals auftaucht,
darf man sie nun sorglos „iw" nennen, denn der Leser hatte zu Beginn
des Artikels die Chance zu lernen, was diese Abkürzung bedeutet.

Fremdwörter, Fachbegriffe und Abkürzungen werden nur langsam all-
gemein-verständlich und sind erst dann Bestandteile der deutschen All-
tagssprache:

Computer – Bilanz – Antenne – Radar – AEG – DIN – Gema – Nato usw.

Wer will heute noch Elektronenrechner sagen, Computer versteht jedes
Kind. Die Fachsprache der Informationstechnologie dringt besonders
rasch in die Umgangssprache ein, weil sich die Technik bis in die Kinderzimmer verbreitet.

Wenn Fremdwörter und Fachtermini deutlicher sind und den Sachverhalt besser treffen als eine krampfhafte Übersetzung ins Deutsche, sind
sie nicht nur erlaubt, sondern notwendig. Es gibt keine geschmackssi-
chere Übersetzung für Deodorant, wetten? Andere Beispiele:

Supervision – Code – Rhythm 'n' Blues – Kolloid – Galaxis – Team
HNO-Klinik – Aids – Laser – CD-ROM usw.

Aber Vorsicht – niemand sollte es sich zu einfach machen und nach seinem eigenen, möglicherweise sehr schmalen Wortschatz urteilen.
Schwer oder gar nicht übersetzbare Wörter sind ziemlich selten. Ein
Blick in den Rechtschreib- und in den Fremdwörterband der Duden-Rei-
he schadet nie.

Abkürzungen sind manchmal deutlicher als die Langfassung. Manche
Sachverhalte und Gegenstände sind nur durch ihre Abkürzung bekannt, eine Auflösung in die Langfassung wäre verwirrend für den Leser; darum darf man unbefangen Wörter wie „*Unesco*" oder „*TV*" schreiben – letzteres ersetzt auch hierzulande so häufig unser „Fernsehen",
dass jeder die Abkürzung versteht. Als Faustregel kann gelten: Firmennamen wie IBM oder AEG werden nicht aufgelöst, das gilt auch
für Abkürzungen wie „*Laser*" oder „*Nato*", deren Auflösung in ihre eng-

lische Langfassung neue Probleme aufwerfen würde. Aber jeder Autor muss hier selbstkritisch sein – wie geläufig ist eine Abkürzung tatsächlich?

In Dresden, München, Saarbrücken und Stuttgart gehen die Leute sehr sicher mit der Abkürzung SZ um, wenn sie von ihrer heimischen Tageszeitung sprechen – aber sie meinen die Sächsische Zeitung sowohl wie die Süddeutsche, die Saarbrücker Zeitung als auch die Stuttgarter Zeitung.

Fachjargon gegenüber einer klar bestimmbaren Fachöffentlichkeit ist möglich. Man kann für medizinische Fachzeitschriften nur in der Fachsprache der Mediziner schreiben, sonst wird ein Text nicht als kompetent anerkannt. Das gleiche gilt für jegliche eindeutige Fachpresse – sei sie für Juristen oder Soziologen, Bauhandwerker oder Drucker gemacht, um nur Beispiele zu nennen.

Doch bitte mit Bedacht: Wo immer ein gleichwertiges deutsches Wort eine Fachvokabel ersetzen kann, sollte sich der Autor dafür entscheiden: Also *„Empfängnis"* statt *„Konzeption"* und *„ursächlich"* an Stelle von *„kausal"*. Auch Fachsprachen sind Fremdsprachen und fordern vom deutschen Leser zusätzliche Konzentration; man muss sparsam mit solchen Müdemachern umgehen.

Unnötige Sprachimporte sind Gift für die Verständlichkeit

Deutsch ist reich an Entlehnungen aus vielen Sprachen. Die Lage unseres Landes in der Mitte Europas hat viele Wege geöffnet, auf denen uns sprachliche Anregungen erreichten. Unsere Sprache lebt und verändert sich ständig. Klassische Importe sind z.B. *Alkohol* (arabisch) oder *Grenze* (polnisch), *Bank* (italienisch) oder *Jacke* (französisch), *Katze* (spanisch) oder *Schokolade* (aztekisch). Solchen Wörtern merkt niemand mehr die fremde Herkunft an.

Etwas eilig übernehmen jedoch viele, besonders die Jüngeren, neue Fremdwörter und benutzen sie völlig arglos. Seit etwa vierzig Jahren überschwemmen Wörter US-amerikanischer Herkunft unsere Sprache, werden sehr rasch von Leuten übernommen, die sich auf der Höhe der Zeit wähnen, und dringen in junge Branchen ungefiltert ein – neben der Informationstechnik sind das vor allem Marketing, Public Relations und Werbung.

Doch die MTV-Generation überschätzt die Verbreitung des angelsächsischen Grundverständnisses hierzulande in dramatischer Weise:

„Ungleich unstressiger, allerdings nicht weniger tanzfreudig, ging es derweil in der Electro- und Trip-Hop-Area zu. DJ Rasuf legte ein Set mit einem feinen Flow auf, unterfütterte die Loops mit Dubsounds und hatte außer dem Händchen für lange Echos auch noch eins für ein richtiges Instrument: Neben der Arbeit hinter den Turntables bediente Rasuf live ein elektronisches Drumkit."

Wenn dieser Text in einer Zeitschrift gestanden hätte, die sich mit populärer Jugendkultur und ihren musikalischen Ausdrucksformen befasst, wäre nichts einzuwenden – aber er stammt aus einem Bericht über die Messe „PopKomm '98" im Lokalteil des „Kölner Stadt-Anzeigers". Die Millionenstadt am Rhein ist gewiss kein Provinznest; angemessen weltläufig reagierte ein Abonnent der Zeitung in einem Leserbrief auf die Veröffentlichung:

„Die Stories Ihrer Editors kann ich nur full supporten. Mein daily Life ist ohne Amerikanismen nicht mehr vorstellbar. Schon zum Opening of the Day, wenn ich in meine Underwear jumpe und meine Jeans und mein Designer-T-Shirt anziehe. In der Morning-Show bekomme ich die News mit, auch die Hits aus den Charts, während ich brunche. An den Weekends faszinieren mich Events wie die Formula One. Ich bin gespannt, ob der Leader des Warm-up die Pole-Position verteidigen wird. Wenn das Wetter gut ist, steige ich gern auf mein Mountain-Bike und tue was für meine Fitness ..."

In einigen Branchen wimmelt es von Menschen, die ohne Ironie solch ein Kauderwelsch reden. Denen hilft vermutlich nichts außer einem vierwöchigen Zwangsurlaub in Berlin-Lichtenberg, Köln-Nippes oder Winsen an der Luhe, wo sie gezwungen wären, mit ganz normalen Leuten zu sprechen. Ein Zitat aus dem Einladungsschreiben einer Unternehmensberatung:

„Abgerundet wird der Tag mit der Darstellung von Erfolgsfaktoren für Entrepreneurial Growth Companies sowie dem Keynote-Speaker (Name) mit einem wissenschaftlichen Vortrag zur Apoptosesignalgebung ... Gerne laden wir Sie zum End-of-the-day zu einem Get-Together bei Fingerfood und Getränken ein."

Ohne Not heißen die Geschäftsführer nur national tätiger PR-Agenturen *CEO*, gleich *„Chief Executive Officer"* – das riecht nach Kadettenanstalt und keiner merkt es. Besprechungen mutieren zu *„meetings"*, die Rede ist von *„Score Cards"* und *„Track Records"*, Leistung heißt plötzlich missverständlich *„Performance"*, es wimmelt von *„clippings, fact-sheets, handouts"* und *„topics"*.

Die Agentur Endmark, die ihr Geld mit der Entwicklung von Markennamen und Werbesprüchen für Firmen verdient, hat in Köln 1.100 Passanten zwischen 14 und 49 Jahren gefragt[146], *ob sie bestimmte englische Slogans verstünden. Rund die Hälfte verstand gar nichts, von der anderen Hälfte übersetzten zum Beispiel 54 Prozent den Spruch „Come in and find out" (Parfümeriekette Douglas) mit „Komm rein und find' wieder raus."*

Vergleichbare Entwicklungen in Berufswelt und Alltag der Informationstechnologie sind erklärbar – hier entsteht eine neue Fachsprache an ihren Quellen im kalifornischen Silicon-Valley und anderswo in den USA. So etwas gab es schon immer: Bis heute ist die Fachsprache in der Finanzwelt von italienischen Begriffen geprägt *(Banco, Conto, Credito, Disagio, Portfolio etc.)*, die im 15. Jahrhundert dort entstanden sind, wo sich das moderne Finanzgeschäft zuerst entwickelt hat – in Florenz und Genua, Mailand und Venedig.

Auch Public Relations, Werbung und Marketing haben ihre Ursprünge in den USA und entwickeln ständig neue Fachbegriffe. Mit dem kleinen, aber entscheidenden Unterschied zu anderen Fachjargons, dass die drei Kommunikations-Disziplinen nach außen zielen.

Besonders stark gilt dies für die Medienarbeit, denn sie ist auf die enge Partnerschaft mit einer selbständig agierenden Berufsgruppe angewiesen, den Journalisten. Und niemand in Presse, Funk und Fernsehen akzeptiert, wenn die Verständigungsebene in unserem Land, unsere gemeinsame Sprache, zum schwarzen Markt für sprachliche Konterbande wird.

- Die erste Faustregel lautet: Je breiter die Zielöffentlichkeit, desto leichter verständlich und frei von fremdsprachlichen Elementen muss die Sprache sein. Wer Medienarbeit betreibt, muss das Sprachniveau seiner Texte dem der Medien anpassen, die damit umgehen sollen.

- Die zweite Faustregel zielt nach innen: In Abstimmungsgesprächen mit Auftraggebern und Kunden haben PR-Fachleute einen eindeutigen Beratungsauftrag, nämlich Faustregel Eins durchzusetzen. Manche Kunden von PR-Agenturen und ebenso viele Vorgesetzte von PR-Mitarbeitern glauben an Verrat, wenn komplexe Sachverhalte in leichter und einfacher Weise beschrieben werden. Denen muss man erklären, warum auf diesen Dienst am Leser niemand verzichten sollte.

Schlank und fit, ohne überflüssige Rundungen

Daraus ergeben sich Folgerungen für gute Texte: Füllwörter gehören der Sprechsprache an und geben ihr Melodie und Persönlichkeit. In einem geschriebenen Text haben sie keinerlei Funktion und stören:

nun – gar – ja – wohl – allemal – sowieso – eigentlich – irgendwie – ausgerechnet – selbstverständlich – überaus usw.

Goethe veröffentlichte 1817 eine Liste mit Wörtern, die er für überflüssig hielt:

aber – beinahe – einigermaßen – fast – geradezu – gewissermaßen – irgend- – kaum – ohne Zweifel – sonst – ungefähr – unmaßgeblich – vielleicht – wahrscheinlich – wenigstens – zugegeben

„Aber" gilt Goethe nicht absolut als Unwort – soll zum Beispiel ein Einwand erhoben werden. Er meint es als Füllwort im Sinne von „Das ist aber schlimm:" – Solche Wörter meint auch Arthur Schnitzler, wenn er von überflüssigen spricht.

Viele Texte leiden unter aufgeblasenen Begriffen, die nichts mitteilen als die Unfähigkeit des Autors, es seinen Lesern leicht zu machen:

(Im Bereich des) Sports – (Auf dem) Kultur(sektor) – (das) Ausbildung(swesen)

Das Wort „*Bereich*" wird inflationär in Texten abgelegt, und es sagt meistens nichts. Nur in Zusammensetzungen wie „*Fachbereich Physik*" bekommt es Sinn, das gilt auch für den „*Unternehmensbereich Kleinwagen*" oder den „*Produktionsbereich Edelstahl*". Ähnlich gedankenlos missbrauchen viele Zeitgenossen den „*Sektor*", bis hin zu Blödheiten wie dem „*Abschnitts-Sektor*". Wo der „*Bereich*" einen konkreten Begriff breit quetscht, zerlegt der „*Sektor*" einen Sachverhalt in kleinste Partikel, bis der Wiedererkennungswert gegen Null geht.

Merkwürdige -wesen siedeln in der deutschen Sprache. Wie hat man sich das „*Ausbildungswesen*" vorzustellen: weiblich, männlich, groß, klein, blond, schwarz, klug und gewitzt oder ängstlich? Es gibt das *Bankwesen* (korrekt gekleidet vermutlich), das *Beamtenwesen* (Ärmelschoner?), das *Fernmeldewesen* (immer auf Draht), schließlich das *Unwesen*. Und das treibt „man" irgendwie, irgendwo. Gemeint aber sind Schulen und Lehrstätten, die Bankwirtschaft und der Sachverhalt, dass viele Aufgaben nur von Staatsdienern wahrgenommen werden dürfen. Ob Fernmeldetechnik oder -techniker können wir nicht entscheiden – der Grund liegt in der törichten Angewohnheit, nicht konkret zu schreiben, sondern wesenhaft.

Ein unerklärlicher Drang lässt nutzlose Silben sprießen, die ein Wort nur länger, aber weder schöner noch deutlicher machen:

*(ab)*sinken – *(an)*mieten – *(an)*gedacht – *(Ab)*verkauf – *(Haar)*frisur

Wer hätte jemals etwas aufsinken sehen? Die Juristen kennen den Mietvertrag, keine Vor- oder Nachsilbe kann den nachbessern. Unter Ausverkauf kann sich jeder etwas vorstellen; auch der Vorverkauf (z.B. von Theaterkarten) ist etwas besonderes. Doch wie unterscheidet sich der „Abverkauf" von dem einfachen Wechsel von Ware gegen Geld? Käme jemand auf den Gedanken, von einer Motorfrisur zu schreiben, nur weil man auch Autos und Mopeds frisieren kann? Und schließlich:

Als drei Teilnehmer an einer Besprechung ausgeführt hatten, sie hätten dies und das „angedacht", räumte ein Vierter seine Unterlagen zusammen und stand auf. „Wieso – wollen Sie jetzt etwa gehen?" – „Ja, Chef. Ich glaube wir sollten uns erst wieder zusammensetzen, wenn die Kollegen zu Ende gedacht haben."

Viele Texte leiden unter der Silbenlast ihrer Wörter. In vielen Fällen gibt es ein einfacheres Wort mit gleicher Bedeutung:

Zerstrittenheit = Streit; *keine Seltenheit* = häufig; *zu diesem Zeitpunkt* = jetzt; *strenges Stillschweigen bewahren* = schweigen.

Viele Wörter lassen sich nicht steigern, manche Autoren versuchen es dennoch. Auffällig sind Unsinnigkeiten wie *„optimalst"* und *„idealst"* – das gleiche Prinzip gilt aber auch für *neu, frisch, edel, zuverlässig, treu, eben, spitz, rund* und viele andere Wörter. Wenn Personalchefs in ihren Zeugnistexten zwischen „voller" und „vollster" Zufriedenheit mit der Leistung eines Mitarbeiters unterscheiden, dient das der rechtlichen Absicherung. Tatsächlich kann man auch *voll* nicht steigern – sonst läuft's über.

Adjektive verdienen größtes Misstrauen. Warum, zeigt ein Textausschnitt, den ein Feuilletonist der *„Badischen Neuesten Nachrichten"* in einer Konzertkritik formulierte:

„Die verschlüsselte instrumentale Energie von Günter Lenz' Ensemble, die sich in traktathaften und paritätisch aufgeteilten Sologängen decodierte, verschlang den Rittersaal mit pulsierender Kantigkeit, mit schorfigen Tonsujets mit einer sperrigen Architektur, die auf abrupten Wechseln und stilistischer Offenheit gebaut gewesen ist. In den temporeichen Werken wie „Subtone Bells" oder „Heavy Petal", wo sich die heftige Schrillheit der Töne mit einer kontrollierten Erregtheit abwechselten, entstand eine satte Palette von rhythmischen Drehungen und Stauchungen, die zusammen mit den sonor röhrenden Tiefen und scharfkantigen Saxophonlinien für erhebliche Reibungshitze sorgten ..."

Die zahlreichen Adjektive helfen dem Leser kaum, die Musik richtig einzuordnen – wie hört sich eine Schrillheit an, wenn sie zudem heftig ist und sich mit kontrollierter Erregtheit mischt? Ein erfahrener Schreiber gab dem Autor dieses Buches als Anfänger im Metier einen guten Rat:

„Wenn Du wieder was geschrieben hast, dann lass das mal eine oder zwei Stunden liegen und vor sich hin käsen, das tut jedem Text gut. Dann sieh ihn sorgfältig durch und streiche die Hälfte Deiner Adjektive raus. Schließlich gib mir den Artikel – damit ich die andere Hälfte streichen kann."

Alle Eigenschaftswörter ohne präzise erkennbare Eigenschaften sind nutzlos:

modern – eklatant – zukunftsweisend – groß – schön – interessant – erheblich usw.

Wortverdoppelungen und -verstärkungen können albern sein:

flache Ebene – seltene Raritäten – steile Felswände – prominenter Star – uralte Greisin – innovative Neuentwicklung – gezielte Maßnahmen – feste Überzeugung.

Adjektive sind notwendig:

a) zur Unterscheidung: Das *gelbe* Auto, nicht das *blaue*;

b) zur Präzisierung: Die *felsige* Küste; der *würzige* Duft; die *blumige* Sprache (es gibt ja auch *sandige, morastige, verbaute* Küsten; ebenso wie *süße* oder *herbe* Düfte, *nüchterne, schleppende oder derbe* Sprache).

Nichtssagende Aufgeblasenheit verwechseln viele mit Bedeutung. Wenn sich ein deutscher Akademiker öffentlich äußert, streut er gerne Doppelpackungen aus wichtig klingenden Eigenschaftswörtern plus passendem Hauptwort unters Volk. Bürgermeister und Gewerkschaftssekretäre haben davon gelernt, wie man die Stirn kräuselt und über den Brillenrand hinweg wichtige Worte spricht. Wenn in einer Fernseh-Talkrunde Politiker, Verbandsvertreter und Wissenschaftler zusammensitzen, spricht nach kurzer Zeit auch der Moderator dieses wuchernde Deutsch. Und schließlich steht es so in Pressemitteilungen und Artikeln – aber kein Leser kommt mehr mit:

sozialwissenschaftliche Randgruppenproblematik – kommunale Gebietskörperschaft – trendbereinigtes Wählerverhalten – milchgebende Großvieheinheit – globalgesteuertes Investitionsverhalten.

Ein Übersetzungsversuch: die Probleme von Menschen am Rande der Gesellschaft, Städte und Dörfer, Kühe – mehr bleibt davon nicht stehen, wenn man die Luft rauslässt. „Trendbereinigtes Wählerverhalten" ist purer Unsinn, und eine globale Steuerung von Investitionsvorhaben gibt es gottlob nicht. Es scheint ein Grundbedürfnis vieler Menschen zu sein, sich *„gehoben auszudrücken"*, statt dem gesunden Menschenverstand zu folgen, der solche Floskeln rasch als Dampfgeplauder entlarvt.

Hauptsätze, Hauptsätze, Hauptsätze!

Von Goethe über Tucholsky bis hin zu Wolf Schneider (*„Hauptsachen gehören in Hauptsätze. Da es sich kaum lohnt, über Nebensachen zu schreiben, sollten zwangsläufig Hauptsätze jeden guten Text dominieren."*) sind sich alle Sprachkritiker einig: Hauptsätze sind besser verständlich als Satzgefüge.

Die wichtigsten, zentralen Teile eines Textes sollten einfache Hauptsätze sein – grundsätzlich also in der Folge *Subjekt – Prädikat – Objekt (*„SPO-Regel"*)*:

Die Fix-Unternehmensgruppe hat einen sprechenden Computer auf den Markt gebracht.

Für den Einstiegs-Satz kann die Ausnahmeregel gelten – Objekt – Prädikat – Subjekt (OPS):

Einen sprechenden Computer hat die Fix-Unternehmensgruppe auf den Markt gebracht.

Diese sinnvolle Abweichung vom SPO-Schema rückt das Neue und Mitteilenswerte nach vorne, dahin, wo es auch den flüchtigsten Leser schnell erreicht.

Nebensätze sind nicht verboten, aber sie sollten kurz sein und am richtigen Platz stehen – am besten hinter dem Hauptsatz:

Die Fix-Unternehmensgruppe hat einen sprechenden Computer auf den Markt gebracht, mit dem sie neue Käuferschichten gewinnen will.

Vorangestellte Nebensätze sind aus zwei Gründen selten eine gute Lösung: Zum einen rückt die wesentliche Information dadurch an das Ende des Satzes. Der Leser muss zu lange warten, bevor er den wichtigsten Sachverhalt erfährt. Zum zweiten stehen eine Begründung (*„Um ..., Weil ..."*) oder eine Frage (*„Ob ..., Dass ..."*) am Beginn des Satzes, deren Sinn der Leser erst später begreifen kann.

Um neue Käuferschichten zu gewinnen, hat die Fix-Unternehmensgruppe einen sprechenden Computer auf den Markt gebracht.

Schachtelsätze sind grundsätzlich verboten. Ein Schachtelsatz entsteht, wenn der Nebensatz den Hauptsatz unterbricht:

Die Fix-Unternehmensgruppe, die damit neue Käuferschichten gewinnen will, hat einen sprechenden Computer auf den Markt gebracht.

Wer keinen Gedanken zu Ende führen kann, weil ihn sein Diskussionspartner dauernd unterbricht – wie gerade jetzt –, wird schnell zornig. Wer Schachtelsätze schreibt, unterbricht sich selbst – welch ein Unsinn. Und der Leser soll dem Autor bei diesen zweifelhaften Kunststückchen folgen – die wenigsten machen das mit. Sie steigen aus dem Text aus, er bleibt ungelesen. Man kann solche Sätze nach dem Prinzip der russischen Puppen unendlich aufblähen – Satz im Satz, im Satz, im Satz, im Satz:

Die Fix-Unternehmensgruppe, die zu den führenden deutschen Herstellern von Informationstechnik zählt, hat, um damit neue Käuferschichten zu gewinnen, die schon auf der diesjährigen Cebit den Messestand den Prototyp neugierig umlagerten, einen sprechenden Computer, auf den nicht nur die Fachwelt schon lange gewartet hatte, auf den Markt gebracht.

Eine Eigentümlichkeit der deutschen Sprache macht Schachtelsätze noch schlimmer: Im Perfekt, der häufigsten Vergangenheitsform, zerfällt das Prädikat in zwei Bestandteile, die das Objekt des Satzes einrahmen. Der Leser erfährt erst mit den letzten Wörtern des Satzes, was geschehen ist

Das Unternehmen hat mit der Entwicklung, und zwar schon lange bevor die Wettbewerber in Japan und in den Vereinigten Staaten umzudenken begannen, ...

... ja, was nun: *begonnen* – so werden die meisten Leser diesen Satz vollenden. Tatsächlich schreibt der Autor aber:

... konsequent auf mehr Bedienungskomfort gezielt.

Diese „Klemmkonstruktionen" in deutschen Sätzen treiben Dolmetschern den Schweiß auf die Stirn. Je mehr Wörter zwischen den Teilen des Prädikats liegen, desto schwerer ist es für Simultan-Übersetzer wie für deutsche Leser, den Sinn des Satzes zu erfassen. Besonders schwer macht es ein Autor seinen Lesern, wenn er die Probleme von Schachtel- und Klemmsätzen in seinen Texten bündelt.

Kurze Sätze sind besser

Fünf Wörter oder weniger hat die Hälfte der Sätze in „Bild".

Nicht mehr als acht Wörter darf ein Satz haben, den ein durchschnittlich gebildeter Deutscher nach einmaligem Lesen wiederholen kann.

14 Wörter pro Satz im Durchschnitt kennzeichnen die „Tagesschau".

17 Wörter pro Satz ist der Durchschnitt in Thomas Manns Roman „Buddenbrooks" und im Johannes-Evangelium.

20 Wörter pro Satz sind bei „dpa" die Obergrenze des Erwünschten.

Zu lange Sätze sind eines der stärksten Lesehindernisse. Wer glaubt, der allgemeine Bildungsstandard sei doch ein guter Grund, die Menschen nicht mit Simpel-Sätzen nach einer noch simpleren Grammatik zu unterfordern, irrt gewaltig. Nur wenige haben die Zeit und den Willen, viel und gezielt mit hoher Konzentration zu lesen. Die meisten Menschen wollen sich rasch und zunächst nur oberflächlich informieren. Einige entscheiden sich dann für mehr, die Mehrheit springt zum nächsten Alltagsreiz.

Das gilt für die Länge ganzer Artikel wie für die Länge einzelner Sätze. Und es ist keineswegs eine Zeiterscheinung. Auch Goethe, Lichtenberg oder Schlegel klagten in nahezu identischem Tonfall über *„die Geschwätzigkeit derer, die nichts mitzuteilen wissen"* (Johann Wolfgang Goethe), die *„peinlich langen Wege, die ein blasser Gedanke nimmt, wenn er ausgesprochen"* (Georg Christoph Lichtenberg), das *„Wortgequalme, wenn einer nichts verstanden hat"* (Friedrich Schlegel).

Niemand empfiehlt, nur kurze Sätze zu schreiben. Andersherum wird ein Schuh daraus: Ausschließlich lange Sätze soll man vermeiden. Wer sich an die Faustregel hält, im Durchschnitt eines Textes nicht mehr als 14 bis 17 Wörter pro Satz zu verbrauchen, hat genügend Freiheit: für Sätze mit doppelt so vielen Wörtern und für solche mit nur fünf oder sechs. Eine ausgewogene Mischung vermeidet sowohl den Eindruck, der Text sei langatmig, wie den Vorwurf, die Fülle kurzer Sätze lasse den Text rattern.

Begabte Schreiber machen übrigens mühelos lange Sätze, die dennoch sehr gut zu verstehen sind, weil sie sich linear entwickeln. Prinzipiell bräuchte man in solchen Texten nur häufiger einen Punkt setzen, um mehr Sätze daraus zu machen. Wer aber beispielsweise die bizarre Verschrobenheit einer Person schildern will, lässt einen Satz wuchern und schlingern. Wie Patrick Süskind im „Spiegel" zum 70. Geburtstag von Loriot, alias Vicco von Bülow, in einem Satz mit 213 Wörtern:

„Gleichwohl wüsste ich niemanden, der in der Lage wäre, diese Beobachtung, diese Idee, diesen Einfall – oder wie immer man es nennen will – zu einer so hinreißend komischen Szene zu steigern, wie es Loriot im Nudel-Sketch gelingt, nicht nur, indem er den Speiserest – ein Stückchen Spaghetti im Mundwinkel des Herrn – konterkariert durch eine Liebeserklärung, die der nämliche Herr an die ihm gegenübersitzende Dame richtet, sondern indem er, gleich zu Beginn der Szene, das widrige Nudelstückchen durch eine Bemerkung der Dame („Sie haben da was am Mund ...") und ein Serviettenwischen des Herrn scheinbar endgültig aus dem Spiel schafft, um es freilich sogleich wieder durch eine erneute Ungeschicklichkeit des Herrn auf dessen Oberlippe zu platzieren, mit dem Ergebnis – und ich kann die-

sen Kunstgriff gar nicht genug bewundern –, dass die schon einmal inkriminierte Nudel von nun an nicht mehr zur Sprache gebracht werden kann, sich von einem nebensächlichen, allenfalls lächerlich-ek- ligen Detail zu einem zentralen, anstößigen Accessoire verwandelt, das zum wachsenden Entsetzen der Dame und zum Vergnügen des Zuschauers, auf die groteskeste, dabei aber glaubwürdige Weise durch allerlei Zufälligkeiten bewegt, von der Lippe zum Auge, von dort zur Nase, zum Kinn und zum Zeige- finger des ahnungslos werbenden Galans wandern kann, ehe es, mitsamt allen seinen Hoffnungen, je- mals erhört zu werden, in einer Tasse Kaffee ertrinkt …"

Der Leser bekommt mehr Abwechslung, wenn kurze Sätze sich häufen. Punkt und Komma sind nicht die alleinigen Möglichkeiten, Sätze zu be- enden oder zu gliedern. Sparsam eingesetzt, lockern Gedankenstriche oder Strichpunkte das Schriftbild auf, wenn sie anstelle eines Punkts ste- hen. Ein Doppelpunkt erlaubt, deutliche Akzente in einem Text zu set- zen und kann unvollständige Sätze mit großem Signalwert einleiten. Ei- ne Folge kurzer Sätze wirkt besonders dynamisch, wenn ein Autor ge- schickt mit diesen Tricks arbeitet:

Machen Sie Gebrauch von allen Satzzeichen – nutzen Sie den Gedankenstrich; oder setzen Sie gezielt das Semikolon ein. Und nicht zu vergessen: der Doppelpunkt.

Selten Platz in mediengerechten Texten hat das Rufzeichen! Es sollte tatsächliche Ausrufe kennzeichnen, steht also üblicherweise bei Zitaten. Mit Ausnahme von Befehlen oder Drohungen sind Ausrufe aber selten von mitteilenswertem Rang.

Einen deutlichen *Rhythmus* bekommen Texte, wenn sie kurze und län- gere Sätze im Wechsel aufbieten. Wenn auf einen kurzen ersten Satz mit einer knackigen Information ein längerer zweiter Satz mit mehr Details folgt, werden die Leser auch den langen Satz verstehen. Gute Texter sor- gen für ein ausgewogenes Mischungsverhältnis. Lange Wörter in langen Sätzen sind ein Lesehindernis – man muss sich kurz fassen, wenn lange Wörter unvermeidlich sind.

Rhythmik in Prosatexten muss keineswegs regelmäßig sein – Jambus, Trochäus und die anderen Versmaße, mit denen die Poesie arbeitet, wir- ken aber auch hier. Da reimt sich nichts, aber wenn die Silbenbetonun- gen auf den Sinnschwerpunkten zu liegen kommen, prägt sich der Text unmerklich besser ein. – Wer sich selbst laut vorliest, merkt leicht, wo ein Text leicht dahinfließt oder wo er holprig klingt. So wird er auch das „innere Ohr" der Leser erreichen, denn jedes gelesene Wort wird „gehört"!

Nominalstil und Passiv darf man vergessen

Das Behörden- und Gutachter-Deutsch ist oft grauenvoll. Es macht jeden Text schwerfällig und spröde:

„Die Schaffung eines EDV-gestützten Systems für eine anforderungsgerechte Übermittlung und Verarbeitung des warenbezogenen Informationsflusses war vorgegeben. Mit dem Abbau der Lagerhaltung im Zuge der logistischen Optimierung wachsen Risiken und Störanfälligkeit der Produktionsprozesse. Waren- und Materialsteuerung erfordern insofern vorauseilende Informationen, die die Planmäßigkeit der Abläufe kontrollierbar machen, um im Bedarfsfall – bei Abweichung – alternative Dispositionen zur Engpassbeseitigung zu ermöglichen. Daneben sind bestimmte kostenintensive Schnittstellen im Datenfluss zu beseitigen."

Abstrakte Substantive sind das Kennzeichen des „Nominalstils". Die Verben sind nahezu völlig verschwunden, dafür spreizen sich Hauptwörter. Wörter mit den folgenden Endungen lassen dieses gequälte Deutsch erkennen:

-ung, -heit, -keit, -ät, -ion, ismus, -nis, -tum, -schaft, -nahme.

Hier verstecken sich meist Verben, die zu Wortmonstern mutiert sind: Sie erscheinen als Substantive, die keine Substanz haben. Wenn wir von „Hauptwörtern" sprechen, meinen wir klare Begriffe, die uns als Subjekt oder Objekt eines Satzes entgegentreten: Haus, Mensch, Maschine, Apfel, Büroklammer. Solche Substantive sind erwünscht, sie teilen konkret etwas mit.

Wer Verben zu Substantiven macht, ruiniert ihren mitteilsamen Charakter. Ein Verb (*„Tu-Wort"*, haben wir in der Grundschule gesagt) handelt, bewegt sich, macht etwas in dem Satz. Ein daraus abgeleitetes Hauptwort ist statisch. Eine Häufung solch abstrakter Substantive ist kennzeichnend für den „Nominalstil":

Je nach Maßnahme der Bettung ist die Befriedigung des Liegebedürfnisses von Unterschiedlichkeit gekennzeichnet.

„Wie man sich bettet, so liegt man", heißt das Sprichwort. In Merksprüchen, im Märchen oder in der Bibel gibt es den Nominalstil nicht. In der Umgangssprache kommt er nicht vor. Die schwere Form der „Substantivitis" ist besonders häufig in Behördentexten, im Vertragsdeutsch und in der Wissenschaft anzutreffen. Das ist einer der Gründe, warum uns solche Texte oft schwer lesbar oder gar unverständlich sind – sie leiden unter der Last der vielen Hauptwörter.

Verben tragen den Großteil der Information. Jeder Satz mit einem konkret fassbaren Tätigkeitswort führt uns ein Bild aktiver Handlung vors innere Auge – oder spricht anderweitig unsere Sinne an. Verben machen unsere Sprache anschaulich. Wer versucht, das treffende Verb zu finden, öffnet für den Lesern jeden Text.

Verben müssen den guten Text beherrschen

Medientexte leben von Neuigkeiten, Neues ergibt sich, weil Sachverhalte sich ändern. Das Mittel, solche Änderungen zu beschreiben, ist das Verb – wir erfahren durch diese Wortgattung, dass irgendwo jemand durch Handeln oder Unterlassen neue Umstände geschaffen hat. Verben sind die Tragknechte der Nachrichten, die uns interessieren.

Dummerweise setzen viele Schreiber auf sehr blasse Tätigkeitswörter:

es ereignet sich, es herrscht, es zeichnet sich ab, es erlangt, sich belaufen, durchführen, stattfinden, beinhalten, vorliegen, aufweisen, darstellen etc.

Selbst die „Hilfsverben" *sein* und *haben* sind im Zweifel besser als solche Wortzombies:

Schlecht: *Unter der Schirmherrschaft der Fix-Unternehmensgruppe hat in Düsseldorf eine Gala stattgefunden, zu der sich überraschend Placido Domingo einfand.*

Schon besser: *Placido Domingo war unter den Gästen, die überraschend eine Gala unter der Schirmherrschaft der Fix-Unternehmensgruppe in Düsseldorf besuchten.*

Wer präzise sein will, sollte eine Menge Vokabeln der eigenen Sprache aktivieren, die bislang nur unbewusst schlummern. Ein durchschnittlich gebildeter Deutscher benutzt selten mehr als 1.000 Wörter seiner Sprache (aktiver Wortschatz), versteht aber das Fünfzehnfache (passiver Wortschatz). Der Bestand der zur Zeit gebräuchlichen Wörter liegt über 110.000, behauptet die Duden-Redaktion[147]. Wer seinen aktiven Wortschatz vergrößern will, sollte viel lesen, was zu greifen ist – vom Groschenroman bis zum Fachbuch, von der Illustrierten bis zum Klassiker. Die Lektüre von Thomas und Heinrich Mann, von Stefan Zweig und Lion Feuchtwanger, von Arno Schmid, Arthur Koestler oder Elias Canetti hat noch nie geschadet; Wolf Wondraschek und Robert Gernhard, Heinrich Böll, Eckhard Henscheid und viele andere dürfen sich gerne hinzu gesellen.

Passivsätze sind im guten Deutsch selten. Man erkennt sie leicht an den Hilfsverben „*sein*", und „*haben*" (in ihren grammatischen Formen „wird, werden, wurde, wurden" beziehungsweise „hat, haben, hatte, hatten") in Verbindung mit dem Partizip-Perfekt des Hauptverbs: ge-macht, ge-tan, ge-schehen:

Mit der Wiedereinführung von Karenztagen wird die Hoffnung verbunden, dass der Krankenstand in den Betrieben gesenkt werden kann.

Wer hofft da? Wer führt Karenztage ein? Passivsätze verschweigen, wer handelt – sie unterschlagen eine Information und sind schon deshalb in der Medienwelt verpönt. Wieviel verständlicher – und informationsreicher – ist der Satz so:

Die Arbeitgeberverbände hoffen, dass mit der Wiedereinführung der Karenztage der Krankenstand in den Betrieben sinken wird.

„Sie werden hiermit in Kenntnis gesetzt, das ist Papier. Ich aber sage Euch, das ist die Bergpredigt", schreibt Wilfried Seiffert, ein österreichischer Rundfunk-Journalist und Sprachpfleger. Die Bibel ist in ihrer einfachen und zupackenden Sprache ein gutes Vorbild für leicht verständliche und einprägsame Sprache.

Behördenbescheide sind ein Tummelplatz für Passivkonstruktionen, ebenso wie Fachaufsätze und wissenschaftliche Dokumentationen. In beiden Fällen sind die handelnden Personen in ihrer Selbsteinschätzung nicht wichtig – der Beamte tritt hinter seinen Staat zurück (*„Alle Empfänger des Bescheids werden dazu verpflichtet"* ...), der Wissenschaftler hinter seinen Untersuchungsgegenstand (*„In der Kontrollgruppe wurden folgende Werte gemessen ..."*).

Passivsätze sind manchmal gerechtfertigt, wenn die handelnde Person nicht interessiert, wenn abstrakte Kräfte tätig werden oder wenn die „Leideform" dem Sachverhalt entspricht:

Die Werkskantine wird um 16:30 Uhr geschlossen.

Das gesamte Inventar der Lagerhallen wurde von Brand und Löschwasser vernichtet.

18.000 Besucher des Konzerts im Stadion wurden von Regenschauern durchnässt.

Keinen Leser interessiert, wer den Schlüssel umdreht; Naturgewalten lassen sich nicht personalisieren, und die pitschnassen Musikfreunde leiden vielleicht noch immer, weil sie sich einen Schnupfen eingefangen haben.

Rechtschreibung, Zeichensetzung und Grammatik

Journalisten und Öffentlichkeitsarbeiter haben eine Vorbildfunktion für den Gebrauch unserer Sprache. Ihre Texte sind für die meisten Menschen verbindlicher Maßstab: „Das hab' ich so gelesen, ich zeig's dir schwarz auf weiß!"

Die Sprache ist das wichtigste Handwerkszeug, über das Kommunikationsfachleute verfügen. Wenn auffällt, dass jemand Probleme damit hat (und es wird auffallen – im Kollegenkreis und darüber hinaus), wird man Zweifel auch an seiner Fachkompetenz haben.

Deshalb müssen die Regeln von Rechtschreibung, Zeichensetzung und Grammatik sitzen. Groß oder klein, zusammen oder getrennt, Komma oder keines, neue Rechtschreibung oder alte – wer sich nicht sicher fühlt, muss die Regeln pauken.

Die Rechtschreibreform ist seit Mitte 1999 bei den Nachrichtenagenturen, den führenden Zeitungen und Magazinen in Kraft – allerdings in einer „entschärften" Variante. Sie ähnelt der „Reform der Reform", die von den Kultusministern im Frühjahr 2006 verabschiedet wurde, nachdem lauter Protest der Sprachpraktiker hörbar geworden war. So hat sich die Mehrheit der Medien darauf geeinigt, es bei der herkömmlichen Schreibweise von Fremdwörtern zu belassen. Die langanhaltende Diskussion haben die Medien grundsätzlich konservativ entschieden und die Verständlichkeit der Schreibweise in den Vordergrund gestellt. Darum bleibt in der Medienpraxis auch das Komma vor einem mit und/oder angeschlossenen, vollständigen Satz stehen. Nebensätze mit erweitertem Infinitiv („ ...verschwieg die Spendernamen, um sein Ehrenwort zu halten.") werden weiterhin durch Komma abgetrennt. Wo immer der Duden die alte Schreibweise als Variante erlaubt, wird sie angewandt. In Österreich, der Schweiz und Luxemburg sind Schreibweisen weiter erlaubt, die durch die Sprachentwicklung historisch begründet sind. – Wer die Rechtschreibung der Medien in den deutschsprachigen Ländern kennenlernen will, kann sich Empfehlungen mit zahlreichen Beispielen aus dem Internet besorgen: Die deutschen *(www.die-nachrichtenagenturen.de)* und schweizerischen *(www.sda-ats.ch)* Nachrichtenagenturen haben Listen und Regeln zusammengestellt.

Die *korrekte Zeitenfolge* in einem Bericht ist für viele Zeitgenossen ein Problem. Dabei ist es ganz einfach. Der erste Satz einer Nachricht über ein jüngst geschehenes Ereignis sollte im Perfekt stehen, der vollendeten Vergangenheit. Die Vorgeschichte liegt vor diesem berichteten Zeitpunkt und muss folgerichtig in einer Vor-Vergangenheit stehen – dafür steht das Plusquamperfekt zur Verfügung. Das Imperfekt steht für vergangene Momente, die noch in die Gegenwart hineinwirken.

Einen sprechenden Computer hat die Fix-Unternehmensgruppe gestern anlässlich der Cebit-Eröffnung vorgestellt. Über dreihundert Ingenieure und Informatiker hatten zuvor mehr als drei Jahre unter strenger Geheimhaltung an dem Projekt gearbeitet. Firmensprecher Hajo Meier zeigte sich zuversichtlich ...

Die richtige grammatische *Fallwahl* ist offenbar nicht selbstverständlich. Am häufigsten versündigen sich die Texter am Genitiv. Auch wenn dieser Fall in der Umgangssprache selten und in den Dialekten kaum vorkommt – in den Medien sind Hochdeutsch und der Genitiv zwingend vorgeschrieben.

falsch: *Die Umsätze vom Vorjahr ...*
richtig: *Die Umsätze des Vorjahres ...*

Dem richtigen Fall unterliegen auch Eigennamen: *„Die Aussteller der Grüne Woche"* ist ein Attentat auf die deutsche Sprache – *„ ... der Grünen Woche"* muss es heißen. Ebenso heißt es nicht *„Die Redakteurin von Bunte Illustrierte"* sondern die *„Die Redakteurin der Bunten Illustrierten"*.

Indirekte Rede ist in Medientexten häufig unumgänglich. Wer mitteilen will, was jemand gesagt hat, benutzt dazu meist den Konjunktiv:

Wörtlich: *„Ich muss mich gegen diese Anspielungen verwahren!"*
Indirekt: *XY sagte, er müsse sich ... verwahren.*

Das häufig falsch benutzte Konditional (Konjunktiv II) hat mit der indirekten Rede nichts zu tun. Es ist dazu gedacht, einen Bedingungssatz einzuleiten oder einen Eventualfall zu beschreiben: *„Er sagte, er würde nicht kommen, wenn auch seine Ex-Frau unter den Gästen wäre."*

Fortgesetzter Konjunktiv wirkt ermüdend. Indirekte Rede kann man auch mit einigen Floskeln einleiten, die zwingend den Indikativ nach sich ziehen:

Nach Angaben eines Firmensprechers ist der P 27 der erste Computer, mit dem man sich unterhalten kann.

Die gleiche Wirkung haben die Einleitungen *„Demnach ..., Laut XY ..., XY zufolge ..., Wie XY sagte ..."* Natürlich gilt die Einleitung immer nur für den einen Satz. Geschickte Autoren wechseln flexibel vom Konjunktiv zur Einleitungsfloskel plus Indikativ hin zum direkten Zitat und zurück. So bekommt der Leser Abwechslung und kann sich von den Konjunktiven erholen.

Grammatische Bezüge müssen eindeutig sein, sonst können Aussagen einen lächerlichen Inhalt bekommen:

Um über zweihundert Punkte leichter und in miserabler Stimmung haben die Frankfurter Börsenhändler gestern das Parkett verlassen.

Ganz sicher wollte der Schreiber nichts über Gewichtsverluste der Börsenhändler mitteilen. Ebenso unsinnig ist es, z.B. von „psychologischen Barrieren" zu schreiben – gemeint sind „psychische Schranken", bei deren Überwindung psychologisches Know-how helfen mag. In diesem Kapitel geht es ja auch um schreiberisches Handwerk, nicht um schriftliches.

Österreichische Besonderheiten

Karl Kraus spottete einst: „*Deutsche und Österreicher unterscheiden sich am deutlichsten durch die gemeinsame Sprache.*" Der Bestand an „*Austriazismen*" ist Gegenstand der Sprachforschung, für die Praxis in den Medien spielen nur wenige Begriffe eine Rolle. Vieles ist dem gesamten süddeutschen Sprachraum gemeinsam, wie zum Beispiel *heuer* statt heute, jetzt, zu dieser Zeit.

Wenige Wörter sind für deutsche Ohren missverständlich: ein *Sager* ist eine Äußerung, *Risken* ist die korrekte österreichische Pluralbildung von Risiko, der *Landeshauptmann* ist kein militärischer Rang, sondern entspricht dem deutschen Ministerpräsidenten eines Bundeslandes. Die in den Medien verwendete hochdeutsche Schriftsprache ist bis auf solche seltenen Abweichungen identisch.

Deutlicher sind die Unterschiede im Wortschatz des Alltagslebens. Manches Obst und Gemüse heißt in Österreich völlig anders: Kartoffeln sind *Erdäpfel,* Tomaten sind *Paradeiser*, Bohnen heißen *Fisolen*, und Blumenkohl hat den schönen Namen *Karfiol*. Auch wenn es offiziell die Autobahn-Vignette ist, mit der man Österreichs Schnellstraßen befahren darf, im Land selbst kennt man das *Pickerl*. Für PR-Leute in beiden Ländern gilt der Rat, je nach Branche, Auftrag und Faktenlage zu prüfen, ob mit sprachlichen Missverständnissen zu rechnen ist.

Schreibkonventionen in den Medien

Journalisten und andere Medienleute haben Gewohnheiten entwickelt, die in der Branche ehernen Bestand haben, auch wenn der Grund für eine Regelung längst vergessen ist. Solche schreiberischen Traditionen wandern durch die Generationen und gelten als Erkennungsmerkmal für Zunftzugehörige. PR-Leute sollten sich an diese Schreibkonventionen halten, dann werden sie von Medienleuten besser als Partner akzeptiert.

Umgang mit Namen

Wichtig ist, dass man einen Menschen eindeutig erkennt. Deshalb werden beim ersten Auftritt einer Person im Text seine Funktion und der ausgeschriebene Vor- und Zunahme genannt. Eine Anrede (Frau, Herr) gibt es nicht:

Nicht so:	*Sondern so:*
Frau Vollmer	a) Die Vizepräsidentin des Deutschen Bundestages Antje Vollmer b) Vollmer c) die Abgeordnete der Grünen
Herr Lehmann	a) Kardinal Karl Lehmann b) Lehmann c) der Mainzer Bischof

Wenn die Person häufiger in einem Text genannt werden muss, sind eindeutig zuzuordnende Synonyme möglich; das mögen zum Beispiel weitere Funktionen sein, die im Textzusammenhang stehen: „die engagierte Christin", „der Vorsitzende der Deutschen Bischofskonferenz". Spätestens nach zwei solchen Varianten ist es sinnvoll, zum Namen zurückzukehren, alles andere verwirrt.

Umgang mit Titeln

Grundsätzlich werden akademische Grade und Titel nicht erwähnt. Wenn der Professorentitel im Textzusammenhang eine Bedeutung hat, kann er stehen bleiben und wird ausgeschrieben.

Nicht so:	Sondern so:
Prof. Dr. U. Müller	Professor Ulrich Müller
Dipl.-Ing. (TH) Schmitz	Werner Schmitz

Doktor, Magister und Diplome gelten in den Medien wenig. Lediglich in der wissenschaftlichen Publizistik und in Teilen der Fachpresse ist es üblich, Doktortitel vor dem Namen zu belassen. Wenn es wichtig ist, die Sachkunde einer Person zu unterstreichen, nennen Journalisten das konkrete Fachgebiet oder den Grund für die Kompetenz: *„der Astronom, der Fachanwalt, der international gefragte Gutachter"*.

Unternehmensvorstände und Politiker, Künstler und andere Prominente müssen damit leben, dass Presse, Radio und Fernsehen sie danach benennen, was zu ihrer Bedeutung führt – nicht nach Fleiß und Mühen, die vordem in das Erlangen akademischer Grade investiert wurden. In Österreich gelten andere Regeln, dort übertragen freundliche Interviewer die Würden des Mannes sogar auf seine Gattin: *„Erlauben's eine Frage, Frau Oberamtsrat-Stellvertreter …"*

Umgang mit Zahlen

Für fortlaufenden Text gilt: Die Zahlen von eins bis zwölf werden als Wörter ausgeschrieben, größere Zahlen als Ziffern wiedergegeben. Zehnerbeträge kann man als Wort schreiben *(Zwanzig, Dreißig)*, ebenso Zehnerpotenzen *(Hundert, Tausend, Zehntausend, Hunderttausend)*. Sind kleine wie größere Zahlen im Text, entscheidet man sich für Ziffern *(8 bis 23)*, anstelle des Gedankenstrichs steht das Wort *„bis"*. Gebrochene Zahlen werden als Ziffern ausgedrückt:

Nicht so:	Sondern:
1 – 12	eins bis zwölf (bis zwölf in Buchstaben)
13 – dreiundzwanzig	13 bis 23 (ab 13 in Ziffern) aber: zwanzig, hundert, tausend
Dreidreiviertel	3,75
06. 02. 200X	6. Februar
24.878,12	Fast 25.000 Euro
103,54 Kilogramm	Über hundert Kilo

Datumsangaben müssen eindeutig und kurz sein. In der aktuellen Presse entfällt die Jahresangabe, wenn aus dem Text eindeutig hervorgeht, dass nur das gegenwärtige Jahr gemeint sein kann. Tagesdaten sind selten, Wendungen wie *gestern, am nächsten Freitag* geläufiger. Wert- und Maßangaben dürfen sinnvoll auf- oder abgerundet werden, Währungs- oder Maßeinheiten darf man sinnvoll verkürzen. – In Fachpublikationen, Tabellen, Geschäftsberichten etc. gelten natürlich andere Regeln: Exakte Zahlen, keine Rundungen, vollständige Datumsangaben.

Umgang mit Abkürzungen und Symbolen

Fachbegriffe, Maßeinheiten etc. werden bei ihrer ersten Erwähnung ausgeschrieben, dahinter steht in Klammern die gebräuchliche Abkürzung, zum Beispiel *„Bundesvereinigung der Arbeitgeberverbände (BDA)"* oder *„Becquerel (Bq)"*. Im nachfolgenden Text darf man nur mit der Abkürzung weiterarbeiten. Abkürzungen wie „etc." deuten auf unvollständige Information und sind verpönt.

Umgang mit Firmenbezeichnungen und Produktnamen

Es gilt als werblich und aufdringlich, Produkt- und Markennamen im ersten Satz eines Pressetextes zu schreiben. Das gleiche gilt für grafische Hervorhebungen (Schriftgröße, Fettdruck) oder eigenwillige Schreibweisen (Großbuchstaben, willkürliche Rechtschreibung) von Firmen- oder Produktnamen.

Nicht so:	*Sondern so:*
COMMERZBANK AG	Commerzbank

Um ein Missverständnis aufzuklären: Es ist keineswegs rechtlich vorgeschrieben, einen Firmennamen immer so zu verwenden, wie er im Handelsregister steht.

Trends und Widerstände

Engagierte Frauen haben dafür gesorgt, dass Schreiber darüber nachdenken müssen, ob sie mit ihren Texten beide Geschlechter ansprechen. Stellenanzeigen zum Beispiel suchen „den Sachbearbeiter/die Sachbearbeiterin". Spötter karikieren die Auswüchse: *Liebe Zuschauerinnen und Zuschauer draußen an den TV-Apparaten und -Apparatinnen ...".*

In eigenen Veröffentlichungen ersetzen selbstbewusste Frauen konsequent „*man*" durch „*frau*" und verwenden das Binnen-I: „*LeserInnen*". Die Medien tun es überwiegend nicht. Das *Binnen-I* ist eine Eigenwilligkeit der „tageszeitung" und weniger anderer Publikationen geblieben. Oder sie suchen und finden geschlechtsneutrale Ersatzwörter – so verschwand der „*Lehrling*" aus der deutschen Sprache und wurde durch „*der/die Auszubildende*" ersetzt, die herrschende „*Political Correctness*" wollte es so. Doch in der Umgangssprache heißt es längst „*der Azubi*", auch wenn es sich um eine Rechtsanwaltsgehilfin handelt.

Wer „*Mitarbeiter und Mitarbeiterinnen*" durch „*Mitarbeitende*" ersetzt, macht bestimmt nichts falsch. Aber hilft der Trick dem Text und den Lesern? Starke Eindrücke brauchen eine starke Sprache, die nicht durch falsche Rücksichtnahme lasch wird: Wer zum Beispiel über Alkoholmissbrauch schreibt, macht sich mit „*die Trinkenden*" lächerlich – dann sollten *Trinker* und *Säuferinnen* den Text bebildern.

Zusammenfassung

- Die Sprache ist das wichtigste Handwerkszeug der Medienarbeiter. Vier Faktoren bestimmen, ob ein Text Leser findet. Sechs davon abgeleitete Regeln sind leicht zu merken – wer sie beherzigt, wird seine Sprache auch in anderen Anwendungsfeldern deutlich verbessern.

- Ob ein Text gelesen wird, entscheiden seine Adressaten. Jeder Schreiber sollte sich gut vorstellen können, wie das Verständnis- und Sprachniveau seiner Zielgruppe ist. Wer Medientexte fertigt, muss ein Sprichwort ernst nehmen: „Der Köder soll dem Fisch schmecken, nicht dem Angler!"

- Wer es schafft, komplizierte Sachverhalte in einer einfachen Sprache zu erklären, vergrößert seine PR-Möglichkeiten; denn er verbreitert seine Zielgruppe.

---

145 Langer / Schulz v. Thun / Tausch: Verständlichkeit in Schule, Verwaltung, Politik, Wissenschaft. München 1974.
146 Endmark AG Köln, September 2003.
147 Duden-Band 1, Die Deutsche Rechtschreibung, Darmstadt 2003.

IV WARUM NIEMAND WORTE VERLIEREN SOLLTE

„Auf dem Rednerpodium ist der Mensch nackter
als im Sonnenbad."

KURT TUCHOLSKY

Überblick

- Geplante oder spontane Stellungnahmen für Funk oder Fernsehen
- Tipps und Ratschlägen für den richtigen Umgang mit den Leuten von Radio und TV
- Ängste vor Mikrofon und Kamera und wie man sie meistert

Vor Mikrofon und Kamera

Statementtexte und Interview sind in den Kapiteln über die schriftlichen Formen der Medienarbeit schon einmal zur Sprache gekommen (siehe Seite 296ff). Was dort an Hinweisen und Tipps zur Interviewsituation gesagt wurde, gilt ohne Abstriche auch für Gespräche in Hörfunk- und TV. Inhaltlich gibt es keine Unterschiede – das Interview dient der Information und bedient sich dazu eines informierten Menschen, der kompetent und glaubwürdig auf Fragen eines Journalisten antwortet. Es ist in allen Medien ein erstklassiges PR-Instrument.

Anders verhält es sich mit Statements. Während als Pressemitteilung verschickte Erklärungen kaum eine Chance haben, im Wortlaut veröffentlicht zu werden, ist die öffentliche Stellungnahme in Hörfunk und Fernsehen sehr beliebt. Die direkte Vermittlung von Ton und Bild macht es plausibler für den Mediennutzer, wenn ein Mensch selbst seine Ansicht vorträgt, als dass ein Dritter es tut.

Die Renaissance des Radios und die Vielfalt der Fernsehprogramme haben auf dem Medienmarkt zu einer deutlich größeren Nachfrage nach

Interviews und Stellungnahmen geführt. Dafür gibt es gute Gründe: In Deutschland haben sich seit den Anfängen der Privatisierung mehr Fernseh- und Radiokanäle als in den Nachbarländern entwickelt und sie versuchen, sich im Medienmarkt zu behaupten. Nicht unbedeutend sind dabei Vorteile, die ein Sender durch viele exklusiv geführte Interviews mit interessanten Menschen haben kann. Seltsam ist die Zurückhaltung vieler Wirtschaftskräfte den Massenmedien Radio und Fernsehen gegenüber. Offenbar haben viele Manager die PR-Möglichkeiten der Sender noch nicht erkannt.

Unter allen Medien gelten die mit Kamera und Mikrofon „bewaffneten" als etwas Besonderes, vielen erscheinen sie bedrohlich. Sie rücken mächtige Männer ins Bild – und zeigen ganz normale Menschen. Der Herr über Tausende Arbeitsplätze, der Jongleur von Investitions-Millionen erweist sich als schmächtiges Männlein mit dünner Stimme und schütterem Haar, hat Schweißperlen auf der Stirn und besitzt die Ausstrahlung von Buttermilch. Die brillante Kaufmannsnatur, den analytischen Verstand, die Entscheidungskraft und den eisernen Willen zum Erfolg sieht man leider niemandem an. Nachdenklich kann die Behauptung von Fachwissenschaftlern machen, weder Bismarck noch Hitler hätten eine Karriere als Politiker gemacht, wenn es zu ihrer Zeit schon Radio bzw. Fernsehen gegeben hätte: Bismarck wäre an seiner Fistelstimme gescheitert, Hitler an seinen Trancen und Wutausbrüche, in die er sich hineinredete.

1   Bangemachen gilt nicht – was die Medien hören wollen

Viele Vorstände von Unternehmen haben ebenso wenig wie die Sprecher der Verbände gelernt, vor Kamera und Mikrofon natürlich zu agieren. Davon lebt eine kleine Zahl spezialisierter Medientrainer, die Managern, Funktionären und Politikern ihre Dienste anbietet – von der Kleidungs- und Stilberatung bis zu ernsthaften Coachingrunden mit professioneller Studiotechnik, um schließlich mediengerecht auftreten und reden zu können. Für Politiker jeglicher Couleur sind solche Trainings mit bekannten Fernsehjournalisten seit vielen Jahren ein Muss, sobald sie in wichtige Funktionen gewählt worden sind. Die Parteien geben recht viel Geld aus, damit ihre Repräsentanten gekonnt und kompetent auf den Bildschirmen erscheinen.

In Wirtschaft, Wissenschaft und Verbänden ist oft nicht einmal die Bereitschaft vorhanden, sich einer Kamera auszusetzen.

Daran sind einige der besagten Medientrainer nicht ganz unschuldig. Sie verbreiten in ihren Werbebriefen und Annoncen ein Journalistenbild, das wenig mit der Realität zu tun hat. Sie glauben, ihr Angebot untermauern zu müssen, indem sie den Fernsehleuten eine Art Kampfhundmentalität unterstellen. „Die freundlichsten Journalisten beim Vorgespräch sind in der Sendung manchmal die größten Ferkel", behauptet einer, der sich zudem seiner „Nahkampfausbildung" rühmt und sie als Argument für sich ins Feld führt.

Das in dieser Weise wieder unterstützte Klischeebild vom Fernsehjournalisten als Feind führt erst zu den vielen frostigen Begegnungen zwischen Managern und Medienmachern. Die überwältigende Mehrheit der Radio- und TV-Macher ist zunächst an einer seriösen und glaubwürdigen Sendung interessiert – und nur in einem solchen Rahmen ist eine Zusammenarbeit mit den Sendern überhaupt sinnvoll. Kein durchschnittlich intelligenter Mensch kann die nachmittäglichen Krawall-Talkshows diverser Privatkanäle mit Journalismus verwechseln.

Natürlich sind Radio- und TV-Journalisten mit ihren Fragen und Statementwünschen besonders schnell zur Stelle, wenn es um ungewöhnliche und nicht selten kritische Sachverhalte geht. Viele Manager und Verbandslenker fühlen sich von der professionellen Neugier der Journalisten bedrängt und finden die hingestreckten Mikrofone ungezogen, wenn nicht sogar bedrohlich. Wer dann noch vor die Kamera gebeten wird, begegnet dem Fernsehmann womöglich schon mit Eis im Blick: bloß nicht fertig machen lassen, steht trotzig ins Gesicht geschrieben. So fallen dann auch die Worte – und das Publikum staunt über den schlechtgelaunten Mann der Wirtschaft.

Dabei wollten die Leute von Funk und Fernsehen in der Regel nur ihre Arbeit tun, das heißt, gescheite Antworten auf plausible Fragen einsammeln und sendebereit machen. Doch ihr Gesprächspartner behandelt sie vom ersten Moment an wie Gegner, reagiert einsilbig und vergrätzt, möglicherweise überheblich. Weil auch Journalisten in erster Linie Menschen mit normalen Empfindungen sind, entwickelt sich rasch ein für beide Seiten unfruchtbarer und unerfreulicher Schlagabtausch. So verfestigen sich Vorurteile.

Wie man sich verhalten sollte, zeigen der Vorstandsvorsitzende der Porsche AG Wendelin Wiedeking ebenso wie die Bundesministerin für Verbraucherschutz, Ernährung und Landwirtschaft Renate Künast. Beide gehen stets gut vorbereitet in Gespräche mit Journalisten, geben sich natürlich, maulen nicht, wenn jemand offensichtlich ahnungslos fragt, sondern bewahren Geduld und Freundlichkeit. Der

Manager und die Ministerin gehören für ihre jeweiligen „Hauptsparringspartner" unter den Journalisten zu den angenehmsten Erscheinungen.

Wirklich gefragt: Rhetorik und Medienkenntnis

Wer sich ernstgemeinten journalistischen Fragen stellen soll oder aufgefordert ist, ein Statement abzugeben, braucht im Prinzip zwei Fertigkeiten, die lernbar sind:

- Rhetorische Sicherheit,

- Kenntnis von den Regeln und Abläufen in Radio und TV.

Was sich heute vielfach vor Mikrofon und Kamera abspielt, folgt im wesentlichen den uralten Regeln der Rhetorik. Es ist grundsätzlich kein Unterschied, ob jemand vor einer Menschenmenge eine Rede halten soll oder über die Sendetechnik sein Publikum anspricht. Es mag Millionen zählen – der Statementgeber oder Interviewpartner kann dabei nur die gleichen Fehler machen, die ihm als Redner vor der Betriebsversammlung vermutlich auch passieren würden.

Rhetorische Sicherheit hat viel mit dem Vermeiden weniger Ungeschicklichkeiten und Fehler zu tun. Es geht um die bekannten Faktoren Einfachheit, Klarheit, Kürze und Ordnung, die gerade im gesprochenen Wort von größter Bedeutung sind. Es geht weiter um den in allen Zusammenhängen gleich bleibenden PR-Auftrag, seine Signale und Botschaften unverwechselbar zu machen.

Ein paar *Merksätze* genügen, um das Maß an rhetorischer Sicherheit deutlich zu steigern:

- Interview-Antworten und Statements müssen kurz sein.
- Vereinfachungen sind ein notwendiges Übel.
- Beispiele und Bilder machen abstrakte Sachverhalte deutlicher.
- Jede abstrakte Zahl halbiert die Zuhörer; einfache Rechenbeispiele überzeugen.
- Fremd- und Fachwörter sind weitgehend verboten.
- Stattdessen ist Umgangssprache empfehlenswert.
- Wer schnell spricht, wird schlechter verstanden.

1. *Man muss sich kurz fassen.* Bei durchschnittlicher Sprechgeschwindigkeit enthält eine Textpassage von 20 Sekunden Dauer bereits 40 bis

50 Wörter. Das sind drei bis vier Sätze – länger sollte eine Antwort nur ausfallen, wenn man sie deutlich gliedert. Wenn der Hörer in einem ersten Satz erfahren hat, dass ein Argument in mehreren Teilschritten entwickelt wird, kann er deutlich besser zuhören. Ein Antwortbeispiel:

Ihre Frage lässt sich nicht mit einem Ja oder Nein beantworten. Es geht um Dreierlei: Erstens gehören die Alleebäume zum unverwechselbaren Landschaftsbild in Brandenburg, da kann man nicht einfach die Axt anlegen. Zweitens würde das Fällen der Bäume die Verkehrssicherheit auch nicht erhöhen, denn dadurch werden die Straßen um kein bisschen breiter. Und drittens ist so ein Vorschlag schon deshalb illusorisch, weil ihn niemand gegen den Willen der Brandenburger durchsetzen kann. Ich sage Ihnen noch zwei Dinge: Es ist ganz einfach, wir können dem gewachsenen Landschaftsbild wie dem Sicherheitsbedürfnis der Autofahrer genügen. Wir müssen zum einen entlang der Alleestraßen neue Fahrstreifen bauen. So wird eine Baumreihe zur Mitte einer neuen, breiteren Straße. Und wir müssen zum anderen die Bäume pflegen, damit kein totes Geäst zur Gefahr wird.

Dieser Sprechtext dauert rund 45 Sekunden, aber er ist deutlich gegliedert und ist darum leicht verständlich.

In einem Statement muss die zentrale Aussage mit den ersten Wörtern feststehen. Selten ist ein für die Fernsehkameras gesprochenes Statement länger als 20 bis 30 Sekunden. Solche Texte werden selten als Live-Statement gefordert. Meist kommt ein Aufnahmeteam mit der Weisung: „Nicht länger als einsdreißig!", was theoretisch eine Sprechzeit von 90 Sekunden bedeutet. Aber regelmäßig bleibt von einem Text dieser Länge kaum ein Drittel übrig – wer sich schlecht darauf vorbereitet, versteckt seine Botschaften dort, wo sie der Schneideschere zum Opfer fallen. Also kurz fassen und mit der Tür ins Haus fallen – in nur 15 Sekunden:

Das ist nicht durchdacht. Die Bäume können stehen bleiben, wenn man eine neue Fahrbahn neben der Allee baut. Dann wird eine Baumreihe zum Mittelstreifen und gibt der breiteren Straße sogar mehr Führung. Ich fordere, das Landschaftsbild zu erhalten und nicht gedankenlos die Axt anzulegen.

2. *Vereinfachungen* sind nicht nur erlaubt, sie sind nötig, um in Interviews und Statements nicht als weitschweifiger Erbsenzähler wahrgenommen zu werden. Es geht um das Mitteilenswerte, um die entscheidenden Fakten, nicht um Vorgeschichte, Seitenaspekte und Hintergründe. Radio und Fernsehen sind in ihren üblichen Sendeformen nicht darauf angelegt, die Details zu häufen, sondern einen generellen Überblick zu geben. Daran muss sich jeder halten, der von den Sendern um eine Stellungnahme gebeten wird.

Besonders Juristen, Wissenschaftler und Verbandsfunktionäre tun sich oft schwer, rasch und ohne Rundum-Erläuterungen zur Sache zu sprechen. Es interessiert jedoch weder im Studio noch vor den Empfangsgeräten kaum jemand, was da an gesprochenen Fußnoten kommt.

3. *Beispiele* oder kurze erläuternde Geschichten können abstrakte Sachverhalte schnell anschaulich machen. Es sollte allerdings bei einem prägnanten Beispiel bleiben und eine Geschichte sollte wirklich in wenigen Sätzen erzählt sein.

Von der Bluterkrankheit hat wohl jeder schon einmal gehört, um ein Beispiel für eine vererbte Krankheitsanlage zu nennen. Aber es kann noch schlimmer kommen, wie die Wissenschaft zeigt. Im alten Ägypten heirateten die Pharaonen häufig ihre Schwestern. Die Mumien der Herrscher und ihrer Verwandten aus der 18. Dynastie sind fast alle erhalten. An ihnen kann man erforschen, wie durch Inzucht über 250 Jahre die Mitglieder dieser Sippe zunehmende Knochendefekte zeigen. Leider ist die Mumie von Echnaton verschollen. Er war der letzte Pharao aus dieser Familie. Seine Bildnisse lassen aber vermuten, dass er schwere Wirbelsäulenschäden hatte und sein Leben lang von Schmerzen gepeinigt wurde.

4. *Fremd- und Fachwörter* haben in Radio und Fernsehen ebenso wenig ihren Platz wie in anderen Massenmedien. Zwar gilt es hierzulande als unschicklich, wenn ein Wissenschaftler sich allgemeinverständlich ausdrückt. Die in den sechziger- und siebziger Jahren sehr populären „Fernseh-Professoren" Heinz Haber und Hoimar von Dithfurth wurden von ihren Zunftkollegen gering geschätzt, obwohl sie über den Bildschirm bei vielen jungen Menschen die Begeisterung für die Wissenschaft wecken konnten.

Wer die promovierten Meteorologen des Deutschen Wetterdienstes oder des Privatunternehmens von Jörg Kachelmann die Wettervorhersagen machen sieht, sollte sich nicht über die Trefferquote wundern. Sondern über die Leichtigkeit, mit der die Fachleute ihr Zunftchinesisch abgelegt haben, um von allen verstanden zu werden.

5. *Kurze Sätze* sind schon in der Schriftform wichtig, noch wichtiger sind sie für das Hörverstehen. Jeder dritte Erwachsene hat bei Sätzen mit neun und mehr Wörtern deutliche Verständnisprobleme. Sätze mit 14 Wörtern werden bereits von der Hälfte der Zuhörer nicht mehr verstanden, bei 20 Wörtern schalten drei Viertel ab – im wahrsten Sinn des Wortes.

Es ist kein Zufall, dass Textformate nur von speziellen Hörfunkprogrammen verbreitet werden. Im Fernsehen beschränken sich textlastige Sendungen zunehmend auf Talkshows mit banalen Themen. Anspruchsvolle Interviews und längere, tiefer schürfende Beiträge mit hohem Textanteil fristen ein Nischendasein in den späten Abendstunden oder bei den Doku- und Kulturkanälen.

6. *Schnellsprecher* haben es in Radio und Fernsehen schwer. Studiomoderatoren und Sprecher lernen in eigens dafür eingerichteten Seminaren, ihr Sprechtempo zu optimieren. Solche Trainings sind kein Allgemeingut – sonst würden nicht immer wieder Menschen versuchen, die ihnen bekannte Zeitknappheit mit mehr Silben pro Minute zu bekämpfen.

150 Silben pro Minute gelten als ideal – doch manche Menschen bringen es auf nahezu das Dreifache. Wer nicht durch sein Geplapper unangenehm auffallen will, muss üben, sein individuelles Sprechtempo zu verringern:

Hundert Wörter pro Minute sind die absolute Obergrenze. Wer schneller spricht, redet über seine Hörer hinweg und wird sich verhaspeln.

Wer weniger als zehn Sekunden benötigt, um die beiden kursiven Zeilen laut zu sprechen, spricht zu schnell!

Mit dem Kopf des Hörers formulieren

Radiohörer und Fernsehzuschauer unterscheiden sich in ihrem Verhalten gegenüber „ihren" Medien erheblich. Während der TV-Kunde sich in der Regel bewusst entscheiden muss, eine Sendung zu sehen, läuft das Radio oft nebenbei. Doch auf einer anderen Ebene treffen sich die Konsumenten beider Massenmedien wieder: Während der Radiohörer oft durch eine andere Tätigkeit (z.B. Autofahren) vom konzentrierten Zuhören abgelenkt wird, sind es im Fernsehen die Bilder, die vom Ton ablenken. Wer einen Text in der Zeitung liest, kann sich ganz anders darauf einlassen.

Radio- und Fernsehkunden müssen also besonders deutliche Signale erhalten, warum ein spezifischer Text für sie interessant sein könnte – dann werden sie sich den Worten zuwenden. Nach kürzester Zeit muss klar werden, dass der Hörer einen

- Nutzen hat,
- Neues erfährt,
- Klarheit bekommt.

1. Der *Nutzen* trifft auf unterschiedliche Hörer-Charaktere. Der Neugierige sucht spontan umsetzbare Tipps, erwartet von einem Versicherungsexperten im Studio konkrete Antworten, an die er sich halten kann. Der Kritische will selbst zu Ende denken und eigene Lösungswege finden, er

sucht Einblick in systematische Zusammenhänge und bildet sich dann eine persönliche Meinung. Dieser Hörertyp ist eigentlich wichtiger zu nehmen, weil er im PR-Sinne als Multiplikator handeln kann.

Er will Präzision und Transparenz in der Argumentation, z.B. klare Unterscheidungen zwischen Wissen, Meinen und Glauben. *„Ich weiß"* darf nur sagen, wer seine Behauptung belegen kann.

2. Wer *Neues* mitzuteilen hat, ist sofort interessant, der alte Jahrmarkts-ruf „neu" wirkt noch immer. Zahlreiche Interviewpartner verschenken diese Chance, weil sie ihr neuestes Wissen verschweigen. Gemeint ist nicht plumpe Geschwätzigkeit, sondern das Signal an das Publikum: Hör zu, ich habe Neues mitzuteilen – zum Beispiel Randepisoden von einer Konferenz, die wie ein Blick ins Nähkästchen wirken. Unter den Begriff *„neu"* fallen auch originelle Ausdeutungen und individuelle Sichtweisen, zu denen aber manchem Studiogast der Mut fehlt.

3. *Klarheit* in der Darstellung schafft beim Hörer und Zuschauer „Aha"-Elebnisse und verleiht dem Mediengast neben Aufmerksamkeit auch bleibende Kompetenz. Wobei darauf zu achten ist, dass den Zuhörern etwas klar wird – nicht dem fragenden Journalisten oder möglicherweise anwesenden Diskussionspartnern. Schon viele Interviews, Diskussionsrunden und Statements scheiterten an der falschen Einschätzung, über welche Kenntnisse und welches Vorwissen die Zuhörer und Zuschauer verfügten.

Die Regeln der Medien

Im Hörfunk sind Interviews als Sendeform deutlich verbreiteter als im Fernsehen. In jedem Morgen- und Mittagsmagazin gibt es Studiogäste und werden Telefoninterviews eingespielt. Auf den Kanälen mit ausgeprägten Sprachformaten (z.B. *Deutschlandfunk, Deutschland-Radio*) gibt es auch ausführliche Interviewrunden, die sich über längere Sendezeiten erstrecken können. Im Fernsehen beschränken sich solche Situationen auf aktuelle Nachrichtenmagazine (zum Beispiel die „tagesthemen") und die Sport- und Frühstücksmagazine. In den politischen Magazinen ist das Statement häufiger anzutreffen. Das Interview ist aber auch dort ein notwendiges Recherche-Instrument.

Technisch sind Interview- oder Statementwünsche von Funk und Fernsehen recht vielfältig zu verwirklichen. Im Fernsehen wird gerne vorproduziert, um den eingeübten Sehgewohnheiten zu entsprechen. Die Montage von Bild- und Tonsequenzen am Schneidetisch führt in der Regel zu einer deutlichen Verdichtung und Straffung des ursprünglichen Materials – dann bleiben von einem viertelstündigen Interview vielleicht nur zwei Minuten, verteilt auf drei kurze Antworten im Verlauf eines Kurzberichts.

Im Radio bevorzugt man nicht nur Live-Sendungen, sondern kann auch ein Telefongespräch problemlos senden. Solche *Telefon-Interviews* sind in den Morgen- und Mittagsmagazinen der Sender sehr häufig. Auch dort wird manches vorproduziert, aber deutlich weniger geschnitten, so dass der spontane Charakter des Interviews gut erhalten bleibt.

Vor-Ort-Gespräche sind bei Radio und TV gleichermaßen beliebt. Ein Wagen mit Übertragungstechnik macht es möglich, von nahezu jedem Ort aus zu senden. Das Live-Interview von der Großbaustelle, aus der Messehalle, aus dem Produktionsbetrieb ist bei den Fernsehleuten sehr beliebt, weil der Hintergrund mehr Realität vermittelt als das nüchterne Studio. Problematisch sind Lärmquellen in der Nähe des Aufnahmeorts – dann müssen sich Fragesteller und Interviewpartner anbrüllen. Häufig treten auch technische Probleme mit Bild- oder Tonleitung auf, die den Stress weiter erhöhen können.

Formal kann man unterscheiden:

- Sachinterview,
- Meinungsinterview,
- Persönlichkeitsinterview.

Im *Sachinterview* geht es – der Name verrät es – um sachlichen Informationstransfer. Die Expertenbefragung, die Insiderbegegnung gehören hierher. Gute Journalisten fragen, wie es auch ihre potentiellen Hörer und Zuschauer wohl täten, und bereiten sich sehr gut auf so ein Gespräch vor. Mancher Interviewpartner hat schon staunen gelernt, wie gut vorab informiert ein Journalist in eine solche Runde kam.

Im *Meinungsinterview* geht es um eine Stellungnahme zu umstrittenen, in der Öffentlichkeit diskutierten Fragen. Hier ist eine deutliche Meinung gefragt – wer hier Zurückhaltung übt und sich um klare Aussagen herumdrückt, darf sich nicht wundern, wenn der fragende Journalist hart nachfragt und bohrt. Mischformen sind recht häufig. Es geht oft um die Sachinformation und zugleich um eine hilfreiche Bewertung aus Expertenmund.

Das *Persönlichkeitsinterview* ist in der Regel eine harmlose Variante, denn das Interview wird geführt, weil man damit den Befragten aus Anlass eines runden Geburtstags, einer Preisverleihung etc. würdigen kann. Dabei kann sich eigentlich nur der fragende Journalist blamieren, wenn er sich nicht richtig und ausreichend über sein Gegenüber informiert hat. Und aus Anlass einer Ehrung den großen Kritiker herauszukehren, endet für jeden Reporter in der Peinlichkeit.

Niemals ohne Vorbereitung

Kaum ein Interview- oder Statementwunsch kommt wirklich aus heiterem Himmel. In der Regel ist vorher eine Situation entstanden, in der Radio und Fernsehen auf einen Sachverhalt aufmerksam geworden sind. Das muss nicht die gefürchtete Krise sein, in deren Verlauf die Medien immer neugieriger werden. Dass ein Fachmann um ein Interview für einen Sender gebeten wird, geschieht fast immer erst dann, wenn der gleiche Experte durch Fachmedien oder die Tagespresse bereits bekannt wurde. Wer neu in eine verantwortliche Position berufen wird, wer sich in der Fachpresse einen Ruf erworben hat, wer jüngst einen Preis verliehen bekam, erfüllt die klassischen Vorbedingungen für den Wunsch nach einem Rundfunk-Interview.

Wenn ein Unternehmen das einzige oder größte der Branche in der Region ist, kommen die Leute von den regionalen Sendern gern darauf zu, wenn es um Insiderwissen geht. Das gilt auch bei Tarifkonflikten oder anderen kontroversen Themen, wenn jemand mit einer deutlichen Position den einen Part in der Berichterstattung spielen kann.

Geschickte PR-Strategen benutzen solche Situationen offensiv, um den Sendern ihre Bereitschaft für ein Interview zu signalisieren. Weil es immer noch zu den Ausnahmen gehört, dass Vorstände und Geschäftsführer den Medien Angebote machen, gehen die gerne darauf ein. Das gelingt aber nur, wenn jemand auch etwas zu sagen hat und für ein Thema relevante und kompetente Aussagen machen kann.

Es hat sich bewährt, den Charakter des zu erwartenden Interviews vorab einzuschätzen, um sich entsprechend vorbereiten zu können.

- *Informationsgespräch*, das sachkundig und allgemeinverständlich über einen aktuellen Sachverhalt unterrichten soll. Hier wird der fragende Journalist quasi zum Stichwortgeber, um die Informationen in kleine Antwortportionen zu gliedern. Der Interviewgeber soll in erster Linie die Glaubwürdigkeit der Antworten garantieren.

- *Servicegespräch*, in dem ein Experte häufig Anfragen von Hörern oder Zuschauern beantworten soll. Dabei kommt es darauf an, auch komplexe Zusammenhänge für den Laien verständlich zu machen. Keinesfalls darf eine Antwort überheblich ausfallen, weil eine Frage als zu trivial empfunden wird.

- *Hintergrundgespräche* dienen dazu, analytisch an aktuelle Entwicklungen heran zu gehen, ihren Fortgang und ihre Wirkung einzuschätzen. Die Mischung von Information aus erster Hand und persönlicher Meinung macht den Reiz aus.

Die vorgenannten Formen bieten sämtlich ein vorzügliches Forum, um durch Sachkunde und Souveränität im Umgang mit Fragen positiv zu wirken. Wer zu solchen Sach- und Service-Interviews eingeladen wird, sollte sich in seiner Materie völlig sicher sein, wichtige Zahlen und Werte im Kopf haben und auf jede Frage antworten können. Das heißt nichts anderes, als die möglichen Fragen vorher zu überlegen und sich seine Antworten zurecht zu legen.

- *Konfliktgespräche* werden geführt, um konträre Standpunkte zu einem Thema oder sogar Auseinandersetzungen um strittige Sachverhalte zu dokumentieren. Häufig übernimmt dabei der fragende Journalist den Widerpart. Solche Situationen verlangen neben der inhaltlichen eine besonders gründliche emotionale Vorbereitung, um eventuelle Angriffe sachlich und mit Ruhe zu kontern.

Je mehr jemand über die Sendung weiß, desto ruhiger kann er hineingehen. Wenn es sich um eine regelmäßige Ausstrahlung handelt, sollte man sich zwei oder drei Beispiele anhören oder ansehen. Die beteiligten Journalisten, ihr Fragestil und Umgangston, Art und Umfang der Hörer- oder Zuschauerbeteiligung, Rahmenbedingungen wie z.B. Publikum im Studio oder Aufnahmen unter freiem Himmel mit Störgeräuschen – auf alles das kann man sich einstellen.

Es schadet bestimmt nicht, sich über den Sender, seine Verbreitung und seine Nutzer vorab zu informieren. Wenn der Sendeplatz für das Interview oder Statement feststeht, wird niemand überrascht auf die Forderung reagieren, mehr über die spezifischen Rahmendaten der Sendung zu erfahren – vor allem über die Hörer bzw. Zuschauer. Schließlich handelt es sich um die Adressaten, an die möglicherweise PR-Botschaften gerichtet sein können.

Wenn ein Telefon-Interview verabredet wird, sind einige Besonderheiten zu beachten:

- Für ein kurzes Live-Interview sind drei Abstimmungsrunden mit den Medienmachern nötig:
  1. inhaltlich-sachlich, sobald die Absprache erfolgt,
  2. über den formalen Verlauf am Tag des Sendetermins,
  3. mit dem Studioredakteur unmittelbar vor Live-Schaltung.

- Unbedingt die Radio- oder Fernsehsendung mitverfolgen, in der das Interview ausgestrahlt wird. Dabei nicht dadurch irritieren lassen, dass der Ton aus dem Empfangsgerät leicht zeitversetzt zum Telefonsignal ankommt. Das hat sendetechnische Gründe und ist keine Hexerei.

- Nicht mit dem Mobiltelefon telefonieren. Dabei können Störgeräusche und Verbindungsschwächen vorkommen.

- Das Anklopfsignal von ISDN-Anlagen vor dem Gespräch mit dem Studio ausschalten. Es stört nicht nur, vor allem macht es unsicher.

2 Rede und Antwort stehen – Anmerkungen zum Pressesprecher-Statement

Das technisch aufwendigste Medium ist zugleich das vergänglichste: Nur drei von hundert repräsentativ ausgesuchten Bundesbürgern sind imstande, die ersten drei Beiträge einer „tagesschau"-Sendung in der richtigen Reihenfolge zu benennen, wenn man sie 15 Minuten später befragt. Von den Inhalten einer solchen Nachrichtensendung bleiben nur Resterinnerungen haften, wobei das individuelle Interesse des Zuschauers die größte Rolle spielt, nicht die objektiven Nachrichteninhalte.

Das *Statement vor der Fernsehkamera* erreicht Millionen, deshalb nehmen es viele Unternehmens- und Verbandsvorstände sehr wichtig und werten es als etwas besonderes. Aber wie ist das „normale" Erscheinen eines Unternehmens- oder Institutionssprechers auf dem Bildschirm?: Es geht in aller Regel um die knappe Darlegung einer Position, um eine erbetene Stellungnahme zu einem abstrakten Thema (z.B. zu Tariffragen) oder um eine sachkundige Meinung. Es lohnt kaum die Aufregung – dennoch bricht in manchen Kommunikationsstäben große Hektik aus, wenn sich das Fernsehen anmeldet.

Die Bitte um ein Statement ist in jedem Fall eine Chance. Die gilt es optimal zu nutzen. Einer regionalen Nachrichtensendung im Vorabendprogramm folgen – je nach Sendegebiet – eine halbe Million bis zu vier Millionen Menschen. Die „tagesschau" – nach wie vor die Nachrichtensendung mit dem größten Vertrauensbonus in der Bevölkerung – sehen durchschnittlich 28 Millionen Zuschauer. Man kann also ein sehr großes Publikum potentiell direkt ansprechen. Ob davon etwas im Gedächtnis bleibt, ist auch von der Qualität des Gesagten abhängig – und dafür kann man etwas tun.

Statementwünsche sind vorhersehbar

Wenn die Medienarbeit eines Unternehmens konzeptionell angelegt wird, sind die statementträchtigen Situationen klar erkennbar, zum Beispiel bei:

- Bilanzveröffentlichungen,
- Firmenjubiläen,
- wichtigen Personalentscheidungen,
- Messebeteiligungen,
- Übernahmen,
- Werkseröffnungen oder -schließungen,
- Innovationen,
- selbstgesteuerten Veranstaltungen.

Darüber hinaus sind Nachfragen um Stellungnahmen zu erwarten, wenn im Umfeld eine Diskussion entfacht wird; z.B. über Veränderungen in der Gesetzgebung, bei den Tarifpartnern, im Branchenverband, in den Märkten. Ein Beispiel:

Ein Einbrechen des Dollarkurses führt innerhalb kurzer Zeit zu neugierigen Anfragen von Wirtschaftsjournalisten, inwieweit der Umsatz von XY davon betroffen ist. Jedes stark exportabhängige Unternehmen, das seinen weltweiten Verkauf in Dollar abrechnet, ist dann potenziell interessant für eine Bewertung in eigener Sache. Die Mitarbeiter in der Presseabteilung sollten sich also wappnen – noch besser wäre, sie machten den Medien alsbald Angebote, zu diesem Thema werde sich das Vorstandsmitglied äußern.

Es ist nicht entscheidend, wer vor die Kamera gebeten wird – Pressesprecher oder Manager. Beide sollten sich intensiv auf eine solche Situation vorbereiten, und im zweiten Fall sollte der PR-Profi die Kompetenz haben, seinen Geschäftsführer oder Vorstand für die Statement-Situation zu trainieren.

Wenig Zeit für viel Wirkung

Der tatsächlich gesendete Wortlaut eines üblichen Statements passt in dreißig Sekunden. Selten wird eine volle Minute daraus, dann mit größter Wahrscheinlichkeit in Häppchen zerteilt, die das Fernsehteam durch eigene Beiträge unterbricht. Ein Statementsprecher hat also nur sehr begrenzte Zeit, seine Aussagen zu treffen.

Das verleitet dazu, einen häufig beobachteten Fehler zu machen: Der Sprecher versucht's mit mehr Tempo. Wie ein Wasserfall verlassen die Worte den Mund, das Kinn hebt sich, die Tonlage auch. Der Sprecher verströmt Hektik und Aufgeregtheit, der Wortschwall überschäumt die Botschaft – nach dreißig Sekunden hat der Sprecher eines erreicht: Der Zuschauer runzelt die Stirn und fragt sich, warum der Mensch so nervös ist. Die Gutwilligen bedauern den Stressgeplagten, die Nachdenklichen fragen sich, ob da einer „was verkaufen musste" – in beiden Fällen droht Gefahr für das Image der Institution.

Ein paar Tipps:

- Erkundigen Sie sich, wie viel Zeit „Ihr" Statement in der Sendung bekommen wird. Wenn Sie keine Auskunft bekommen, übernehmen Sie die Regie: *„Meine wesentliche Aussage bekommen Sie in den ersten dreißig Sekunden, die Ergänzungen und Erläuterungen in der darauf folgenden Minute. Einverstanden?"*

- Das will natürlich geübt sein – Sie wollen das Aufnahmeteam ja nicht veräppeln (und somit verärgern). – Also schreiben Sie sich fünf Stichwörter auf, die Ihr Statement inhaltlich festlegen: fünf einzelne Wörter – keine Sätze, keine Floskeln.

- Formulieren Sie mündlich drei Sätze, die Ihre Stichwörter aufnehmen. Sprechen Sie die Sätze und messen Sie die Zeit. Es sollten nicht mehr als zwanzig Sekunden sein.

- Formulieren Sie einen einzigen kurzen Satz, der Ihre Kernaussage in verdichteter Form beschreibt.

- Kombinieren Sie ihren „Kernsatz" mit den anderen Sätzen, versuchen Sie's mit einer anderen Reihenfolge und sprechen Sie sich laut vor. Ihre beste Fassung darf 30 Sekunden Sprechzeit nicht überschreiten.

- Reduzieren Sie Ihre Aussage auf einen prägnanten Satz mit zehn Wörtern. Beispiel: „Um es kurz zu machen: Das geht so nicht!". Damit haben Sie immer ein zündendes Statement im Petto, wenn der Fernsehmensch es unbedingt plakativ möchte.

Fernsehgerecht agieren

Es drängt viele Leute auf die Mattscheibe, die täglichen Talkshows leben davon. Wer vor dem Fernsehpublikum bestehen will, wird jedoch an anderen Maßstäben gemessen als im Alltag. Da geht es manchmal um Stilfragen, die auch den persönlichen Habitus angehen. Man sollte wissen:

- Das Fernsehpublikum erwartet von Leuten, die in diesem wichtigen Massenmedium Informationen verbreiten wollen, ein seriöses Auftreten. Wer eine Bank vertritt, muss in Schlips und Kragen vor die Kamera treten. Die Kleidung des Statementgebers ist bereits ein Teil der Information, die er vermittelt. Wenn der Direktor des Privatzoos in der Strickweste auftritt, nehmen ihm siebzig Prozent der Zuschauer gerne den Tierfreund ab. Der gleiche Zuschauerschnitt würde den Waldbesitzer im noblen Anzug negativ sehen, nämlich als Holzökonom mit wenig ökologischem Interesse.

- Bleiben Sie natürlich. Menschen, die eine Kamera auf sich gerichtet sehen, neigen dazu, ein gekünsteltes Verhalten anzunehmen. – Versuchen Sie weitmöglichst, Sie selbst zu sein, wenn eine Kamera auf Sie gerichtet ist. Sprechen und agieren Sie wie vor Ihrer Familie oder Ihren besten Freunden.

- Achten Sie auf die Aufnahmesituation. Wenn man Sie im Firmengebäude aufnehmen will, wählen Sie am besten den Platz am eigenen Schreibtisch – jedenfalls einen Ort, wo Sie sich auskennen und wo Sie sich wohl fühlen. Wenn man Sie draußen filmen will, achten Sie auf Sonne (die Sie blinzeln lässt), Temperatur (Sie sollten nicht frieren oder schwitzen) und Körpersprache: Verschränken Sie nicht die Arme vor der Brust (nur ein Beispiel).

- Nehmen Sie Ihre Nervosität nicht so wichtig – davon überträgt sich maximal ein Drittel auf den Bildschirm; Sie wirken also ganz normal.

- Vereinbaren Sie vor der Aufzeichnung, dass eine Aufnahme wiederholt wird, wenn Sie darauf bestehen.

- Verweigern Sie – wenn möglich – eine Aufnahme, bei der Sie stehen müssen; lehnen Sie alle Aufnahmesituationen ab, die Sie unvorteilhaft erscheinen lassen.

- Blicken Sie während der Aufnahme fest zu Ihrem Gesprächspartner. Wenn Sie mit der Kamera allein sind, schauen Sie in das Objektiv. Lassen Sie Ihre Blicke keinesfalls im Raum herumwandern und blicken Sie nicht dauernd zur Seite.

- Lernen Sie keinen Text auswendig, sondern merken Sie sich den zentralen Gedanken Ihrer Botschaft.

- Wenn Ihnen genaue Daten, Zahlen etc. wichtig sind, benutzen Sie einen kleinen Spickzettel, den Sie in einer Hand halten können oder der auf einer Tischkante Platz hat. Bewährt haben sich DIN C 6-Karteikarten.

- Sprechen Sie mit fester, leicht forcierter Stimme. Formulieren Sie kurze, verbenreiche Sätze. Ziehen Sie – wenn nötig – bildhafte Vergleiche oder nennen Sie ein gut ausgewähltes Beispiel, wenn Sie etwas verdeutlichen wollen.

- Ihr Gesichtsausdruck sollte niemals angestrengt wirken, auch wenn großer Ernst der Situation angemessen ist. Nehmen Sie eine normale Sitzhaltung ein.

Zusammenfassung

- Interviews und Statements für Hörfunk und Fernsehen bieten große Chancen für die Medienarbeit – so viele Menschen erreicht man sonst nicht mit einem Schlag. Aber das soll kein Grund für Nervosität sein. Davon bekommen Fernsehzuschauer zwar kaum etwas mit, aber die eigene Sicherheit leidet.

- Statement- und Interview-Wünsche kommen nicht aus heiterem Himmel. Man kann sich darauf vorbereiten, die Checklisten im vergangenen Kapitel werden dabei hilfreich sein.

- Fernsehjournalisten machen einen schwierigen Job – sie brauchen ständig Bilder, und wenn es Köpfe sind, die man reden lässt. Das ist ihre Hauptsorge – nicht, jemand hereinzulegen.

- Wer häufiger vor Kameras treten muss, entwickelt rasch eine gewisse Routine. Aber alles ist lernbar, ganz gewiss der sichere Auftritt vor Mikrofon und Kamera. Ein Medientraining kann dafür hilfreich sein.

DRITTER TEIL
KRISEN UND KONTROLLE

I WARUM VON DEN 5.000 ZEICHEN DER CHINESISCHEN SCHRIFT EINES ZUGLEICH FÜR „KRISE" UND „CHANCE" STEHT

> „Krise ist ein produktiver Zustand. Man muss ihm nur den Beigeschmack von Katastrophe nehmen."

MAX FRISCH

Überblick

- Dieses Kapitel nimmt die Angst vor der Medien-Krise,
- weil jeder ins Gerede kommen und weil überall etwas schief laufen kann,
- weil es bewährte Auswege aus dem Medien-GAU gibt,
- weil man Krisen vermeiden kann, wenn man ihre Vorzeichen erkennt und rechtzeitig vorbeugend handelt.

Medienarbeit in der Krise

Ein etwa achtminütiger Beitrag im ARD-Magazin „Monitor" löste Ende Juli 1987 eine Krise für die deutsche Fischereiwirtschaft aus, an der sie beinahe zu Grunde gegangen wäre: der sogenannte „Nematoden-Skandal". Erst zehn Jahre später erreichte der Fischkonsum wieder den gleichen Wert wie vor der verhängnisvollen Sendung.

Wir erinnern uns: Der Beitrag lieferte Großaufnahmen von zentimeterlangen, sich ringelnden und windenden Fadenwürmern (Nematoden) in bundesdeutsche Wohnzimmer, mit der Pinzette aus handelsüblichen Fischfilets gezogen. Laut GfK-Erhebung sahen seinerzeit rund zehn Millionen Bundesbürger diese Bilder. Interviews mit Patienten, denen man die Würmer aus entzündeten Eingeweiden operiert hatte, ein fassungsloser Funktionär des Verbandes der Fischkonserven-Hersteller und Bilder von Laboranten, die ganze Schalen mit Nematoden aus handelsbereiten Frischfischen und Fischkonserven sammelten, bereicherten das Horrorgemälde um weitere Farben.

Mitten in der nachrichtenärmsten Zeit hatte „Monitor" einen Coup gelandet, der in der Medienlandschaft rasch weitreichende Folgen hatte.

Bundesweit nahmen sich Lokalredaktionen, Boulevard- und Wochenzeitungen des Themas an und recherchierten vor Ort, wie sich Fischhändler und Verbraucher gleichermaßen verunsichert fühlten. Innerhalb eines Monats sanken die Umsätze selbst für tiefgekühlte Fischstäbchen um bis zu achtzig Prozent.

Die Krise entwickelte sich unaufhaltsam, obwohl sofortige Reaktionen anderer Medien die Sachverhalte wieder gerade zu rücken suchten: *Stern, Spiegel, Bunte Illustrierte, Süddeutsche Zeitung* entlarvten unisono den „Monitor"-Beitrag als schlecht recherchiert und bewusst unsachlich aufgemacht. Tatsächlich hatte es in Deutschland seit 1950 ganze acht Fälle von Erkrankungen gegeben, die auf Kontakt mit Fisch-Fadenwürmern zurückzuführen waren. Der von „Monitor" erzeugte Massenekel hatte nie eine reale Grundlage.

Solche Vorfälle festigen das Vorurteil, es gäbe keine Medien-Krisen ohne die Macht der Medien, etwas zur Krise zu erklären. Aber das ist zu kurz gedacht. Der Nematoden-Skandal förderte einige Sachverhalte bei den Unternehmen der deutschen Fischereiwirtschaft zu Tage, die über kurz oder lang immer zu einer krisenhaften Entwicklung führen mussten:

- Die Qualitätskontrolle hatte deutliche Lücken.
- Die Absatzförderung stand im Rang eindeutig vor der Verbrauchersicherheit;
- Der gesellschaftliche Trend zur gesunden Ernährung (mit einer deutlich wohlwollenden Attitüde hin zum Fisch) wurde verschlafen.

Jede Krise ist mindestens zu einem großen Teil hausgemacht. In nahezu jedem Unternehmen und jeder Organisation gibt es ein nahezu unendliches Risikopotential. Ob es sich entlädt, ist nicht die Entscheidung der Medien. Je deutlicher die Medien auch von ihren „Machern" als Bestandteil des allgemeinen Kommerzgeschehens gesehen werden, sind sie geradezu aufgefordert, die Mutwilligkeit, die Nachlässigkeit oder den Vorsatz aufzudecken und den Schmutz ans Licht zu bringen. Skandale und Sensationen beschäftigen in Wellenbewegungen die Medien mal mehr und mal weniger. Seit längerem ist offensichtlich Hausse. Die Rolle der Medien ist im Skandalgeschäft jedoch nicht anders zu bewerten als die des Boten, der schlechte Nachrichten bringt.

Vorausgeahnte Krisen sind halb so schlimm

Krisenerfahrene Experten raten zur Vorsicht und haben eine Vier-Stufen-Planung zur Krisen-Vorbereitung entwickelt. Sie empfehlen:

- eine Stärken-Schwächen-Analyse des Unternehmens – erstellt möglichst in einem Team von Außenstehenden (z.B. externe PR-Experten, pensioniertes Vorstandsmitglied usw.) und Mitarbeitern.

- die Vorbereitung eines *Reaktionsleitfadens* („Krisenhandbuch"), in dem zum Beispiel Richtlinien darüber enthalten sein müssen, wer als Sprecher gegenüber den Medien auftritt, wer sich mit fachlich versierten Anwälten in Verbindung setzt, wer die Polizei kontaktiert etc. Das Krisenhandbuch kann sehr ausführlich oder sehr knapp sein – das hängt vom Unternehmensstil ab. Aber grundsätzlich sollte es das „Wer, Was, Wo und Wann" der Kommunikation in der Krise enthalten.

- Krisen-Reaktionsübungen mit Mitarbeitern: Wenn es in einem Unternehmen potentielle Krisen- und Katastrophenherde gibt, sollte der Ernstfall mit den Mitarbeitern durchgespielt werden. Die hypothetische Situation und ihre Bewältigung wird in einem Krisenteam von Mitarbeitern geprobt.

- Vorsorge-Programme, die – mit Hilfe von außen – realisiert werden sollten, bevor sich Schwachstellen als Krisenursachen auswirken können.

- die öffentliche Meinung über das Unternehmen, seinen Stand im Wettbewerb, seine Produkte etc. ist ständig zu analysieren. Gesellschaftliche Trends können so früher und besser eingeschätzt werden. Es sollten „Schubladenpläne" existieren, die Vorgehensweise und eigenes Verhalten im Krisenfall genau regeln.

Das Frühwarnsystem

Die Installierung eines „Frühwarnsystems", das mögliche Gefährdungen mit zeitlichem Verlauf anzeigt, ist voranzutreiben. Es nimmt Warnsignale auf, verarbeitet sie zu spezifischen Frühwarninformationen und leitet sie an die Verantwortlichen weiter. Es erfasst Trends und Tendenzen im gesellschaftlichen und politischen Umfeld bereits zum Zeitpunkt ihres inhaltlich noch unstrukturierten Entstehens, beobachtet alle Wissenschaftsbereiche auf relevante Entwicklungen und prognostiziert langfristige Erwartungen.

Das alles ist nicht zu leisten ohne ständige und intensive Beobachtung der öffentlichen Meinung, der wirtschaftlichen, gesellschaftlichen und soziopsychologischen Rahmenbedingungen, in denen eine Organisation steht. Nur so ist frühzeitig zu erkennen, wann, wie und wo sich Ansätze für eine krisenhafte Entwicklung zeigen.

Seit Beginn der sechziger Jahre entwickelte sich, ausgehend von den Hippies („Blumenkindern") der amerikanischen Subkultur, in immer breiter werdenden Bevölkerungsschichten ein Bewusstsein für die Gefährdung der Natur durch menschliche Eingriffe. Ende der siebziger Jahre mündete dies in Deutschland in der Gründung der Partei der Grünen, die zeitweise in mehreren Ländern und sogar im Bund in den Regierungen saßen. Kernenergie und Atomkraftwerke waren völlig tabuisiert. Inzwischen ist der Trend jedoch gekippt und die Ökologie wird in Zeiten ständig steigender Energiekosten weniger wichtig genommen. Rundum werden in Europa neue Kernkraftwerke gebaut, und auch in Deutschland scheint die Wiederkehr dieser umstrittenen Technologie möglich.

Trendscouts und Tendenzforscher werten unterschiedlichste Medien in aller Welt aus, um kein Signal zu verschlafen. Hier setzt auch die wichtige Frage von *Agenda-Setting* und *Issues Management* an, eine Entscheidung darüber, ob geeignete Informationen über die Medien an die Öffentlichkeit gegeben werden sollen, um eine Risiko-Situation zu beeinflussen und wenn möglich zu entschärfen.

Eine wichtige Quelle für Informationen über sich abzeichnende Wandlungen ist heute das *Internet*. Zahlreiche Foren und Weblogs dienen dem Austausch von Verbrauchertipps und Benutzer-Informationen; aber auch abstraktere Diskussionen können das Image eines Produkts oder einer Organisation rasch beeinflussen. Ziemlich bizarr, aber nicht ungefährlich: Die Werbung der Unternehmen steht unter scharfer Beobachtung und wird im Internet heiß diskutiert. Einige PR-Agenturen und Spezialfirmen für PR-Evaluation bieten ihren Kunden eine Beobachtung und Bewertung („Monitoring") der Foren, Communities und Weblogs an, damit Krisensignalen frühzeitig etwas entgegen gesetzt werden kann.

- Ein Reaktionsleitfaden für mögliche Krisensituationen enthält Checklisten für Reaktionen, Aktionen und andere Verhaltensweisen vom Pförtner bis zum Management, wichtige Adressen und Telefonlisten (Medien usw.), vorformulierte erste Pressemitteilungen und Statements.

- Die dem potentiellen Krisenstab angehörenden Mitarbeiter sind durch geeignete Maßnahmen auf ihre Aufgaben vorzubereiten (Media- bzw. Simulations-Training etc.).
- Ein Zielgruppen- und Medienverteiler für den Krisenfall muss vorhanden sein, um rasch Informationen transportieren zu können.

Führungsberatung im Krisenfall

Für das Management von Krisen gilt ein Wort Albert Einsteins[148] *„Wenn man mir eine Stunde Zeit geben würde, ein Problem zu lösen, von dem mein Leben abhängt, würde ich 40 Minuten dazu verwenden, es zu studieren, 15 Minuten Lösungsmöglichkeiten zu prüfen und fünf Minuten, es zu lösen."* Vier einfache und erprobte Kommunikationsregeln gelten auch in der Medienarbeit uneingeschränkt:

- Führung benötigt erkennbare Ziele. An erster Stelle muss eine klare Vorstellung davon stehen, wie die Lösung einer Krise aussehen könnte. Daraus ergibt sich die sachliche Basis jeglicher Informationspolitik.

- Nicht allein die Leitfiguren in einer Organisation sind wichtig. Krisen lösen sich in der Regel durch Sachverstand plus Kreativität. Beides ist bei den Führungskräften oft in geringerem Maße vorhanden als bei den tatsächlich sachkundigen Mitarbeitern auf der operativen Ebene.

- Alle Mitarbeiter sind im Krisenfall Kommunikatoren, ob sie es wollen oder nicht. Darum ist Öffentlichkeitsarbeit nach innen im Krisenfall doppelt so wichtig wie im Alltag.

- Symbolische Handlungen von Führungskräften sind häufig die wirksamsten Mittel, um Medienberichte zu forcieren: Die öffentliche Entschuldigung, das Überreichen des Wiedergutmachungs-Schecks, die gut inszenierte, fröhliche Ballszene mitten im Krisengewitter.

Im Kreuzverhör

Der Mediensprecher im Krisenfall ist gekennzeichnet von der ständigen Gefahr, seine Bereitschaft zur Verbesserung bestimmter Techniken und Lösungen losgelöst von den rauen Realitäten zu signalisieren, mit denen ein Unternehmen umgehen muss. Ein Beispiel:

Im Produktionsprozess von Aluminium entstehen giftige sogenannte Rotschlämme, deren umweltgerechte Entsorgung weder einfach noch billig ist. An diesem Umstand gibt es gegenwärtig nichts zu deuteln, so lange der Rohstoff für das Leichtmetall nicht mit einer völlig neuen Technik gewonnen würde.

Souveränität in Krisensituationen muss von Anfang an demonstriert werden. Das beginnt damit, die Wahrheit zu sagen. Die meisten Krisenfälle in der Vergangenheit wurden unnötig verschlimmert, weil die Verantwortlichen zunächst gelogen haben, bis die Medien hinter die Wahrheit kamen.

Eine Krise ist selten im Alleingang zu bewältigen. Deshalb ist es wichtig, möglichst mit der gesamten Branche eine Linie zu bilden. Top to Top sind die eigenen Informationen, deren Interpretation und Bewertung an wichtige Partner, Kunden, Opinion Leader, Entscheidungsträger in Politik und Verwaltung in Telefonaten oder persönlichen Gesprächen weiter zu geben. Als Motto gilt: *Verbündetenpolitik* betreiben. Der Vorteil ist eindeutig – wenn zum Beispiel die gesamte Branche den Medien die gleichen Sachverhalte ähnlich schildert und einer Meinung ist.

Initiative zeigen heißt die Devise. Die Problemlösung sollte immer ein konstruktives Angebot sein. Das darf allerdings nicht Kosmetik bedeuten, sondern muss die bestehende Situation real verbessern.

Organisation im Krisenfall

Es gibt fünf hauptsächliche Krisentypen. Sie haben unterschiedliche Ursachen und bedürfen deshalb unterschiedlicher Verhaltens- und Herangehensweisen:

- Produktbezogene Krisen (z.B. Nematoden-Skandal, A-Klasse),
- Produktionsimmanente Krisen (z.B. Aluminiumindustrie),
- Unternehmenskrisen (z.B. gescheiterte Fusionen),
- Führungsbezogene Krisen (z.B. Familienstreit im Porsche-Clan),
- Arbeitnehmerbezogene Krisen (z.B. Entlassungen bei Daimler).

In jeder Krise gibt es acht typische Krisenstufen, die immer in derselben Reihenfolge auftreten, in der Regel in den ersten drei bis sieben Tagen. Der „Nachrichtenwert" einer Krisensituation richtet sich nach einer „Skala oder Stufenleiter der Probleme". Wenn die Möglichkeit besteht, dass Menschen zu Schaden kommen, wird die oberste Stufe dieser Leiter sehr viel schneller erreicht sein, als es bei einem reinen Sachschaden der Fall wäre. Die einzelnen Merkmale sind:

- Überraschung, Schock
- Ungenügende Information und Hektik
- Eskalation der Ereignisse (Die Medien finden immer mehr heraus.)
- Verlust der Kontrolle über die Ereignisse (Die Medien hören kaum noch zu.)
- Intensive Untersuchung von außen (Verlust der Unterstützung durch Branche, Partner, Mitarbeiter.)
- Eintreten einer „Belagerungsmentalität" (Alle sind gegen uns!)
- Panik
- Kurzschlusshandlungen statt wohlüberlegter Lösungen

Der Konflikt zwischen situationsbedingter Hektik und planmäßigem Vorgehen ist verhängnisvoll. In Krisenfällen sind Reaktionsweisen wie Angst, Unwissenheit, Fassungslosigkeit normal und nachvollziehbar. Es käme aber gerade jetzt auf klare, abgestimmte Handlungsweisen an. Man muss sich vor Augen führen, dass schlechte Organisation im Krisenfall das Problem nur verstärkt.

Wirtschaftliche und politische Organisationen neigen ab einer gewissen Größe dazu, die Wirklichkeit nicht mehr wahrzunehmen, sondern ihre eigene Schein-Wirklichkeit zu entwickeln. Krisen sind in diesem Kontext Zeitphasen, in denen die *„splendid isolation"* plötzlich nachteilig wirkt. Die Medien sind das Verbindungsglied zu einer Außenwelt, werden von „denen da oben" aber möglicherweise ganz anders erlebt.

Krisen haben ihre Vorgeschichte – trotzdem kommen sie überraschend. Sie engen den Handlungsspielraum ein, weil die Medien in aller Regel Lösungswege fordern, denen sich niemand völlig verweigern kann, ohne die Krisensituation zu verlängern. Weil die Selbstwahrnehmung von Vorständen und Geschäftsführungen jedoch häufig dem öffentlichen Image zuwider läuft, sind sie selten bereit, den Medienforderungen rasch nachzugeben.

Pressesprecher in der Krise

Die *Sprecherrolle* in Krisensituationen ist – wenn möglich – auf eine Person zu übertragen, um unterschiedliche Aussagen erst gar nicht entstehen zu lassen. Ein Sprecher muss unbedingt so schnell wie möglich tätig werden, auch wenn die eigenen Informationen kaum für eine fundierte Stellungnahme ausreichen. Es ist sehr schwierig, der Öffentlichkeit in dieser Phase gegenüber zu treten. Aber wenn das Unternehmen dies jetzt nicht tut, verpasst es seine größte Chance, alle Angriffe, die jetzt oder in Zukunft kommen, zu parieren oder abzuschwächen und wieder Kontrolle über die Ereignisse zu gewinnen. Der wichtigste und entscheidende Faktor der Kommunikation an diesem Punkt ist:

- Verständnis für das Problem zeigen.
- Nicht vorschnell Fragen beantworten.

Sprecher können sein: Ein Mitglied der Geschäftsführung oder des Vorstandes, ein kompetenter Pressesprecher oder Rechtsberater, aber auch Mitarbeiter einer PR-Agentur. Voraussetzung für diese Rolle ist in jedem Fall eine gute Kenntnis der Medien und ihrer Arbeitsweisen. Der Firmensprecher sollte gute Interviews geben können – auch vor Mikrofon und Kamera. Er muss in der Lage sein, die Medien zu überzeugen, dass er selbst eine verlässliche und kompetente Informationsquelle ist.

Und wenn es nicht ein Mitglied der Führungscrew ist, muss die umfassende und kontinuierliche Information des Sprechers durch die Geschäftsleitung garantiert sein. Alle Informationen müssen für jedermann sofort verfügbar sein. In einer Krise gibt es keine vertraulichen Informationen und kein Herrschaftswissen von Wenigen. Dies vermeidet Spekulationen und Gerüchte. Die Führungsspitze des Unternehmens und der Sprecher müssen einen klaren Kopf behalten. Niemand wird glauben, dass die Situation unter Kontrolle ist, wenn die Sprecher selbst so nervös sind, dass sie keinen verständlichen Satz zustande bringen.

Es gibt *Krisen-Strategien* und Strategie-Bausteine für das Verhalten in Krisenzeiten, die in der Vergangenheit häufig zu beobachten waren, wenn ein Unternehmen oder eine Organisation von den Medien angegriffen wurden, zum Beispiel:

- Totschweigen und „Aussitzen"
- Angriff auf die Medien
- Rationalisieren („Alles halb so schlimm, sagen die Experten.")
- Relativieren („Gibt's auch woanders.")

Nichts davon hat sich bewährt. Im Gegenteil: So hat zum Beispiel die gerne versuchte Attacke auf die Medien regelmäßig zur Folge, dass sich immer mehr Journalisten mit ihren Kollegen solidarisieren und nun ihrerseits kritisch werden. Und eine Expertenmeinung ist leider nicht ohne die Widerworte eines ebenso kompetenten Fachmanns zu haben – sei es aus Profilierungsgehabe oder weil die Sachverhalte tatsächlich nicht eindimensional zu betrachten sind.

Gefühle und Meinungen ernst nehmen

Öffentlich diskutierte Themen werden immer stärker von bewussten, kritisch distanzierten und gut gebildeten Bürgern geprägt. Diese *„aktive Öffentlichkeit"* verdient, dass man sie ernst nimmt. Jedes Verschweigen oder Verniedlichen einer als fehlerhaft empfundenen Situation, alles Schimpfen auf die Übertreibungen der Medien, jedes Abtauchen in die Unerreichbarkeit wird von der Öffentlichkeit mit Imageverlust und Vertrauensentzug bestraft.

Es geht nicht nur um die Vermittlung von Sachverhalten, und mögen sie noch so eindeutig sein. Es geht – vielleicht noch wichtiger – *um Kommunikation als Haltung.* Es ist die innere Einstellung des Absenders zum Adressaten, die als zweite Botschaft mitläuft und erfahren wird. Konkret: Eine vermeintliche oder tatsächliche Überlegenheit des Absenders wird mitkommuniziert und dem Kommunikationspartner ein Gefühl der strukturellen Unterlegenheit vermittelt. Das reicht von der oberlehrerhaften Zurechtweisung des dummen Schülers über die altväterliche Beschwichtigung des ängstlichen Kindes bis zur sublimen oder handfesten Drohung.

Einige Merksätze:

- Aufgabe von Medienarbeit in Krisenzeiten ist es, den *„Umschlag zur Vernunft"* vorzubereiten, alle Beteiligten auf diesem Weg zu motivieren, schließlich die Kenntnis über die Vernunftgründe zu vertiefen. Es geht darum, die Fähigkeit zum Dialog so lange wie möglich zu erhalten oder wieder zu gewinnen, denn nur im bereitwillig geführten Diskurs lassen sich Argumente vortragen und Akzeptanz für die eigenen Botschaften erreichen.

- Krisenreaktionen müssen zielgruppenorientiert erfolgen. Eine *„Alles-für-alle-Strategie"* ist in der Regel unwirksam. Also: differenzierte Aussagen, differenzierte Botschaftsträger.

- Das Verhalten den Betroffenen gegenüber prägt das Medienverhalten. Nichtöffentlichkeit nährt Misstrauen und fördert Irrationalität. In der Krise heißt die wichtigste Regel, „vor Ort" *Präsenz* zu zeigen, ungespielte Betroffenheit zu gestehen, die Ängste und unterschiedlichen Interessen der Kritiker ernst zu nehmen. Betroffenheit zeigen ist unabdingbar – das hat nichts mit Schuldeingeständnis zu tun.

Es ist ein geradezu klassischer Fehler in Krisensituationen, die Medien bzw. „die Journalisten" als Verursacher der Probleme anzusehen. Die Medien schaffen keine Probleme – sie berichten darüber. Die Krisenberichterstattung in den Medien läuft häufig nach folgendem Muster ab:

- *Schockphase:* Die Medien wollen schnell harte Fakten erhalten, die jedoch selten zufrieden stellen.

- *Spekulationsphase:* Neben der Suche nach Schuldigen macht sich Misstrauen breit.

- *Handlungsphase:* Personelle Folgen und Sachentscheidungen werden gefordert.

Offenheit und Gesprächsbereitschaft den Medien gegenüber zu signalisieren, gehört zum professionellen Krisenmanagement wie das Salz in die Suppe.

Desinformation ist der Tod jeglicher Pressearbeit. Wer Journalisten wichtige Informationen verweigert, wird sie unter dem Druck der öffentlichen Meinung letztlich doch präsentieren müssen. Auch die Wahrheit häppchenweise zu präsentieren bedeutet, den eigenen Vertrauensverlust in Kauf zu nehmen. Je rascher entscheidende Informationen an die Medien fließen, desto schneller erlischt das aktuelle Informationsinteresse. Man muss mit den Fakten herausrücken, selbst wenn es schlechte Nachrichten sind. Wenn es die Medien aus anderen Kanälen erfahren, ist dies das Ende jeglicher Glaubwürdigkeit. Falls es Punkte gibt, die nicht erklärt oder diskutiert werden können, müssen die Gründe dafür detailliert aufgeführt werden.

Das Internet bietet Möglichkeiten, praktisch ohne Zeitverlust auf eine kritische Entwicklung zu reagieren – durch Informationsangebote auf den Presseseiten ebenso wie durch aktuelle Statements; und natürlich offensiv durch Angebote an die Online-Redaktionen.

Zusammenfassung

- Krisen sind häufig Anzeichen für fehlende oder fehlerhafte Kommunikation. Gerade darum ist Medienarbeit in Krisenzeiten unverzichtbar. Dabei sind die „schnellen" Medien (Internet, TV, Radio, Nachrichtenagenturen) besonders wichtig.

- Die Checklisten im vergangenen Kapitel zeigen Krisenpotentiale und geben Tipps und Hinweise, wie man Krisen meistern kann.

- Vorstände und andere Führungskräfte brauchen möglicherweise intensive Beratung bis hin zu Coaching, um den Medienvertretern selbst gegenüber treten zu können. In Krisenzeiten geben sich die Journalisten nämlich selten mit dem Pressesprecher zufrieden.

- Krisen müssen aufgearbeitet werden, damit sie sich nicht wiederholen können.

---

148 Zitiert nach: AFK-Colloquium „Krisen-PR – Kommunikationsstrategien in kritischen Situationen", Tagungspapiere. Frankfurt 1987.

11 WARUM PRESSESPRECHER FÜRS ZEITUNGLESEN BEZAHLT WERDEN

> „Das Messen von PR-Erfolgen ist nur unwesentlich leichter als die Vermessung eines gasförmigen Körpers mit einem Gummiband."
>
> HAROLD BURNSROPER, AMERIKANISCHER PR-KENNER

Überblick

- Medienarbeit ist unter allen PR-Instrumenten dasjenige, dessen Erfolge sich am leichtesten messen lassen.
- Es gibt Parameter, die für den Erfolg von Medienarbeit gemessen werden können.
- Erfolgsmessung ist eine Spezialdisziplin, die von Fachleuten beherrscht wird.

Erfolgskontrolle der Medienarbeit

Das häufig veröffentlichte Zitat des amerikanischen Marktforschers Harold Burnsroper weist auf ein scheinbares Dilemma hin. Die Ermittlung von PR-Effizienz gilt als schwierig, obwohl in den letzten Jahrzehnten eigenständige Methoden dafür entwickelt wurden. Gerne wird die Werbung als Vergleich herangezogen – ihren Erfolg könne man an steigenden Verkaufsziffern ablesen. Tatsächlich werden von der Werbewirtschaft aber wesentlich komplexere Methoden angewandt, um den Erfolg nachweisen zu können.

Das beginnt weit im Vorfeld. Markt- und Meinungsforschung, Trendbeobachtungen, die Entsendung von *„Scouts"* in gesellschaftliche Rand- und Subkulturen, das Monitoring von Internetseiten – dies und vieles mehr schafft eine äußerst breite Plattform von Fakten, auf der neue Werbestrategien aufbauen können. Das Nachfrageverhalten, die Wirkung von Farben und Formen, die bewusst gegen den „mainstream" gerichteten Szenetrends, die kultverdächtigen Rituale der Rand- und Subkulturen, die Sprach- und Kommunikationsgewohnheiten und so fort, sind Gegenstand breit und lang angelegter Beobachtung und Erforschung. Und das seit vielen Jahren. Es liegen reichlich Erfahrungen vor, wie, in welcher Richtung und mit welchem Tempo sich die Moden und Launen ausbreiten, man kennt die Kanäle und weiß das Verhalten der „Neophilen" einzuschätzen – das sind jene, die besonders rasch auf modische Entwicklungen reagieren. Marktforscher schätzen den Anteil dieser *Trendsetter* an der Bevölkerung auf etwa acht Prozent.

Das Verhältnis der Ausgaben in Deutschland in der gewerblichen Wirtschaft für Werbung beziehungsweise Public Relations beträgt etwa zehn zu eins (2007): 30,4 Milliarden Euro gegenüber schätzungsweise 3,5 Milliarden Euro. Nicht einmal diese Zahl ist einigermaßen verlässlich zu ermitteln – man kann sie hochrechnen aus dem Sachverhalt, dass die Unternehmen der Wirtschaft 0,5 bis ein Promille ihrer Umsätze für Öffentlichkeitsarbeit einsetzen. Hinzugerechnet sind bereits die Ausgaben der Öffentlichen Hand und in gleicher Höhe Zahlen für Vereine und Verbände.

Der Vergleich bebildert eine Ursache für die Schwierigkeiten der PR-Branche. Ihr Erfolg besteht in veränderten Einstellungen, Imagewandel, anderem Verhalten oder erhöhtem Bekanntheitsgrad – in erster Linie Folgen von vermehrter Information. Exakt messbar sind solche abstrakten Werte jedoch nur mit erheblichem Aufwand, eben mit Methoden der Markt-, Meinungs- und Trendforschung, den Instrumenten, die auch die Werbewirtschaft einsetzt. Und zwar vor, während und nach ihren Kampagnen. Die weitaus geringeren Etats für Öffentlichkeitsarbeit machen das in der Regel unmöglich.

Erfolgsmessung von Öffentlichkeitsarbeit muss sich in den meisten Fällen auf Aspekte beschränken, die mit finanzierbarem Aufwand exakt zu messen sind. Daneben haben kreative Lösungen beispielhaft gezeigt, dass recht genaue Aussagen auch mit geringem Aufwand zu erhalten sind.

Wenn zum Beispiel ein Automobilhersteller die Neukäufer seiner Modelle von den Händlern befragen lässt, was sie von dieser Marke überzeugt hat, kommt es nur noch auf einen systematisch korrekt erstellten und ausgewerteten Fragebogen an, ob etwas über die Motive der Käufer zu erfahren ist. Solche Befragungen hat es gegeben, sie zeigten nichts wirklich Überraschendes: Anzeigen, Fernseh- und Kinospots hatten die Marke ins Bewusstsein gerückt und die Neugier geweckt – das ist die Leistung der Werbung.

Das Image des Herstellers und Testberichte von Journalisten; dazu die publizierten Vergleiche mit Fahrzeugen der gleichen Klasse – das ist der Anteil der Öffentlichkeitsarbeit. Aber auch, dass der potentielle Käufer etwas über das Servicenetz des Herstellers und die Qualität der zugelieferten Komponenten weiß, ist das Ergebnis von PR – die allerdings nichts mehr direkt mit dem neuen Produkt zu tun hat, sondern schon seit langem ihre Wirkung entfalten konnte.

Wenn das Vertrauen in den Händler und die eigene Probefahrt überzeugen und der Kaufvertrag unterschrieben wird, haben auch noch die Leute von der Verkaufsförderung und Händlerschulung ihren Anteil an dem Erfolg. Wie bemisst man die jeweiligen Anteile aller beteiligten Kommunikations-Komponenten?

Das Maß an Vertrauen, das der gutwillige Autokäufer vor seiner Entscheidung in die Marke seiner Wahl setzen muss, ist in der Tat nur schwer und aufwendig messbar.

Veröffentlichungen von Presse, Funk und Fernsehen – wie wir wissen zu rund zwei Dritteln durch Medienarbeit beeinflusst – spielen nicht nur bei der Einführung oder Wiederbelebung von Produkten eine große Rolle. Man darf getrost davon ausgehen, dass auf nahezu alle PR-Aufgaben ein Anteil Medienarbeit kommt.

So kann es nicht überraschen, dass auch die Methoden der Erfolgskontrolle in diesem Tätigkeitsfeld am weitesten entwickelt sind. Wenn Öffentlichkeitsarbeiter relativ rasch belegen sollen, wie erfolgreich sie arbeiten, lässt sich das anhand der Medienreaktionen am schnellsten realisieren. Dabei stehen Methoden und Modelle unterschiedlicher Qualität zur Verfügung.

1 Quantitative Medienauswertung

Wenn Zeitungen, Magazine, Radio oder Fernsehen die Informationen aus der Pressestelle übernehmen, ist das ein leicht feststellbarer Erfolg. Zeitungs- und Magazinausschnitte können eine eindrucksvolle Menge erreichen. Hinzu können Kassetten mit Mitschnitten von Fernseh- und Radiosendungen kommen. Beides kann man versuchen, selber zu sammeln, doch bei der Fülle der Medien kann das nur den Charakter und Aussagewert von Stichproben haben. Professionelle Presse-Ausschnittdienste und spezialisierte Medienagenturen, die sich auf die Beobachtung und Auswertung von Radio- und Fernsehsendungen konzentriert haben, können dabei gegen gut investiertes Entgelt wertvolle Hilfe leisten.

Die *Ausschnittdienste und Medienagenturen* liefern Belege, in welchen Medien Artikel erschienen sind bzw. Beiträge zum Thema gesendet wurden. Wer diese fleißigen Medienbeobachter eingeschaltet hat, erfährt durch sie, in welcher Verbreitung, in welchem Umfang und mit wie viel publizistischem Gewicht die Medien seine ausgesendeten Angebote aufgenommen und weiterverbreitet haben. Eine Stichwortliste erleichtert den Suchenden (in der Regel Studenten, Hausfrauen und Rentner, die sich etwas hinzuverdienen) ihre Arbeit. Versuche, Computer die Artikel lesen zu lassen, hatten bislang noch keinen Erfolg.

Der Kunde bekommt die Ausschnitte mit exakten Angaben über Medientitel und -auflage, Seite der Veröffentlichung, Ressort/Rubrik und Erscheinungsdatum. Die meisten Ausschnittdienste werten neben den Tages- und Wochenzeitungen einen repräsentativen Querschnitt der wichtigsten Publikums-, Special-Interest- und Fachzeitschriften aus, nicht die vollständige Medienlandschaft – das wäre unbezahlbar. Wer zwei Ausschnittdienste parallel beschäftigt, kann die durchschnittliche Fundquote zwar um zehn Prozent von 70 auf 80 steigern, bezahlt aber bereits 100 Prozent mehr.

Die tatsächliche Leser-, Hörer- oder Zuschauerzahl eines Mediums gibt die „Kontaktzahlen" einer Presseveröffentlichung an. Es hört sich zwar eindrucksvoll an, wenn bei der Streuung eines Textes quer durch die deutsche Zeitungslandschaft eine Kontaktzahl von 8,3 Millionen herauskommt. Das heißt aber lediglich, dass zum Beispiel jeder Nutzer eines der Blätter, deren Gesamtnutzerzahl sich auf 8,3 Millionen Exemplare addiert, die prinzipielle Gelegenheit hatte, den Presseartikel zu lesen – mehr nicht. Ob ein individueller Medienkunde den spezifischen Artikel tatsächlich wahrgenommen, gelesen, verstanden oder sogar Schlüsse für sich daraus gezogen hat, bleibt im Dunkeln. Das gleiche gilt für elektronische Medien: Hohe Quoten haben ebenfalls lediglich einen statistischen Wert.

Ausschnittsammlungen (*„Clippings"*) und Ähnliches können also allenfalls dokumentieren, ob die Medien eine Information übernommen haben. Eine genauere Analyse verrät auch regionale Unterschiede oder wie unterschiedlich verschiedene Medientypen auf die Aussendung reagiert haben. Aus einer regelmäßigen Auswertung der gleichen Medien lassen sich Schlüsse ziehen, welche Redaktionen oft oder eher weniger Presseinformationen abdrucken – das kann ein Anhaltspunkt dafür sein, in welcher Richtung ein Kontakt verbessert werden könnte.

Problematisch ist ein in den USA (und hierzulande bei amerikanisch geführten PR-Agenturen) verbreitetes Verfahren, das Ausschnitte mit Bezug zu einem Unternehmen, seinen Produkten oder seinem Image in Anzeigenraum umrechnet. Damit kann der Scheinbeweis geführt werden, wie viel Werbeaufwand nötig gewesen wäre, um gleiche Veröffentlichungszahlen zu erreichen. Solches Rechnen in *„Anzeigenäquivalenzwerten"* ist nicht ganz seriös. Dabei wird nicht berücksichtigt, dass Werbung ganz anders aufgenommen wird als ein journalistischer Beitrag und in den meisten Fällen auch andere Ziele verfolgt.

Auch die Nutzung von Internet-Auftritten ist quantitativ messbar: Es gibt unterschiedliche Software-Varianten, die zählen, wie viele *Visits* und *Page Impressions* („Visits" = Personen, die eine Seite anklicken, „Page Impressions" = Besuch, auch mehrfache durch dieselbe Person) eine Homepage hat. Das Ansteuern einzelner Seiten ist eine wertvolle – bereits wertende – Aussage darüber, an welchen Informationen ein mehr oder weniger großes Interesse besteht. Wer die Suche danach nicht selbst durchführen will, kann auch dafür auf geeignete Dienstleistungsfirmen zurückgreifen.

2 Medienresonanz-Analysen

Seit etwa 1990 gibt es ein Instrument, das zur Messung von PR-Erfolgen inzwischen vielfach seine Tauglichkeit bewiesen hat. Im Zentrum steht die Auswertung von Medienberichten, doch dienen vorbereitende Schritte, begleitende Maßnahmen und anschließende Bewertungen dazu, die exakten Umstände, welche zu Medienberichten geführt haben, zu erkunden und in einen Feedback-Prozess einzubeziehen.

Eine verantwortliche Analyse setzt voraus, dass sie auf den gesicherten Grundlagen von Kommunikationswissenschaft und Medienforschung aufbaut. Unter welchen Bedingungen die Medien spezifische Informationen als wichtig, nützlich und werthaltig erachten, ist dabei von ebenso großer Bedeutung wie die Frage, in welchem Umfang und in welcher Weise die Medienveröffentlichungen Wirkung auf die Öffentlichkeit haben. Die Identifizierung von Meinungsführern und die Beobachtung von Themenkarrieren bilden denn auch die grundlegenden Untersuchungsansätze für die Medienresonanzanalyse. Zur spezifischen Bewertung, ob Öffentlichkeitsarbeit in einer bestimmten Absicht erfolgreich war, sind einige Bedingungen notwendig:

- Die Analyseschritte müssen nachvollziehbar, transparent und praktisch überprüfbar sein.

- Einzelaktivitäten der Öffentlichkeitsarbeit müssen konkreten Medienechos oder Phasen der Berichterstattung zuzuordnen sein.

- Medienecho, PR-Aktivitäten und vorgeordnete strategische Überlegungen wie Ziele, Zielgruppenansatz und Kommunikationsbotschaften müssen miteinander verbunden sein.

Die Medienresonanzanalyse berücksichtigt alle Kommunikationsanstrengungen

Basis aller folgenden Schritte ist zunächst eine lückenlose Bestandsaufnahme sämtlicher Umstände, unter denen eine Organisation kommuniziert. Die Medienresonanzanalyse beobachtet also mehr als die Arbeit einer Pressestelle. Vielmehr werden alle öffentlichkeitswirksamen Aktivitäten einer Organisation präzise dokumentiert – inhaltlich, terminlich, personell: das Kommunikationskonzept. Es umschließt die Teilkonzepte von interner und externer Öffentlichkeitsarbeit, Marketing, Werbung und Verkaufsförderung mit ihren jeweiligen Zielen, Botschaften und Instrumenten.

Ebenso festgehalten werden die Imageziele und die Leitlinien, die „Philosophie" der Organisation. Darüber hinaus erfasst die Sammlung von Basisdaten die rund um eine Organisation kommunizierten Meinungen und Informationen – innerhalb einer Branche, unter Wettbewerbern, im gesellschaftlichen Umfeld.

Dadurch wird ein Abgleich zwischen den Elementen der komplexen Kommunikationsstrategien einer Organisation und deren Echo in der Medienwelt möglich. Die Medienresonanzanalyse untersucht also nicht nur, ob es ein Echo gibt und wie „laut" es widerhallt, sondern kann die

Qualität der Resonanz im Detail beschreiben. Unter Einbeziehung der Erkenntnisse, wie sich veröffentlichte Meinung und öffentliche Meinung zueinander verhalten, lässt sie tatsächliche Schlüsse auf die Wirkung von Presse- und Medienberichten zu.

Die eigentliche Analyse erfolgt quantitativ und inhaltlich

Alle Presseveröffentlichungen und Sendedokumente von Radio und TV werden nicht nur gezählt, sondern inhaltlich überprüft. Um zu tragfähigen Aussagen zu kommen, wird jede Einzelveröffentlichung erfasst nach den Kategorien:

- Medientyp, Auflage, Verbreitung, Region;
- Rubrik, Platzierung, Umfang, Bildanteil;
- Schlagzeile, Darstellungsform.

Das ist zunächst eine erweiterte quantitative Auswertung, die jedoch schon einige Aussagequalität besitzt. Wenn zum Beispiel die Veröffentlichungen in einem Medientyp unterbleiben, den die Pressestelle für zentral gehalten hat, kann das auf einen Fehler in der Zielgruppenzuordnung hindeuten. Erscheinen Presseinformationen im Kulturteil statt im Wirtschaftsressort, an das sie eigentlich adressiert waren, besagt das sogar zweierlei. Erstens verfügt der Absender offenbar über mehr Freunde in den Redaktionen, als er bislang wusste – sie reichen seine Mitteilungen ohne Aufforderung an die richtige Stelle weiter, bravo! Andererseits bezeugt das Beispiel entweder die mangelhafte Medienkenntnis oder die Schlamperei des Absenders ...

Die inhaltlich-qualitative Auswertung hängt an Kriterien, die für jede Organisation spezifisch festgelegt werden müssen und sich im Lauf der Zeit zudem verändern. Sie sind abhängig von der Kommunikationsstrategie. Außerdem kann es schwer fallen, einen Artikel eindeutig zu bewerten. Ein Text oder Beitrag kann sowohl positive wie negative Kernaussagen enthalten. Veröffentlichungen in einem kontroversen Meinungsfeld (emotionale Themen, Weltanschauungen, Politik) müssen mit einem differenzierteren Sensorium erfasst werden als zum Beispiel Kurzberichte über Neuheiten auf der Spielwarenmesse.

Auswertungskriterien für ein solches Medien-Monitoring können zum Beispiel sein:

- Wiedergabe von Kernaussagen (neutral/bewertet; korrekt/entstellt),
- Meinungstendenz (neutral/positiv/negativ),
- Namensnennungen (positive/negative Zusammenhänge),
- Meinungsträger im Text (zustimmende/ablehnende Haltung),
- „Aufhänger" des Artikels (positiv/negativ atmosphärisch),
- Quellen im Text (Absender/Neutrale/Gegner),
- Bewertung von Öffentlichkeitsarbeit im Text,
- Verfasser des Artikels.

Geschickte Sponsoring-Kommunikation brachte den neuen Geländewagen von Daimler zunächst auf die Leinwand, bevor die Händler ihn anboten. Eine Pressemitteilung mit Begleitfotografien informierte breit gestreut über den Auftritt des Fahrzeugs in Steven Spielbergs Dino-Thriller „Lost World". Weil der dpa-Basisdienst die Meldung übernahm und auch die Fotografien verbreitete, gab es Abdrucke in Hülle und Fülle. Medien mit bayerischem Redaktionsstandort zeigten eine Besonderheit. Sie druckten freundlich die Neuigkeit, verwiesen aber deutlich häufiger als andere auf einen James-Bond-Streifen, in dem schon der neue Sportwagen von BMW eine wichtige Rolle gespielt hatte. Der Film war zwar längst nicht mehr in den Kinos, doch der Stolz der Bayern ließ es offenbar nicht zu, über den Auftritt der Konkurrenzmarke ohne diese Anmerkung zu berichten – für die Stuttgarter Autobauer war das nicht erfreulich.

Die inhaltliche Beurteilung von Presseveröffentlichungen nach solchen Kriterien kann direkt genutzt werden, um die Reaktionen auf ausgesandtes Pressematerial zu prüfen. Drei Beispiele können belegen, wie eine Input-Output-Analyse zu Aussagen führt, die eine qualitative Bewertung von Medienarbeit erlauben:

Pressemitteilung

- Welche Redaktionen drucken den Text?
- Welche greifen das Thema auf und übernehmen Textteile?
- Welche greifen das Thema auf, missachten aber den Text?
- Welche Redaktionen und Journalisten reagieren nicht?
- Inhaltlicher Abgleich von Pressemitteilung und Veröffentlichungen (nach den spezifisch festgelegten Kriterien, s.o.).
- Wie lange spielt das Thema in den Medien eine Rolle?
- Zeigten eher Printmedien, Radio oder TV ihr Interesse?

Medien-Event

- Welche Medien kündigen die Veranstaltung an?
- Welche entsenden selbst Beobachter?

- Wie breit wird von welchen Medien berichtet?
- Was wird berichtet?
- Welche relevanten Namen, Daten, Zahlen werden erwähnt?
- Werden Interviews und Statements inhaltlich korrekt wiedergegeben?
- Gibt es Unterschiede zwischen den Berichten anwesender Beobachter und solchen, die nur die Pressemitteilung auswerten?

Imagekampagne

- Welche Medien geben die Imagebotschaften wieder?
- Werden die Botschaften richtig wiedergegeben?
- Unterscheiden sich das veröffentlichte Image der Medien und das durch Umfragen abgesicherte tatsächliche Image des Unternehmens?

Ein dritter Schritt führt zur Bewertung

Als Ergebnis deckt ein Stärken-Schwächen-Profil die Defizite auf, die im eigenen Umgang mit den Medien oder in deren Verhalten deutlich wurden. Davon abgeleitet enthält die Bewertung konkrete Handlungsempfehlungen, um diese Mängel zu beheben. Ebenso werden Stärken sichtbar, die es auszubauen gilt:

- Die Statements einzelner Mitglieder des Managements kommen bei den Medien besonders leicht und gut zur Geltung: Diese Personen stärker in die Medienarbeit einbinden.

- Bestimmte Journalisten reagieren durchweg kollegial bis freundlich: Solche Kontakte besonders pflegen.

- Identifizierung von Themen, für die der Absender offenbar als besonders kompetent gilt: Solche Themen differenziert und detailliert immer wieder anbieten.

- Erkenntnisse über krisenträchtige Tendenzen in der Berichterstattung können zum Auf- oder Ausbau von Präventivmaßnahmen gegen faktische Krisenfälle oder Kommunikationskrisen genutzt werden.

- „Weiße Flecken" in der Medienlandschaft kennzeichnen Gebiete, wo die Medienarbeit intensiviert werden muss. „Weiße Flecken" können ebenso regionale Lücken sein wie bislang unterbewertete Medientypen.

- Abgleiche mit der Medienpräsenz von Wettbewerbern können Chancen für Themenbesetzungen zeigen, die von der Konkurrenz noch nicht erkannt wurden.

Die Analysemethode eignet sich zur Ermittlung des Status quo in der Berichterstattung, zur Auswertung einer abgeschlossenen Aktion oder zur langfristigen laufenden Beobachtung einer Kampagne mit dem Ziel, sie zu steuern und so zu verändern, dass sie mit möglichst größter Wirkung weiterlaufen kann.

Die Medienresonanzanalyse ist universell einsetzbar und lässt mehr erkennen als den Erfolg von geschickter Medienarbeit. Je nach Anlage der Kriterien erlaubt sie Aussagen über den Erfolg von Public Relations-Strategien ganz allgemein. Sie untersucht das Medienecho auf das gesamte Kommunikationsangebot einer Organisation und erlaubt Schlüsse auf die Wirkung aller Aktivitäten, die sich im Medienecho spiegeln.

Daraus ergibt sich fast zwangsläufig, dass die Medienbeobachtung breit und längerfristig angelegt sein muss, wenn die Analyse aussagekräftig sein soll. Dieser Aufwand ist im Do-it-yourself-Verfahren nicht zu bewerkstelligen. Und auch nicht empfehlenswert. Bei der Festlegung von Bewertungskriterien ebenso wie bei der Recherche der Basisdaten sollte der Analytiker nicht dem System angehören, dessen Funktionsfähigkeit zu prüfen ist. Betriebsblindheit ist dabei noch der harmloseste Störfaktor.

Eine Analyse muss bisweilen erhebliche Datenmengen bewältigen. Großunternehmen mit hohem Bekanntheitswert und dementsprechendem Interesse für die Öffentlichkeit erreichen leicht 2.000 Veröffentlichungen monatlich. Einige führende PR-Agenturen wie Pleon oder Fink&Fuchs haben eigene Computersoftware entwickelt, um diese Datenmengen einer Analyse zuführen zu können. Ohne großen Personalaufwand geht es dennoch nicht, weil kein Computer zu einer inhaltlichen Bewertung in der Lage wäre. Angelernte Hilfskräfte, die sich nach einem auf jeden Fall zugeschnittenen Bewertungsraster richten müssen, drücken die Kosten. Stichproben und andere Kontrollschritte garantieren, dass die Analyse dennoch systematisch und korrekt durchgeführt wird.

Im Ergebnis zeigen Medienresonanzanalysen recht genau, wie die Medien auf die Öffentlichkeitsarbeit reagieren – punktuell, spezifisch und nachprüfbar. Sie können allerdings nicht direkt erfassen, wie die veröffentlichten Informationen und Meinungen die Informiertheit der Öffentlichkeit und die öffentliche Meinung beeinflussen. Zum Beispiel haben die Probleme der A-Klasse mit dem „Elchtest" und die verzögerte Auslieferung der Smart-Modelle dem Image von Daimler langfristig nicht geschadet, obwohl Presse, Funk und Fernsehen über Wochen kein gutes Wort für das Unternehmen fanden.

Dazu sind Methoden der Meinungsforschung nicht zu ersetzen. Es muss nicht die groß angelegte und teuere repräsentative Studie sein. Wer sich die wesentlichen systematischen und methodischen Kenntnisse der Markt- und Meinungsforschung verfügbar macht, kann Stichproben mit „Bordmitteln" durchführen, die zu völlig ausreichenden Ergebnissen führen. Eine halbjährlich mit studentischen Hilfskräften durchgeführte, standardisierte Telefonbefragung von Vertriebsstellen oder von Besuchern am Messestand hat zum Beispiel eine Menge Erkenntnisqualität in Sachen Imageentwicklung und bleibt bezahlbar.

Die Presse- und Medienarbeit verfügt wie die Öffentlichkeitsarbeit allgemein weder über eindeutige Kennziffern noch über Maßstäbe, um die Grenzlinie zwischen Erfolg und Misserfolg zu bestimmen. Immerhin setzt sich die Erkenntnis durch, dass die Anzahl von Veröffentlichungen weder etwas darüber aussagt, von welchen Faktoren sie abhängt, noch etwas darüber mitteilt, welcher Personenkreis konkret erreicht wurde. So logisch wie diese Feststellung ist auch die Einsicht, dass jede Wirkungsforschung an ihre Grenzen stößt, die den Wirkungen einer einzelnen Presseinformation nachspürt.

Objektiv messbar bleibt das Verhältnis von positiv berichtenden, neutralen oder kritischen Medienreaktionen. Ebenso lässt sich zweifelsfrei feststellen, welche Medientypen in welcher regionalen Verteilung eine Information aufgegriffen und bearbeitet haben. Daraus kann man Akzeptanzwerte ableiten, die Breitenwirkung eines Themas abschätzen und entsprechend reagieren.

Ein Nebeneffekt ist auch eine Antwort auf die Frage, welche Anteile der beobachteten Medienpräsenz wohl auf Anregungen aus der Pressestelle zurückgehen und wie viel eigene Neugier die Medien zu Recherchen und zur Berichterstattung veranlasst haben. An anderer Stelle standen bereits zwei Zahlen, die ein optimales Verhältnis von Berichten anzeigen, die selbst- oder medieninszeniert sind: 30 Prozent fremdgesteuerte, das heißt, von den Medien selbst ermittelte Informationen gegenüber 70 Prozent selbstgesteuerte Information. Wohl nicht ganz zufällig stimmt dieses Verhältnis mit der beobachteten Medienwirklichkeit gut überein – leider stimmt diese Aussage aber nur statistisch und erlaubt keine Rückschlüsse auf den Erfolg von Medienarbeit im Einzelfall.

3 Dokumentierter Erfolg

Rund zwei Dutzend spezialisierte Unternehmen bieten ihre Dienste an, um den PR-Erfolg messbar zu machen und zu dokumentieren. Eine Auswahl:

- *A & B Framework, Frankfurt/Main*

Die im März 2004 gegründete Tochter der Kommunikationsagentur A & B Group will die Lücke zwischen klassischer Marktforschung und Kommunikation schließen; framework setzt gezielt auf qualitative Untersuchungsmethoden, deren Ergebnisse in die Kommunikationssteuerung rückwirken sollen (www.a-b-framework.de).

- *Ausschnitt Medienbeobachtung GmbH, Berlin*

Der traditionsreiche Berliner Clipping-Dienst besteht seit 1946. Das Unternehmen bietet mit rund 300 Mitarbeitern einen Rundum-Service in allen Belangen der Medienbeobachtung und Erfolgskontrolle (www.ausschnitt.de).

- *Business Wire Europe, Frankfurt/Main*

Der weltweit führende Nachrichtenversender bietet für seine Kunden auch Medienbeobachtung und Erfolgsmessungen an (www.businesswire.com).

- *Cision, Kornwestheim*

Die deutsche Tochter der schwedischen Cision-Gruppe bietet neben kundenspezifischen Medienanalysen ein dreistufiges Monitoring an, das neben Print, TV und Internet auch den Hörfunk umfasst. Das Unternehmen ist in 70 Ländern tätig, unter anderem auch in Österreich (http://de.cision.com).

- *comdat – Communication Data Research, Münster*

Die gesamte Palette von Markt- und Meinungsforschung über Issue-Monitoring bis zur Medienresonanzanalyse und Wirkungskontrolle (www.comdat.de).

- *Landau Media AG, Berlin*

1997 gegründet, beschäftigt der Berliner Dienstleister fast 200 Mitarbeiter. Das ISO-zertifizierte Unternehmen wertet rund 5.000 Print-, Online- und Rundfunk-Medien quantitativ und qualitativ aus.

• *Pleon KohtesKlewes, Bonn*

Das Tochterunternehmen der marktführenden deutschen PR-Agentur bewertet Kommunikationsmaßnahmen, untersucht Marktumfeld, Image und Reputation von Unternehmen und Produkten. In der Medienbeobachtung arbeitet Pleon Evaluation & Research mit pressrelations.de zusammen. Die Methode der Medienresonanzanalyse wurde hier mitentwickelt (www.pleon-kohtes-klewes.de).

• *PMG Presse-Monitor Deutschland GmbH, Berlin*

Das von Großverlagen und Verlegerverbänden 2001 gegründete Unternehmen ist als einziges urheberrechtlich befugt, Artikel elektronisch weiter zu verbreiten (www.presse-monitor.de).

Zusammenfassung

• Der Erfolg von Medienarbeit zeigt sich recht unmittelbar – nämlich dann, wenn die Medien drucken oder senden, was man ihnen zur Verfügung gestellt hat.

• Ob der „Endverbraucher" in der breiten Öffentlichkeit davon Notiz genommen hat, können nicht nur teure Markt- und Meinungsstudien klären; oft sind Zufallsbefragungen ziemlich aussagekräftig.

• Wer es genau wissen will, kommt um eine Medienresonanz-Analyse nicht herum, die von speziellen Dienstleistern angeboten wird.

• Medienarbeit gehört in die Hand von Spezialisten, darum ist es immer eine Überlegung wert, was man selber machen kann und was man auslagern sollte.

WEITERFÜHRENDE LITERATUR

Baerns, Barbara
Öffentlichkeitsarbeit oder Journalismus? – Zum Einfluss im Mediensystem
Verlag Wissenschaft und Politik, Köln 1991

BDZV Bundesverband Deutscher Zeitungsverleger e.V. (Hrsg.)
Zeitungen 200X (Jahrbuch)
Zeitungs-Verlag Service, Berlin (zuletzt 2005)

Bentele, Günter / Rolke, Lothar (Hrsg.)
Konflikte, Krisen und Kommunikationschancen. Case Studies zur PR-Praxis
Vistas, Berlin 1998

Bentele, Günter / Piwinger, Manfred / Schönborn, Gregor (Hrsg)
Kommunikationsmanagement – Strategien, Wissen, Lösungen (Loseblattsammlung)
Luchterhand, Neuwied 2001 ff.

Bentele, Günter / Fröhlich, Romy / Szyszka, Peter (Hrsg.)
Handbuch der Public Relations – Wissenschaftliche Grundlagen und berufliches Handeln
Verlag für Sozialwissenschaften, Wiesbaden 2005

Berendes, Dorothée
Top Medien 2003/04 – Die wichtigsten Adressen und Ansprechpartner.
Die Branche und ihre Verflechtungen
Ullstein, Berlin 2005

Hans-Bredow-Institut für Medienforschung an der Universität Hamburg (Hrsg.)
Internationales Handbuch Medien
Nomos Verlagsgesellschaft, Baden-Baden 2004

Bernet, Marcel
Medienarbeit im Netz – Von E-Mail bis Weblog: Mehr Erfolg mit Online-PR
Orell Füssli Verlag, Zürich 2006

Bogula, Werner
Leitfaden Online-PR
UVK Medien, Konstanz 2007

Hans-Bredow-Institut für Medienforschung an der Universität Hamburg (Hrsg.)
Medien von A bis Z
Verlag für Sozialwissenschaften, Wiesbaden 2006

Brendel, Matthias / Brendel, Frank
Richtig recherchieren – Wie Profis Informationen suchen und besorgen
Frankfurter Allgemeine Buch, Frankfurt am Main 2004

Buchholz, Axel / Schult, Gerhard (Hrsg)
Fernseh-Journalismus
List – Reihe Journalistische Praxis, München 2000

Buschardt, Tom/Krath, Stefany
Die Pressemitteilung – Inhalt, Form, Praxis
Luchterhand, Neuwied 2002

Chomsky, Noam
Media Control – Wie die Medien uns manipulieren
Europa-Verlag, Hamburg 2003

Falkenberg, Viola
Interviews meistern – Ein Ratgeber für Führungskräfte,
Öffentlichkeitsarbeiter und Medien-Laien.
Frankfurter Allgemeine Buch, Frankfurt am Main 1999

Falkenberg, Viola
Pressemitteilungen schreiben – Zielführend mit der Presse kommunizieren
Frankfurter Allgemeine Buch, 5. Aufl. Frankfurt am Main 2008

Femers, Susanne
Wirtschaftskommunikation
Merkur Verlag, Rinteln 2006

Field, Syd / Henke, Gebhard / Meyer, Andreas / Witte, Gunter (Hrsg.)
Drehbuchschreiben für Fernsehen und Film – Ein Handbuch für Ausbildung und Praxis
List – Reihe Journalistische Praxis, München 2003

Förster, Hans-Peter
Corporate Wording – Das Strategie Buch für Entscheider und Verantwortliche in der Unternehmenskommunikation
Frankfurter Allgemeine Buch, Frankfurt am Main 2001

Förster, Hans-Peter
Texten wie ein Profi
Frankfurter Allgemeine Buch, 9. Aufl. Frankfurt am Main 2007

Förster, Hans-Peter (Hrsg.)
Presse- und Medienarbeit für Praktiker (Loseblattsammlung)
Luchterhand, Neuwied 1990 ff.

Adolf Grimme-Institut (Marl), Gemeinschaftswerk der Evangelischen
Publizistik (Frankfurt am Main) und Katholisches Institut für Medieninformation (Köln)
Jahrbuch Fernsehen 200X
HMR International, Köln (zuletzt 2008)

Hachmeister, Lutz / Rages, Günther (Hrsg)
Wer beherrscht die Medien? – Die 50 größten Medienkonzerne der Welt (Jahrbuch)
C.H. Beck, München 200X

Haller, Michael
Recherchieren – Ein Handbuch für Journalisten
UVK Medien, Konstanz 2004

Haller, Michael
Die Reportage – Ein Handbuch für Journalisten
UVK Medien, 5. Aufl. Konstanz 2006

Haller, Michael
Das Interview – Ein Handbuch für Journalisten
UVK Medien, Konstanz 2001

Heijnk, Stefan
Texten fürs Web – Grundlagen und Praxiswissen für Online-Redakteure
dPunkt, Heidelberg 2002

Jakubetz, Christian
Crossmedia
UVK Medien, Konstanz 2008

Kriebel, Wolf-Henning
Crashkurs Medienauftritt – Überzeugen in Interviews mit Gegenwind
Ueberreuther, 2. Aufl. Wien/Frankfurt 2002

Kuhn, Michael / Kalt, Gero / Kinter, Achim (Hrsg)
Chefsache Issues Management – Ein Instrument zur strategischen Unternehmensführung
Grundlagen, Praxis, Trends
Frankfurter Allgemeine Buch, Frankfurt am Main 2004

Linden, Peter
Glossen und Kommentare in den Printmedien
Zeitungs-Verlags-Service, Berlin 2000

Linden, Peter
Wie Texte wirken – Anleitung zur Analyse journalistischer Sprache
Zeitungs-Verlags-Service, Berlin 2000

Meier, Klaus (Hrsg.)
Internet-Journalismus – Ein Leitfaden für ein neues Medium
UVK Medien, 3. Aufl. Konstanz 2002

Meyer, Thomas
Mediokratie – Die Kolonisierung der Politik durch die Medien
Suhrkamp, Frankfurt am Main 2001

Meyer, Werner /Boele, Klaus (Hrsg.)
Journalismus von heute – Loseblattsammlung
Verlag R. S. Schulz, Starnberg 1985 ff.

Meyn, Hermann / Chill, Hanni
Massenmedien in Deutschland
UVK Medien, 4. Aufl. Konstanz 2004

Möhrle, Hartwin (Hrsg.)
Krisen-PR – Krisen erkennen und vorbeugen
Frankfurter Allgemeine Buch, 2. Aufl. Frankfurt am Main 2007

Netzwerk Recherche (Hrsg.)
Trainingshandbuch Recherche
Westdeutscher Verlag, Wiesbaden 2003

Pauli, Knut S.
Leitfaden für die Pressearbeit – Anregungen, Beispiele, Checklisten
Beck/dtv, 3. Aufl. München 2004

Pürer, Heinz (Hrsg.)
Praktischer Journalismus in Zeitung, Radio und Fernsehen
UVK Medien, Konstanz 2004

Reineke, Wolfgang/Eisele, Hans
Taschenbuch Öffentlichkeitsarbeit – Public Relations in der Gesamtkommunikation
Sauer, 3. Aufl. Heidelberg 2000

von LaRoche, Walter:
Einführung in den praktischen Journalismus
List – Reihe Journalistische Praxis, 18. Aufl. München 2008

von LaRoche, Walter / Buchholz, Axel
Radio-Journalismus
List – Reihe Journalistische Praxis, 9. Aufl. München 2009

Rolke, Lothar /Wolff, Volker (Hrsg.)
Wie die Medien die Wirklichkeit steuern und selbst gesteuert werden
Westdeutscher Verlag, Wiesbaden 1999

Rolke, Lothar / Wolff, Volker (Hrsg.)
Die Meinungsmacher in der Mediengesellschaft – Deutschlands Kommunikationseliten
aus der Innensicht
Verlag für Sozialwissenschaften, Wiesbaden 2003

Ruisinger, Dominik
Online Relations – Leitfaden für moderne PR im Netz
Schäffer-Poeschl Verlag, Stuttgart 2007

Ruß-Mohl, Stefan
Journalismus – das Hand- und Lehrbuch
Frankfurter Allgemeine Buch, Frankfurt am Main 2003

Ruß-Mohl, Stefan (Hrsg.)
Wissenschaftsjournalismus
List – Reihe Journalistische Praxis, München 2002

Schneider, Wolf
Deutsch für Profis – Wege zum guten Stil
Goldmann, 12. Aufl. München 1999

Schneider, Wolf
Deutsch für Kenner – Die neue Stilkunde
Piper, München 1996

Schneider, Wolf
Deutsch fürs Leben – Was die Schule zu lehren vergaß
Rowohlt, Reinbek 1994

Schneider, Wolf / Esslinger, Detlef
Die Überschrift – Sachzwänge, Fallstricke, Versuchungen, Rezepte
List – Reihe Journalistische Praxis, München 1993

Schulz-Bruhdoel, Norbert / Bechtel, Michael
Medienarbeit 2.0 – Cross-Media-Lösungen. Das Praxisbuch für PR und Journalismus von morgen
Frankfurter Allgemeine Buch, Frankfurt am Main 2009

Schwiesau, Dietz / Ohler, Josef u.a.
Die Nachricht in Presse, Radio, Fernsehen, Agentur und Internet
List – Reihe Journalistische Praxis, München 2003

Ulfkotte, Udo
So lügen Journalisten – Der Kampf um Quoten und Auflagen
C. Bertelsmann, München 2001

Viehöver, Ulrich
Ressort Wirtschaft
UVK-Medien, Konstanz 2003

Wachtel, Stefan
Überzeugen vor Mikrofon und Kamera – Was Manager wissen müssen
Campus, Frankfurt am Main 1999

Weischenberg, Siegfried
Nachrichten Schreiben
Westdeutscher Verlag, Wiesbaden 1990

Zeitschriften

Horizont   Deutsche Fachmedien GmbH, Frankfurt am Main (www.horizont.net)
Horizont Österreich   Manstein-Verlag, Perchtoldsdorf (www.horizont.at)

journalist Medienfachverlag Rommerskirchen, Remagen-Rolandseck (www.journalist.de)
Der österreichische Journalist Medienfachverlag Oberauer, Salzburg (www.journalist.at)
kommunikationsmanager F.A.Z.-Institut, Frankfurt am Main (www.kommunikationsmanager)
media & marketing Europa-Fachpresse-Verlag, München (www.mediaundmarketing.de)
medianet medianet Verlag AG, Wien (www.medianet.at)
Medium Magazin Verlag J. Oberauer, Freilassing (www.mediummagazin.de)
Pressesprecher Politikverlag Helios, Berlin (www.pressesprecher.com)
pr magazin Medienfachverlag Rommerskirchen, Remagen-Rolandseck (www.prmagazin.de)
PR Report Haymarket PR Publications, Hamburg (www.prreport.de)
W&V Werben und Verkaufen Europa-Fachpresse-Verlag, München (www.wuv.de)

Nützliche Internet-Adressen

www.djv.de
Die Homepage des „Deutschen Journalisten-Verbandes e.V." (DJV).

www.dprg.de
Die Seiten des seit 1959 existierenden Berufsverbandes „Deutsche Public Relations-Gesellschaft e.V." (DPRG)

http://news.google.com
Nachrichtensuche mit der Möglichkeit, neue Einträge per RSS oder E-Mail zu abonnieren.

www.gpra.de
Der Wirtschaftsverband „Gesellschaft der Public Relations-Agenturen e.V." (GPRA) stellt sich vor. Er vertritt 30 – nach eigener Einschätzung – führende Kommunikationsagenturen.

www.kress.de
Die tagesaktuelle Fachzeitschrift für Journalismus und Kommunikationsmanagement im Netz, ein Ableger des 14-täglich erscheinenden kress-reports.

www.newsclub.de
Detaillierte Rubrikenaufteilung; Suche allerdings immer nur tageweise möglich.

www.medialine.de
Die Site unterhält ein laufend aktualisiertes Medienlexikon mit einer Fülle von ausführlichen Fachartikeln aus Journalismus in Presse, Funk, Fernsehen und dem Berufsfeld Kommunikation.

www.pressesprecherverband.de
Der erst im Oktober 2003 gegründete Bundesverband der Pressesprecher (BDP) hat über 3.000 Mitglieder überzeugt.

www.onlinejournalismus.de
Wer nach Informationen und Links zu diesem Thema sucht, wird auf dieser Website bestimmt fündig.

www.pr-blogger.de
Ständig auf der Suche nach dem neuesten Trend – kritisch und informativ.

www.pr-journal.de
Vielbesuchtes Portal mit aktuellen Informationen und Kommentaren, Seminar- und Stellenmarkt sowie Klatsch, Tratsch und Gnatsch aus der Branche.

www.prportal.de
Ähnlich wie pr-journal, aber weniger ausführlich und nicht immer aktuell.
www.prva.at
Der österreichische PR-Fachverband informiert über Aus- und Weiterbildungsmöglich-keiten, bietet Downloads von Studien und Aufsätzen zur PR-Theorie und enthält aktuelle Fachbuchtipps.
www.paperball.de
Schlagwortsuche nach deutsch- und englischsprachigen Nachrichten.
www.paperboy.de
Rubrikensuche in fast 300 Nachrichtenquellen in Deutschland, Österreich und Schweiz.

Die Autoren

Norbert Schulz-Bruhdoel arbeitet als PR-Berater, Trainer und Freier Journalist mit seiner Agentur „Punktum PR + Dialog" in Remagen am Rhein. Der studierte Jurist und Historiker arbeitete als Wissenschaftsjournalist u.a. in London und später als Pressesprecher von Hochschulen und Verbänden. Zahlreiche Unternehmen und PR-Agenturen schätzen ihn als Berater in Fragen der Medienarbeit und praktischen Mitarbeiterschulung. Schulz-Bruhdoel ist Mitbegründer des Heidelberger Instituts „oeffentlichkeitsarbeit.de".

Katja Fürstenau ist ausgebildete E-Tutorin und Expertin für Neue Lerntechnologien. Sie verantwortet die Online-Redaktion und den Bereich E-Learning des Heidelberger Fernstudien-Anbieters „PR plus". Nach abgeschlossenem Studium der Anglistik und Germanistik wechselte sie von der wissenschaftlichen Assistenz in eine führende PR-Agentur. Parallel zu ihrer praktischen Tätigkeit in der Öffentlichkeitsarbeit absolvierte sie im Fernstudium ihre Weiterbildung zur PR-Beraterin (DPRG) bei ihrem aktuellen Arbeitgeber.